H. R. Etzold

So wird's gemacht

Hans-Rüdiger Etzold

Diplom-Ingenieur für Fahrzeugtechnik

So wird's gemacht

pflegen – warten – reparieren

Band 55:

MERCEDES Typ W 124 Diesel

2,0 l/ 53 kW (72 PS) 1/85 – 5/89
2,0 l/ 55 kW (75 PS) ab 6/89
2,5 l/ 66 kW (90 PS) 1/85 – 5/89
2,5 l/ 69 kW (94 PS) ab 6/89
2,5 l/ 90 kW (122 PS) 9/88 – 5/89
2,5 l/ 93 kW (126 PS) ab 6/89
3,0 l/ 80 kW (109 PS) 1/85 – 5/89
3,0 l/ 83 kW (113 PS) ab 6/89
3,0 l/105 kW (143 PS) 1/88 – 5/89
3,0 l/108 kW (147 PS) ab 6/89

T-Modell ab März '86

Delius Klasing Verlag

Redakteur:
Günter Skrobanek

3. Auflage/A

ISBN 3-7688-0538-7

Printed in Germany 1990
Alle Angaben ohne Gewähr
Einbandentwurf: Siegfried Berning
Druck: Kunst- und Werbedruck, Bad Oeynhausen

Lieber Leser,

in letzter Zeit werde ich von Autofahrern öfters angesprochen und gefragt, ob man bei den modernen Fahrzeugen überhaupt noch etwas selbst reparieren kann. Das vorliegende Buch ist meine Antwort. Seite für Seite sind Arbeiten beschrieben, die von einem fachlich interessierten Autofahrer selbst durchgeführt werden können.

Selbstverständlich hat es in den vergangenen Jahren im Automobilbau erhebliche Fortschritte gegeben, so daß erfreulicherweise viele Einstell- und Kontrollarbeiten nicht mehr erforderlich sind. Weggefallen sind beispielsweise das Einstellen der Zündung und, je nach Motor, das Einstellen des Leerlaufs und des Ventilspiels. Und durch den vermehrten Einbau von langzeitstabilen Bauteilen, zu denen beispielsweise die elektronische Zündanlage oder die elektronischgesteuerte Einspritzanlage zählen, entfällt der Austausch von Verschleißteilen. Andere Arbeiten wiederum, wie das Überprüfen elektronischer Bauteile, sind nur noch mit teuren Prüfgeräten möglich, die speziell auf den betreffenden Fahrzeugtyp abgestimmt sind und deren Anschaffung sich in der Regel für den Hobbymonteur nicht lohnt.

Obwohl also das Fahrzeug technisch immer aufwendiger und komplizierter wird, greifen dennoch von Jahr zu Jahr immer mehr Heimwerker zum »So wird's gemacht«-Handbuch. Die Erklärung dafür ist einfach: Weil die Technik des Automobils komplizierter geworden ist, kommt man bei Arbeiten am Fahrzeug ohne eine spezielle Anleitung nicht mehr aus. Das gilt auch für den Fachmann. Außerdem gibt es nach wie vor am Auto eine Reihe von Verschleißteilen, die in regelmäßigen Abständen kontrolliert und gegebenenfalls ausgewechselt werden müssen. Dazu zählen vor allem Bremsbeläge, Stoßdämpfer sowie Teile der Abgasanlage.

Grundsätzlich muß sich der Heimwerker natürlich darüber im klaren sein, daß man mit Hilfe eines Handbuches nicht automatisch zum Kfz-Handwerker wird. Man sollte also nur Arbeiten durchführen, die man sich selbst zutraut. Das gilt insbesondere natürlich bei Arbeiten, die die Verkehrssicherheit des Fahrzeugs beeinträchtigen können. Gerade in diesem Punkt sorgt das »So wird's gemacht«-Handbuch für praktizierte Verkehrssicherheit. Durch die exakte Beschreibung der erforderlichen Arbeitsschritte und den nötigen Warnhinweisen wird der Heimwerker bei der Arbeit entsprechend sensibilisiert und fachlich richtig informiert. Auch wird darauf hingewiesen, im Zweifelsfall die Arbeit lieber einem Fachmann zu überlassen.

In der Öffentlichkeit wird hin und wieder von interessierten Kreisen der Vorwurf erhoben, Heimwerker würden durch ihre Eigenarbeiten am Fahrzeug die Verkehrssicherheit negativ beeinflussen. Aus den Kontakten, die ich zu Hobbymonteuren habe, kann ich nur vom Gegenteil berichten. Derjenige Fahrzeugbesitzer, der sein Fahrzeug selbst pflegt und wartet, hat ein großes Interesse an einem verkehrssicheren, gepflegten Auto.

Vor jedem Arbeitsgang empfiehlt sich ein Blick in das vorliegende Buch. Dadurch wird schnell der Umfang und auch der Schwierigkeitsgrad der Reparatur deutlich. Außerdem erfährt man, welche Ersatz- oder Verschleißteile eingekauft werden müssen und ob unter Umständen die Arbeit nur mit Hilfe von Spezialwerkzeug durchgeführt werden kann.

Für die meisten Schraubverbindungen ist das Anzugsmoment angegeben. Bei Schraubverbindungen, die in jedem Fall mit einem Drehmomentschlüssel angezogen werden müssen (Zylinderkopf, Achsverbindungen usw.), ist der Wert **fett** gedruckt. Nach Möglichkeit sollte man jede Schraubverbindung mit einem Drehmomentschlüssel anziehen. Übrigens: Für viele Schraubverbindungen sind die neuen Innen- und Außen-Torxschlüssel erforderlich.

Auch der fachkundige Hobbymonteur, der sein Fahrzeug selbst wartet und repariert, sollte bedenken, daß der Fachmann viel Erfahrung hat und durch die Weiterschulung und den ständigen Erfahrungsaustausch über den neuesten Technik-Stand verfügt. Mithin kann es für die Überwachung und Erhaltung der Betriebs- und Verkehrssicherheit des eigenen Fahrzeugs sinnvoll sein, in regelmäßigen Abständen eine MERCEDES-BENZ-Werkstatt aufzusuchen.

Natürlich kann das vorliegende Buch nicht auf jede aktuelle, technische Frage eingehen. Dennoch hoffe ich, daß die getroffene Auswahl an Reparatur-, Wartungs- und Pflegehinweisen in den meisten Fällen die eventuell auftretenden Probleme zufriedenstellend löst.

Hans-Rüdiger Etzold

Inhaltsverzeichnis

Der Motor . . . 11
Das Diesel-Prinzip . . . 11
Technische Daten . . . 12
Motor aus- und einbauen . . . 13
Die Motordurchlüftung . . . 17
Untere Motorraumabdeckung aus- und einbauen . . . 18
Kernlochdeckel aus- und einbauen . . . 18
Kettenspanner aus- und einbauen . . . 20
Zylinderkopf aus- und einbauen . . . 21
Nockenwelle aus- und einbauen . . . 25
Ventilspielausgleicher prüfen . . . 28
Ventilschaftabdichtungen ersetzen . . . 29
Ventil aus- und einbauen . . . 31
Ventilführungen prüfen . . . 32
Ventilsitz im Zylinderkopf nacharbeiten . . . 32
Keilrippenriemen aus- und einbauen . . . 32
Wartungsarbeiten am Motor . . . 34
Kompression prüfen . . . 34
Sichtprüfung auf Ölverlust . . . 34
Keilrippenriemen prüfen . . . 35
Starthilfe . . . 36
Störungsdiagnose Motor . . . 37

Motor-Schmierung . . . 38
Der Ölkreislauf . . . 39
Die Ölstandsanzeige . . . 40
Die Öldruckanzeige . . . 40
Ölüberdruckventil aus- und einbauen . . . 40
Ölpumpe/Ölwanne aus- und einbauen . . . 41
Wartungsarbeiten an der Motor-Schmierung . . . 42
Motorölwechsel . . . 42
Störungsdiagnose Ölkreislauf . . . 44

Die Motor-Kühlung . . . 45
Der Kühlmittelkreislauf . . . 45
Geber für Kühlmittelstandsanzeige aus- und einbauen/prüfen . . . 46
Kühlmittelregler aus- und einbauen/prüfen . . . 46
Kühler-Frostschutzmittel . . . 47
Kühler aus- und einbauen . . . 47
Lüfter aus- und einbauen . . . 48
Kühlmittelpumpe aus- und einbauen . . . 49
Wartungsarbeiten an der Motor-Kühlung . . . 50
Kühlmittel nachfüllen . . . 50
Sichtprüfung auf Dichtheit . . . 50
Frostschutz prüfen . . . 50
Kühlmittel wechseln . . . 51
Störungsdiagnose Motorkühlung . . . 52
Störungsdiagnose Kühlmittelstandsanzeige . . . 52

Die Vorglühanlage . . . 53
Vorglühanlage prüfen . . . 53
Glühkerze aus- und einbauen . . . 55

Die Kraftstoffanlage . . . 56
Hinweise für Arbeiten an der Kraftstoffeinspritzung . . . 56
Die Kraftstoff-Vorwärmung . . . 56
Gasbetätigung einstellen . . . 56
Tempomat einstellen . . . 58
Gaszug aus- und einbauen . . . 58
Leerlauf einstellen . . . 59
Pneumatische Leerlaufanhebung . . . 60
Pneumatische Leerlaufanhebung prüfen . . . 61
Elektronische Leerlaufregelung . . . 62
Stoppdose prüfen/aus- und einbauen . . . 63
Förderbeginn prüfen/einstellen . . . 64
Einspritzdüsen aus- und einbauen . . . 66
Fördermenge der Kraftstoffpumpe prüfen . . . 67
Luftfilter aus- und einbauen . . . 67
Tankgeber aus- und einbauen/prüfen . . . 68
Wartungsarbeiten an der Kraftstoffanlage . . . 69
Fahren im Winter . . . 69
Luftfiltereinsatz reinigen/wechseln . . . 69
Gasgestänge schmieren . . . 70
Kraftstoffilter aus- und einbauen . . . 70
Störungsdiagnose Kraftstoffanlage . . . 71
Leerlaufstörungen . . . 71
Kraftstoffverbrauch zu hoch . . . 71
Motorleistung zu gering . . . 72

Die Abgasanlage . . . 73
Abgasanlage aus- und einbauen . . . 74
Nachschalldämpfer ersetzen . . . 76
Wartungsarbeiten an der Abgasanlage . . . 77

Die Kupplung . . . 78
Kupplung aus- und einbauen/prüfen . . . 78
Kupplungsbetätigung entlüften . . . 79
Ausrücklager aus- und einbauen . . . 80
Störungsdiagnose Kupplung . . . 81
Wartungsarbeiten an der Kupplung . . . 82
Kupplungsscheibe/Dicke prüfen . . . 82

Das Getriebe . . . 83
Getriebe aus- und einbauen . . . 83
Wartungsarbeiten am Getriebe . . . 88
Sichtprüfung auf Dichtheit . . . 88
Ölstand im Getriebe prüfen . . . 88
Gelenkscheiben an der Gelenkwelle prüfen . . . 88

Die Schaltung . . . 89
Schaltung einstellen . . . 90

Die Vollautomatik . . . 91
Abschleppen von Fahrzeugen mit Automatik . . . 91
Ölstand im automatischen Getriebe prüfen . . . 91
ATF-Ölwechsel . . . 92
Steuerdruckzug einstellen . . . 93

Die Vorderachse . . . 94
Dämpferbein aus- und einbauen . . . 95
Stoßdämpfer prüfen . . . 97
Schraubenfeder vorn aus- und einbauen . . . 97
Radlagerspiel vorn einstellen . . . 98
Wartungsarbeiten an der Vorderachse . . . 100
Sichtprüfung der Vorderachse . . . 100

Die Hinterachse . . . 101
Stoßdämpfer hinten aus- und einbauen . . . 102
Schraubenfeder hinten aus- und einbauen . . . 103
Hinterachswelle aus- und einbauen . . . 104
Hinterachswelle zerlegen/ Gummimanschetten ersetzen . . . 105
Wartungsarbeiten an der Hinterachse . . . 109
Ölstand im Ausgleichgetriebe prüfen . . . 109
Manschetten der Achswellen prüfen . . . 109
Niveauregulierung/Ölstand prüfen . . . 109

Die Lenkung . . . 110
Lenkrad aus- und einbauen . . . 111
Spurstange aus- und einbauen . . . 112
Staubmanschetten für Spurstangen- und Lenkstangengelenke aus- und einbauen . . . 113
Spurstangengelenk aus- und einbauen . . . 114
Wartungsarbeiten an der Lenkung . . . 115
Staubkappen für Spurstangen-/ Lenkstangengelenke prüfen . . . 115
Lenkungsspiel prüfen . . . 115
Ölstand für Servolenkung prüfen . . . 116
Befestigungsschrauben an der Lenkung nachziehen . . . 116

Die Fahrzeugvermessung . . . 117
Einstellwerte für Spur, Sturz und Fahrzeugniveau . . . 119

Die Bremsanlage . . . 121
Bremsbeläge vorn aus- und einbauen . . . 121
Scheibenbremsbeläge hinten aus- und einbauen . . . 124
Bremskolbenlehre herstellen . . . 125
Bremsscheibe vorn aus- und einbauen . . . 126
Bremsscheibe hinten aus- und einbauen . . . 127
Die Bremsflüssigkeit . . . 128
Bremsanlage entlüften . . . 128
Bremsleitungen und Bremsschläuche . . . 129
Bremsleitung/Bremsschlauch ersetzen . . . 129
Bremskraftverstärker prüfen . . . 129
Die Feststellbremse . . . 130
Bremsbacken für Feststellbremse aus- und einbauen . 131
Feststellbremse einstellen . . . 132
Bremslichtschalter aus- und einbauen . . . 133
Die ABS-Anlage . . . 134
Wartungsarbeiten an der Bremsanlage . . . 135
Bremsflüssigkeitsstand/Warnleuchte prüfen . . . 135
Bremsbelagdicke prüfen . . . 136
Bremsscheibendicke prüfen . . . 136
Sichtprüfung der Bremsleitungen . . . 137
Bremsflüssigkeit wechseln . . . 137
Feststellbremse prüfen . . . 137
Störungsdiagnose Bremsanlage . . . 138

Räder und Reifen . . . 140
Räder und Reifenmaße . . . 140
Scheibenrad-Bezeichnungen . . . 140
Reifenbezeichnungen . . . 140
Austauschen der Räder . . . 141
Reifen einfahren . . . 142
Reifen lagern . . . 142
Auswuchten der Räder . . . 142
Gleitschutzketten . . . 142
Reifenfülldruck in bar (atü) . . . 143
Wartungsarbeiten an den Reifen . . . 143
Reifenfülldruck prüfen . . . 143
Reifenprofil prüfen . . . 143
Ventil prüfen . . . 144
Fehlerhafte Reifenabnutzung . . . 144
Störungsdiagnose Reifen . . . 145

Die Karosserie . . . 146
Stoßfänger vorn aus- und einbauen . . . 147
Stoßfänger hinten aus- und einbauen . . . 147
Stoßfänger zerlegen . . . 148
Kotflügel aus- und einbauen . . . 149
Kühlergrill aus- und einbauen . . . 150
Haubenzug aus- und einbauen . . . 151
Tür aus- und einbauen . . . 152
Türgriff aus- und einbauen . . . 153
Türschloß aus- und einbauen . . . 154
Türinnenverkleidung aus- und einbauen . . . 156
Fensterheber aus- und einbauen . . . 157
Türfenster einstellen . . . 159
Türfenster aus- und einbauen . . . 159
Die Windschutzscheibe . . . 160
Außenspiegel aus- und einbauen . . . 161
Elektrisch verstellbaren Außenspiegel aus- und einbauen . . . 162
Abdeckung unter Armaturentafel aus- und einbauen . . 163
Mittelkonsole aus- und einbauen . . . 164
Abdeckung für Schalthebel aus- und einbauen . . . 165
Vordersitz aus- und einbauen . . . 166
Rücksitz aus- und einbauen . . . 166
Die Zentralverriegelung . . . 168
Wartungsarbeiten an der Karosserie . . . 169
Sichtprüfung des Sicherheitsgurtes . . . 169
Wasserabläufe reinigen . . . 169
Motorhaube schmieren . . . 170

Die Lackierung . . . 171
Steinschlagschäden ausbessern . . . 171
Karosserie ausbessern . . . 172
Lackierung vorbereiten . . . 172
Lackieren . . . 174

Die Heizung . . . 175
Die Heizungsanlage . . . 176
Störungsdiagnose Heizung . . . 177

Die elektrische Anlage . . . 178
Meßgeräte . . . 178
Meßtechnik . . . 179
Hinweise für den nachträglichen Einbau von Zubehör . 181

Batterie aus- und einbauen . . . 181
Batterie laden . . . 181
Batterie entlädt sich selbständig . . . 182
Störungsdiagnose Batterie . . . 183
Sicherungen auswechseln . . . 184
Sicherungsbelegung . . . 184
Relais prüfen . . . 185
Relaisbelegung . . . 186
Der Generator . . . 187
Generator aus- und einbauen . . . 188
Schleifkohlen für Generator/
Spannungsregler ersetzen/prüfen . . . 188
Störungsdiagnose Generator . . . 190
Der Anlasser . . . 191
Anlasser aus- und einbauen . . . 192
Störungsdiagnose Anlasser . . . 192
Wartungsarbeiten an der elektrischen Anlage . . . 194
Batterie prüfen . . . 194

Die Beleuchtungsanlage . . . 196
Glühlampen auswechseln . . . 196
Scheinwerfer/Blinkleuchte aus- und
einbauen/einstellen . . . 197
Scheinwerfer einstellen . . . 198
Heckleuchte aus- und einbauen . . . 199

Die Armaturen . . . 200
Schalttafeleinsatz aus- und einbauen . . . 200
Geschwindigkeitsmesser/Anzeigeinstrument
aus- und einbauen . . . 201
Blinker-/Wischerschalter aus- und einbauen . . . 202
Radio aus- und einbauen . . . 202
Antenne aus- und einbauen . . . 203

Die Scheibenwischeranlage . . . 204
Scheibenwischergummi ersetzen . . . 204
Scheibenwaschdüse aus- und einbauen/einstellen . . . 204
Scheinwerfer-Waschanlage einstellen . . . 205
Wischermotor aus- und einbauen . . . 205
Heckwischermotor aus- und einbauen . . . 207
Störungsdiagnose Scheibenwischergummi . . . 207

Die Wagenpflege . . . 208
Fahrzeug waschen . . . 208
Lackierung pflegen . . . 208
Teerflecke . . . 208
Insektenbefall . . . 208
Zement-, Kalk- und andere Baumaterial-Spritzer . . . 209
Konservieren . . . 209
Unterbodenschutz/Hohlraumkonservierung . . . 209
Kunststoffteile pflegen . . . 209
Reinigen der Scheiben . . . 209
Gummidichtungen pflegen . . . 209
Polsterbezüge pflegen . . . 210
Fahrzeug aufbocken . . . 211

Das Werkzeug . . . 213

Das Zubehör . . . 215

Wartungsplan MERCEDES Typ 124 . . . 216
Pflegedienst . . . 216
Wartung . . . 216

Schaltpläne . . . 219
Der Umgang mit dem Schaltplan . . . 219
Leitungskennzeichnung . . . 219
Schaltplan MERCEDES 200 D,
Schaltplan MERCEDES 300 D . . . 219

Der Motor

Der MERCEDES-Pkw (Typ 124) wird von einem flüssigkeitsgekühlten Reihenmotor angetrieben, der je nach Hubraum 4, 5, oder 6 Zylinder aufweist.

Das Triebwerk ist im Motorraum längs zur Fahrtrichtung eingebaut und kann nur mit einem geeigneten Kran nach oben herausgehoben werden.

In den aus Grauguß bestehenden Motorblock sind die Zylinderbohrungen eingelassen. Bei hohem Verschleiß oder Riefen an den Zylinderwänden können die Zylinder von einer Fachwerkstatt gehohnt, also ausgeschliffen werden. Anschließend müssen dann allerdings Kolben mit Übermaß eingebaut werden. Unten im Motorblock befindet sich die Kurbelwelle, die von 5 bis 7 Kurbelwellenlagern abgestützt wird. Über Gleitlager sind die Pleuel, die die Verbindung zu den Kolben herstellen, mit der Kurbelwelle verbunden. Den unteren Abschluß des Motors bildet die Ölwanne, in der sich das für die Schmierung und Kühlung erforderliche Motoröl sammelt. Der aus Leichtmetall bestehende Zylinderkopf ist auf den Motorblock aufgeschraubt.

Der Zylinderkopf ist nach dem sogenannten Querstromprinzip aufgebaut. Das bedeutet, daß die angesaugte Luft auf der einen Seite des Zylinderkopfes einströmt, während die verbrannten Gase auf der gegenüberliegenden Seite ausgestoßen werden. Durch die Querstrom-Anordnung ist ein schneller Gaswechsel sichergestellt. Die im Zylinderkopf angeordnete Nokkenwelle wird über eine Steuerkette von der Kurbelwelle angetrieben. Ein hydraulischer Kettenspanner sorgt dafür, daß die Kette immer richtig gespannt ist. Die Nockenwelle betätigt direkt über hydraulische Tassenstößel die in Reihe angeordneten Ein- und Auslaßventile. Die hydraulischen Tassenstößel sorgen automatisch für einen Ausgleich von unerwünschtem Ventilspiel, welches durch die unterschiedliche Wärmeausdehnung einzelner Bauteile im Ventiltrieb entsteht. Dadurch entfällt im Rahmen der Wartung das Einstellen des Ventilspiels.

Für die Motorschmierung sorgt eine Ölpumpe, die vorn am Zylinderkurbelgehäuse befestigt ist und von einer zusätzlichen Rollenkette angetrieben wird. Das im Ölsumpf angesaugte Öl gelangt über Bohrungen und Leitungen zu den Lagern der Kurbel- und Nockenwelle sowie in die Zylinderlaufbahnen.

Die Kühlmittelpumpe ist vorn am Motorblock angeflanscht. Der Antrieb der Pumpe erfolgt über einen Keilrippenriemen, der unter anderem auch den Generator und die Lenkhilfpumpe antreibt. Zu beachten ist, daß der Kühlmittelkreislauf ganzjährig mit einer Mischung aus Kühlerfrost- und Korrosionsschutzmittel sowie kalkarmem Wasser befüllt ist.

Die Kraftstoffversorgung erfolgt über eine mechanische Einspritzpumpe, die ebenfalls über die Steuerkette von der Kurbelwelle angetrieben wird.

Das Diesel-Prinzip

Beim Dieselmotor wird reine Luft in die Zylinder angesaugt und dort sehr hoch verdichtet. Dadurch steigt die Temperatur in den Zylindern über die Zündtemperatur des Dieselöls an. Wenn der Kolben kurz vor dem oberen Totpunkt steht, wird in die hochverdichtete und etwa 600° C heiße Luft Dieselöl eingespritzt. Das Dieselöl zündet von selbst, Zündkerzen sind also nicht erforderlich.

Bei sehr kaltem Motor kann es vorkommen, daß durch die Verdichtung die Zündtemperatur nicht erreicht wird. In diesem Fall muß der Motor vorgeglüht werden. Dazu befindet sich in jeder Wirbelkammer eine Glühkerze, die den Brennraum aufheizt. Spannung erhält die Glühkerze über das Vorglühzeit-Relais.

Die Einspritzpumpe erhält den Kraftstoff über eine mechanische Förderpumpe. Sie fördert den Diesel-Kraftstoff in die Einspritzpumpe, wo der für die Diesel-Einspritzung erforderliche hohe Druck (100–145 bar) aufgebaut wird. Gleichzeitig steuert ein Regler in der Einspritzpumpe die eingespritzte Kraftstoffmenge entsprechend der Betätigung des Gaspedals. Über die Einspritzventile wird der Diesel-Kraftstoff jeweils zum richtigen Zeitpunkt in die Vorkammer des betreffenden Zylinders eingespritzt. Durch die Form der Vor- oder Wirbelkammer erhält die angesaugte Luft beim Verdichtungshub eine bestimmte Wirbelbewegung, so daß sich der eingespritzte Kraftstoff optimal mit Luft vermischt.

Bevor der Kraftstoff in die Einspritzpumpe gelangt, durchfließt er einen Wärmetauscher. Dort wird das Dieselöl vorgewärmt, damit es bei niedrigen Außentemperaturen nicht versulzt und Leitungen sowie Filter verstopft. Der Kraftstoffilter hält Verunreinigungen und Wasser zurück. Es ist deshalb äußerst wichtig, den Kraftstoffilter entsprechend der Wartungsvorschrift auszuwechseln.

Die Einspritzpumpe und die Kraftstoff-Förderpumpe sind wartungsfrei. Angetrieben werden beide Pumpen von der Kurbelwelle über eine Doppel-Hülsenkette. Eine Querbohrung im Zylinderkopf sorgt dafür, daß alle beweglichen Teile beider Pumpen mit Motoröl geschmiert werden.

Abgestellt wird der Dieselmotor über eine Unterdruckdose (Stoppdose), die die Regelstange in der Einspritzpumpe in die Stoppstellung zieht und dadurch die Kraftstoffzufuhr unterbricht. Beim Drehen des Zündschlüssels in 0-Stellung wird im Lenkschloß ein Ventil zur Stoppdose geöffnet. An diesem Ventil liegt Unterdruck an, der von der Unterdruckpumpe laufend erzeugt wird, so lange der Motor läuft. Bei stehendem Motor wird die Stoppdose wieder belüftet und damit auch die Regelstange freigegeben. Sollte mal im Unterdrucksystem ein Defekt sein, dann kann der Motor über den Stopphebel an der Einspritzpumpe abgestellt werden.

Damit auch der kalte Motor einen runden Leerlauf hat, ist beim 4- und 5-Zylinder-Motor eine pneumatische Leerlaufanhebung vorhanden. Über ein oder zwei Thermoventile, je nach Ausführung, wird entsprechend der Kühlmitteltemperatur der Unterdruck geregelt, der an der Unterdruckdose für Leerlaufanhebung anliegt. Die Unterdruckdose steuert dementsprechend über die Regelstange der Einspritzpumpe die Leerlaufdrehzahl.

6-Zylinder-Motoren besitzen eine elektronische Leerlaufregelung, die die Leerlaufdrehzahl immer konstant hält.

Die wichtigsten Motordaten

Modell		200 D/TD	200 D/TD	250 D/TD	250 D/TD	250 D Turbo
Herstellungszeitraum		1. 85 – 5. 89	6. 89 –	1. 85 – 5. 89	6. 89 –	9. 88 – 5. 89
Typ	Standard T-Modell	124.120 124.180	124.120 124.180	124.125 124.185	124.125 124.185	124.128
Motor		601.912	601.912	602.912	602.912	602.962
Hubraum	cm^3	1997	1997	2497	2497	2497
Leistung	kW bei 1/min PS bei 1/min	53/4600 72/4600	55/4600 75/4600	66/4600 90/4600	69/4600 94/4600	90/4600 122/4600
Drehmoment	Nm bei 1/min	123/2800	126/2800	154/2800	158/2800	225/2400
Bohrung	∅ mm	87,0	87,0	87,0	87,0	87,0
Hub	mm	84,0	84,0	84,0	84,0	84,0
Verdichtung		22,0	22,0	22,0	22,0	22,0
Steuerzeiten Einlaß öffnet nach OT Einlaß schließt nach UT Auslaß öffnet vor UT Auslaß schließt vor OT		 11° 17° 28° 15°	 11° 17° 28° 15°	 12° 18° 27° 14°	 12° 18° 27° 14°	 12° 18° 27° 14°
Zündfolge		1-3-4-2	1-3-4-2	1-2-4-5-3	1-2-4-5-3	1-2-4-5-3
Zylinderzahl		4	4	5	5	5

Modell		250 D Turbo	300 D/TD	300 D/TD	300 D/TD/Turbo	300 D/TD/Turbo
Herstellungszeitraum		6. 89 –	1. 85 – 5. 89	6. 89 –	1. 88 – 5. 89	6. 89 –
Typ	Standard T-Modell	124.128	124.130 124.190	124.130 124.190	124.133 124.193	124.133 124.193
Motor		602.962	603.912	603.912	603.960	603.960
Hubraum	cm^3	2497	2996	2996	2996	2996
Leistung	kW bei 1/min PS bei 1/min	93/4600 126/4600	80/4600 109/4600	83/4600 113/4600	105/4600 143/4600	108/4600 147/4600
Drehmoment	Nm bei 1/min	231/2800	185/2800	191/2800	267/2400	273/2400
Bohrung	∅ mm	87,0	87,0	87,0	87,0	87,0
Hub	mm	84,0	84,0	84,0	84,0	84,0
Verdichtung		22,0	22,0	22,0	22,0	22,0
Steuerzeiten Einlaß öffnet nach OT Einlaß schließt nach UT Auslaß öffnet vor UT Auslaß schließt vor OT		 12° 18° 27° 14°	 12° 18° 27° 14°	 12° 18° 27° 14°	 12° 18° 27° 14°	 12° 18° 27° 14°
Zündfolge		1-2-4-5-3	1-5-3-6-2-4	1-5-3-6-2-4	1-5-3-6-2-4	1-5-3-6-2-4
Zylinderzahl		5	6	6	6	6

Motor aus- und einbauen

Der Motor wird komplett mit dem Getriebe nach oben ausgebaut. Es empfiehlt sich deshalb auch, das Kapitel „Getriebeausbau“ zu lesen. Zum Ausbau des Motors wird ein Kran benötigt. In **keinem Fall** darf der Motor mit einem Rangierheber nach unten abgesenkt werden, da der Heber am Motor schwere Schäden verursachen würde.

Da auch auf der Wagenunterseite einige Verbindungen gelöst werden müssen, werden vier Unterstellböcke sowie zum Aufbocken des Wagens ein Rangierheber benötigt. Vor der Montage im Motorraum sollten die Kotflügel mit Decken geschützt werden. Die vordere Haube muß beim Motorausbau nicht abgenommen werden.

Der Motor kann auch ohne Getriebe ausgebaut werden. Das Getriebe muß dann mit einem Werkstattwagenheber und einer Holzzwischenlage abgestützt werden; Verbindungsschrauben Motor/Getriebe lösen und Motor mit Montierhebel vom Getriebe abdrücken.

Achtung: Bei Fahrzeugen mit Klimaanlage muß der Kältemittelkreislauf geöffnet und die Anlage entleert werden (Werkstattarbeit). Es wird nur der Ausbau des 4-Zylinder-Motors beschrieben.

Ausbau

- Motorhaube in senkrechte Stellung hochdrücken. Dazu Motorhaube öffnen. Sperrhebel an der rechten Motorhaubenstütze eindrücken und Haube etwas anheben, damit der Sperrhebel nicht wieder einrastet. Sperrhebel an der linken Stütze eindrücken und Motorhaube senkrecht stellen. **Achtung:** Der linke Sperrhebel muß in die obere Sicherung einrasten.
- Massekabel von der Batterie abklemmen.
- Pluskabel von der Batterie abklemmen.

- Luftschlauch –Pfeil– am Luftfilter und am Lufttrichter abziehen. Schlauch dabei etwas drehen und in der Länge zusammendrücken.
- Luftfilter abnehmen, siehe Seite 67.

- Bei Fahrzeugen mit Niveauregulierung: Innensechskantschrauben –Pfeile– herausdrehen und Druckölpumpe mit angeschlossenen Leitungen zur Seite legen. Mitnehmerscheibe abnehmen.

Achtung: Nicht die beiden Innensechskantschrauben zur Befestigung des Deckels lösen. Diese Schrauben haben ein durchgehendes Gewinde, sichtbar zwischen Deckel und Gehäuse.

- Hydrauliköl aus dem Vorratsbehälter der Lenkhilfe mit geeigneter Spritze absaugen. Schläuche abschrauben und verschließen. Auslaufende Flüssigkeit mit Lappen auffangen.
- Gaszug im Motorraum ausbauen und zur Seite legen, siehe Seite 58.
- Fahrzeug aufbocken, siehe Seite 211.
- Untere Motorraumverkleidung ausbauen, siehe Seite 18.
- Kühlmittel ablassen, siehe Seite 51.
- Kühler ausbauen, siehe Seite 47.
- Kühlmittelschläuche oben am Kühlmittelflansch und seitlich am Kühlmittelregler abziehen, vorher Schlauchschellen lösen und ganz zurückschieben.

- Heizungsschlauch links an der Spritzwand vom Verbindungsrohr abziehen, vorher Schlauchschelle öffnen und zurückschieben.
- Unterdruckleitung für Bremskraftverstärker an der Unterdruckpumpe abschrauben, am Halter für Kraftstoffilter aushängen und zur Seite legen.
- Sämtliche Unterdruckleitungen von der Stoppdose, der Leerlaufanhebungsdose (nur 4- und 5-Zylinder-Motor), dem Thermoventil und der Vakuumpumpe abziehen. Anschließend Unterdruckleitungen unter dem Saugrohr hervorziehen und zur Seite legen.
- Schwarze Kraftstoff-Rücklaufleitung vom Stutzen am Halter des Kraftstoffilters abziehen, vorher Schelle lösen und zurückschieben. Austretenden Kraftstoff mit Lappen auffangen. Schlauch verschließen, dazu saubere Schraube mit passendem Gewindedurchmesser in den Schlauch stecken.
- Kraftstoff-Zulaufschlauch vom Kraftstoff-Thermostat abziehen und verschließen.

Achtung: Folgende elektrische Leitungen beim Ausbau mit Tesaband markieren, damit sie wieder an der richtigen Klemme beziehungsweise am richtigen Stecker angeschlossen werden.

- Stecker vom Drehstromgenerator abziehen, dazu Federklammer mit Schraubendreher vom Stecker abhebeln und zur Seite klappen, Stecker herausziehen.
- Stecker vom Magnetträger abziehen, dazu mit Spitzzange Stecker seitlich etwas zusammendrücken. Elektrische Leitung aus den Haltern ausclipsen und herausnehmen.
- Stecker von den Thermoschaltern an Zylinderkopf und Kühlmittelflansch abziehen. Stecker beim Abziehen etwas entgegen der unten angebrachten Rastnase drücken.
- Leitungen für Glühkerzen abschrauben (SW 10) und aus den Haltern aushängen. **Achtung:** Die Befestigungsmuttern sind bei manchen Modellen unverlierbar in die Kabelschuhe eingelassen.
- Abdeckkappe am Anlasser mit Schraubendreher abhebeln und elektrische Leitungen abklemmen.
- Halter für Anlasserleitung am Ölfilter abschrauben.

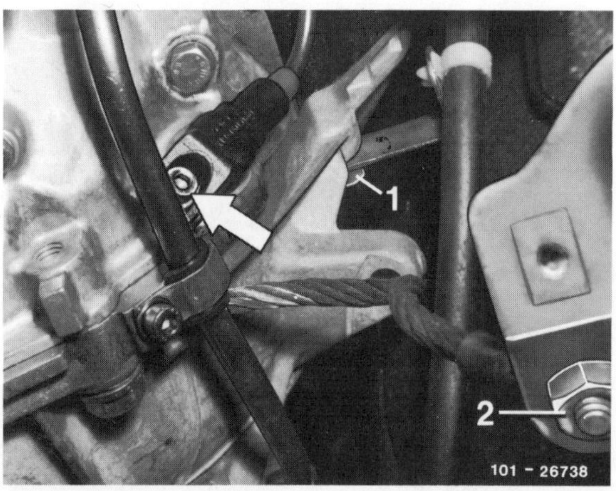

- Untere Befestigungsschraube für Anlasser herausdrehen und Halter mit Tachowelle zur Seite legen. Wird der Motor ohne Getriebe ausgebaut, Anlasser ausbauen, siehe Seite 191.
- Massekabel –2– abschrauben.
- Bei Fahrzeugen mit Drehzahlfühler, falls vorhanden, Leitung an der Ölwanne –Pfeil– abschrauben.
- Abgasanlage am Flansch des Abgaskrümmers abschrauben.

Achtung: Wird der Motor zusammen mit dem Getriebe ausgebaut, sind zusätzlich folgende Arbeiten durchzuführen.

- Seitenabstützung für Abgasanlage am Getriebe abschrauben, Klemmschrauben am U-Bügel lösen und Abstützung nach unten schwenken, siehe Seite 74.
- Gelenkwelle am Getriebe abschrauben, siehe Seite 84.
- Hydraulikleitung für Kupplung mit Halter am Kupplungsgehäuse abschrauben.

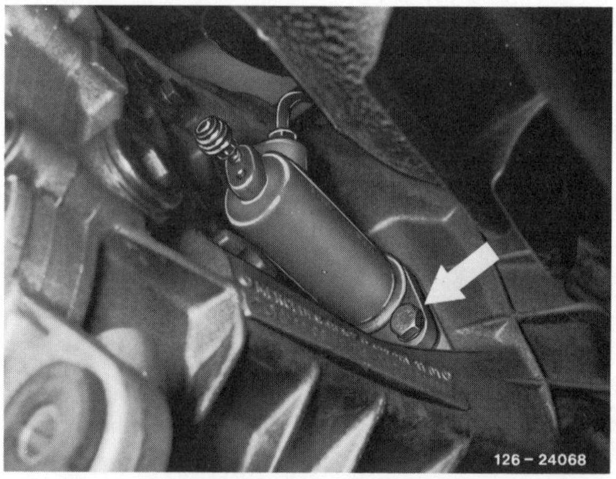

- Kupplungs-Nehmerzylinder abschrauben und mit der Leitung so weit nach hinten ziehen, bis die Druckstange aus dem Kupplungsgehäuse frei wird. Nehmerzylinder mit Draht am Aufbau aufhängen. **Achtung:** Falls die Leitung geöffnet wird, muß die Anlage nach dem Einbau entlüftet werden.
- Schaltstangen von den Getriebeschalthebeln abnehmen, vorher Sicherungsklammern abhebeln.
- Antriebswelle für Geschwindigkeitsmesser am hinteren Getriebedeckel abschrauben und herausziehen.

- Wird der Motor vom Getriebe getrennt, Verbindungsschrauben Motor/Getriebe unten herausschrauben.
- Fahrzeug abbocken.
- Werkstattwagenheber mit Holzzwischenlage unter das Getriebe fahren. Getriebe leicht vorspannen (anheben).

Aufhängeöse vorn.

Aufhängeöse hinten.

- Motor anseilen. Dazu geeignetes Seil oder Kette an den Aufhängeösen des Motors einhängen. Motor mit Werkstattkran leicht vorspannen.

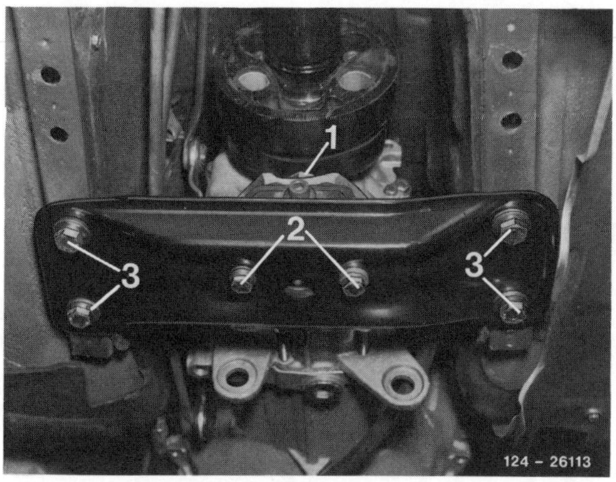

- Hinteren Motorträger mit Motorlager ausbauen. Dazu Mutter –1– und Schrauben –3– abschrauben.

- Innensechskantschrauben –Pfeil– für Motorträger an den beiden vorderen Motorlagern von unten herausschrauben. Die Abbildung zeigt die Schraube für das rechte Motorlager.
- Verbindungsschrauben Motor/Getriebe oben herausschrauben.
- Motor mit Montiereisen vom Getriebe abdrücken und herausheben.

- Motor mit Getriebe in eine Schräglage von ca. 45° drehen und herausheben. Die Abbildung zeigt den Ottomotor.

Achtung: Der Motor muß beim Herausheben sorgfältig geführt werden, um Beschädigungen am Aufbau zu vermeiden.

- Wurden Motor und Getriebe zusammen ausgebaut, Getriebe abflanschen.

Einbau

- Motorlager, Kühlmittel-, Öl- und Kraftstoffschläuche auf Porosität oder Risse prüfen, falls erforderlich erneuern.
- Rillenkugellager in der Kurbelwelle und Kupplungsausrücklager auf leichten Lauf, Ausrückhebel auf Leichtgängigkeit prüfen.
- Kupplungs-Reibscheibe auf ausreichende Belagdicke sowie Belagzustand prüfen.
- Falls ausgebaut, Getriebe an Motor anflanschen und komplett in den Motorraum einfahren.
- Motor einsetzen. Beim Absenken darauf achten, daß der Motor sorgfältig geführt wird, um Beschädigungen an Antriebswelle, Kupplung und Aufbau zu vermeiden.
- Verbindungsschrauben Motor/Getriebe festschrauben.
- Fahrzeug aufbocken.
- Befestigungsschrauben für die vorderen Motorlager einsetzen und handfest anschrauben.
- Hinteren Motorträger mit 25 Nm für die Befestigungsschrauben und 70 Nm für die Befestigungsmutter anschrauben.
- Schrauben für vordere Motorlager mit **70 Nm** festziehen.
- Falls ausgebaut, Tachowelle anschrauben, Schaltstangen einhängen und mit Klammern sichern, Kupplungsnehmerzylinder einsetzen und festschrauben. Gelenkwelle sowie Seitenabstützung für Abgasanlage am Getriebe anschrauben, siehe Seite 83.
- Vorderes Abgasrohr an Abgaskrümmer anschrauben.
- Kühler einbauen, siehe Seite 47.
- Halter für Tachowelle anschrauben und, falls ausgebaut, Anlasser einbauen und elektrische Leitungen anschließen, siehe Seite 192.
- Leitung für Drehzahlfühler an der Ölwanne hinten links anschrauben.
- Massekabel unten am Motor anschrauben.
- Elektrische Leitung für Anlasser mit Halter am Ölfilter anschrauben.
- Folgende elektrische Leitungen anklemmen beziehungsweise anschrauben: Kabel für Glühkerzen, 2 Stecker für Thermoschalter, Leitung an Magnetträger und Drehstromgenerator. Kabel in die Halterungen einhängen beziehungsweise mit Kabelbindern sichern.
- Kraftstoff-Rücklaufleitung am Halter für Kraftstoff-Filter aufschieben und mit Schelle sichern. Zulaufleitung am Kraftstoff-Thermostat aufschieben und mit Schelle sichern. **Achtung:** Die Rücklaufleitung ist die obere Leitung am Verbindungsstück am linken Radlauf.
- Unterdruckleitung für Bremskraftverstärker an der Unterdruckpumpe anschrauben.
- Weiterhin folgende Unterdruckleitungen aufstecken: schwarz – an Unterdruckdose für Leerlaufanhebung (nicht bei 6-Zylinder-Motor), braun/blau – an Stoppdose, weiß/braun/lila – an Thermoventil (gerader Anschluß), weiß – an Thermoventil (schräger Anschluß), schwarzer Gummischlauch – an Vakuumpumpe, siehe Seite 60.
- Heizungsschlauch an der Spritzwand aufschieben und mit Schelle sichern.
- Kühlmittelschläuche am Kühlmittelregler und am Kühlmittelflansch aufschieben und mit Schellen sichern.
- Hydraulikleitungen für Servopumpe anschrauben, dabei Rücklaufschlauch (SW 19) mit 40 Nm und Vorlaufschlauch (SW 17) mit 25 Nm festziehen.
- Gaszug einhängen, siehe Seite 58.
- Ölstand im Motor und Getriebe prüfen, gegebenenfalls auffüllen, siehe Seite 42.
- Hydrauliköl für Lenkhilfe auffüllen, Lenkhilfe entlüften, siehe Seite 116.
- Kühlmittel auf Gefrierschutz prüfen und auffüllen, siehe Seite 50.
- Falls ausgebaut, Druckölpumpe für Niveauregulierung in Mitnehmer einsetzen und mit 15 Nm anschrauben. Vorher Mitnehmerscheibe einsetzen.
- Luftfiltereinsatz reinigen, gegebenenfalls erneuern, siehe Seite 67.
- Luftfilter einbauen, siehe Seite 67.
- Luftschlauch einbauen.
- Batterie-Pluskabel anklemmen.
- Batterie-Massekabel anklemmen.
- Untere Motorraumabdeckung einbauen, siehe Seite 18.
- Fahrzeug ablassen.
- Leerlauf einstellen, siehe Seite 59.
- Motor auf Betriebstemperatur bringen, Kühlmittelstand überprüfen und sämtliche Schlauchanschlüsse auf Dichtheit prüfen.

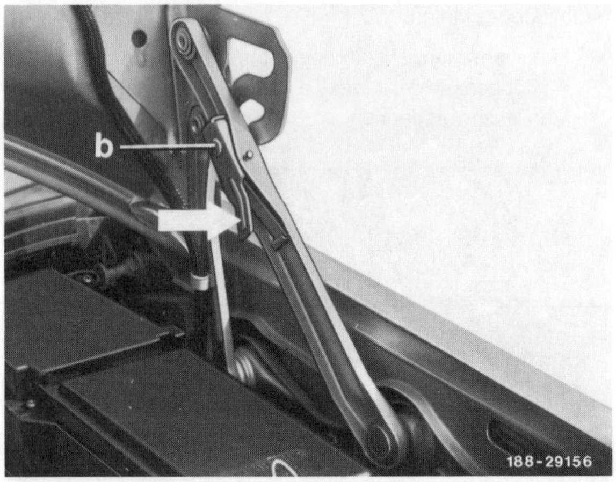

- Motorhaube schließen, dazu Sperrhebel –b– am linken Haubenscharnier eindrücken.

Die Motordurchlüftung

Die Motordurchlüftung ist erforderlich, damit im Kurbelgehäuse kein schädlicher Überdruck entstehen kann.

Da die Kolbenringe nicht vollständig abdichten können, gelangen Verbrennungsgase in das Kurbelgehäuse. Vermischt mit heißen Öl- und Kraftstoffdämpfen kann sich dadurch ein für den Kurbeltrieb schädlicher Überdruck aufbauen. Um dies zu vermeiden, werden die Gase über einen Verbindungsschlauch vom Motor angesaugt und verbrannt.

Die geschlossene Motordurchlüftung ist wartungsfrei.

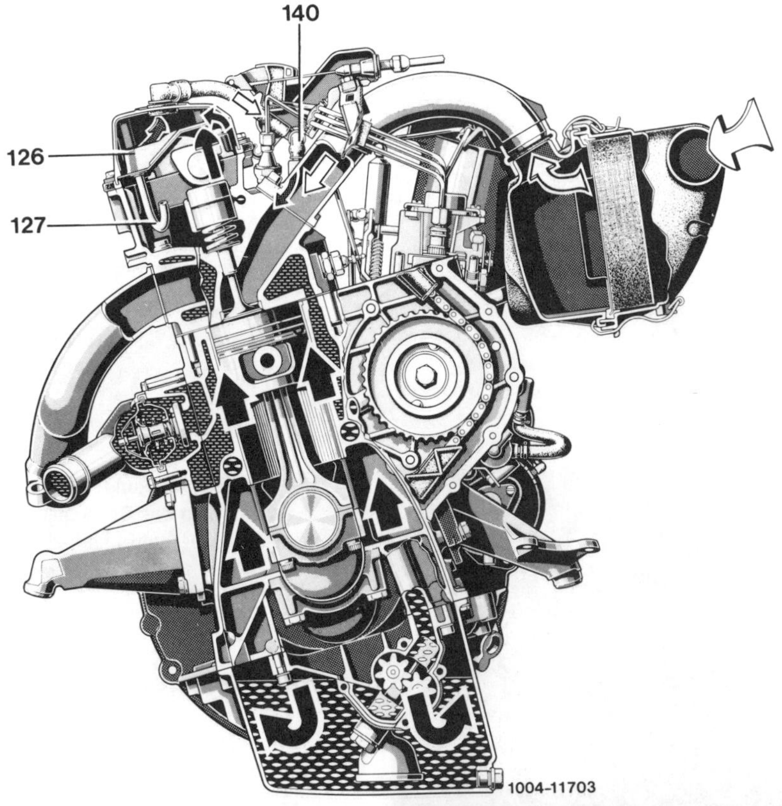

Die heißen Gase strömen durch den Ölabscheider –126– in der Zylinderkopfhaube über eine Rohrleitung –140– in den Ansaugstutzen. Im Ölabscheider –126– wird das Öl herausgefiltert und läuft über das Rücklaufrohr –127– zurück zum Zylinderkopf.

Zusätzlich besitzen Fahrzeuge mit Abgasrückführung seit 9/88 im Zylinderkopfdeckel ein Druckregelventil das verhindert, daß sich im Motor ein zu hoher Unterdruck aufbaut.

Zur Belüftung des Membranraumes im Druckregelventil ist im Zylinderkopfdeckel eine Belüftungsbohrung –Pfeil– angebracht. Sie darf nicht durch Schmutz oder Konservierungsmittel verschlossen sein.

Untere Motorraumabdeckung aus- und einbauen

Achtung: Beim Aus- und Einbau darauf achten, daß die Oberfläche des Dämmaterials nicht beschädigt wird.

Ausbau

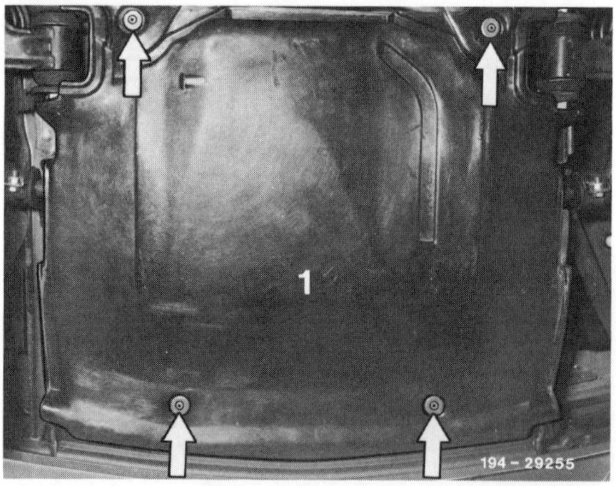

- Vordere Abdeckung –1– mit 4 Schrauben –Pfeile– abschrauben und herausnehmen.

- Hintere Abdeckung –2– an 8 Befestigungspunkten abschrauben und herausnehmen.
- Falls erforderlich, Seitenteile links und rechts mit je 2 Schrauben am Längsträger und 1 Schraube an der Konsole des unteren Querlenkerlagers abschrauben und herausnehmen.

Einbau

Achtung: Wird eine neue hintere Abdeckung eingebaut, muß je nach Getriebeausführung die entsprechende Aussparung aus der Abdeckung herausgesägt werden. Die Aussparungen sind an der Außenseite vorgezeichnet und mit Kennzeichen versehen. 4: bei 4-Gang-Getriebe; 5: bei 5-Gang-Getriebe; A: bei automatischem Getriebe.

- Falls ausgebaut, seitliche Abdeckungen ansetzen und festschrauben.
- Hintere Abdeckungen ansetzen und festschrauben.

- Vordere Abdeckung so ansetzen, daß die Aussparung vorn in den Steg des Seitenteils einrastet –Pfeil– und daß die seitlichen Kanten innerhalb der seitlichen Abdeckungen liegen. Vordere Abdeckung festschrauben.

Kernlochdeckel aus- und einbauen

Die Kernlöcher sind mit den Kühlmittelkanälen verbunden und durch Blechdeckel verschlossen. Sollte bei tiefen Außentemperaturen das Kühlmittel einmal gefrieren, werden die Blechdeckel herausgedrückt. Dadurch wird eine Beschädigung des Motorblockes verhindert.

Undichte Kernlochdeckel müssen erneuert werden.

Die Kernlöcher befinden sich seitlich am Motorblock, und zwar auf der rechten Seite 4 Stück in Höhe der einzelnen Zylinder sowie eines etwas unterhalb zwischen dem 3. und 4. Zylinder. Auf der linken Seite befindet sich 1 Kernloch neben der Innensechskantverschlußschraube.

- Jeweiliges Aggregate-Teil ausbauen, welches den Zugang zum betreffenden Kernlochdeckel behindert.

- Schraubendreher oder schmalen Meißel an die Kante des Deckels ansetzen.

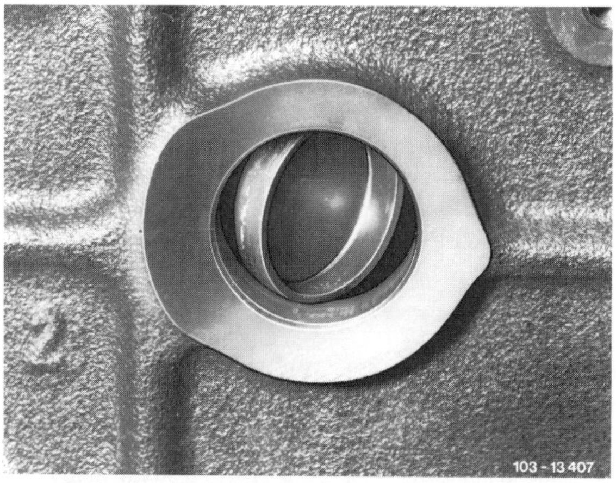

- Verschlußdeckel vorsichtig auf einer Seite so weit hineinschlagen, bis er sich um ca. 90° gedreht hat.

- Herausstehenden Deckel mit Rohrzange herausziehen.

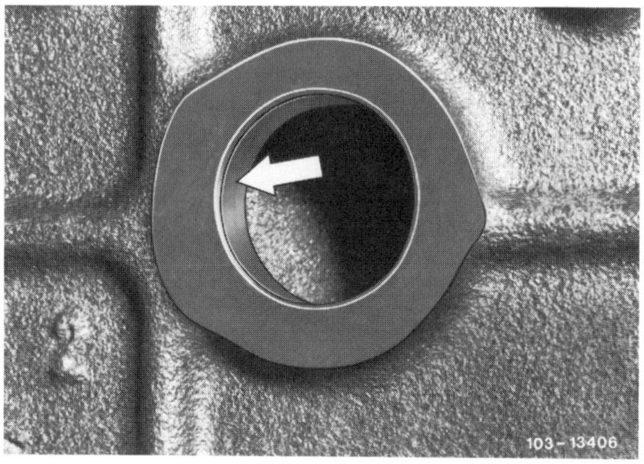

- Kernloch von Rückständen gründlich reinigen. Die Dichtfläche –Pfeil– muß fettfrei sein.
- Dichtfläche mit Dichtungsmittel (z.B. Loctite Nr. 241 oder Curil) bestreichen.

- Neuen Verschlußdeckel mit geeignetem Dorn hineinschlagen. Dichtungsmittel entsprechend Herstelleranweisung aushärten lassen.
- Ausgebaute Aggregate-Teile einbauen.
- Kühlmittel auffüllen, siehe Seite 51.
- Motor warmfahren, Kühlmittelstand sowie Dichtheit des Kernlochdeckels prüfen.

Kettenspanner aus- und einbauen

Bei Kettengeräuschen, die auf einen nicht exakt arbeitenden Kettenspanner schließen lassen, ist der Kettenspanner auszubauen und zu prüfen. Falls erforderlich, Kettenspanner komplett auswechseln.

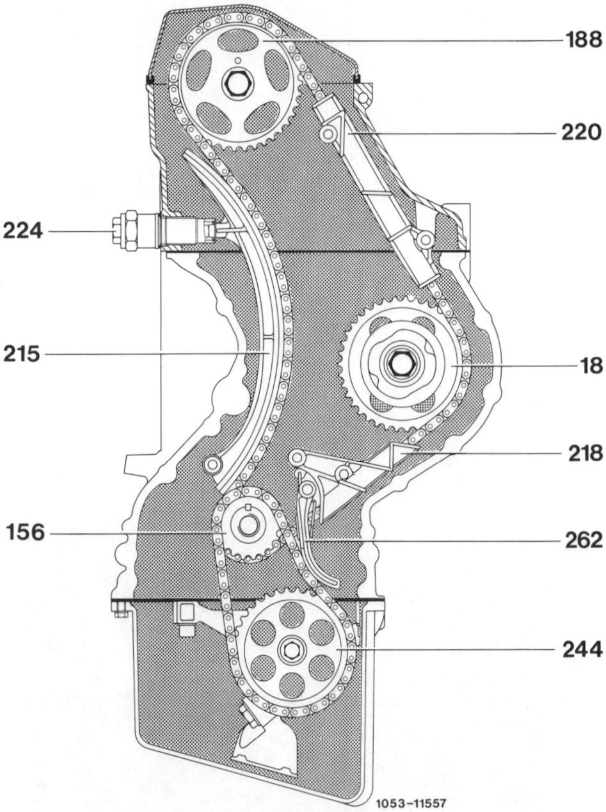

Der Kettenspanner –224– ist auf der rechten Seite in den Zylinderkopf eingeschraubt. Durch eine Ölbohrung im Zylinderkopf wird er mit Drucköl (Motoröl) versorgt.

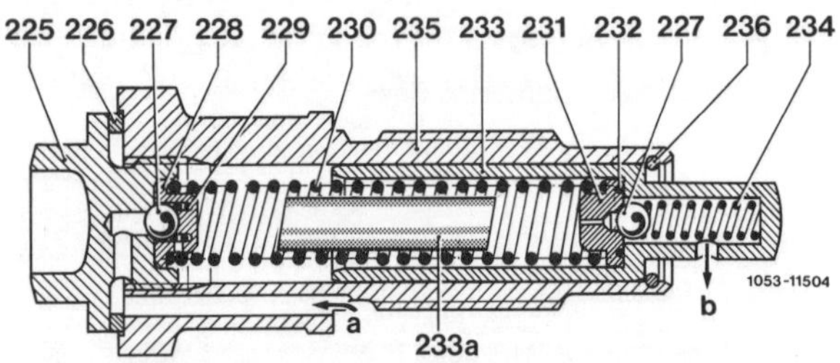

Die Steuerkette wird durch die Federkraft der Druckfeder –230– und durch den Öldruck im Kettenspanner gespannt. Über das Rückschlagventil –227/228– und das Druckbegrenzungsventil –227/231– wird der Anpreßdruck des Druckbolzens –233– auf die Steuerschiene –215– annähernd konstant gehalten, und zwar unabhängig vom Motoröldruck.

Ausbau

- Kettenspanner –224– seitlich am Zylinderkopf herausschrauben.

Prüfen

- Kettenspanner mit Öl füllen. Dazu Spanner mit dem Druckbolzen nach unten in Motoröl SAE 10 stellen. Der Ölstand soll dabei über dem Bund am Sechskant reichen. Druckbolzen nun mit Presse (z. B. Bohrständer) 7- bis 10mal bis zum Anschlag durchdrücken.
- Nach dem Befüllen darf sich der Kettenspanner nur ganz langsam, gleichmäßig und unter großer Kraftaufwendung zusammendrücken lassen. Andernfalls Kettenspanner auswechseln.

Einbau

- Kettenspanner mit neuem Dichtring und **80 Nm** einschrauben. Dabei muß der Druckbolzen an der Nase der Spannschiene anliegen.

Achtung: Kettenspanner nur in gefülltem Zustand einbauen.

Zylinderkopf aus- und einbauen

Zylinderkopf nur bei abgekühltem Motor ausbauen. Der Abgaskrümmer bleibt angebaut.

Eine defekte Zylinderkopfdichtung ist an einem oder mehreren der folgenden Merkmale erkennbar:

- Leistungsverlust.
- Kühlflüssigkeitsverlust.
- Ölverlust.
- Kühlflüssigkeit im Motoröl, Ölstand nimmt nicht ab, sondern zu. Graue Farbe des Motoröls, Schaumbläschen am Peilstab, Öl dünnflüssig.
- Motoröl in der Kühlflüssigkeit.
- Kühlflüssigkeit sprudelt stark.
- Keine Kompression auf 2 benachbarten Zylindern.

Ausbau

- Motorhaube senkrecht stellen.
- Batterie-Massekabel abklemmen.
- Kühlmittel ablassen, siehe Seite 51.
- Luftfilter ausbauen, siehe Seite 67.
- Keilrippenriemen entspannen und abnehmen, siehe Seite 32.
- Schraube für Riemenstoßdämpfer-Befestigung herausdrehen, siehe Seite 32.
- Bei Fahrzeugen mit Niveauregulierung Druckölpumpe abschrauben und mit angeschlossenen Leitungen zur Seite legen. Mitnehmerscheibe herausnehmen, siehe Seite 26.

- Halter –62– für Führungsrohr des Ölmeßstabes abschrauben.

- Kühlmittelschläuche am Kühlmittelstutzen abziehen. Vorher Schellen ganz öffnen und zurückschieben.
- Kabel von den Temperaturschaltern auf der linken Seite am Zylinderkopf und am Kühlmittelflansch abziehen.
- Gaszug aushängen, siehe Seite 58.

- Kraftstoffleitungen am Halter des Kraftstoffilters abschrauben, Leckleitung an der vorderen Einspritzdüse abziehen. **Achtung:** Zur Erleichterung beim Wiedereinbau, Kraftstoffleitungen mit Tesaband kennzeichnen. Austretenden Kraftstoff mit Lappen auffangen.

- 2 Befestigungsschrauben –116– für Halter herausdrehen und Halter mit Kraftstoffilter abnehmen.

- Vorderes Abgasrohr vom Abgaskrümmer abschrauben, siehe Seite 73.
- Einspritzleitungen mit offenem Ringschlüssel (zum Beispiel HAZET 4550-14 mit ¼"-Antrieb und Verlängerung) von der Einspritzpumpe und den Einspritzventilen abschrauben.
- Ansaugrohr am Zylinderkopf mit Innensechskantschlüssel abschrauben und zusammen mit Einspritzleitungen herausnehmen.
- Motor-Entlüftungsschlauch aus der Gummitülle am Zylinderkopfdeckel und aus Verbindungsschlauch am Saugrohr herausziehen.

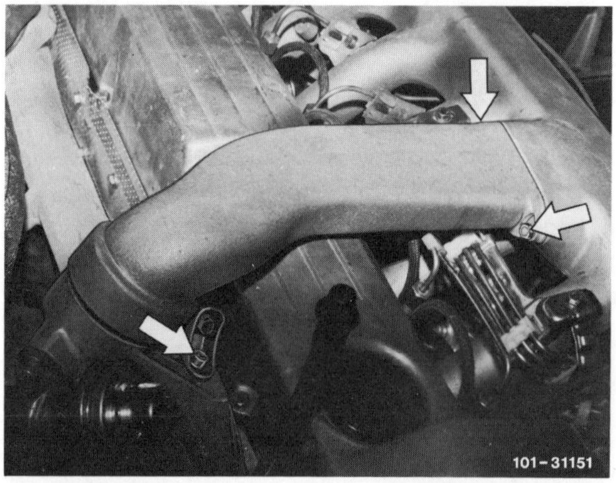

101-31151

- **Turbomotor:** Ladeluftrohr abschrauben und herausnehmen.
- Zylinderkopfdeckel mit Steckschlüssel SW 10 abschrauben. **Achtung:** Mitunter ist die Deckeldichtung etwas festgesaugt. In diesem Fall vorsichtig mit Gummihammer seitlich gegen den Deckel klopfen.

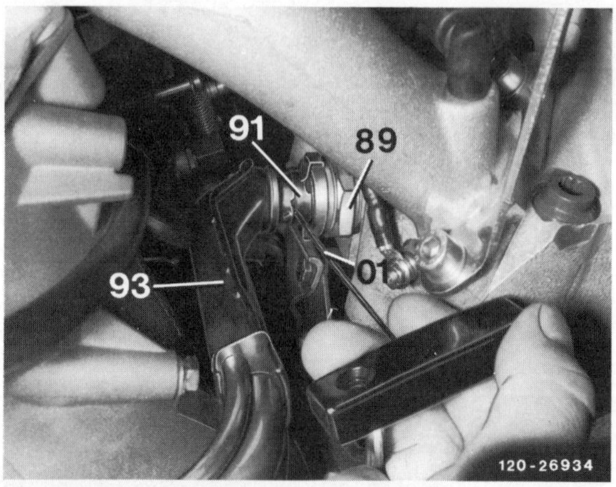

120-26934

- Sicherung –91– für Heizungsvorlaufleitung mit einem selbstangefertigten Haken –01– abziehen.
- Rohrkrümmer –93– am Ölfilter abschrauben und vom Stutzen –89– abziehen.
- Unterdruckleitungen vom Thermoventil abziehen.
- Elektrische Leitungen an den Glühkerzen abschrauben, vorher Kabel mit Tesaband markieren.
- Motor auf Zünd-OT des 1. Zylinders stellen, siehe Seite 25.
- Kettenspanner ausbauen, siehe Seite 20.
- Nockenwelle ausbauen, Stellung von Steuerkette und Nockenwellenrad mit Lack oder einer Reißnadel kennzeichnen, siehe Seite 25.

103-25570

- Zwei Bolzen –221– und –222– mit Schlagauszieher und M6-Gewindebolzen herausschlagen.
- Steht das Ausziehwerkzeug nicht zur Verfügung, kann der Bolzen auch mit Hilfe einer 10er-Nuß (Länge des Vierkants = ½ Zoll) und einer M6-Schraube (ca. 3fache Nußlänge) mit Kontermutter herausgezogen werden. Dazu Kontermutter auf die M6-Schraube aufschrauben und eine Unterlegscheibe über die Schraube schieben. 10er-Nuß über dem Bolzen ansetzen, M6-Schraube in das Gewinde des Bolzens einschrauben und Kontermutter an der Nuß zur Anlage bringen. Die Unterlegscheibe dient zur Verbesserung der Anlagefläche. Schraubenkopf mit einem Ringschlüssel festhalten, gleichzeitig Kontermutter mit einem Maulschlüssel gegen die Nuß drehen und dadurch den Bolzen herausziehen.
- Führungsschiene für Steuerkette herausnehmen.

101-25519

- 2 Zylinderkopfschrauben M8 –Pfeile– mit langem Innensechskantschlüssel SW6 herausdrehen.

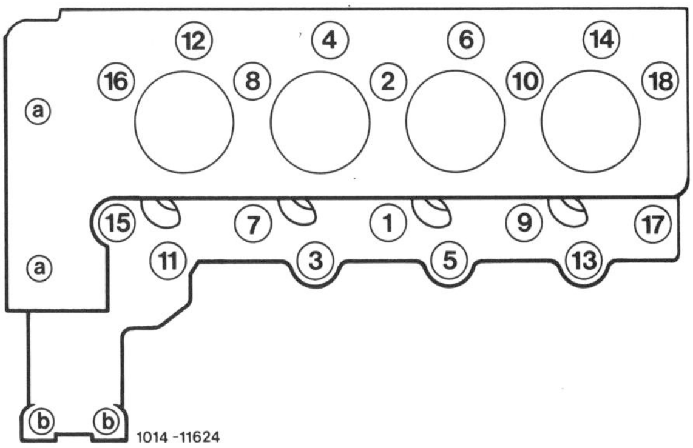

1014-11624

- 2 Schrauben –b– seitlich am Zylinderkopf herausdrehen.
- Zylinderkopfschrauben in umgekehrter Reihenfolge der Numerierung, also von 18 nach 1 herausdrehen. Dabei zuerst alle Schrauben ½ Umdrehung lösen und danach die Schrauben herausdrehen. Hierzu wird ein Innenvielzahnschlüssel-Einsatz benötigt (z. B. HAZET 2751).

Achtung: Die Abbildung zeigt den 4-Zylinder-Motor (18 Schrauben). Für den 5-Zylindermotor mit 22 Zylinderkopfschrauben, beziehungsweise den 6-Zylinder-Motor mit 26 Zylinderkopfschrauben gilt sinngemäß dieselbe Reihenfolge.

101-25885

Achtung: Die Zylinderkopfschrauben 2, 8, 10, 16 und 18 befinden sich in den Schächten der Nockenwellen-Lagerböcke –Pfeile–.

- Zylinderkopf abheben.

Einbau

Vor dem Einbau Zylinderkopf und Zylinderblock mit geeignetem Schaber von Dichtungsresten freimachen. Darauf achten, daß keine Dichtungsreste in die Bohrungen fallen.

- Zylinderkopf und Zylinderblock auf Anrisse und mit Stahllineal auf Planheit prüfen.
- Zylinderkopfdichtung grundsätzlich ersetzen.
- Neue Dichtung ohne Dichtmittel so auflegen, daß keine Bohrungen verdeckt werden.
- Zylinderkopf aufsetzen. **Achtung:** Der Zylinderkopf wird durch Fixierhülsen auf dem Zylinderblock zentriert.

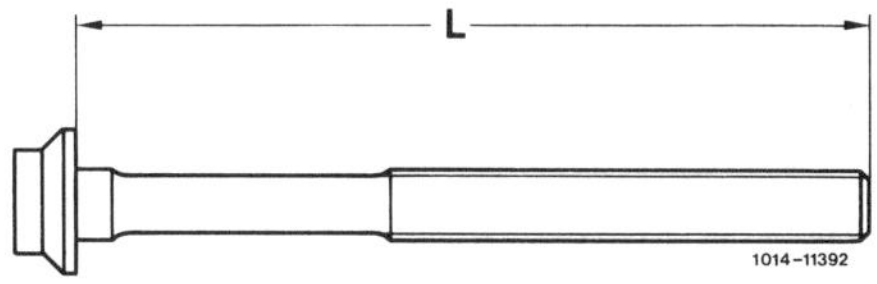

1014-11392

- Länge –L– der Zylinderkopfschrauben messen. Falls die maximale Länge überschritten ist, sind die Kopfschrauben auf jeden Fall zu ersetzen.

Gewinde-durchmesser	Länge im Neuzustand	Maximale Länge
M 10	80 mm	83,6 mm
M 10	102 mm	105,6 mm
M 10	115 mm	118,6 mm

- Zylinderkopfschrauben am Gewinde und an der Schraubenkopf-Auflagefläche mit Motoröl einölen, einschrauben und handfest anziehen. **Achtung:** Die Zylinderkopfschrauben werden ohne Unterlegscheiben montiert. Das Anziehen der Zylinderkopfschrauben ist mit größter Sorgfalt durchzuführen. Vor dem Anziehen der Schrauben sollte der Drehmomentschlüssel auf seine Genauigkeit geprüft werden.

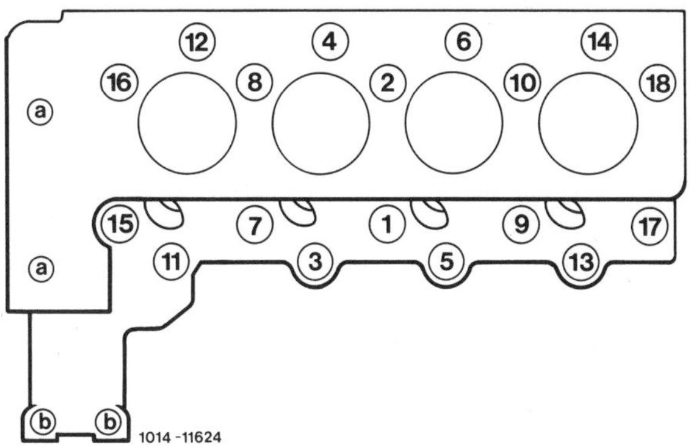

1014-11624

Zuordnung der Zylinderkopfschrauben

Schraubengröße	Nr. der Bohrung
M 10x 80	3, 5, 11, 13
M 10x102	2, 4, 6, 8, 10, 12, 14, 16, 18
M 10x115	1, 7, 9, 15, 17
M 8x 30	a
M 8x 80	b

Achtung: Die Abbildung zeigt den 4-Zylinder-Motor (18 Schrauben). Für den 5-Zylinder-Motor mit 22 Zylinderkopfschrauben, beziehungsweise den 6-Zylinder-Motor mit 26 Zylinderkopfschrauben gilt sinngemäß dieselbe Anzugsreihenfolge, Schraubenzuordnung und die gleichen Anzugsdrehmomente.

- Zylinderkopfschrauben gemäß der Reihenfolge 1 bis 18 (1 bis 22 oder 1 bis 26) in 4 Stufen anziehen.

Achtung: Die Zylinderkopfschrauben in jeder Stufe jeweils in der Reihenfolge von 1 bis 18 (1 bis 22 oder 1 bis 26) anziehen.

1. Stufe: mit Drehmomentschlüssel 25 Nm

2. Stufe: mit Drehmomentschlüssel 40 Nm

Achtung: An dieser Stelle zum Setzen der Schrauben eine Pause von ca. 10 Minuten einlegen. Anschließend Schrauben direkt weiter anziehen, **nicht** lösen.

3. Stufe: mit starrem Schlüssel 90° weiterdrehen.

4. Stufe: mit starrem Schlüssel 90° weiterdrehen.

Achtung: Beim Anziehen der Zylinderkopfschrauben Drehwinkel abschätzen. Schlüsselgriff längs zum Motor ansetzen und in einem Zug drehen, bis der Griff quer zum Motor steht (¼ Umdrehung, 90°).

- 2 Schrauben M8 –a– vorn am Zylinderkopf mit Federscheiben einsetzen und mit langem Inbusschlüssel SW 6 und **25 Nm** festziehen.
- 2 Schrauben –b– mit **25 Nm** festschrauben. Beim 5-, 6-Zylinder-Motor Federscheiben unterlegen.
- Führungsschiene für Steuerkette einsetzen, Haltebolzen einschlagen.
- Nockenwelle einbauen, siehe Seite 25.
- Kettenspanner einbauen, siehe Seite 20.
- Motor auf Zünd-OT drehen und Stellung der Nockenwelle prüfen, siehe Seite 25.
- Elektrische Leitungen für Glühkerzen anschrauben.
- Unterdruckleitungen am Thermoventil aufschieben: weiß/braun/lila – an geraden Anschluß, weiß – an schrägen Anschluß.
- Rohrkrümmer mit neuem Dichtring aufstecken und am Ölfilter anschrauben.
- Heizvorlaufleitung ansetzen und Sicherungsklammer aufstecken.
- Ansaugrohr mit neuer Dichtung ansetzen, Schrauben reindrehen und handfest anziehen. Anschließend Schrauben **gleichmäßig** mit **10 Nm** festziehen.
- Einspritzleitungen an Pumpe und Ventilen mit etwa 10 bis 20 Nm anschrauben.
- Vorderes Abgasrohr am Abgaskrümmer anschrauben.
- Kraftstoffilter mit Halter einsetzen und mit 25 Nm festschrauben.
- Kraftstoffleitungen mit Dichtungen am Halter des Kraftstofffilters anschrauben.
  Anschluß mit dem kleineren Schraubenkopf am Zulaufstutzen, Pfeil auf dem Stutzen zeigt zum Filter, anschrauben. Hohlschraube mit großem Sechskant und einem Anschluß am Ablaufstutzen, Pfeil auf dem Stutzen zeigt vom Filter weg, anschrauben. Große Hohlschraube mit 2 Anschlüssen am verbleibenden Rücklaufstutzen anschrauben.
- Halter für Führungsrohr des Ölmeßstabes anschrauben.
- Bei Fahrzeugen mit Niveauregulierung Mitnehmer einsetzen und Druckölpumpe mit 15 Nm anschrauben.
- Keilriemen einbauen und spannen, siehe Seite 32.
- Stoßdämpfer anschrauben.
- Zylinderkopfdeckel aufsetzen, vorher U-Dichtung am Deckel sorgfältig aufdrücken und Dichtflächen mit Lappen säubern. Prüfen ob die Distanzbuchsen in den Bohrungen für die Befestigungsschrauben sitzen.
- Befestigungsschrauben mit Federscheiben eindrehen und mit 10 Nm festziehen, das heißt mit Steckschlüssel ohne Hebel handfest anziehen.
- **Turbomotor:** Ladeluftrohr anschrauben.
- Entlüftungsschlauch in Gummitülle am Zylinderkopfdeckel drücken und in den Verbindungsschlauch am Ansaugkrümmer schieben.
- Gaszug einhängen und einstellen, siehe Seite 58.
- Kabel für Temperaturschalter aufstecken.
- Kühlmittelschläuche am Kühlmittelstutzen aufschieben und mit Schellen sichern.
- Luftfilter einbauen, siehe Seite 67.
- Kühlmittel auffüllen, siehe Seite 51.
- Batterie-Massekabel anklemmen.

Achtung: Wenn die Zylinderkopfdichtung defekt war, Motoröl- und Filterwechsel vornehmen, siehe Seite 42.

- Motor auf Betriebstemperatur bringen und sämtliche Anschlüsse auf Dichtheit überprüfen.

Achtung: Die Zylinderkopfschrauben dürfen nicht nachgezogen werden.

- Zum Schließen der Motorhaube Entriegelungstaste an der linken Stütze niederdrücken.

Nockenwelle aus- und einbauen

Die Nockenwelle ist fünffach gelagert (4-Zylinder-Motor), wobei der Durchmesser der Lagerstellen 31,0 mm beträgt.

Die Nockenwelle wird bei eingebautem Zylinderkopf nach oben ausgebaut.

Achtung: Werden Teile der Ventilsteuerung wieder verwendet, müssen diese an gleicher Stelle wieder eingebaut werden. Damit keine Verwechslungen vorkommen, empfiehlt es sich, ein entsprechendes Ablagebrett anzufertigen.

Ausbau

- Batterie- Massekabel abklemmen.
- Zylinderkopfdeckel abschrauben.
- Motor auf Zünd-OT stellen. Dazu muß der Motor durchgedreht werden, bis die Markierungen an der Kurbelwellen-Riemenscheibe und an der Nockenwelle jeweils mit ihren Bezugsmarken übereinstimmen.

Hinweis: Der Obere Totpunkt (OT) ist die oberste Stellung, die der Kolben auf seinem Weg im Zylinder erreicht. Dabei sind 2 OT-Stellungen zu unterscheiden, der sogenannte Zünd-OT, nachdem der Kolben die angesaugte Luft verdichtet hat, und die OT-Stellung, nachdem der Kolben die Verbrennungsgase ausgestoßen hat.

- Getriebe in Leerlaufstellung bringen und Kurbelwelle mit Stecknuß an der Zentralschraube der Kurbelwellen-Riemenscheibe in Motordrehrichtung, also im Uhrzeigersinn, durchdrehen. Kurbelwelle so weit drehen, bis die Markierung „OT" auf der Riemenscheibe unterhalb des Zeigers steht –Pfeil–.

Achtung: Motor nicht rückwärts drehen. Auf keinen Fall Motor an der Befestigungsschraube des Nockenwellenrades durchdrehen.

- Gleichzeitig müssen die Markierungen –Pfeile– am Flansch der Nockenwelle und am 1. Lagerdeckel übereinstimmen. Andernfalls Kurbelwelle um eine volle Umdrehung weiterdrehen.
- Kettenspanner ausbauen, siehe Seite 20.

- Stellung von Nockenwellenrad und Steuerkette zueinander mit Lack oder Reißnadel kennzeichnen, vorher Kette und Rad an dieser Stelle mit Lappen reinigen.

- Nockenwellenrad arretieren, dazu Dorn oder großen Schraubendreher durch eine der Bohrungen im Nockenwellenrad schieben.
- Befestigungsschraube herausdrehen, Nockenwellenrad abnehmen.

Achtung: Die Steuerkette muß weiterhin im Eingriff mit dem Kurbelwellen- und Einspritzpumpen-Zahnrad bleiben, sonst ändern sich die Steuerzeiten, was zu Motorschäden führen kann.

- Steuerkette zur Seite legen und mit Draht am Zylinderkopf befestigen.

- *Bei **Fahrzeugen mit Niveauregulierung** Druckölpumpe abschrauben –Pfeile– und mit angeschlossenen Leitungen zur Seite legen. Mitnehmerscheibe abnehmen.*

***Achtung:** Nicht die beiden Innensechskantschrauben zur Befestigung des Deckels lösen. Diese Schrauben haben ein durchgehendes Gewinde, sichtbar zwischen Deckel und Gehäuse.*

- *Mit Innensechskant-Steckschlüsseleinsatz die gemeinsame Befestigungsschraube für die Mitnehmerhülse und das Nockenwellenrad herausdrehen, dabei Nockenwelle mit Dorn gegenhalten.*

- Einbaulage der Nockenwellen-Lagerdeckel mit Lack kennzeichnen.

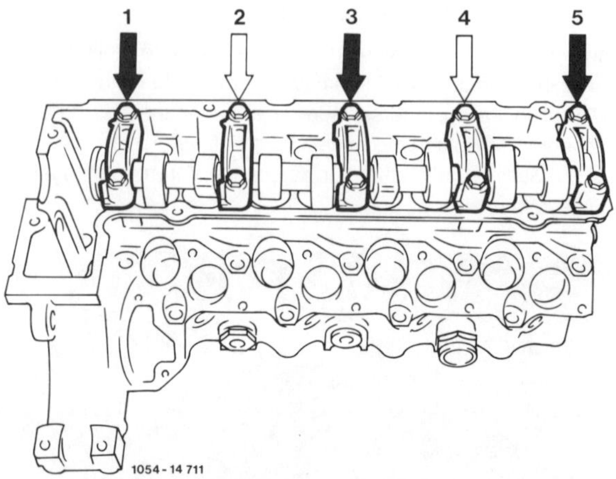

- Nockenwellen-Lagerdeckel abschrauben. **Achtung:** Um Nockenwellenschäden zu vermeiden unbedingt Reihenfolge beachten.
- Zuerst beide Schrauben an den Nockenwellenlagern 1, 3 und 5 abschrauben –schwarze Pfeile–.
- Anschließend beide Schrauben der Lagerdeckel 2 und 4 abwechselnd und schrittweise lösen (jeweils um ½ Umdrehung), bis der Gegendruck abgebaut ist –weiße Pfeile–. Die Abbildung zeigt den 4-Zylinder-Motor 601.
- **Motor 602:** Zuerst die Lagerdeckel 1,2,3 und 6, dann die Lagerdeckel 4 und 5 wechselweise lösen.
- **Motor 603:** Zuerst die Lagerdeckel 1,5,6 und 7, dann die Lagerdeckel 2, 3 und 4 wechselweise lösen.
- Nockenwelle nach oben herausnehmen.

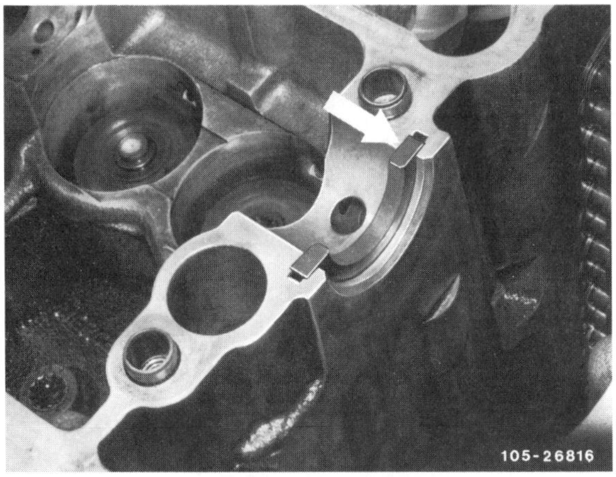

- Scheibe –Pfeil– für Axialfixierung der Nockenwelle aus dem Zylinderkopf herausnehmen und Zustand prüfen, gegebenenfalls ersetzen.

- Tassenstößel herausziehen und auf äußere Beschädigungen (Riefenbildung) prüfen, gegebenenfalls erneuern. Die Werkstatt verwendet zum Herausnehmen einen Saugheber, der mit einem Haushalts-Wandhaken mit Saugnapf auch selbst angefertigt werden kann.

Achtung: Vor dem Herausheben Oberfläche der Tassenstößel sorgfältig reinigen.

Einbau

Achtung: Es darf nur eine Nockenwelle mit der Kennzahl „06" beim 4-Zylinder-Motor und Kennzahl „07" beim 5- und 6-Zylinder-Motor eingebaut werden. Die Kennzahl ist neben der OT-Kerbe am Flansch der Nockenwelle eingeschlagen.

- Nockenwelle und Lagerdeckel sorgfältig mit Waschbenzin reinigen und einölen, Dichtflächen säubern.
- Scheibe für Axialfixierung der Nockenwelle in die Nut am Zylinderkopf einsetzen.

Achtung: *Wird eine neue Nockenwelle eingebaut oder wurde der Zylinderkopf bearbeitet, Nockenwelle nach dem Anschrauben der Lagerdeckel auf Leichtgängigkeit prüfen.*

- *Dazu neue Nockenwelle mit Motoröl einölen und in den Zylinderkopf legen.* **Achtung:** *Tassenstößel bleiben ausgebaut.*
- *Nockenwellen-Lagerdeckel entsprechend der angebrachten Kennzeichnung einsetzen und gleichmäßig, zugweise mit* **25 Nm** *anziehen. Dabei Nockenwelle durchdrehen.*

- *Zum Drehen der Nockenwelle anstatt der Befestigungsschraube eine Innensechskantschraube M 10x30 –01– einschrauben.*
- *Falls sich die Nockenwelle nur schwer drehen läßt, Lagerdeckel einzeln lösen und wieder festziehen, bis die klemmende Lagerstelle gefunden wird.*
- *Nockenwelle ausbauen und diese Lagerstelle ausmessen lassen. Sollwert 0,05–0,81 mm. Durchmesser der Lagerzapfen: 30,944–30,950 mm.*
- Wird die bisherige Nockenwelle wieder eingebaut, Nockenwelle auf Schlag prüfen lassen.
- Tassenstößel mit Motoröl einölen und einsetzen. **Achtung:** Tassenstößel an den gleichen Stellen wie vor dem Ausbau einsetzen.
- Nockenwelle einölen und in den Zylinderkopf legen, dabei auf festen Sitz der Axial-Sicherungsscheibe achten.
- Nockenwellen-Lagerdeckel an derselben Stelle wie vor dem Ausbau einsetzen.
- Die Befestigungsschrauben folgender Lagerdeckel zuerst schrittweise und abwechselnd anschrauben.

Motor	Nockenwellen-Lagerdeckel
601	2 und 4
602	4 und 5
603	2,3 und 4

- Die restlichen Lagerdeckel können in beliebiger Reihenfolge montiert werden. Anzugsdrehmoment: **25 Nm.**
- Nockenwellenrad vom Zylinderkopf lösen, am Flansch der Nockenwelle ansetzen und Befestigungsschraube mit **45 Nm** festziehen. Dabei Nockenwellenrad mit Schraubendreher oder Dorn gegenhalten.

- Bei Fahrzeugen mit Niveauregulierung Nockenwellenrad und Mitnehmerhülse mit Innensechskantschraube und **45 Nm** anschrauben.
- Nockenwellenrad so in die Steuerkette einsetzen, daß die angebrachten Markierungen übereinstimmen.

- Nockenwellenrad auf den Flansch der Nockenwelle aufschieben. Das Nockenwellenrad wird dabei durch einen Paßstift –Pfeile– zentriert.
- Kettenspanner einbauen, siehe Seite 20.
- Falls ausgebaut, Druckölpumpe in Mitnehmer einsetzen und mit **15 Nm** am Pumpenflansch anschrauben, vorher Mitnehmerscheibe auflegen.
- Motor auf Zünd-OT stellen und die Übereinstimmung der Markierungen an der Kurbelwellen-Riemenscheibe sowie am Nockenwellenflansch prüfen.
- Zylinderkopfdeckel mit neuer Dichtung ansetzen und gleichmäßig mit 10 Nm anschrauben.
- Batterie-Massekabel anklemmen.
- Motor warmfahren und Dichtheit am Zylinderkopfdeckel prüfen.

Ventilspielausgleicher prüfen

Die hydraulischen Ventilspielausgleicher befinden sich in den Tassenstößeln. Sie sorgen dafür, daß die Tassenstößel immer spielfrei an der Nockenwelle anliegen. **Dadurch entfällt das Einstellen des Ventilspiels im Rahmen der Wartung.**

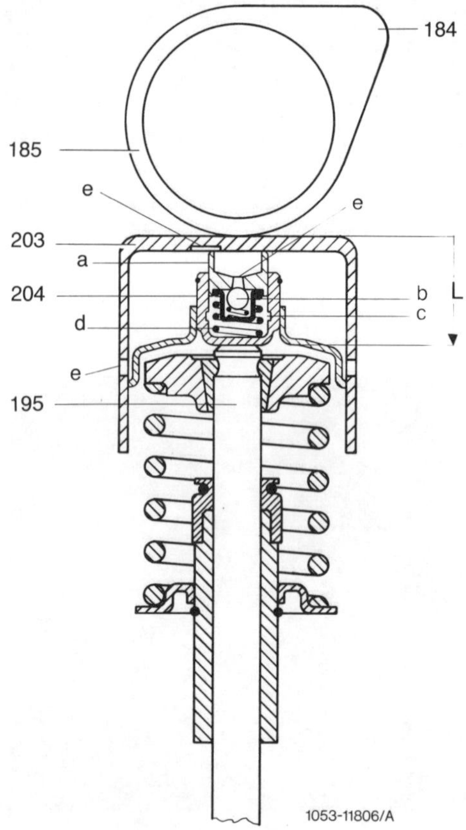

Bei laufendem Motor wird der Tassenstößel –203– entlastet, wenn der Nocken –184– der Nockenwelle –185– nach oben zeigt.

Die Feder –d– drückt dann das Ausgleichelement –204– auseinander, so daß es unten am Ventilschaft –195– anliegt und oben der Druckbolzen –a– den Tassenstößel –203– gegen die Nockenwelle drückt. In dieser Stellung kann über kleine Bohrungen –e– Motoröl in oder aus dem Arbeitsraum –c– fließen. Sobald der Tassenstößel durch den Nocken der sich drehenden Nockenwelle wieder belastet wird, schließt sich das Kugelventil –b– und das eingeschlossene Öl wirkt, da es sich nicht verdichten läßt, wie ein fester Körper. Die Länge –L– wird also bei jeder Umdrehung der Nockenwelle den entsprechenden Größenänderungen der Bauteile im Ventiltrieb angepaßt.

Prüfen

Bei Geräuschen im Ventiltrieb Ventilspielausgleicher prüfen.

- Motor ca. 5 Minuten mit 3000/min laufen lassen, dann abstellen.
- Zylinderkopfdeckel abschrauben.
- Motor an der Kurbelwelle durchdrehen, siehe Seite 25.
- Dabei Kurbelwelle so drehen, daß die Nockenspitze für den zu prüfenden Tassenstößel nach oben zeigt.
- Prüfen, ob zwischen dem Grundkreis des Nockens und dem Tassenstößel Spiel vorhanden ist.

- Mit einem Dorn auf den Tassenstößel drücken.
- Sinkt ein Stößel im Vergleich zu den anderen schnell ab oder hat Spiel, Grundstellung prüfen beziehungsweise Tassenstößel zerlegen und Ölbohrungen auf einwandfreien Zustand prüfen (Werkstattarbeit).
- Falls erforderlich, Nockenwelle ausbauen und Tassenstößel ersetzen.

Ventilschaftabdichtungen ersetzen

Hoher Ölverbrauch kann auf verschlissene Ventilschaftabdichtungen zurückzuführen sein. Die Ventilschaftabdichtungen können auch bei eingebautem Zylinderkopf ausgebaut werden. Bei zerlegtem Zylinderkopf und hoher Kilometerleistung grundsätzlich Ventilschaftabdichtungen erneuern.

Ventilanordnung Einlaßseite

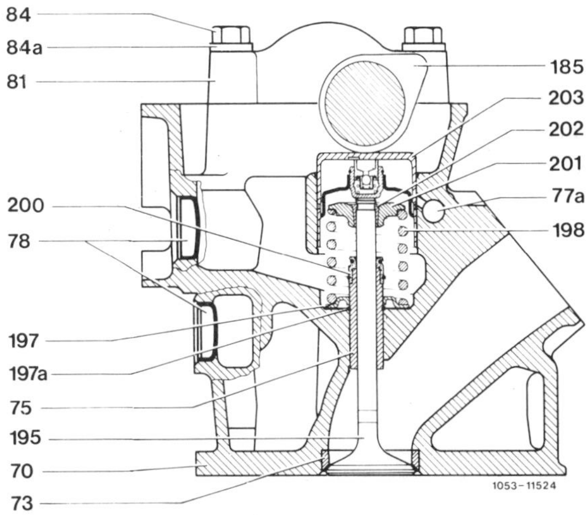

70 Zylinderkopf, 73 Ventilsitzring Einlaß, 75 Ventilführung Einlaß, 77a Ölkanal, 78 Kernlochdeckel, 81 Nockenwellenlagerbock, 84 Sechskantschraube M 8 x 45, 84a Scheibe, 185 Nokkenwelle, 195 Einlaßventil, 197 Druckring, 197a Sicherungsring, 198 Ventilfeder, 200 Ventilschaftabdichtung Einlaß, 201 Ventilfederteller, 202 Ventilkeil, 203 Tassenstößel

Achtung: Werden Teile der Ventilsteuerung wieder verwendet, müssen diese an gleicher Stelle wieder eingebaut werden. Damit keine Verwechslungen vorkommen, empfiehlt es sich, ein entsprechendes Ablagebrett anzufertigen.

Ausbau

- Nockenwelle ausbauen, siehe Seite 25.
- Kettenspanner ausbauen, siehe Seite 20.
- Lüfter und Lüfterhaube ausbauen, siehe Seite 48.
- Tassenstößel mit Saugheber herausnehmen, siehe Seite 27.

105-26819

- Abstützbrücke für Hebeldrücker am Zylinderkopf anschrauben.
- Mit Hebeldrücker Ventilfederteller –201– für Auslaßventil und Einlaßventil des 1. Zylinders nach unten drücken. Zylinder 1 befindet sich vorn an der Steuerkettenseite, Zylinder 4 hinten an der Schwungradseite.

Achtung: Beim Zusammendrücken der Ventilfeder muß der jeweilige Kolben im Zünd-OT stehen. Da vom Ausbau der Nockenwelle her der Motor bereits auf Zünd-OT für Zylinder 1 steht, ist es zweckmäßig, mit dem Ausbau der Ventilfedern für Zylinder 1 zu beginnen.

- Ventilkeilhälften –202– mit Magnetheber herausnehmen.
- Ventilfeder –198– langsam entspannen und Ventilfederteller abnehmen.
- In der Werkstatt kann die Federkraft der Ventilfeder geprüft werden. Diese Überprüfung empfiehlt sich bei Motoren mit hoher Laufleistung.
- Zweite Ventilfeder für Zylinder 1 ausbauen.

105-26818

- Ventilschaftabdichtungen –200– mit Spezialzange (z. B. HAZET 791-5, besser: Schlagauszieher HAZET 791) herausziehen.

Achtung: Dabei Ventilschaft und Ventilführung –75– nicht beschädigen.

105–13911

- Ventilschaft an der Nut –Pfeil– entgraten.

Achtung: Eingeschlagene Ventilkeilstücke, Federteller und Druckringe –197– erneuern.

Achtung: Bei ausgebauten Ventilfedern, Federtellern und Ventilkeilen darf der Motor nicht weitergedreht werden, da sich die Ventile auf dem Kolben abstützen und dadurch in den Zylinder fallen können.

Einbau

105-26821

- Neue Ventilschaftabdichtungen einölen und mit Montagedorn, zum Beispiel HAZET 2577, aufdrücken.

Achtung: Abdichtungen für Aus- und Einlaßventile nicht verwechseln – unterschiedlicher Innendurchmesser. Manche Ventilschaftabdichtungen besitzen unterschiedlich gefärbte Drahtringe oder bestehen aus verschieden gefärbtem Material.

Ventilschaft-abdichtung für	Farbe der Drahtringe bis 8/89	Farbe der Abdichtungen seit 9/89	
		Saugdiesel	Turbomotor
Einlaßventil Auslaßventil	schwarz gelb	grün schwarz	grün grün

Vor Einsetzen der Ventilschaftabdichtung für das Einlaßventil ist unbedingt die Montagehülse, die dem Reparatursatz beiliegt, über den Ventilschaft zu schieben.

- Gegebenenfalls Montagehülse entfernen.

- Ventilfedern mit den Farbmarkierungen nach unten einsetzen.
- Ventilfederteller aufsetzen und nach unten drücken, Ventilkeile in die Nuten des jeweiligen Ventilschafts einsetzen.
- Nächsten Kolben auf Zünd-OT stellen und Ventilschaftabdichtungen ersetzen. Dazu Motor an der Zentralschraube der Kurbelwellen-Riemenscheibe um ½ Umdrehung weiterdrehen, bis die 180° -Kerbe unterhalb des Bezugszeigers steht. Nun steht der Kolben des 3. Zylinders im Zünd-OT (Zündfolge 1–3–4–2). Nach jeweils einer weiteren halben Umdrehung steht dann der 4. und schließlich der 2. Kolben im Zünd-OT.

Achtung: Beim Drehen des Motors Steuerkette hochheben, damit diese nicht nach unten gezogen wird.

- Tassenstößel und Nockenwelle einbauen, siehe Seite 28.
- Kettenspanner einbauen, siehe Seite 20.
- Lüfter und Lüfterhaube einbauen, siehe Seite 48.

Ventil aus- und einbauen

Achtung: Werden Teile der Ventilsteuerung wieder verwendet, müssen diese an gleicher Stelle wieder eingebaut werden. Damit keine Verwechslungen vorkommen, empfiehlt es sich, ein entsprechendes Ablagebrett anzufertigen.

Ausbau

- Zylinderkopf ausbauen und so auf Holzleisten legen, daß die Ventile nach unten abgestützt werden, siehe Seite 21.
- Ventilschaftabdichtungen ausbauen, siehe Seite 29.
- Zylinderkopf auf die Seite kippen und Ventile aus den Ventilführungen herausziehen.
- Ventile reinigen.

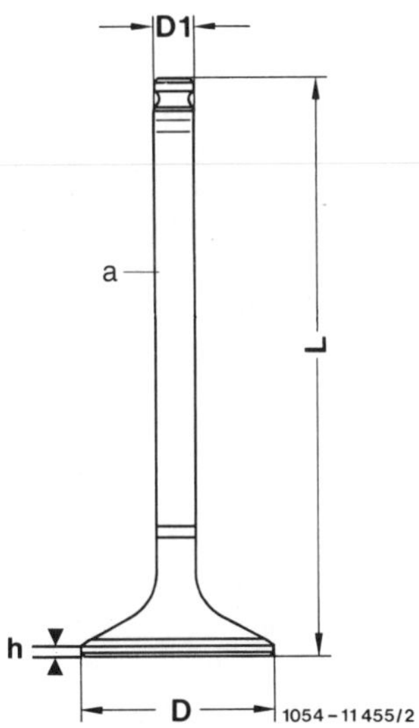

- Ventile mit verbranntem Ventilteller, mit zu geringer Höhe –h– des Ventiltellers und mit abgenütztem oder riefigem Ventilschaft –a– sind zu erneuern.

Einlaßventil		Auslaßventil	
D	= 38,6 mm	D	= 35 mm
L	= 106,4 mm	L	= 106,4 mm
D1	= 7,97 mm	D1	= 8,96 mm
h	= 0,5–0,7 mm	h	= 0,5–0,6 mm

- Die Werkstatt kann den Ventilschaft auf Schlag prüfen und den Ventilsitzwinkel nacharbeiten.
  Maximaler Schlag: 0,03 mm.

Achtung: Beim Turbomotor sind die Auslaßventile natriumgefüllt. Sie dürfen nicht eingeschmolzen oder als Werkzeug (z. B. Durchschlag) verwendet werden. Explosionsgefahr!

Einbau

Vor Einbau der Ventile Ventilführungen prüfen, eventuell Ventilsitze nacharbeiten, siehe Seite 32.

- Ventilschaft an der Anlagefläche der Ventilkegelstücke entgraten.
- Ventilschaft und Ventilführung mit Motoröl leicht einölen und Ventil einsetzen.
- Neue Ventilschaft-Abdichtung einbauen, siehe Seite 29.
- Ventilfeder einbauen.
- Anschließend alle anderen Ventile einbauen. Dabei Ein- und Auslaßventil nicht verwechseln.
- Tassenstößel einbauen.
- Zylinderkopf einbauen, siehe Seite 21.

Ventilführungen prüfen

Bei Instandsetzungsarbeiten von Zylinderköpfen mit undichten Ventilen genügt es nicht, die Ventile und Ventilsitze zu bearbeiten beziehungsweise zu erneuern. Es ist außerdem dringend erforderlich, die Ventilführungen auf Verschleiß zu prüfen. Besonders wichtig ist die Prüfung an Motoren mit längerer Laufzeit. Verschlissene Ventilführungen gewährleisten keinen zentrischen Ventilsitz und führen zu hohem Ölverbrauch. Ist der Verschleiß zu groß, sind die Ventilführungen zu erneuern (Werkstattarbeit).

- Ventil ausbauen.
- Ventilführung –75– mit einer Zylinderbürste (∅ ca. 20 mm) reinigen, siehe Abbildung 1053-11524 auf Seite 29.
- Ventil von der Brennraumseite her in die Ventilführung einführen und Spiel durch seitliches Hin- und Herbewegen des Ventils prüfen. Die Ventilführung darf dabei kein spürbares Spiel aufweisen.
- Gegebenenfalls Ventilführungen erneuern lassen (Werkstattarbeit).

Ventilsitz im Zylinderkopf nacharbeiten

Ventilsitze mit Verschleiß- oder Verbrennungsspuren können nachgearbeitet werden, solange die Korrekturwinkel und Sitzbreiten eingehalten werden. Andernfalls muß der Zylinderkopf ersetzt werden. Ventilsitzringe können mit den üblichen Werkstattmitteln erneuert werden. Für das Nacharbeiten wird ein Ventilsitz-Drehgerät benötigt. Diese Arbeiten sollte man von einer Werkstatt durchführen lassen.

Keilrippenriemen aus- und einbauen

Sämtliche Zusatzaggregate des Motors werden durch einen neuartigen Keilriemen angetrieben. Er ist breiter als der bisherige Keilriemen und besitzt an der Innenseite mehrere Rippen.

Gespannt wird der Keilrippenriemen durch eine automatische Spannvorrichtung, die aus einer Zugfeder, einer Spannrolle und einem Stoßdämpfer besteht. Der Stoßdämpfer sorgt dabei für eine gleichmäßige Keilriemenspannung im gesamten Motordrehzahlbereich.

Alle 20000 km muß der Riemen auf Beschädigungen geprüft werden.

Je nach Ausstattung des Fahrzeuges besitzt der Keilriemen eine unterschiedliche Länge.

Standard-Ausführung

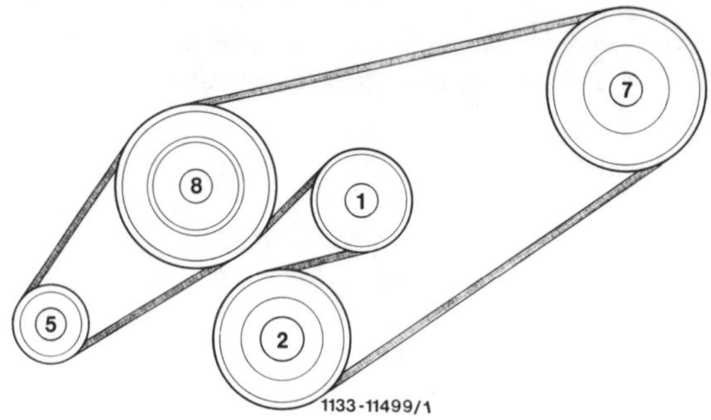

1 – Spannrolle, 2 – Kurbelwellen-Riemenscheibe, 5 – Drehstromgenerator-Riemenscheibe, 8 – Kühlmittelpumpen-Riemenscheibe, 7 – Lenkhilfepumpen-Riemenscheibe. Länge 4-, 5-, 6-Zylinder-Motor: 2050 mm; 2030 mm; 2080 mm.

Mit Klimaanlage

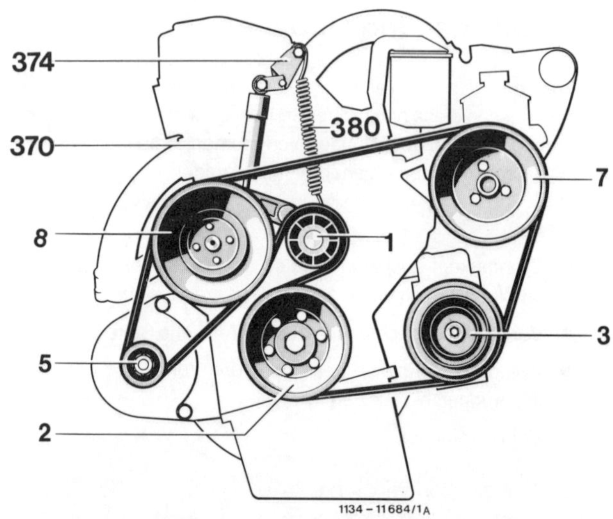

1 – Spannrolle, 2 – Kurbelwellen-Riemenscheibe, 3 – Kältekompressor-Riemenscheibe, 5 – Drehstromgenerator-Riemenscheibe, 7 – Lenkhilfepumpen-Riemenscheibe, 8– Kühlmittelpumpen-Riemenscheibe, 370 – Stoßdämpfer, 374 – Spannhebel, 380 – Spannfeder. Länge 4-, 5-, 6-Zylinder-Motor: 2120 mm; 2100 mm; 2145 mm.

Ausbau

- Lüfter und Lüfterhaube ausbauen, siehe Seite 48.

Achtung: Beim 300 D Turbo bleibt der Lüfter eingebaut.

- Bundmutter –378– abschrauben.
- Dorn in die Bohrung des Federspannhebels –374– stekken und gegen die Federkraft der Zugfeder –380– nach links (Richtung Ölmeßstab) drücken, bis die Schraube –375– so weit entlastet ist, daß sie herausgedrückt werden kann. Als Dorn eignet sich der Radmutternschlüssel aus dem Bordwerkzeug.
- Federspannhebel langsam loslassen, Spannrolle zurückdrücken und Keilriemen abnehmen.

Einbau

- Riemenscheibenprofile und Spannvorrichtung auf Beschädigungen und Verschmutzung prüfen. Die Spannrolle besitzt in der Standard-Ausführung mehrere Rillen am Abrollumfang, während bei den Zusatz-Ausstattungen die Oberfläche der Rolle glatt ist.
- Riemenscheibenprofile auf Beschädigung und Verschmutzung prüfen, gegebenenfalls reinigen oder erneuern. Dabei auf ausgeschlagene Lagerstellen der Spannvorrichtung und auf Dellen sowie Flankenverschleiß (Rippen sind spitz anstatt trapezförmig) an den Riemenscheiben achten.
- Bei ausgeschlagenen Lagerstellen Spannvorrichtung ersetzen. Riemenscheiben mit Dellen ersetzen.
- Keilrippenriemen mit Schmutzeinlagerungen zwischen den Rippen, gelösten Rippen, Ausfransungen, Querrissen oder Rippenbrüchen unbedingt ersetzen.

- Spannrolle etwas hochziehen. Keilrippenriemen auf den Rücken drehen, eine kleine Schlaufe bilden und zwischen Kühlmittelpumpen- und Kurbelwellen-Riemenscheibe durchschieben.
- Keilrippenriemen fest an die Kühlmittelpumpen-Riemenscheibe drücken, gleichzeitig die Riemenscheibe nach links drehen –Pfeil–, bis der Riemen an der Spannrolle hochgelaufen ist.
- Keilrippenriemen auf die Spannrolle und die Kurbelwellen-Riemenscheibe legen. Dann das freie Riementeil drehen und auf die Kältekompressor-, Lenkhilfepumpen-, Kühlmittelpumpen- und Drehstromgenerator-Riemenscheibe legen.

- Federspannhebel mit Dorn nach links schwenken, bis sich die Schraube –375– durchschieben läßt. Damit ist der Riemen gespannt.
- Bundmutter –378– festschrauben.
- Falls ausgebaut, Lüfter und Lüfterhaube einbauen, siehe Seite 48.

Wartungsarbeiten am Motor

Kompression prüfen

Die Kompressionsprüfung erlaubt Rückschlüsse über den Zustand des Motors. Und zwar läßt sich bei der Prüfung feststellen, ob die Ventile oder die Kolben (Kolbenringe) in Ordnung bzw. verschlissen sind. Außerdem zeigen die Prüfwerte an, ob der Motor austauschreif ist bzw. komplett überholt werden muß. Für die Prüfung wird ein Kompressionsdruckprüfer benötigt, **der speziell für den Dieselmotor ausgelegt** sein muß. Bei einem neuen Motor soll der Kompressionsdruck 24–30 bar (atü) betragen. Die Verschleißgrenze liegt bei 15 bar (atü). Der Druckunterschied zwischen den einzelnen Zylindern darf maximal 3 bar (atü) betragen. Falls ein oder mehrere Zylinder gegenüber den anderen einen Druckunterschied von mehr als 3 bar (atü) haben, ist dies ein Hinweis auf defekte Ventile, verschlissene Kolbenringe bzw. Zylinderlaufbahnen.

- Motor auf Betriebstemperatur bringen, Kühlmitteltemperatur 80° C.
- Einspritzdüsen ausbauen, siehe Seite 66.

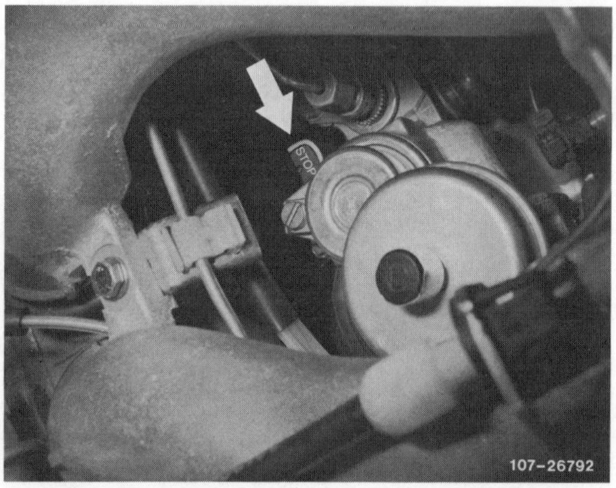

Achtung: Beim Durchdrehen des Motors mit dem Anlasser, Abstellhebel –Pfeil– mit Steckschlüssel-Verlängerung oder Schraubendreher nach unten drücken, damit die Einspritzpumpe nicht einspritzt.

- Getriebe in Leerlaufstellung bringen, Handbremse anziehen. Motor mit Anlasser ein paar Mal durchdrehen, damit Rückstände und Ruß herausgeschleudert werden.

- Kompressionsdruckprüfer –01– anstelle der Einspritzdüsen einschrauben.
- Mit Hilfsperson Motor durch Anlasser ca. 8 Umdrehungen, beziehungsweise bis der höchste Wert erreicht ist, durchdrehen lassen. **Achtung:** Abstellhebel niederdrücken.
- Prüfwert festhalten und nacheinander sämtliche Zylinder prüfen.
- Einspritzdüsen mit neuen Düsenplättchen einbauen, siehe Seite 66.

Sichtprüfung auf Ölverlust

Bei ölverschmiertem Motor und hohem Ölverlust überprüfen, wo das Öl austritt. Dazu folgende Stellen überprüfen:

- Öleinfülldeckel abschrauben und Dichtung auf Porosität oder Beschädigung prüfen.
- Zylinderkopfdeckel-Dichtung
- Zylinderkopf-Dichtung
- Ölfilterdichtung: Ölfilterflansch an Motorblock sowie Ölfilterdeckel
- Öldruckschalter
- Ölablaßschraube (Dichtring)
- Ölwannendichtung
- **Turbomotor:** Dichtung für Ölwannenseitenteil
- Trennstelle zwischen Motor und Getriebe bzw. Kupplungsabdeckblech (Dichtung an Schwungrad oder Getriebewelle).

Da sich bei Undichtigkeiten das Öl meistens über eine größere Motorfläche verteilt, ist der Austritt des Öls nicht auf den ersten Blick zu erkennen. Bei der Suche geht man zweckmäßigerweise wie folgt vor:

- Untere Motorraumabdeckung abschrauben, siehe Seite 18.

- Motorwäsche durchführen. Motor mit handelsüblichem Kaltreiniger einsprühen und nach einer kurzen Einwirkungszeit mit Wasser abspritzen. Vorher Generator mit Plastiktüte abdecken.
- Trennstellen und Dichtungen am Motor von außen mit Kalk oder Talkumpuder bestäuben.
- Ölstand kontrollieren, ggf. auffüllen.
- Probefahrt durchführen. Da das Öl bei heißem Motor dünnflüssig wird und dadurch schneller an den Leckstellen austreten kann, sollte die Probefahrt über eine Strecke von ca. 30 km auf einer Schnellstraße durchgeführt werden.
- Anschließend Motor mit Lampe absuchen, undichte Stelle lokalisieren und Fehler beheben.
- Untere Motorraumabdeckung einbauen, siehe Seite 18.

Keilrippenriemen prüfen

Alle 20000 km ist der Keilriemen auf Beschädigungen zu prüfen.

- Riemen an gut sichtbarer Stelle mit einem Kreidestrich markieren.
- Motor mit Stecknuß SW 27 an der Kurbelwellen-Riemenscheibe in Motordrehrichtung jeweils ein Stück weiterdrehen, bis die Kreidemarkierung wieder sichtbar wird. Dabei Getriebe in Leerlaufstellung bringen, Handbremse anziehen.

Achtung: Motor nicht rückwärts drehen.

- Keilriemen auf Risse und Beschädigungen prüfen, gegebenenfalls ersetzen. Bei den nachfolgend abgebildeten Beschädigungen, Keilrippenriemen auf jeden Fall ersetzen.

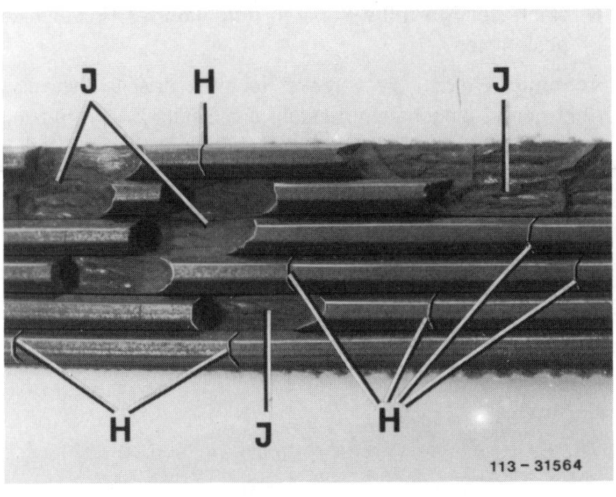

■ Querrisse in den Rippen –H– und/oder Rippenausbrüche –J–.

■ Einlagerungen von Schmutz beziehungsweise kleinen Steinen zwischen den Gummirippen.

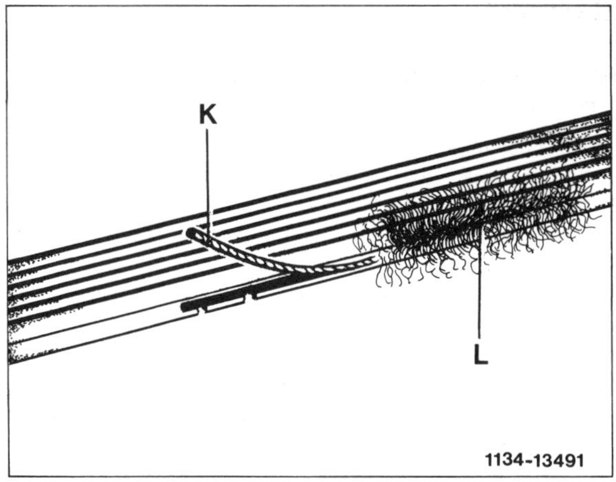

■ Seitlich herausgerissener Zugstrang –K– oder Ausfransungen –L– der äußeren Zugstränge.

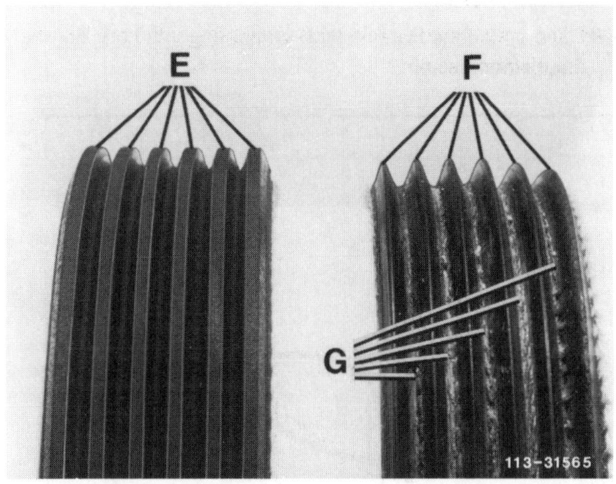

■ Flankenverschleiß der Gummirippen. Ein neuer Riemen hat trapezförmige Rippen –E–. Bei spitz zulaufenden Rippen –F– beziehungsweise sichtbarem Zugstrang –G– (hellere Stellen am Riemenboden) Keilrippenriemen ersetzen.

- Die Werkstatt kann die Spannung des Keilriemens mit einem speziellen Meßgerät prüfen. Diese Prüfung ist nur erforderlich, wenn der Riemen durchrutscht.

Starthilfe

Bei der Starthilfe mit einem Starthilfekabel sind einige Punkte zu beachten:

- Der Leitungsquerschnitt der Starthilfekabel soll bei Ottomotoren bis ca. 2,5 l Hubraum mindestens 16 mm^2 (Durchmesser ca. 5 mm) betragen. Bei Dieselmotoren oder Ottomotoren über ca. 2,5 l Hubraum soll der Leitungsquerschnitt mindestens 25 mm^2 betragen. Maßgebend ist dabei jeweils das Fahrzeug mit der entladenen Batterie. Der Leitungsquerschnitt ist in der Regel auf der Packung der Starthilfekabel angegeben. Beim Neukauf ist grundsätzlich ein Starthilfekabel mit isolierten Kabelzangen und 25 mm^2 Querschnitt empfehlenswert, da es sich auch für Motoren mit geringerem Hubraum eignet.
- Beide Batterien müssen eine Spannung von 12 Volt haben.
- Eine entladene Batterie kann bereits bei $-10°$ C gefrieren. Vor Anschluß der Starthilfekabel muß eine gefrorene Batterie unbedingt aufgetaut werden.
- Die entladene Batterie muß ordnungsgemäß am Bordnetz angeklemmt sein.

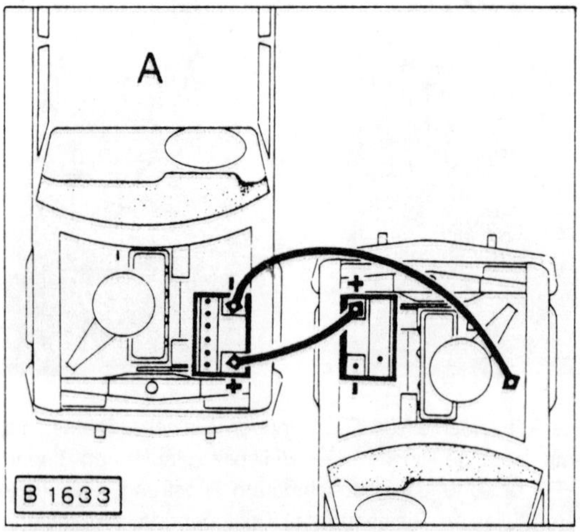

- Fahrzeuge so weit auseinanderstellen, daß kein metallischer Kontakt besteht. Andernfalls könnte bereits beim Verbinden der Pluspole ein Strom fließen.
- Bei beiden Fahrzeugen Handbremse anziehen. Schaltgetriebe in Leerlaufstellung, automatisches Getriebe in Parkstellung „P" schalten.
- Alle Stromverbraucher ausschalten.
- Motor des stromgebenden Fahrzeuges –A– im Leerlauf laufen lassen.
- Starthilfekabel in folgender Reihenfolge anschließen: 1. Rotes Kabel an den Pluspol der entladenen Batterie anklemmen. 2. Das andere Ende des roten Kabels an den Pluspol der stromgebenden Batterie anklemmen. 3. Schwarzes Kabel an den Minuspol der stromgebenden Batterie anklemmen. 4. Das andere Ende des schwarzen Kabels an eine gute Massestelle, zum Beispiel den Motorblock des Empfängerfahrzeuges, anschließen. Dadurch werden Masseverluste vermieden. Unter ungünstigen Umständen könnte beim Anschließen des Kabels an den Minuspol der leeren Batterie, durch Funkenbildung und Knallgasentwicklung die Batterie explodieren.
- Polzangen nochmals auf festen Sitz prüfen. Darauf achten, daß die Starthilfekabel nicht durch sich drehende Teile, wie etwa durch den Kühlerventilator, beschädigt werden können.

Achtung: Die Klemmen der Starthilfekabel dürfen bei angeschlossenen Kabeln nicht in Kontakt miteinander oder mit Masse (Karosserie oder Rahmen) kommen.

- Motor des Empfängerfahrzeuges (leere Batterie) starten und laufen lassen. Beim Starten Anlasser nicht länger als 15 Sekunden ununterbrochen betätigen, da sich durch die hohe Stromaufnahme Polzangen und Kabel erwärmen. Deshalb zwischendurch eine „Abkühlpause" von mindestens 1 Minute einlegen.
- Grundsätzlich Motor des Spenderfahrzeuges während des Startvorganges mit Leerlaufdrehzahl drehen lassen. Dadurch wird eine eventuelle Beschädigung des Generators durch Spannungsspitzen beim Startvorgang vermieden. Sinkt allerdings die Leerlaufdrehzahl stark ab, kann etwas Gas gegeben werden.
- Während des Starthilfevorganges offene Flammen in der Nähe der Batterie vermeiden, weil aus der Batterie brennbare Gase austreten können.
- **Nach der Starthilfe** Kabel in **umgekehrter** Reihenfolge abklemmen.

Achtung: Werden die vorgeschriebenen Anschlußhinweise nicht genau eingehalten, besteht die Gefahr der Verätzung durch austretende Batteriesäure. Außerdem können Verletzungen oder Schäden durch eine Batterieexplosion entstehen. Zudem können Defekte an den elektrischen Anlagen beider Fahrzeuge auftreten.

Störungsdiagnose Motor

Bevor anhand der Störungstabelle der Fehler aufgespürt wird, müssen verschiedene Voraussetzungen erfüllt sein: Es wurden keine Bedienungsfehler gemacht; Kraftstoff befindet sich im Tank; der Anlasser dreht normal durch (Anlaßdrehzahl mindestens 150/min).

Störung: Der Motor springt schlecht oder gar nicht an

Defekt	Voraussetzung	Abhilfe
Bedienungsfehler beim Starten	Anlassen des kalten Motors	Zündung einschalten, bis die Kontrolllampe erlischt Sofort nach Verlöschen der Kontrolllampe Motor anlassen
	Anlassen des betriebswarmen Motors	Es braucht nicht vorgeglüht zu werden Motor kann sofort angelassen werden
Vorglühanlage glüht nicht vor	Vorglüh-Kontrollampe leuchtet nicht	Kontrollampe, Glühkerzen, Streifensicherung und Relais prüfen
	Vorglüh-Kontrollampe leuchtet	Zündung ausschalten 2 Leitungen an den Glühkerzen für Zylinder 2–4 abklemmen, Zündung einschalten; wenn die Kontrollampe aufleuchtet, Relais auswechseln
Kraftstoffanlage defekt	Kraftstoff wird nicht gefördert	Kraftstoffleitungen (Saug-, Rücklauf-, Einspritzleitungen) geknickt, verstopft, undicht Kraftstoff-Filter verstopft Nur im Winter: Eis bzw. Wachs in einer Kraftstoffleitung, Tankbelüftung verschlossen
Förderbeginn verstellt		Förderbeginn überprüfen
Einspritzdüsen defekt		Einspritzdüsen überprüfen
Einspritzpumpe defekt	Alle Zylinder laufen mit	Einspritzpumpe auswechseln
Motor hat mechanische Fehler		Ventilspielausgleicher prüfen Kompressionsdruck prüfen

Motor-Schmierung

Bei allem Bemühen, den MERCEDES durch konstruktive und fertigungstechnische Maßnahmen mehr und mehr zu vervollkommnen und seine Lebensdauer, Betriebssicherheit und Wirtschaftlichkeit zu erhöhen, bleibt die regelmäßige Schmierung und Wartung des Fahrzeugs nach dem MERCEDES-BENZ-Wartungs-System unerläßlich.

Aufgabe des Motoröls

Je nach den Betriebsbedingungen unterliegen die Motorenöle recht wechselnden Beanspruchungen. Es ist deshalb sehr schwierig, die verschiedenen Betriebsbedingungen in ihrer Auswirkung auf das Schmiermittel genau festzulegen. Motoren, die lange Zeit mit hoher Drehzahl oder mit Vollast laufen, erreichen hohe Öltemperaturen. Unter Einwirkung hoher Temperaturen und des Luftsauerstoffes beginnt das Öl zu oxydieren. Die Oxydationsprodukte verdicken das Öl und können sich als lackartige Überzüge an den oberen Kolbenpartien, in den Kolbenringnuten und an den Ventilschäften ablagern. Dies kann zu einer Verkokung der Ventilteller führen.

Viskosität des Motoröls

Viskosität nennt man die Zähflüssigkeit des Öls. In Abhängigkeit von der Temperatur neigt jedes Öl dazu, seine Zähflüssigkeit zu verändern. Mit zunehmender Wärme wird es dünnflüssig. Dadurch wird die Haftfähigkeit und Druckfestigkeit des Schmierfilms beeinträchtigt. Bei Kälte wird es dick und zähflüssig, wobei das Fließvermögen träge und der innere Reibungswiderstand vergrößert wird. Diese Eigenschaft erfordert die Verwendung eines Motoröles von einer Zähflüssigkeit, die sich bei wechselnden Temperaturen möglichst wenig verändert.

Bei kaltem Motor soll es noch dünnflüssig genug sein, um die Arbeit des Anlassers nicht übermäßig zu erschweren und um vom Startbeginn an zu allen Schmierstellen möglichst schnell fließen zu können.

Die Zähflüssigkeit oder Viskosität ist gleichbedeutend mit der inneren Reibung eines Öles und wird nach dem SAE-System (Society of Automotive Engineers) gekennzeichnet, wie zum Beispiel SAE 30, SAE 10 usw. Hohe SAE-Zahlen weisen auf dicke, niedrige auf dünne Öle hin. Die Viskosität gibt aber keinen Aufschluß über die Schmiereigenschaften eines Öles.

Das Mehrbereichsöl

Für die MERCEDES-Diesel-Motoren können sowohl Einbereichsöle oder Mehrbereichsöle verwendet werden. Mehrbereichsöle haben den Vorteil, daß sie sich den Temperaturverhältnissen (Sommer/Winter) anpassen. Mehrbereichsöle bauen auf einem dünnflüssigen Einbereichsöl (z. B. 15 W) auf. Durch sogenannte Verdickerer wird das Öl im heißen Zustand stabilisiert, so daß für jeden Betriebszustand die richtige Schmierfähigkeit gegeben ist. Wird ein Mehrbereichsöl verwendet, sollte man zu den modernen Ölen greifen, die eine hohe Viskositätsspanne haben (z. B. 10 W-40, 15 W-50).
Das „W" in der SAE-Bezeichnung weist das Öl als wintertauglich aus.

Das Leichtlauföl

Neu sind sogenannte Leichtlauföle. Dabei handelt es sich um Mehrbereichsöle, denen unter anderem Reibwertverminderer zugesetzt wurden, so daß eine Kraftstoffeinsparung von bis zu 2 Prozent möglich sein soll. Leichtlauföle haben eine niedrige Viskosität (z. B. 10 W-30). Sie erfordern unkonventionelle Grundöle (Synthetiköle). Beim Kauf eines Leichtlauföles sollte man darauf achten, daß es von MERCEDES-BENZ freigegeben ist.

Anwendungsbereich/Viskositätsklassen

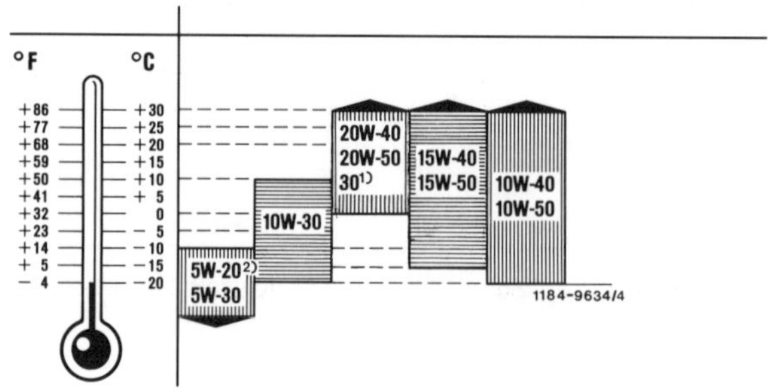

[1]) Bei andauernder Außentemperatur von über + 30° C kann SAE 40 verwendet werden.
[2]) Nicht verwenden.

Da sich die Einsatzbereiche benachbarter SAE-Klassen überschneiden, können kurzfristige Temperaturschwankungen unberücksichtigt bleiben. Es ist zulässig, Öle verschiedener Viskositätsklassen miteinander zu mischen, wenn einmal Öl nachgefüllt werden muß und die Außentemperaturen nicht mehr der Viskositätsklasse des im Motor befindlichen Öles entsprechen.

Spezifikation des Motoröls

Grundsätzlich sind nur HD-Öle für die modernen Motoren zugelassen. HD-Öle sind legierte Öle, deren Schmiereigenschaften durch Zusatz verschiedener chemischer Wirkstoffe erheblich verbessert sind. Diese Zusätze bewirken einen besseren Korrosionsschutz, ein günstigeres Verhalten gegen Oxydationserscheinungen, insbesondere eine geringere Neigung zur Schlammbildung im Kurbelgehäuse, ein besseres Viskositätsverhalten, reinigende und lösende Eigenschaften. Die reinigenden und lösenden Zusätze verringern nicht nur die Rückstandsbildung im Motor, sondern besitzen zugleich die Fähigkeit, Rückstände zu lösen und sie und alle anderen Verunreinigungen im Motoröl fein verteilt und ständig in der Schwebe zu halten, so daß beim Ölwechsel die Verunreinigungen mit abfließen.

Die Qualität eines HD-Motoröls wird durch das API-System gekennzeichnet (API: American Petroleum Institut). Europäische Hersteller richten sich ebenfalls nach diesem System.

Die Kennzeichnung erfolgt durch jeweils zwei Buchstaben. Der erste Buchstabe gibt den Anwendungsbereich an: S = Service, für Ottomotoren geeignet; **C** = Commercial, für **Dieselmotoren** geeignet.
Der zweite Buchstabe gibt die Qualität in alphabetischer Reihenfolge an.
Von höchster Qualität sind Öle der API-Spezifikation SG für Ottomotoren und **CD für Dieselmotoren.** Für den MERCEDES sollten Mehrbereichsöle der Qualität API – SF/**CD** zu benutzt werden.

In jedem Fall darauf achten, daß das benutzte Motoröl von MERCEDES-BENZ freigegeben ist (steht auf der Öldose).

Achtung: Bei Turbomotoren darf wegen der höheren thermischen Belastung das Einbereichsöl SAE 10 **nicht** verwendet werden.

Ölverbrauch

Bei einem Verbrennungsmotor versteht man unter dem Ölverbrauch diejenige Ölmenge, die als Folge des Verbrennungsvorganges verbraucht wird. Auf keinen Fall ist Ölverbrauch mit Ölverlust gleichzusetzen, wie er durch Undichtigkeiten an Ölwanne, Zylinderkopfdeckel usw. auftritt.

Normaler Ölverbrauch entsteht durch Verbrennung jeweils kleiner Mengen im Zylinder; durch Abführen von Verbrennungsrückständen und Abrieb-Partikeln. Zudem verschleißt das Öl durch die hohen Temperaturen und die hohen Drücke, denen es im Motor fortwährend ausgesetzt ist.

Ferner haben auch äußere Betriebsverhältnisse, Fahrweise sowie Fertigungstoleranzen einen Einfluß auf den Ölverbrauch. Im Normalfall ist dieser Verbrauch so gering, daß zwischen den vorgeschriebenen Ölwechselintervallen nur ein geringfügiges Nachfüllen erforderlich ist.

Unbedingt muß Öl nachgefüllt werden, wenn die „Nachfüll"-Markierung erreicht ist (Nachfüllmenge dann max. 2 l).

Der Ölkreislauf

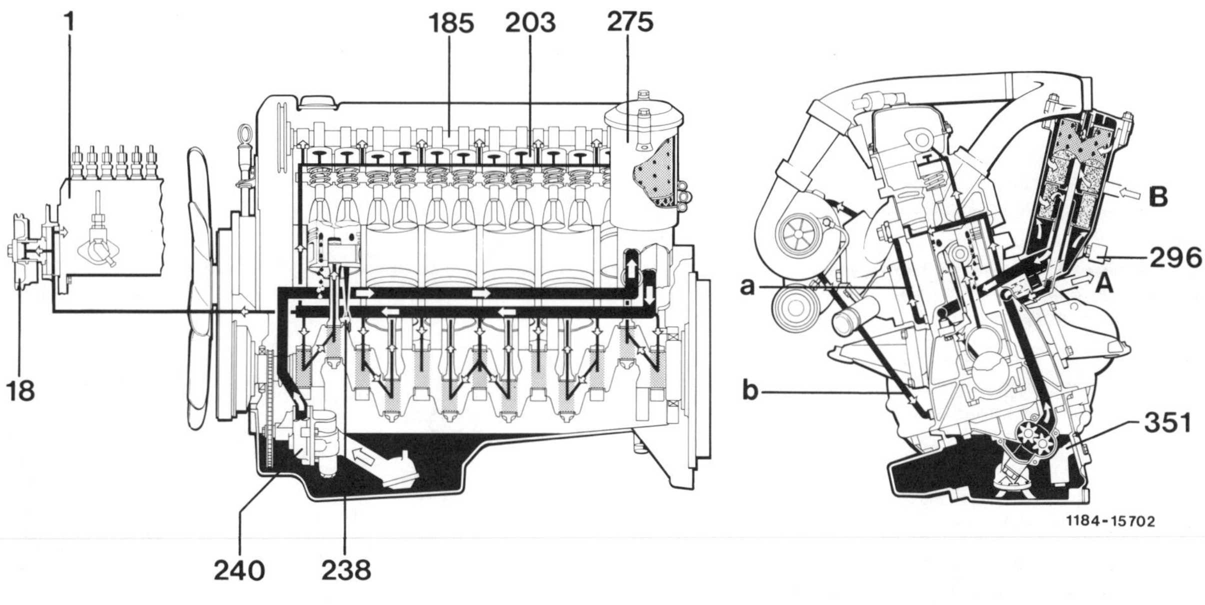

Die Ölpumpe –240– saugt das Motoröl aus der Ölwanne an und drückt es in den Hauptstromölfilter –275–. Zwischen Druck- und Saugseite der Ölpumpe befindet sich ein Überdruckventil (Öldruckregelventil). Es öffnet bei zu hohem Öldruck (ab ca. 5 bar). Dadurch kann ein Teil des Öls zum Saugraum zurückfließen. Seitlich in der Ölwanne befindet sich der Ölstandsgeber –351–.

Das Motoröl wird am Rücklauf-Sperrventil vorbei in den Ölfilter gepumpt. Das Rücklauf-Sperrventil verhindert, daß bei stehendem Motor das Öl in die Ölwanne zurückfließt. Über den Öldruckschalter –296– wird die Öldruckanzeige im Armaturenbrett angesteuert.

Vom Ölfilter gelangt das gereinigte Öl in den Hauptölkanal. Bei verstopftem Ölfilter leitet ein Kurzschlußventil das Öl direkt und ungefiltert in den Hauptölkanal.

Vom Hauptölkanal zweigen Kanäle ab zur Schmierung der Kurbelwellenlager. Durch schräge Bohrungen in der Kurbelwelle wird das Öl an die Pleuellager geleitet und innerhalb der Pleuel zu den Kolbenbolzen geführt. Über Ölspritzdüsen –238– wird Öl zur Kühlung gegen den Kolbenboden gespritzt.

Gleichzeitig gelangt Motoröl über Steigleitungen in den Zylinderkopf und versorgt dort den Kettenspanner, die Lager der Nockenwelle –185– und die Tassenstößel –203– mit den hydraulischen Ventilspielausgleichern. Über Querbohrungen werden zusätzlich die Einspritzpumpe –1– und der Spritzversteller –18– beziehungsweise, falls vorhanden, der Abgasturbolader geschmiert.

A – Ungereinigtes Öl zum Luftölkühler
B – Ungereinigtes Öl vom Luftölkühler
a – Zum Abgasturbolader
b – Vom Abgasturbolader

Die Ölstandsanzeige

Die Ölstandsanzeige besteht im wesentlichen aus dem Ölstandsgeber, der über der Ablaßschraube in die Ölwanne eingeschraubt ist, und der Kontrolleuchte im Schalttafeleinsatz. Die Ölstandsanzeige überwacht den Ölstand in der Ölwanne ab einer Öltemperatur von ca. +60° C.

Sobald die Zündung eingeschaltet wird, leuchtet die Kontrolllampe zur Funktionskontrolle schwach auf und verlischt bei laufendem Motor.

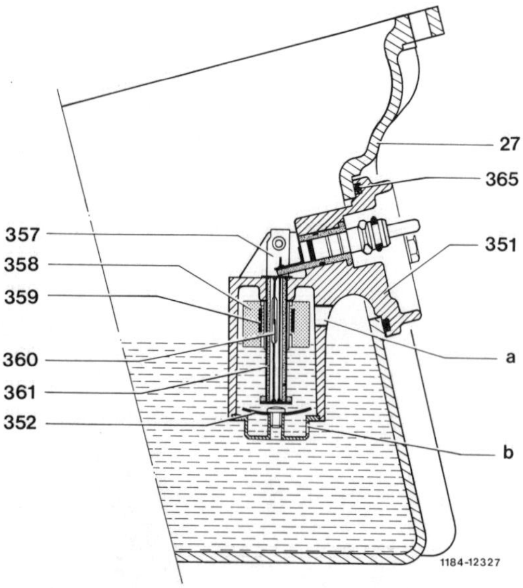

27 Ölwanne
351 Ölstandsgeber
352 Bimetall-Schnappscheibe
358 Schwimmer
359 Magnet
360 Reed-Kontakt
365 O-Ring
a Belüftungsbohrung 8 mm ∅
b Ablaufbohrung 4 mm ∅

Der Ölstand in der Ölwanne wird von einem Schwimmer –358– abgetastet. Bei geringem Ölstand wird durch einen Magnet –359– im Schwimmer der Reed-Kontakt –360– geöffnet. Dadurch erhält die Elektronik im Schalttafeleinsatz ein Signal und die Kontrollampe leuchtet auf.

Bei sinkendem Ölstand wird je nach Fahrweise die Kontrollleuchte zuerst kurzzeitig und später ständig aufleuchten.

Um bei verschiedenen Fahrzuständen, z. B. scharfe Linkskurve, unnötige Warnungen zu vermeiden, ist in der Elektronik eine Verzögerungsschaltung angebracht. Sie läßt erst ein Aufleuchten der Kontrolleuchte zu, wenn 60 Sekunden lang Ölmangel signalisiert wird.

Zur Vermeidung von Fehlanzeigen bei kaltem Motor (dickflüssiges Öl läuft nur langsam zur Ölwanne zurück) hat der Ölstandsgeber eine Bimetall-Schnappscheibe –352–. Sie verhindert, daß der Schwimmerraum über die Ablaufbohrung –b– bei niedrigen Temperaturen leerläuft.

Die Bimetall-Schnappscheibe öffnet bei einer Öltemperatur von ca. + 60° C und schließt bei ca. + 30° C.

Beim Ölwechsel wird der Schwimmerraum über die Belüftungsbohrung –a– mit Öl gefüllt. Anschließende Fehlanzeigen sind somit ausgeschlossen.

Die Ölstandsanzeige ist so ausgelegt, daß die Kontrolleuchte kurz vor der „min"-Markierung am Ölmeßstab aufleuchtet (Sicherheitsreserve). Dadurch muß nicht sofort, sondern erst bei nächster Gelegenheit wie zum Beispiel einem Tankstopp Motoröl nachgefüllt werden.

Empfohlene Nachfüllmenge: 1 Liter

Die Öldruckanzeige

Der Geber für die Öldruckanzeige ist am Ölfilterunterteil angeschraubt. Das Anzeigegerät im Schalttafeleinsatz wird über eine elektrische Leitung angesteuert. Bei zunehmendem Öldruck erhöht sich der Ohmsche Widerstand des Druckgebers gegenüber Masse und verändert dadurch den Anzeigewert. Bei 0 bar Öldruck ist der Widerstand des Gebers ca. 10 Ω, bei 1 bar ca. 69 Ω, bei 2 bar ca. 129 Ω, bei 3 bar ca. 184 Ω.

Ölüberdruckventil aus- und einbauen

Das Ölüberdruckventil ist in der Ölpumpe integriert. Es verbindet Druck- und Saugraum der Ölpumpe. Steigt der Öldruck über ca. 5 bar, dann öffnet das Ventil und ein Teil des Öles kann in den Saugraum der Pumpe zurückfließen.
Das Ölüberdruckventil ist bei zu geringem Öldruck zu prüfen.

Ausbau

- Ölwanne ausbauen.

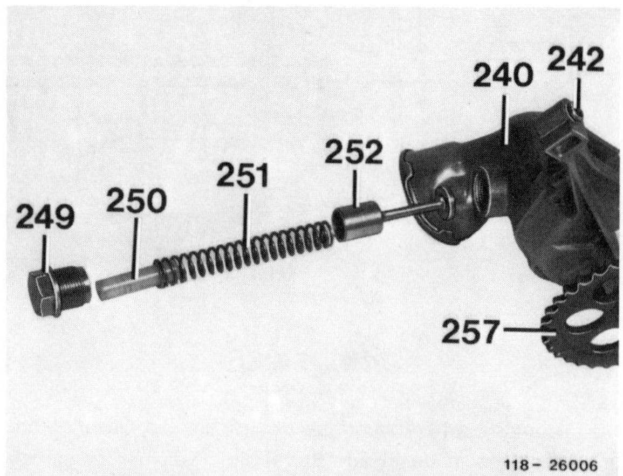

- Verschlußschraube –249– herausdrehen. **Achtung:** Die Schraube steht unter Druck und kann leicht wegspringen.
- Druckfeder –251– mit Führungsbolzen –250– und Kolben –252– aus der Ölpumpe –240– herausnehmen.
- Kolben und Bohrung reinigen, Kolben einsetzen und auf Leichtgängigkeit prüfen.

Einbau

- Kolben mit neuer Druckfeder und Führungsbolzen in die Ölpumpe einsetzen.
- Verschlußschraube mit 50 Nm festschrauben.
- Ölwanne einbauen.

Ölpumpe/Ölwanne aus- und einbauen

Achtung: Es empfiehlt sich, vor Ausbau der Ölwanne auch das Kapitel „Motorausbau" durchzulesen, da einige Arbeitsanweisungen dort näher erläutert sind.

Ausbau

- Fahrzeug aufbocken, siehe Seite 211.
- Untere Motorraumwanne abschrauben und herausnehmen.
- Motoröl ablassen, siehe Seite 42.
- Motorstoßdämpfer mit 2 Schrauben am Querträger abschrauben.
- Motoranschlag ausbauen.
- Leitung für Ölstandsanzeige abziehen.
- Bei Fahrzeugen mit Drehzahlfühler Leitung an der Ölwanne abschrauben.
- Masseleitung am Getriebe abschrauben.
- Innensechskantschrauben an den beiden vorderen Motorlagern abschrauben.
- Stabilisator an den Längsträgern links und rechts abschrauben.
- Geeignetes Seil oder Kette durch die vordere Aufhängeöse des Motors führen. Motor mit Kran etwas anheben. **Achtung:** Dabei Lüfter und Lüfterführung nicht beschädigen, gegebenenfalls Lüfter ausbauen.
- Steht der Kran nicht zur Verfügung, geeignete Stange durch Seil schieben, Motor etwas anheben und Stange auf Böcken lagern.
- Ölwanne abschrauben und vom Motorblock vorsichtig lösen.

- Befestigungsschraube –259– herausdrehen und Kettenrad von der Antriebswelle der Ölpumpe abziehen und herausnehmen.
- Ölpumpe abschrauben –260– und herausnehmen. –249– Verschlußschraube für Ölüberdruckventil.
- Ölwanne nach vorn herausnehmen, dabei Stabilisator nach unten ziehen.
- Trennflächen an Ölwanne und Kurbelgehäuse sorgfältig von Dichtungsresten reinigen. Ölwanne innen reinigen.

Einbau

- Ölwanne mit neuer Dichtung über den Fahrschemel legen.
- Ölpumpe einsetzen und Innensechskantschrauben mit **25 Nm** festziehen.

- Kettenrad in Kette einhängen und auf die Antriebswelle aufschieben.

Achtung: Kettenrad so einsetzen, daß die Wölbung –Pfeil– zur Pumpe zeigt und die Form mit der auf der Antriebswelle übereinstimmt.

- Ölwanne am Kurbelgehäuse ansetzen und Schrauben handfest anziehen. Anschließend Befestigungsschrauben gleichmäßig mit Drehmomentschlüssel festziehen. **M6-Schrauben mit 10 Nm, M8-Schrauben mit 25 Nm.**
- Motor ablassen und vordere Motorlager festschrauben.
- Motoranschlag einstellen und festschrauben.
- Motoröl auffüllen.
- Stabilisator auf beiden Seiten anschrauben.

- Masseleitung an Getriebe anschrauben.
- Leitung für Ölstandsanzeige aufschieben.
- Falls ausgebaut, Leitung für Drehzahlfühler an Ölwanne anschrauben.
- Motorstoßdämpfer anschrauben.
- Fahrzeug ablassen, siehe Seite 211.
- Motor warmfahren und Ölwanne sowie Ablaßschraube auf Dichtheit prüfen, gegebenenfalls Schrauben gleichmäßig ganz leicht nachziehen.
- Untere Motorraumwanne ansetzen und festschrauben.

Wartungsarbeiten an der Motor-Schmierung

Motorölwechsel

Der Ölwechsel ist alle 10 000 km oder, falls sehr wenig gefahren wird, einmal im Jahr durchzuführen. Dabei wird gleichzeitig die Filterpatrone gewechselt.

Bei erschwerten Einsatzbedingungen wie Kurzstreckenverkehr, häufiger Kaltstart und staubige Straßenverhältnisse sollten Motoröl und Ölfilter in kürzeren Abständen gewechselt werden. Das Motoröl darf auch mittels einer Sonde abgesaugt werden.

Ablassen

- Motor auf Betriebstemperatur bringen (60°–80° C Kühlmitteltemperatur).
- Fahrzeug waagerecht aufbocken, siehe Seite 211.
- Untere Motorraumwanne ausbauen, siehe Seite 18.

118-13174

- Ölfilterdeckel abschrauben.

118-26129

- Deckel etwas hochheben, damit das Öl aus dem Filtergehäuse unter Umgehung des Rücklauf-Sperrventils in die Ölwanne zurückfließen kann.
- Filterdeckel mit Ölfiltereinsatz herausziehen. Lappen unterlegen und abtropfendes Öl auffangen.

***Achtung:** Beim **6-Zylinder-Motor bis 1/86** muß hierzu aus Platzgründen die Dichtleiste an der Motorraum-Trennwand folgendermaßen nach oben abgezogen werden.*

118-29613

- *Bei geteilter Gummidichtung, Halteklammer –1– abziehen.*

● *Bei durchgehender Gummidichtung, Schraube –Pfeil– herausschrauben.*

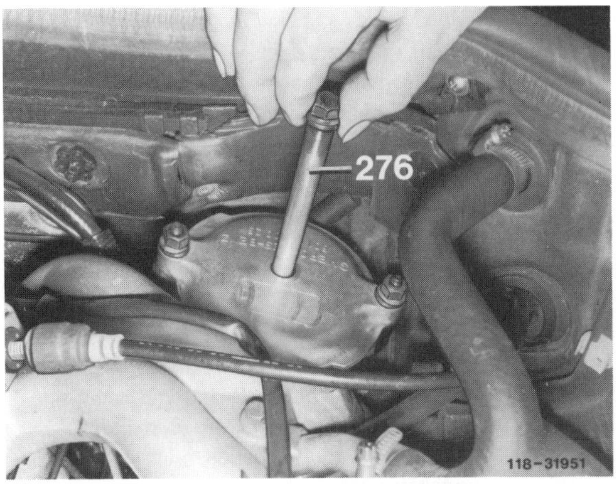

***Achtung:** Der **6-Zylinder-Motor seit 2/86** besitzt einen 2teiligen Ölfilterdeckel. Daher zuerst Rücklaufrohr –276– herausdrehen, anschließend Deckel abschrauben und abnehmen und schließlich Haltebügel am Filtereinsatz hochklappen und Einsatz herausziehen.*

● Gefäß zum Auffangen des Altöls unter die Ölwanne stellen.

● Ölablaßschraube herausdrehen und Altöl ganz ablassen. Die Ablaßschraube befindet sich, in Fahrtrichtung gesehen, links an der Ölwanne. Bei 4MATIC-Fahrzeugen nur Ablaßschraube an der größeren Ölwanne öffnen. **Achtung:** Das Öl im Luftölkühler braucht nicht abgelassen zu werden.

Achtung: Werden im Motoröl Metallspäne und Abrieb in größeren Mengen festgestellt, deutet dies auf Freßschäden hin, zum Beispiel Kurbelwellen- oder Pleuellagerschäden. Um Folgeschäden nach erfolgter Reparatur zu vermeiden, ist die sorgfältige Reinigung von Ölkanälen und Ölschläuchen unerläßlich. Zusätzlich soll der Ölkühler, falls vorhanden, erneuert werden.

Auffüllen

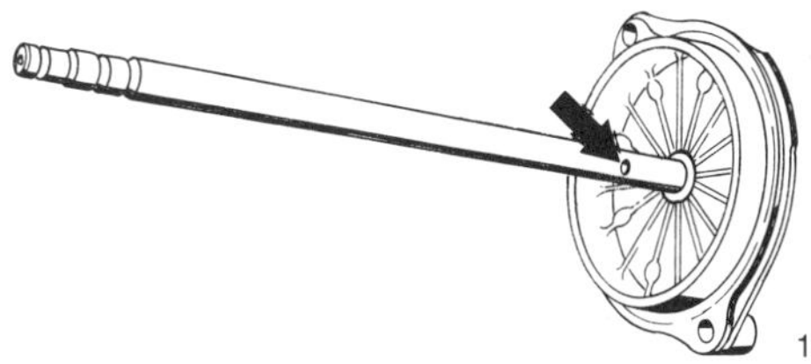

1184–12766

● Drosselbohrung –Pfeil– am Ölrohr auf Verschmutzung prüfen. Gegebenenfalls Bohrung von Hand reinigen und anschließend mit Preßluft durchblasen. Dabei muß unten am Ölrohr spürbar Luft austreten, andernfalls Ölfilterdeckel mit Ölrohr erneuern.

● Neuen Ölfiltereinsatz in das Filtergehäuse einsetzen.

● Filterdeckel mit neuem Dichtring aufsetzen, Muttern mit 25 Nm festziehen. Bei 2teiligem Filterdeckel Rücklaufrohr mit 25 Nm anschrauben.

Achtung: Dabei darf das Rücklaufrohr nicht mit Gewalt hineingedrückt werden, sonst kann sich der Dichtring des Filtereinsatzes aus seiner Halterung lösen und vor das Standrohr legen. In diesem Fall erfolgt die Ölversorgung über das Kurzschlußventil, wobei der Öldruck unter 0,3 bar im Leerlauf abfällt. Falls erforderlich, Ölfilter vor dem Einsetzen auf Standrohr aufschieben.

● Ölablaßschraube mit neuem Dichtring hineindrehen. Anzugsdrehmoment: M 12-Schraube – 30 Nm, M 14-Schraube – 25 Nm. **Achtung:** Ablaßschraube nicht zu stark anziehen. Bei Undichtigkeiten etwas nachziehen.

● Neues Öl am Einfüllstutzen des Zylinderkopfdeckels einfüllen.

● Motorraumwanne anschrauben, Fahrzeug ablassen.

Ölwechselmenge

200 D 200 TD	**6,5 l**	250 D Turbo 300 D 300 TD	**7,5 l**	300 D/TD Turbo 300 D 4MATIC 300 D/TD Turbo/ 4MATIC	**8,0 l**
250 D	**7,0 l**				

Mengendifferenz zwischen Min.- und Max.-Markierung am Ölpeilstab: **2** Liter.

● Nach Probefahrt Dichtigkeit der Ablaßschraube und des Ölfilters überprüfen, gegebenenfalls vorsichtig nachziehen.

● Um die Betriebsverhältnisse des Motors besser überwachen zu können, soll beim Ölwechsel immer ein Öl gleichen Typs und möglichst auch gleicher Marke verwendet werden. Daher ist es zweckmäßig, bei jedem Ölwechsel ein Hinweisschild am Motor zu befestigen, auf dem Marke und Viskosität des Öles vermerkt sind.
Wahllos abwechselnder Gebrauch verschiedener Öltypen ist ungünstig. Motorenöle gleichen Typs, aber verschiedener Marken sollen möglichst nicht gemischt werden.

Störungsdiagnose Ölkreislauf

Störung	Ursache	Abhilfe
Geringer Öldruck nach Anspringen des Motors	■ Öl sehr warm	Unbedenklich, wenn Öldruck beim Gasgeben auf Normalwert steigt
Zu niedriger Öldruck unteren Drehzahlbereich	■ Öldruckregelventil klemmt in offenem Zustand durch Verschmutzung	Ventil ausbauen und prüfen
Zu niedriger Öldruck im gesamten Drehzahlbereich	■ Zu wenig Öl im Motor ■ Ansaugsieb in der Saugglocke verschmutzt ■ Saugrohr lose oder gebrochen ■ Ölpumpe verschlissen ■ Lagerschaden	Motoröl nachfüllen Ölwanne ausbauen, Ansaugsieb reinigen Ölwanne ausbauen, Saugrohr überprüfen Ölpumpe ausbauen und prüfen, gegebenenfalls ersetzen Motor demontieren
Keine Öldruckanzeige	■ Elektrische Zuleitung durchgescheuert, Kurzschluß gegen Masse ■ Masseschluß im Anzeigegerät ■ Öldruckschalter defekt ■ Anzeigegerät defekt	Leitung erneuern Anzeigegerät ersetzen Schalter auswechseln Anzeige-Instrument auswechseln
Ölstandswarnleuchte leuchtet	■ Ölstand zu niedrig ■ Elektrische Leitung unterbrochen, Steuergerät defekt	Motoröl auffüllen Leitungsunterbrechung beseitigen, Stecker auf guten Kontakt prüfen, ggf. Steuerelektronik im Schalttafeleinsatz erneuern
Öldruck fällt während der Fahrt bei ca. 80–120 km/h auf 2 bar ab, beziehungsweise Öldruck liegt im Leerlauf unter 0,3 bar	■ Ölfiltereinsatz verschmutzt ■ Nach Ölfilterwechsel, durch lose Dichtung Ölversorgung über Kurzschlußventil ■ Ölüberdruckventil schwergängig ■ Anzeige-Instrument defekt ■ Ölrücklaufbohrungen im Zylinderkopf verstopft	Filtereinsatz erneuern, Öl wechseln Filtereinsatz ausbauen, Dichtung in Halter eindrücken, ggf. Filtereinsatz erneuern Ölüberdruckventil ausbauen, prüfen, gegebenenfalls erneuern Anzeige-Instrument in Armaturentafel erneuern Zylinderkopfdeckel abnehmen, Motoröl in 2 Rücklaufbohrungen auf der rechten Seite des Zylinderkopfes einfüllen. Fließt das Öl nicht oder nur sehr langsam ab, ist die Bohrung im Kurbelgehäuse nicht gebohrt oder im Rücklauf zur Ölwanne befindet sich eine Gußhaut. Werkstattarbeit.
Zeiger des Anzeige-Instrumentes bleibt nach Abstellen des Motors auf 3 bar Überdruck stehen	■ Ölüberdruckventil schwergängig ■ Anzeige-Instrument defekt	Ölüberdruckventil ausbauen, prüfen, gegebenenfalls erneuern Anzeige-Instrument erneuern

Die Motor-Kühlung

Der Kühlmittelkreislauf

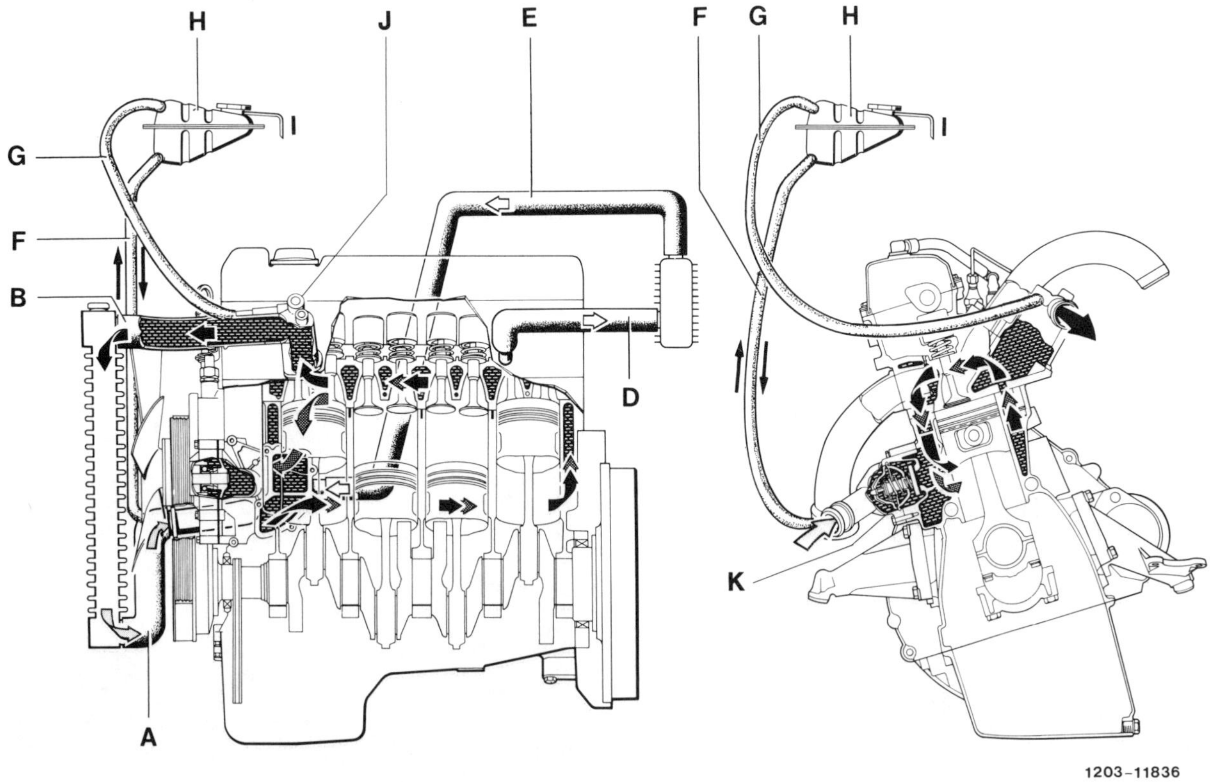

A – Vom Kühler zur Kühlmittelpumpe über Thermostat
B – Vom Zylinderkopf zum Kühler
D – Zulauf zur Heizung (Wärmetauscher)
E – Rücklauf von der Heizung (Wärmetauscher)
F – Füllschlauch
G – Entlüftungsleitung
H – Ausgleichbehälter
I – Überlauf
J – Thermoschalter
K – Kühlmittelregler

Der Kühlmittelkreislauf wird thermostatisch geregelt. Solange der Motor kalt ist, zirkuliert das Kühlmittel nur im Zylinderkopf und im Motorblock. Mit zunehmender Erwärmung öffnet der Kühlmittelregler den großen Kühlmittelkreislauf. Das Kühlmittel wird von der ständig im Einsatz befindlichen Kühlmittelpumpe über den Kühler geleitet. Die Kühlflüssigkeit durchströmt den Kühler von oben nach unten und wird dabei durch die an den Kühlrippen vorbeistreichende Luft gekühlt.

Sobald die Kühlmitteltemperatur auf ca. 100° C steigt, schaltet beim 4-Zylinder-Motor ein Thermoschalter über eine Magnetkupplung den Lüfter zu. Der Lüfter dreht sich dann entsprechend der Motordrehzahl mit der gleichen Drehzahl wie die Kühlmittelpumpe. Sinkt die Kühlmitteltemperatur auf 98° – 93° C ab, öffnet der Thermoschalter und der Lüfter wird ausgekuppelt.

Im 5-, 6-Zylinder-Motor ist hinter dem Lüfterrad eine Visco-Kupplung eingebaut. Bei ausgeschalteter Visco-Kupplung dreht sich der Lüfter entsprechend der Motordrehzahl, jedoch nicht schneller als mit 1000/min. Bei einer Kühlmitteltemperatur von ca. 90°– 95° C schaltet ein Bimetallstreifen die Visco-Kupplung ein, wodurch die Lüfterdrehzahl entsprechend der Motordrehzahl bis maximal 3300/min zunimmt.

Durch den nicht ständig voll mitlaufenden Lüfter wird die nutzbare Motorleistung erhöht und der Kraftstoffverbrauch vermindert.

Inhalt des Kühlsystems

200 D/TD:	**8,5 l**
250 D, 300 D/TD:	**9,0 l**
250 D Turbo:	**9,5 l**
300 D/TD Turbo:	**10,0 l**

Geber für Kühlmittelstandsanzeige aus- und einbauen/prüfen

Die Kühlmittelstandsanzeige besteht im wesentlichen aus dem Kühlmittelstandsgeber, vorn am Ausgleichbehälter über dem Anschluß des Kühlmittelschlauches, und der Kontrollampe im Schalttafeleinsatz.

Die Kühlmittelstandsanzeige warnt bei laufendem Motor vor zu geringem Kühlflüssigkeitsstand und dadurch möglicher Überhitzung des Motors.

Sobald die Zündung eingeschaltet wird, leuchtet die Kontrolllampe zur Funktionskontrolle schwach auf und verlischt bei laufendem Motor.

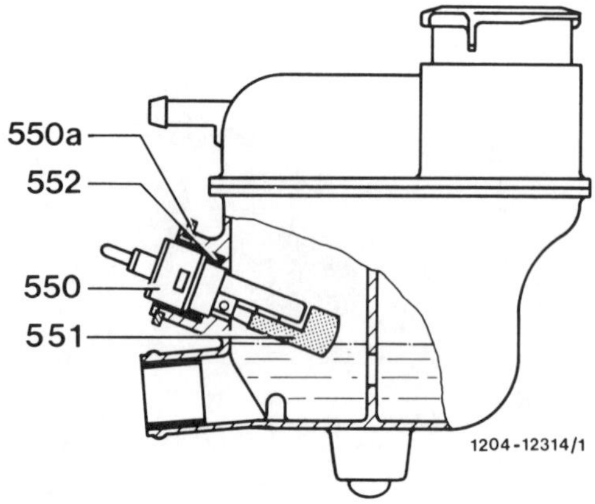

Der Kühlmittelstand im Ausgleichbehälter wird von einem Schwimmer –551– abgetastet. Bei geringem Kühlflüssigkeitsstand schließt ein Kontakt im Geber –550– und die Kontrollampe leuchtet auf. Je nach Fahrweise wird die Kontrolleuchte zuerst kurzzeitig und später ständig aufleuchten. Leuchtet die Kontrollampe auf, Kühlmittel auffüllen.

Prüfen

- Stecker am Kühlmittelstandsgeber abziehen.
- Ohmmeter zwischen die beiden Kontakte am Geber anschließen. Bei Kühlmittelstand an der Max.-Marke muß das Meßgerät unendlich (∞) anzeigen. Bei leerem Ausgleichbehälter soll der Widerstand ca. 5 Ω betragen.

Ausbau

- Falls erforderlich, etwas Kühlmittel ablassen.
- Sicherungsring –550a– mit Schraubendreher abhebeln.
- Geber aus Ausgleichbehälter herausziehen.

Einbau

- Neuen Geber mit neuem Dichtring –552– so in den Ausgleichbehälter einsetzen, daß die unterschiedlich breiten Nasen am Geber in die Öffnung des Ausgleichbehälters eingreifen.
- Sicherungsring aufdrücken.
- Kühlmittel auffüllen.

Kühlmittelregler aus- und einbauen/prüfen

Der Kühlmittelregler öffnet mit zunehmender Erwärmung des Motors den großen Kühlmittelkreislauf. Bleibt der Thermostat durch einen Defekt geschlossen, wird der Motor zu heiß. Erkennbar ist das an einer im roten Bereich stehenden Kühlmittel-Temperaturanzeige, während gleichzeitig der Kühler kalt bleibt. Ein defekter Thermostat kann aber auch nach dem Abkühlen der Kühlflüssigkeit weiterhin geöffnet bleiben. Dies erkennt man daran, daß der Motor nicht mehr seine Betriebstemperatur erreicht bzw. daß der Zeiger der Kühlmittel-Temperaturanzeige langsamer ansteigt als bisher oder im Winter die Heizleistung nachläßt.

Ausbau

- Massekabel von der Batterie abklemmen.
- Kühlmittel ablassen und auffangen.

- 2 Befestigungsschrauben – Pfeile – herausdrehen und Gehäusedeckel für Kühlmittelregler abnehmen und zur Seite legen.
- Kühlmittelregler herausnehmen.

Prüfen

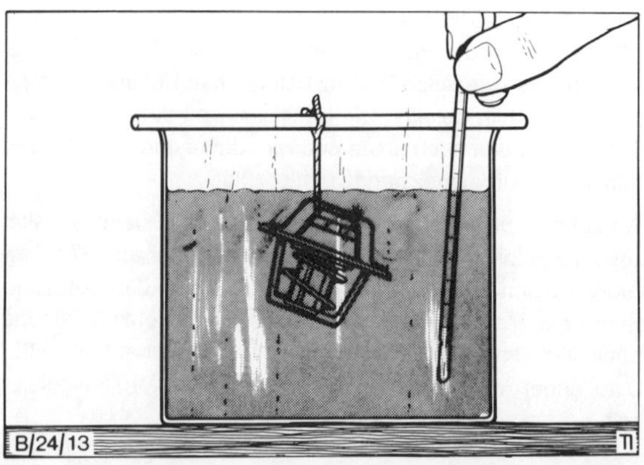

- Kühlmittelregler im Wasserbad erwärmen. Dabei darf der Regler nicht die Wände des Behälters berühren. Temperatur mit einem geeigneten Thermometer kontrollieren.

Bei einer Temperatur von ca. 85° C (*Turbomotor: 80° C*) beginnt die Bimetallfeder des Reglers sich auszudehnen. Die größte Ausdehnung ist bei ca. 100° C (*94° C*) erreicht.

- Prüfen ob sich der Regler ausdehnt und wieder schließt, andernfalls Regler ersetzen.

Einbau

- Dichtflächen an Gehäuse und Deckel reinigen.
- Neue Dichtung am Gehäuse auflegen.

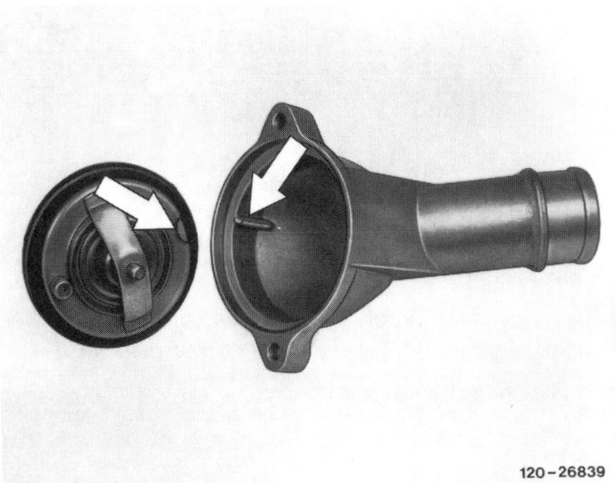

120-26839

- Kühlmittelregler mit neuem Dichtring in den Deckel einsetzen. Dabei muß die Rippe am Deckel in die Nut des Kühlmittelreglers eingreifen – Pfeile – .
- Deckel mit Regler ansetzen und mit **10 Nm** festschrauben.
- Untere Motorraumwanne ansetzen und festschrauben.
- Fahrzeug ablassen.
- Kühlmittel auffüllen.
- Batterie-Massekabel anklemmen.
- Motor warmlaufen lassen, bis sich der Lüfter einschaltet. Prüfen, ob der Kühler warm wird und das Gehäuse des Kühlmittelreglers dicht ist.

Kühler- Frostschutzmittel

Die Kühlanlage wird vom Werk mit einer Mischung aus Wasser und Kühlerfrost- und Korrosions-Schutzmittel aufgefüllt. Das Kühlkonzentrat verhindert Frost- und Korrosionsschäden und hebt außerdem die Siedetemperatur des Wasser an. Deshalb muß das Kühlsystem unbedingt ganzjährig mit Kühlerfrost- und Korrosionsschutzmittel gefüllt sein.

Achtung: Nur von MERCEDES-BENZ freigegebene Kühlkonzentrate verwenden.

Da der Korrosionsschutz-Anteil in der Kühlflüssigkeit nach einiger Zeit an Wirkung verliert, sollte die Kühlflüssigkeit alle 3 Jahre gewechselt werden.

Kühlmittel-Mischungsverhältnis

Modell	Frostschutz bis °C	Kühlkonzentrat	Wasser	Gesamtmenge
200 D/TD	–30°	3,75 l	4,75 l	8,5 l
	–45°	4,75 l	3,75 l	
250 D 300 D/TD	–30°	4,00 l	5,00 l	9,0 l
	–45°	5,00 l	4,00 l	
250 D Turbo	–30°	4,25 l	5,25 l	9,5 l
	–45°	5,25 l	4,25 l	
300 D/TD Tu.	–30°	4,50 l	5,50 l	10,0 l
	–45°	5,50 l	4,50 l	

Der Frostschutz sollte in unseren Breiten bis ca. – 30° C reichen.

Kühler aus- und einbauen

Ausbau

- Massekabel von der Batterie abklemmen.
- Kühlmittel ablassen, siehe Seite 51.
- Fahrzeug aufbocken, siehe Seite 211.
- Untere Motorraumwanne ausbauen, siehe Seite 18.
- Bei Fahrzeugen mit automatischem Getriebe Ölleitungen vom und zum Getriebe mit geeigneten Schraubklemmen abklemmen, damit kein Öl auslaufen kann, und anschließend am Kühler abschrauben.

Achtung: Da schon kleinste Schmutzteilchen im Ölkreislauf des Automatik-Getriebes dessen Funktion stören können, ist beim Öffnen des Kreislaufes auf peinlichste Sauberkeit zu achten. Anschlußstellen vor dem Abschrauben mit Spiritus äußerlich reinigen und nach dem Abschrauben mit kleinen Plastiktüten und Gummiringen gegen eindringenden Schmutz schützen.

- Oberen und unteren Kühlmittelschlauch am Kühler abziehen, vorher Schellen lösen und ganz zurückschieben.

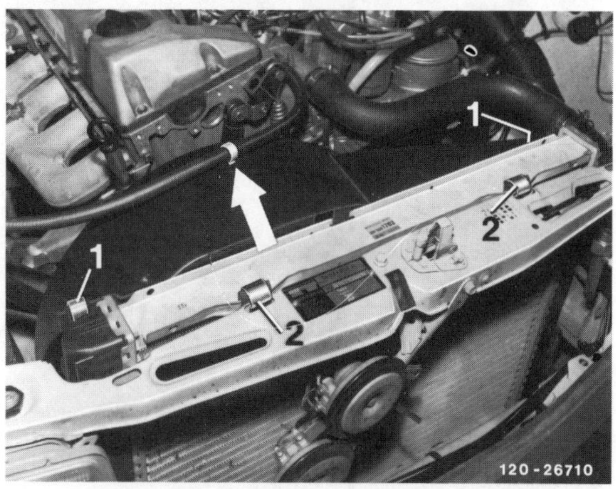

120-26710

- Haltefedern –1– mit Schraubendreher nach oben abheben.

- Lüfterhaube etwas hochziehen und nach hinten über Lüfter legen.
- Haltefedern –2– nach oben herausziehen.
- Kühler nach oben herausheben.

Einbau

- Sämtliche Kühlmittelschläuche auf Einschnitte, Risse und sonstige Beschädigungen überprüfen und, falls erforderlich, auswechseln. Gummitüllen der Kühlerhalterung auf einwandfreien Zustand prüfen.
- Kühler von oben so einsetzen, daß die Befestigungszapfen des Kühlers in die Gummitüllen des Halters eingreifen.
- Haltefedern für Kühler oben einsetzen.
- Lüfterhaube unten in die Haltelaschen am Kühler einsetzen und oben durch Eindrücken der Halteklammern befestigen.
- Kühlmittelschläuche aufschieben und mit Schellen sichern.
- Falls abgebaut, Ölkühlerschläuche mit Überwurfmuttern und 20 Nm festschrauben, Klammern entfernen.
- Fahrzeug ablassen.
- Untere Motorraumwanne ansetzen und festschrauben.
- Kühlmittel auffüllen.
- Batterie-Massekabel anklemmen.
- Motor warmlaufen lassen und Schlauchanschlüsse sowie Ablaßschrauben auf Dichtheit prüfen.
- Kühlmittelstand kontrollieren.
- Bei Automatik-Getriebe Ölstand kontrollieren, siehe Seite 91.

Lüfter aus- und einbauen

Ausbau

- **300 D Turbo:** Kühler ausbauen.

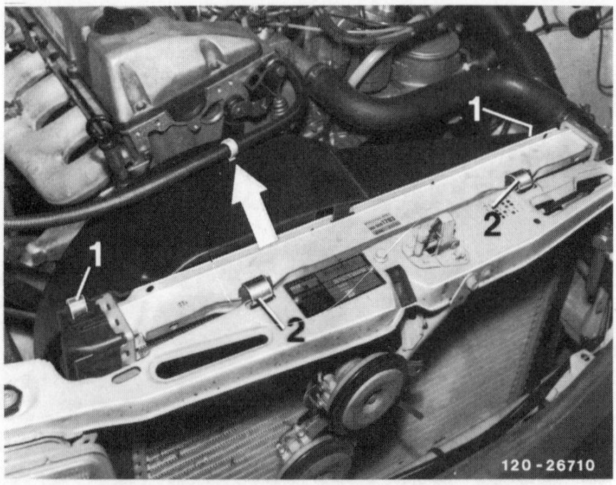

- Entlüftungsleitung an der Lüfterhaube ausclipsen –Pfeil– und zurückklappen.
- Haltefedern –1– nach oben herausziehen.
- Lüfterhaube etwas hochziehen und nach hinten über den Lüfter legen.

4-Zylinder-Motor

- Zentralschraube –340– herausdrehen und Lüfter herausnehmen.
- **5-, 6-Zylinder-Motor:** 3 Schrauben an der Visco-Lüfterkupplung herausdrehen und Lüfter herausnehmen.
- Lüfterhaube herausnehmen.

Einbau

- Lüfterhaube einsetzen und über Kühlmittelpumpe legen.
- Lüfter einsetzen und anschrauben. Anzugsdrehmoment 4-Zylinder-Motor: 25 Nm.
- Lüfterhaube mit Haltern in die Haltelaschen am Kühler unten einsetzen und mit Haltefedern oben sichern.
- Entlüftungsschlauch in Lüfterhaube einclipsen.
- **300 D Turbo:** Kühler einbauen.

Kühlmittelpumpe aus- und einbauen

Ausbau

- Batterie-Massekabel abklemmen.
- Kühlmittel ablassen und auffangen.
- Lüfter und Lüfterhaube ausbauen.
- **5-, 6-Zylinder-Motor:** Visco-Kupplung abschrauben, dazu Zentralschraube (Innensechskant) herausdrehen.

- 4 Schrauben –345– an der Riemenscheibe –346– lösen.
- Keilriemen ausbauen, siehe Seite 32.
- Riemenscheibe abschrauben und herausnehmen.

4-Zylinder-Motor

- Stecker –Pfeil– am Magnetkörper abziehen.
- Befestigungsmuttern –349– abschrauben und Magnetkörper –347– abnehmen.

Achtung: Der Magnetträger –348– ist mit der Kühlmittelpumpe verklebt und darf nicht abgezogen werden.

Alle Motoren

- Kühlmittelpumpe vom Gehäuse abschrauben und herausnehmen.
- Dichtflächen sorgfältig reinigen.

Einbau

- Kühlmittelpumpe auf leichten Lauf prüfen, gegebenenfalls austauschen.
- Pumpe mit neuer Dichtung ansetzen und mit **10 Nm** festschrauben.
- **4-Zylinder-Motor:** Magnetkörper aufschieben und mit 3 Muttern anschrauben. Elektrische Leitung am Magnetkörper aufstecken.
- Riemenscheibe ansetzen und handfest anschrauben.
- **5-, 6-Zylinder-Motor:** Visco-Kupplung anschrauben.
- Keilriemen einbauen, siehe Seite 32.
- Schrauben für Riemenscheibe mit 10 Nm festziehen.
- Lüfter und Lüfterhaube einbauen.
- Kühlmittel auffüllen.
- Batterie-Massekabel anklemmen.

W Wartungsarbeiten an der Motor-Kühlung

Kühlmittel nachfüllen

Kühlmittel ist immer dann nachzufüllen, wenn die Kühlmittelstands-Warnanzeige anspricht. Vor jeder größeren Fahrt sollte der Kühlmittelstand geprüft werden.

- Das Kühlmittel soll bei kaltem Motor bis zur Markierung am Ausgleichbehälter –Pfeil– reichen. Bei warmem Motor kann es ca. 1 cm darüber liegen.

Achtung: Verschlußdeckel für Ausgleichbehälter bei heißem Motor vorsichtig öffnen. Verbrühungsgefahr! Beim Öffnen Lappen über den Verschlußdeckel legen. Verschlußdeckel möglichst bei einer Kühlmittel-Temperatur unter 90° C öffnen.

- Verschlußdeckel beim Öffnen zuerst bis zur ersten Raste drehen und Überdruck entweichen lassen. Danach Deckel weiterdrehen und abnehmen.
- **Kaltes** Kühlmittel nur bei **kaltem Motor** nachfüllen, um Motorschäden zu vermeiden.
- Zum Nachfüllen – auch in der warmen Jahreszeit – nur eine Mischung aus Kühlerfrostschutzmittel und kalkarmem, sauberem Wasser verwenden.

Achtung: Um die Weiterfahrt zu ermöglichen, kann auch, insbesondere im Sommer, reines Wasser nachgefüllt werden. Der Kühlerfrostschutz muß dann jedoch baldmöglichst korrigiert werden.

- Sichtprüfung auf Dichtheit durchführen, wenn der Kühlmittelstand häufig unterhalb der Min.-Markierung steht.

Sichtprüfung auf Dichtheit

- Kühlmittelschläuche durch Zusammendrücken und Verbiegen auf poröse Stellen untersuchen, hartgewordene Schläuche ersetzen.
- Die Schläuche dürfen nicht zu kurz auf den Anschlußstutzen sitzen.
- Festen Sitz der Schlauchschellen kontrollieren.
- Dichtung des Verschlußdeckels am Ausgleichbehälter auf Beschädigungen überprüfen.
- Motor warmlaufen lassen, bis Lüfter für Kühler mitläuft. Darauf achten, ob Kühlflüssigkeit im Bereich der Kühlmittelpumpe austritt.
- Wenn bei heißem Motor Kühlmittel aus einer Bohrung unten an der Pumpe läuft, ist in der Regel der Wellendichtring defekt. In diesem Fall Kühlmittelpumpe ersetzen. **Achtung:** Die Ablaufbohrung wird durch die Riemenscheibe verdeckt.
- Mitunter ist es schwierig, die Leckstelle ausfindig zu machen. Dann empfiehlt sich eine Druckprüfung (Spezialgerät erforderlich) durch die Werkstatt. Hierbei kann ebenfalls das Überdruckventil des Verschlußdeckels geprüft werden.

Frostschutz prüfen

Vor Beginn der kühleren Jahreszeit sollte die Konzentration des Frostschutzmittels geprüft werden.

- Motor warmfahren, bis Kühlmittel im Ausgleichbehälter ca. handwarm ist.
- Verschlußdeckel des Ausgleichbehälters vorsichtig öffnen, siehe unter „Kühlmittel nachfüllen".
- Mit Meßspindel Kühlflüssigkeit ansaugen und am Schwimmer Kühlmitteldichte ablesen. Der Frostschutz sollte in unseren Breiten bis mindestens – 30° C reichen.

Beispiel: Die Frostschutz-Messung mit der Spindel ergibt einen Frostschutz bis – 10° C. In diesem Fall aus dem Kühlsystem 3 l Kühlflüssigkeit ablassen und dafür 3 l reines Frostschutzkonzentrat auffüllen.

Gemessener Wert in °C	Differenzmenge in Liter	
	Saugdiesel	Turbodiesel
0	4,0	4,5
– 5	3,5	4,0
–10	3,0	3,5
–15	2,0	2,5
–20	1,5	2,0
–25	1,0	1,5

- Verschlußdeckel am Kühler verschließen und nach Probefahrt Frostschutz erneut überprüfen.

Kühlmittel wechseln

Achtung: Da die Kühlmittelflüssigkeit ein Frost- und Korrosionsschutzmittel enthält, sollte sie zur Wiederverwendung aufgefangen werden.

Ablassen

- Massekabel von der Batterie abklemmen.
- Heizung im Innenraum bis zum Anschlag auf „warm" stellen.
- Deckel am Ausgleichbehälter nach links drehen, bis er einrastet, und Überdruck aus dem Kühlsystem entweichen lassen. Dann Deckel weiterdrehen und ganz abnehmen.

Achtung: Bei heißem Motor vor dem Öffnen des Deckels einen dicken Lappen auflegen, um Verbrühungen durch heiße Kühlflüssigkeit oder Dampf zu vermeiden. Deckel nur bei Kühlmitteltemperaturen unter 90° C abnehmen.

- Sauberes Auffanggefäß unter Kühler stellen.

- Am Ablaufstutzen des Kühlers geeigneten Schlauch aufschieben und Ablaufschlauch in sauberes Auffanggefäß einführen.
- Ablaßschraube unten am Kühler öffnen.

- Bei Fahrzeugen mit Klimaanlage auf der rechten Seite der Motorraumwanne Verschlußstopfen abnehmen und durch die Öffnung Verlängerungsschlauch auf den Auslaufstutzen des Kühlers stecken.

- Klappe für Abschleppöse im Frontspoiler rechts herunterklappen und Ablaßschraube –1– öffnen (nur bei Klimaanlage).

- Ablaßschraube –12– am Kurbelgehäuse herausdrehen. **Achtung:** Anstelle der Verschlußschraube –6– kann ein Kühlmittelvorwärmgerät eingebaut werden.
- Kühlmittel ganz ablaufen lassen.
- Ablaßschraube am Kurbelgehäuse mit neuem Dichtring und 30 Nm festschrauben.
- Ablaßschraube am Kühler ganz leicht mit 1,5 Nm, also handfest, anschrauben.
- Ablaufschlauch abziehen.

Auffüllen

- Kühlmittel langsam durch die Öffnung des Ausgleichbehälters bis zur Markierung auffüllen.
- Batterie-Massekabel anschließen.
- Motor warmlaufen lassen, bis der Kühlmittelregler öffnet (Kühlmitteltemperatur ca. 90° – 100° C); dabei stoßweise Gas geben.

Achtung: Bei einer Kühlmitteltemperatur von 60° –70° C Ausgleichbehälter verschließen.

- Kühlsystem – Schlauchanschlüsse sowie Ablaßschrauben und Kühlmittelpumpe – auf Dichtheit prüfen.
- Falls ausgebaut, untere Motorraumwanne einbauen.

Störungsdiagnose Motorkühlung

Störung: Die Kühlmitteltemperatur-Anzeige steht im roten Bereich

Ursache	Abhilfe
Zu wenig Kühlmittel im Kreislauf	■ Ausgleichbehälter muß bis zur Markierung voll sein
Kühlmittelregler öffnet nicht	■ Prüfen, ob oberer Kühlmittelschlauch warm wird. Wenn nicht, Regler ersetzen
Lüfter läuft nicht, Thermoschalter defekt (nur 200 D)	■ Stecker vom Thermoschalter abziehen und gegen Masse legen; wenn der Lüfter jetzt mitläuft, Thermoschalter ersetzen
Sicherung Nr. 7 defekt (nur 200 D)	■ Sicherung für Lüfter prüfen
Magnetkörper defekt (nur 200 D)	■ Elektrische Leitung am Magnetkörper abziehen und über Prüflampe gegen Masse legen, Zündung einschalten. Wenn die Lampe aufleuchtet, Magnetkörper ersetzen, andernfalls Leitungsunterbrechung beseitigen
Lüfter läuft nicht, Bimetallstreifen in der Viscokupplung defekt (nur 250 D, 300 D)	■ Bei einer Kühlmitteltemperatur von ca. 90°–95 °C Motor mit 4000–5000/min laufen lassen, dabei muß die Drehzahl des Lüfters deutlich ansteigen. Andernfalls Lüfterkupplung prüfen, gegebenenfalls Bimetallstreifen ersetzen.
Kühlmittelpumpe defekt	■ Kühlmittelpumpe ausbauen und überprüfen
Geber für Kühlmitteltemperaturanzeiger defekt	■ Geber überprüfen lassen
Kühlmitteltemperaturanzeige defekt	■ Anzeigegerät überprüfen lassen

Störungsdiagnose Kühlmittelstandsanzeige

Störung	Ursache	Abhilfe
Kontrollampe leuchtet bei laufendem Motor und richtigem Kühlmittelstand	■ Geber defekt	Mit Ohmmeter prüfen, ggf. ersetzen
	■ Masseschluß in elektrischer Leitung	Leitung nach Stromlaufplan prüfen
	■ Anzeige-Instrument defekt	Ersetzen
Kontrollampe leuchtet nicht beim Einschalten der Zündung	■ Lampe defekt	Ausbauen und prüfen
	■ Leitungsunterbrechung	An Buchse 9 und 6 des 15-fach-Steckers muß bei eingeschalteter Zündung ca. 12 V anliegen, sonst Unterbrechung nach Stromlaufplan beseitigen
	■ Anzeige-Instrument defekt	Ersetzen
Kontrollampe leuchtet bei laufendem Motor und leerem Ausgleichbehälter nicht	■ Geber defekt	Geber mit Ohmmeter prüfen, ggf. ersetzen
	■ Unterbrechung in elektrischer Zuleitung	Stecker am Geber abziehen, braun/gelbe Leitung über Voltmeter an Pluspol der Batterie anschließen, Sollwert ca. 12 V, sonst Masseverbindung M1 nach Stromlaufplan prüfen. Andere Leitung am Stecker nach Stromlaufplan prüfen

Die Vorglühanlage

Die Vorglühanlage besteht aus dem Vorglühzeit-Relais mit integriertem Temperaturfühler, einer 80-Ampere-Streifensicherung, den 4, 5 oder 6 Stabglühkerzen und der Vorglühkontrollampe am Schalttafeleinsatz.

Bei kaltem Motor wird die Selbstzündungstemperatur durch die Verdichtung allein nicht erreicht, deshalb muß der Motor vorgeglüht werden.

Die Dauer des Vorglühens ist abhängig von der Umgebungstemperatur und wird durch ein Vorglühzeit-Relais gesteuert.

Bei einem Defekt an den Glühkerzen oder der elektrischen Zuleitung schaltet das Vorglühzeit-Relais die Glühanlage ab. Die Spannungsversorgung der Glühkerzen erfolgt durch Parallelschaltung.

Bleibt der Zündschlüssel in Vorglühstellung, ohne daß gestartet wird, schaltet eine Sicherheitsschaltung im Vorglühzeit-Relais die Glühanlage nach 20–25 Sekunden ab. Soll erneut vorgeglüht werden, muß der Schlüssel zunächst in 0-Stellung gebracht werden.

Beim Einschalten der Glühanlage fließt pro Glühkerze ein Strom von ca. 30 Ampère. Durch eine Regelwicklung in der Glühkerze wird die Stromaufnahme bei zunehmender Temperatur auf 8–15 Ampère begrenzt. Dadurch wird die Glühkerze vor Überlastung geschützt.

Die Stabglühkerze besteht im wesentlichen aus einem Gehäuse mit eingepreßtem Heizstab. Der Heizstab besteht aus einer in Reihe geschalteten Heiz- und Regelwicklung.

Sobald Spannung anliegt, heizt sich die Heizwicklung stark auf. Bereits nach 9 Sekunden Glühzeit beträgt die Heizstabtemperatur 900° C, nach 30 Sekunden wird die maximale Temperatur von 1180° C erreicht.

Vorglühanlage prüfen

Leuchtet die Vorglühkontrollampe nicht auf, obwohl sich das Zündschloß in Vorglühstellung befindet, Vorglühzeit des Motors je nach Außentemperatur abschätzen und Motor starten. Wenn der Motor gut anspringt, Glühlampe, Glühkerzen und elektrische Zuleitung prüfen.

Läßt sich der Motor nicht starten, Hauptstromkreis der Vorglühanlage auf Unterbrechung prüfen.

Springt der Motor schlecht an, Stabglühkerzen prüfen.

Achtung: Wenn der Motor schlecht anspringt, obwohl die Vorglühkontrollampe eine ordnungsgemäße Funktion der Vorglühanlage anzeigt, kann eine der Glühkerzen für Zylinder 2 bis 5 ausgefallen sein. In diesem Fall ebenfalls Glühkerzen prüfen.

- Deckel am Vorglühzeit-Relais abnehmen. Dazu an der Kabel-Eingangsseite unter den Deckel greifen und diesen hochklappen. Das Vorglühzeit-Relais befindet sich im Motorraum am linken Radlauf.

5- und 6-Zylinder-Motor seit 9/88

Die Glühkerzen werden durch einen Mikroprozessor im Vorglühzeitrelais überwacht. Bei einem Fehler erfolgt die Anzeige über die Vorglühkontrollampe:

- Lampe leuchtet beim Vorglühen nicht auf, leuchtet während der Fahrt für ca. 1 Minute. **Fehler:** Eine oder mehrere Glühkerzen defekt.
- Lampe leuchtet beim Vorglühen nicht und auch während der Fahrt nicht für ca. 1 Minute auf. **Fehler:** Kontrollampe defekt, Leitungsunterbrechung zur Kontrollampe, Vorglühzeitrelais defekt.
- Lampe leuchtet dauernd. **Fehler:** Vorglühzeitrelais defekt (Relais klebt).
- Lampe leuchtet nicht, Motor springt nicht beziehungsweise schlecht an. **Fehler:** Kurzschluß an einer oder mehreren Glühkerzen, Leitungsunterbechung, Vorglühzeitrelais defekt.

Zur Steuerung der Vor- und Nachglühzeit wird am Kühlmittelreglerstutzen ein zusätzlicher Temperaturfühler –B20– für Kühlmittel eingebaut.

Glühlampe prüfen

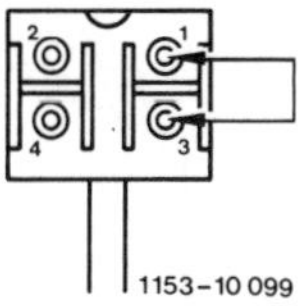

- 4-fach-Stecker am Relais abziehen, Zündschlüssel in Stellung „2“ drehen und die Buchsen 1 und 3 am Stecker mit Prüfkabel verbinden.
- Wenn die Vorglühkontrollampe jetzt aufleuchtet, ist das Vorglühzeitrelais defekt, Relais ersetzen.
- Andernfalls Glühlampe ausbauen und prüfen, gegebenenfalls ersetzen, siehe Seite 200.

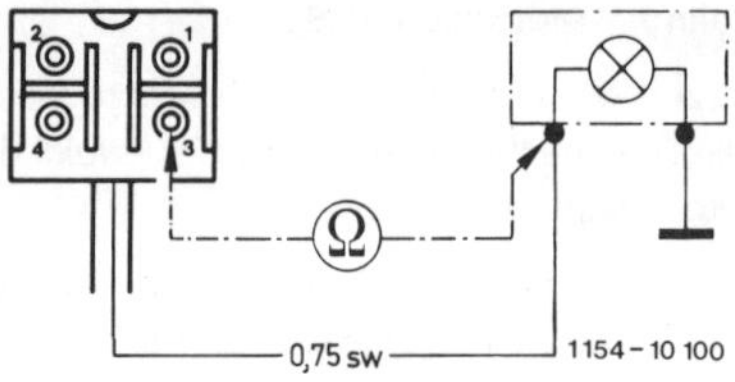

- Wenn die Lampe intakt ist, schwarze Leitung zwischen Buchse 3 und Glühlampe mit Ohmmeter auf Durchgang prüfen, gegebenenfalls Masseanschluß der Lampe prüfen. Unterbrechung beseitigen.

Hauptstromkreis prüfen

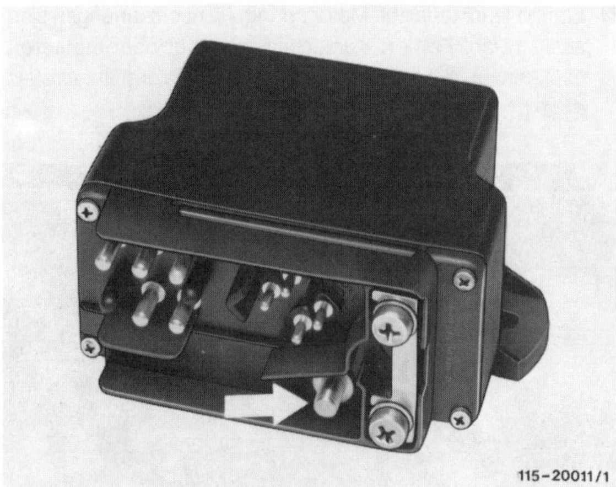

- Voltmeter zwischen Klemme 30 –Pfeil– des Vorglühzeit-Relais und Masse anschließen. Das Meßgerät muß Batteriespannung (ca. 12 Volt) anzeigen. Andernfalls Leitung vom Anlasser zum Vorglühzeit-Relais auf Unterbrechung prüfen.
- 80-Ampère-Streifensicherung auf Beschädigung (Haarrisse), festen Sitz und ausreichenden Kontakt prüfen, gegebenenfalls Kontakte reinigen, Schrauben festziehen oder Sicherung ersetzen. Die Streifensicherung befindet sich oben an der Vorderseite des Vorglühzeit-Relais.

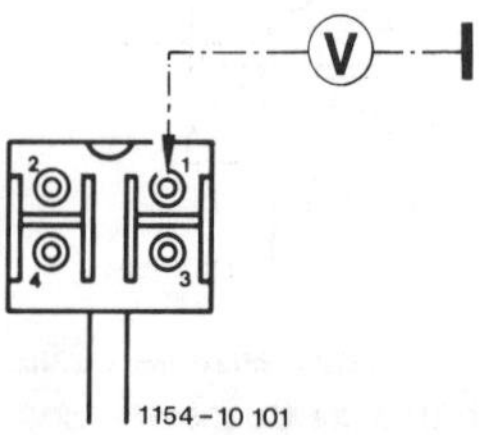

- Zündschlüssel auf Vorglühen drehen und Voltmeter an Buchse 1 des Steckers gegen Masse anschließen, Sollwert: Batteriespannung (12 Volt). Liegt keine Spannung an, rosa/rote Leitung von Sicherung 7 (ungesicherteSeite) bis zum Stecker, Buchse 1, auf Unterbrechung prüfen.
- Voltmeter an Buchse 1 (+) und Buchse 4 (–) anschließen, Sollwert: Batteriespannung (ca. 12 Volt). Andernfalls braune Leitung von Buchse 4 an Masse auf Unterbrechung prüfen.

Stabglühkerzen prüfen

Um die Stromaufnahme der einzelnen Glühkerzen zu prüfen, wird von der Werkstatt ein Ampèremeter mit Gleichstromzange verwendet. Die Stromzange wird über das jeweilige isolierte Kabel geklemmt und der Stromwert durch Induktion gemessen.

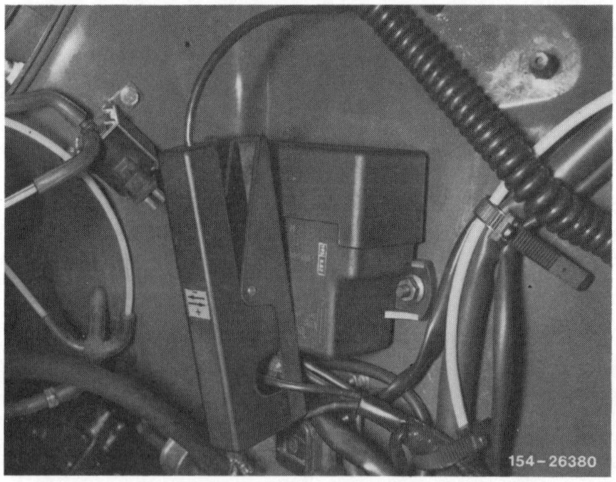

- Stromzange, wenn vorhanden, über die einzelnen Leitungen zu den Glühkerzen klemmen, Zündung auf Vorglühen stellen (Motor kalt) und Stromaufnahme messen. Leitungszuordnung: Zylinder 1 = schwarz/blau, Zylinder 2 = schwarz/violett, Zylinder 3 = schwarz/rot, Zylinder 4 = schwarz/gelb, Zylinder 5 = schwarz/grün, Zylinder 6 = schwarz/weiß.
- Nach 10–20 Sekunden muß die Stromaufnahme jeder Glühkerze ca. 8–15 Ampère betragen.
- Liegt der Wert über 15 Ampère, betreffende Glühkerze erneuern.
- Bei einem Wert unter 8 Ampère Glühkerze, beziehungsweise elektrische Zuleitung auf Unterbrechung prüfen.
- Liegt die Stromzange nicht vor, Zündung auf Vorglühen stellen (Motor kalt) und Prüflampe zwischen Glühkerzen-Anschluß und Motorblock anschließen. Die Prüflampe muß aufleuchten, andernfalls elektrische Zuleitung zur Glühkerze auf Durchgang prüfen beziehungsweise Glühkerze ersetzen.

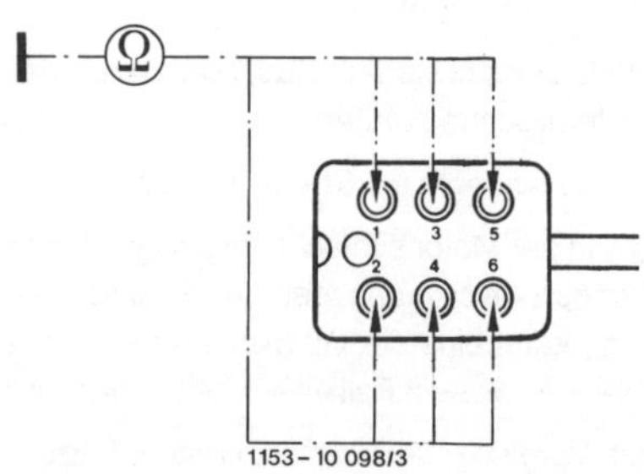

- Dazu 6-fach-Stecker am Vorglühzeit-Relais abziehen und mit Ohmmeter nacheinander Widerstand zwischen den Buchsen am Stecker und Masse (Motorblock) messen. Wenn der Widerstand ∞ (unendlich) beträgt, liegt eine Unterbrechung in der Glühkerze, am Anschluß zur Glühkerze oder in der Zuleitung vor. Die Bezeichnungen 1–6 am Stecker entsprechen den Leitungen für die Zylinder 1–6.

● Vorglühzeit-Relais prüfen. Dazu 2 Glühkerzen von den Zylindern 2 bis 4 abklemmen, Zündung auf Vorglühen stellen. Wenn die Kontrollampe aufleuchtet, Vorglühzeitrelais ersetzen.

Achtung: Beim 6-Zylinder-Motor zusätzlich Glühkerze für Zylinder 6 allein abklemmen und Vorglühzeit-Relais prüfen.

Glühkerze aus- und einbauen

Ausbau

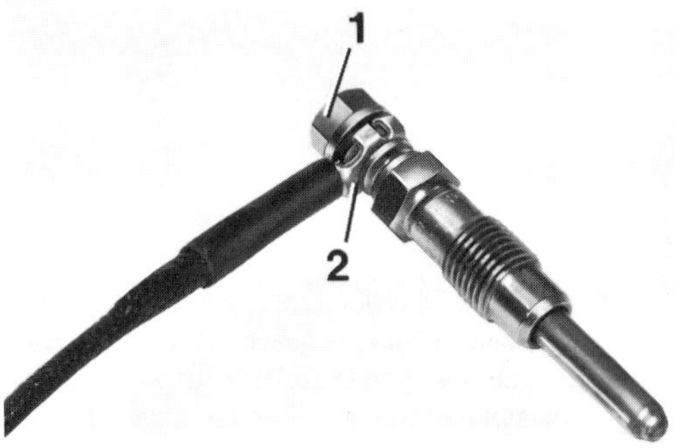

115-26300

● Mutter –1– für elektrische Leitung abschrauben.

Achtung: Bei einigen Modellen ist die Mutter unverlierbar in den Kabelschuh –2– der Leitung eingelegt.

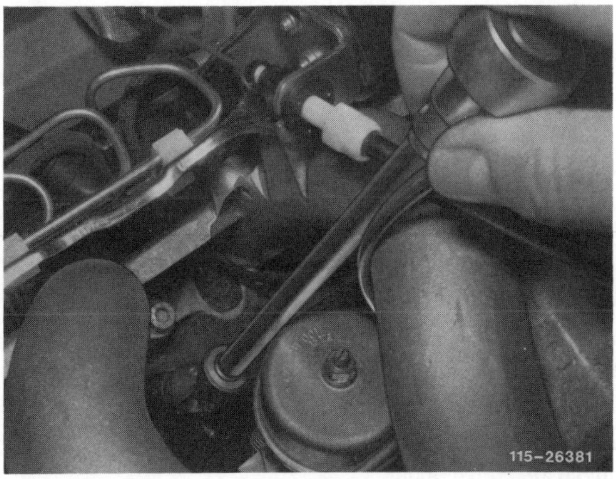

115-26381

● Glühkerze mit schlankem Steckschlüsseleinsatz SW 12 herausdrehen. Wegen der kleineren Baugröße empfiehlt es sich, hierzu Werkzeug mit ⅜-Zoll-Antrieb zu verwenden. ⅜ Zoll bedeutet, daß der Vierkant am Schlüssel eine Kantenlänge von ⅜ Zoll besitzt. Zusätzlich zum Steckschlüsseleinsatz werden eine Knarre, ein Verlängerungsstück sowie ein Kreuzgelenk benötigt.

Glühkerzen mit verbrannten Glühstiften

Verbrannte Glühstifte von Glühkerzen sind häufig Folgeschäden von Düsenstörungen. Derartige Schäden sind nicht auf Mängel in oder an der Glühkerze zurückzuführen.

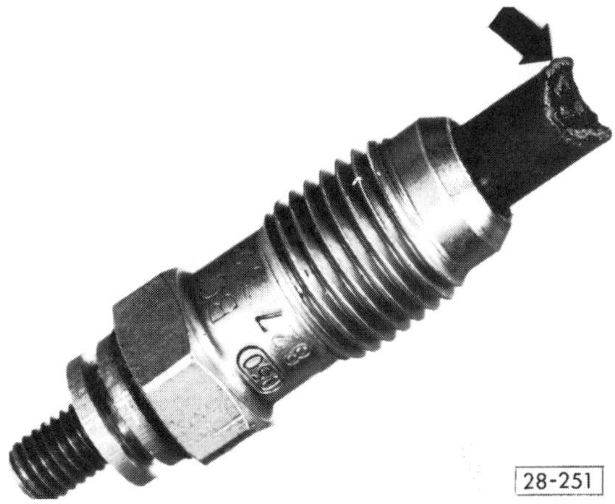

28-251

Werden im Beanstandungsfall derartige Glühkerzen gefunden –Pfeil–, genügt es nicht, diese zu ersetzen. Es muß auch eine Überprüfung der Einspritzdüsen auf Strahl, Schnarren, Druck und Dichtigkeit erfolgen (Werkstattarbeit).

Einbau

● Glühkerzen mit 20 Nm einschrauben.

● Elektrische Leitung mit Mutter und 4 Nm, also handfest anschrauben.

Die Kraftstoffanlage

Zur Kraftstoffanlage gehören der Kraftstoffbehälter, die Kraftstoffleitungen, die Kraftstoff-Förderpumpe und die Einspritzpumpe mit den Einspritzventilen sowie der Kraftstoffilter. Der Kraftstoffbehälter liegt vor der Hinterachse. Der jeweilige Kraftstoffvorrat wird dem Fahrer über die Kraftstoffanzeige angezeigt. Durch ein Belüftungssystem wird der Tank belüftet. Falls der Tank leer gefahren wird, ist ein Entlüften der Anlage nicht erforderlich, da sich diese während des Anlassens automatisch entlüftet.

Achtung: Um bei Startschwierigkeiten zu prüfen, ob Kraftstoff zu den Einspritzventilen gefördert wird, an zwei Einspritzventilen die Überwurfmuttern lösen und den Motor ohne vorzuglühen starten, bis Kraftstoff an den Überwurfmuttern austritt. Überwurfmuttern festziehen und Motor vorschriftsmäßig starten.

Hinweise für Arbeiten an der Kraftstoffeinspritzung

Bei Arbeiten an der Einspritzanlage sind die folgenden Regeln zur Sauberkeit sorgfältig zu beachten:

- Verbindungsstellen und deren Umgebung **vor dem Lösen** gründlich reinigen.
- Ausgebaute Teile auf einer **sauberen** Unterlage ablegen und abdecken. Folien oder Papier verwenden. Keine fasernden Lappen benutzen!
- Geöffnete Bauteile sorgfältig abdecken bzw. verschließen, wenn die Reparatur nicht umgehend ausgeführt wird.
- Nur **saubere** Teile einbauen. Ersatzteile daher erst unmittelbar vor dem Einbau aus der Verpackung nehmen. Keine Teile verwenden, die unverpackt (z.B. in Werkzeugkästen usw.) aufgehoben wurden.
- Bei geöffneter Anlage möglichst nicht mit Druckluft arbeiten. Das Fahrzeug möglichst nicht bewegen.

Außerdem ist darauf zu achten, daß kein Dieselkraftstoff auf die Kühlmittelschläuche läuft. Gegebenenfalls müssen die Schläuche sofort wieder gereinigt werden. Angegriffene Schläuche sind zu ersetzen.

Die Kraftstoff-Vorwärmung

Um ein einwandfreies Fließverhalten des Diesel-Kraftstoffes zu gewährleisten und dadurch Verstopfungen von Leitungen und Filter, insbesondere bei großer Kälte, zu verhindern, wird der Kraftstoff entsprechend der Umgebungstemperatur vorgewärmt.

Die Kraftstoff-Förderpumpe saugt den Kraftstoff aus dem Tank über einen Kraftstoff-Vorfilter an. Dabei durchfließt das Dieselöl unmittelbar vor der Förderpumpe den Kraftstoff-Thermostat, der je nach Kraftstoff-Temperatur den Anteil der Vorwärmung bestimmt.

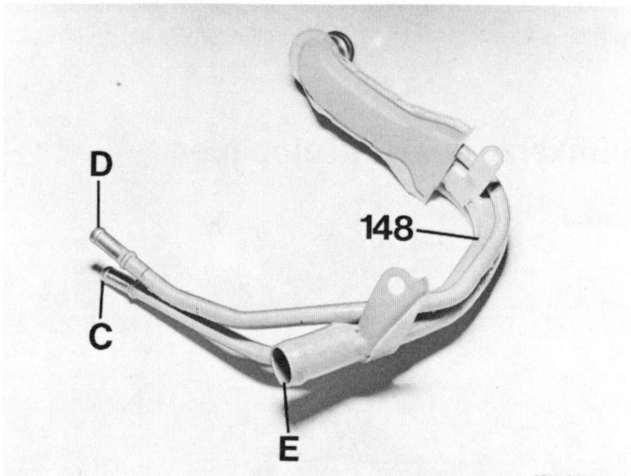

107-31316

Zur Vorwärmung wird das Dieselöl vom Thermostat über den Dieselvorlauf –C– zum Wärmetauscher –148– am Heizungsvorlauf –E– und über den Dieselrücklauf –D– wieder zurück zum Thermostat und von dort über die Kraftstofförderpumpe zum Kraftstoffilter geleitet.

Liegt die Kraftstoff-Temperatur unter +8° C, ist der Thermostat vollständig geöffnet und die gesamte Kraftstoffmenge fließt über den Wärmetauscher. Von +8° bis +25° C herrscht Mischbetrieb, das heißt der Kraftstoff fließt zum Teil über den Wärmetauscher und zum Teil direkt zur Förderpumpe. Über +25° C wird der Zufluß zum Wärmetauscher vom Thermostat geschlossen.

Achtung: Die Kraftstoffvorwärmung ist nur bei eingeschalteter Heizung in Betrieb.

Gasbetätigung einstellen

Achtung: Lagerstellen sowie Kugelpfannen mit Molykote Longterm 2 schmieren.

- Gasgestänge auf Verbiegungen prüfen, gegebenenfalls ersetzen.
- Gaszug auf Leichtgängigkeit prüfen, gegebenenfalls ersetzen.

Achtung: Bei Fahrzeugen mit Tempomat Verbindungsstange am Stellglied aushängen.

Leerlaufanschlag prüfen, einstellen

- Gaszug am Betätigungshebel aushängen.

Automatik-Getriebe

- Verbindungsstange –204– am Umlenkhebel –214– aushängen. Durch Hin- und Herbewegen des Verstellhebels an der Einspritzpumpe prüfen, ob der Hebel am Leerlaufanschlag innerhalb der Pumpe anliegt.

- Verbindungsstange spannungsfrei einhängen. Dabei muß die Rolle –215– im Kulissenhebel spannungsfrei am Endanschlag –Pfeil– anliegen. Andernfalls Verbindungsstange durch Verdrehen der Kugelpfanne entsprechend einstellen. **Achtung:** Neue Verbindungsstange auf vorgeschriebene Länge einstellen. 4-Zylinder-Motor: 146 ± 8 mm; 5-Zylinder-Motor: 219 ± 8 mm; 6-Zylinder-Saugdiesel-Motor: 294 ± 8 mm; 6-Zylinder-Turbodiesel-Motor: 154 ± 8 mm.

- Gas-Betätigungshebel in Vollgasstellung ziehen. Dabei muß der Verstellhebel am Vollgasanschlag anliegen, siehe Abbildung 107–26371. Andernfalls Kontermutter am Kugelkopf –206– lösen und Kugelkopf im Langloch des Umlenkhebels –214– entsprechend verschieben. Kontermutter festziehen.

Schaltgetriebe

- Verstellhebel an der Einspritzpumpe hin- und herbewegen und prüfen, ob er fühlbar am Leerlaufanschlag anliegt. Der Leerlaufanschlag befindet sich im Innern des Reglergehäuses.

Vollgasanschlag prüfen, einstellen

- Bei abgestelltem Motor Gaspedal bis zum Vollgasanschlag beziehungsweise bei automatischem Getriebe bis zum Kick-down-Schalter durchtreten (Helfer erforderlich, oder Brett zwischen Sitz und Gaspedal klemmen).

- In dieser Stellung muß der Verstellhebel –Pfeil– fühlbar am Vollastanschlag anliegen. Der Vollastanschlag befindet sich innerhalb des Einspritzpumpenreglers.
- Läßt sich der Verstellhebel im Vollastrichtung von Hand weiterdrücken, Gaszug an der Einstellschraube –229– am Widerlager einstellen, siehe Abbildung 130-26460.
- Anschließend prüfen, ob der Nippel –226– des Gaszuges –230– in Leerlaufstellung spannungsfrei an der Druckfeder –227– anliegt. Andernfalls Gaszug im Fahrzeuginnern mit Einstellmutter –232– einstellen, siehe Bild 1303–12961 auf Seite 58.

Achtung: Gaspedal ganz niedertreten und langsam zurücklassen. In dieser Stellung muß die Rolle im Kulissenhebel spannungsfrei am Endanschlag anliegen, sonst Gaszug mit Einstellmutter –32– korrigieren.

- Verbindungsstange für Tempomat aufdrücken, gegebenenfalls einstellen.

Tempomat einstellen

- Verbindungsstange –201– am Stellglied –Pfeil– aushängen.
- Gasgestänge in Leerlaufstellung drücken.
- Die Verbindungsstange soll etwa 0,5 – 1 mm beziehungsweise 1 Umdrehung kürzer sein als der eigentliche maximale Abstand zum Stellglied. Gegebenenfalls Klemmschraube lösen und Verbindungsstange im Langloch verschieben. Bei den Turbomotoren neue Verbindungsstange auf folgende Werte einstellen: 250 D Turbo: 255 ± 8 mm; 300 D Turbo: 101 ± 8 mm.
- Verbindungsstange am Kugelkopf des Stellgliedes aufdrücken.

Gaszug aus- und einbauen

Ausbau

- Gaszug aushängen und herausziehen. Dazu Halteklammer an der Gummitülle –240– nach oben abziehen, Betätigungshebel in Richtung Einspritzpumpe drücken, Gummiführung für Feder –227– aus der Tülle herausziehen und Tülle zum Motor hin aus dem Betätigungshebel herausdrücken. Die Tülle besitzt an einer Seite einen Schlitz, so daß sie quer zum Bowdenzug abgezogen werden kann.
- Bowdenzug-Nippel –226– mit Feder durch die Öffnung am Betätigungshebel schieben. Kunststoff-Arretierung am Widerlager mit Zange zusammendrücken und durchschieben. Gaszug zur Seite legen.

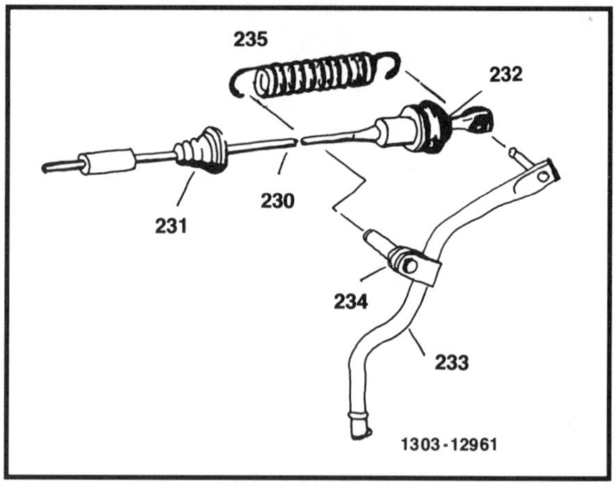

- Rückzugfeder–235–aushängen.
- Bowdenzug –230– nach außen drücken. **Achtung:** Dabei Gummitülle –231– an der Stirnwand nicht herausdrücken. Weitere abgebildete Teile: 232 – Einstellmutter, 233 – Gaspedal, 234 – Pedal-Lager.
- Gummitülle an der Motorraumwand herausdrücken.
- Gaszug komplett zwischen Stirn- und Motorraumwand herausnehmen.

Einbau

- Gasgestänge einstellen.
- Gaszug durch die Öffnungen in Motorraum- und Stirnwand einsetzen, dabei Gummitülle in Motorraumwand einsetzen.
- Gaszug am Gaspedalhebel einhängen.
- Sicherungsklammer mit der runden Öffnung auf Gaszug aufdrücken, dabei Gaszug mit der anderen Hand gegenhalten. Dann Klammer so weit durch die Nut des Gaszuges schieben, bis sie einrastet.
- Gaszug mit Nippel und Feder durch die Öffnung im Betätigungshebel einführen. Gummitülle in den Betätigungshebel eindrücken, Gummiführung der Feder in die Tülle einsetzen.
- Rückzugfeder einhängen.
- Gaszug am Widerlager einrasten.
- Gasbetätigung einstellen.
- Falls vorhanden, Steuerzug oder Tempomat einstellen.

Leerlauf einstellen

Da Dieselmotoren keine Zündanlage besitzen, wird zur Leerlaufeinstellung ein spezieller Drehzahlmesser benötigt. Diese Diesel-Drehzahlmesser werden nur für den Werkstattgebrauch hergestellt und sind dementsprechend teuer. Digitale Prüfgeräte gibt es unter anderem von den Firmen BOSCH und SUN. Sie werden in Verbindung mit entsprechendem OT-Impulsgeber verwendet.

Für den Heimwerker bietet sich daher nur die Möglichkeit, den Leerlauf behelfsmäßig einzustellen und anschließend in der Werkstatt überprüfen zu lassen.

Eine Leerlaufeinstellung ist erforderlich, wenn der Motor im Leerlauf ruckelt, unruhig läuft oder beim Einschalten von Zusatzaggregaten, zum Beispiel Klimaanlage beziehungsweise bei eingeschlagener Lenkung (Lenkhilfe) stehen bleibt.

- Gasbetätigung einstellen, siehe Seite 56.
- Wenn nur der kalte Motor unrund läuft, Unterdrucksystem der Leerlaufanhebung auf Undichtigkeiten prüfen.
- Motor warmlaufen lassen, Kühlmitteltemperatur 60°–80° C.
- Geeignetes Drehzahl-Prüfgerät und OT-Geber anschließen. Der OT-Geber wird dabei am seitlichen Halter über der Kurbelwellen-Riemenscheibe angeschraubt und an die Batterie angeschlossen.
- Zusatzverbraucher wie zum Beispiel Radio, Licht und Klimaanlage ausschalten.

- Verbindungsstange –204– am Umlenkhebel –214– aushängen.

4-, 5-Zylinder-Motoren, außer bei Fahrzeugen, die gleichzeitig mit Automatik-Getriebe und Klimaanlage ausgerüstet sind.

- Leerlaufdrehzahl prüfen, Sollwert 4-Zylinder-Motor: 750 ± 50/min; 5-Zylinder-Motor: 700 ± 50/min.

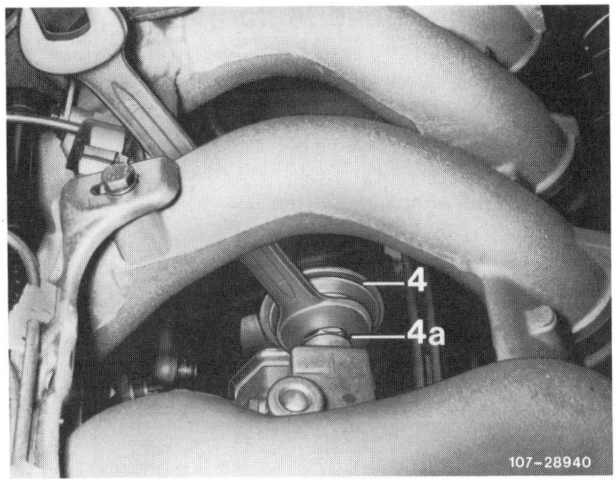

- Wird der Sollwert nicht erreicht, Kontermutter –4a– lösen und Unterdruckdose –4– am Sechskant entsprechend verdrehen. Zur Erleichterung Luftfilter ausbauen, siehe Seite 67.

6-Zylinder-Motor und Fahrzeuge mit 4-, 5-Zylinder-Motor, die gleichzeitig mit Automatik-Getriebe und Klimaanlage ausgestattet sind.

- Leerlaufdrehzahl prüfen.

Motor	Leerlaufdrehzahl 1/min			RI-Sollwert mit Digitalprüfgerät
	PLA 1)	ELR 2) Stecker am Stellmagnet ist aufgesteckt	abgezogen	
4-Zyl.	750 ± 50	720 ± 20	660 ± 40	15 ± 1° nach OT
5-Zyl.	700 ± 50	680 ± 20	620 ± 40	15 ± 1° nach OT
Tur. 3)	–	740 ± 20	690 ± 40	15 ± 1° nach OT

1) PLA = Pneumatische Leerlaufanhebung
2) ELR = Elektronische Leerlaufregelung
3) Mit Schaltgetriebe

- Wird der Sollwert nicht erreicht, Zweifachstecker am Stellmagnet abziehen. Kontermutter –Pfeil– lösen und Leerlaufdrehzahl einstellen.
- Anschließend Verbindungsstange spannungsfrei einhängen, gegebenenfalls Gasbetätigung einstellen.
- Sämtliche Zusatzaggregate einschalten, dabei muß der Motor im Leerlauf noch rund laufen.

Pneumatische Leerlaufanhebung

Achtung: Mit einer pneumatischen Leerlaufanhebung sind alle 4- und 5-Zylinder-Motoren ausgestattet, ausgenommen Automatik-Fahrzeuge mit Klimaanlage.

Funktions- und Anschlußschema

Seit 9/89 sind die Fahrzeuge mit 5-Zylinder-Motoren und mechanischem Getriebe mit einer Anti-Ruckel-Aufschaltung (ARA) ausgerüstet. Dabei ist zur Dämpfung der Ruckelneigung am Einspritzpumpenregler ein Stellmagnet angebracht, der bei Drehzahlschwankungen die Einspritzmenge kurzzeitig reduziert. Angesteuert wird der Stellmagnet von einem elektronischen Steuergerät, das sich hinter der Batterie befindet.

Schaltgetriebe

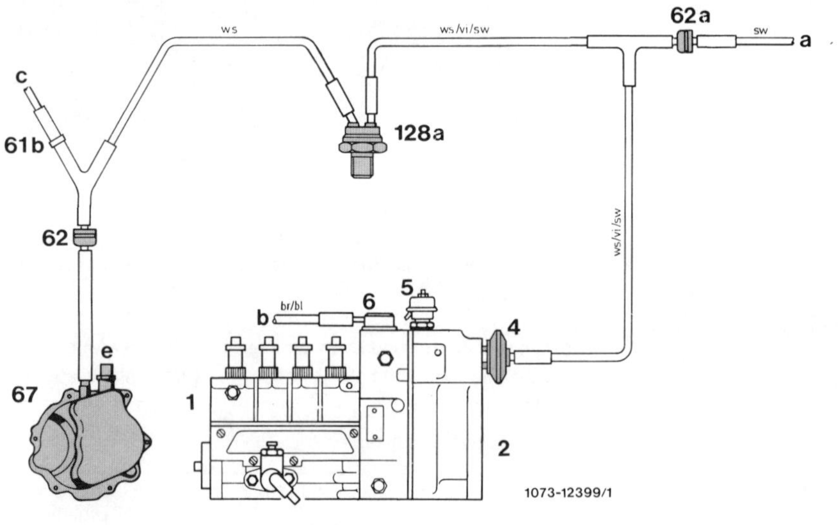

Automatikgetriebe

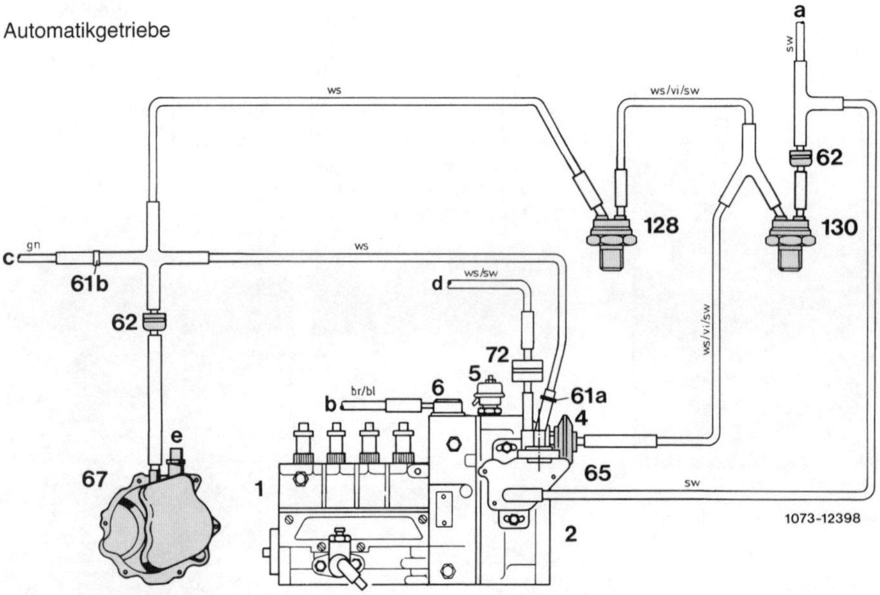

Leitungsfarben

sw = schwarz
bl = blau
br = braun
gr = grau
vi = violett
rt = rot
ws = weiß

1 – Einspritzpumpe
2 – Regler
4 – Unterdruckdose Leerlaufanhebung
5 – ADA-Dose (nurExport)
6 – Unterdruckdose (Stop)
61b – Drossel ∅ 0,5 mm, orange
62 – Belüftungsfilter
62a – Belüftungsfilter mit Drossel ∅ 0,3 mm
67 – Unterdruckpumpe
128a – Thermoventil, schließt bei ca. +30° C
128 – Thermoventil, schließt bei ca. +17° C
130 – Thermoventil, öffnet bei ca. +17° C

a – Belüftungsleitung zum Fahrzeuginnenraum
b – zum Lenkschloß
c – übrige Verbraucher
d – Unterdruckdose automatisches Getriebe
e – Anschluß für Bremskraftverstärker

Die pneumatische Leerlaufanhebung gewährleistet einen runden Motorlauf auch bei kaltem Motor.

Schaltgetriebe

Bis zu einer Kühlmitteltemperatur von ca. +30° C erfolgt eine Erhöhung der Leerlaufdrehzahl um ca. 100/min durch die am Einspritzpumpenregler angebrachte Unterdruckdose –4–. Die Unterdruckdose wird über das Thermoventil –128a– am Zylinderkopf angesteuert. Bei kaltem Motor ist das Ventil geöffnet, dadurch liegt der Unterdruck von der Unterdruckpumpe an der Unterdruckdose an, wodurch sich die Drehzahl erhöht. Die Drossel im Belüftungsfilter sorgt dafür, daß an der Unterdruckdose noch ca. 600 mbar Unterdruck anliegen. Die Unterdruckpumpe produziert ca. 700 mbar.

Sobald die Kühlmitteltemperatur über +30° C steigt, schließt das Thermoventil. Die Unterdruckdose wird über die Drossel –62a– vom Fahrzeuginnenraum her belüftet, und der Motor läuft mit normaler Leerlaufdrehzahl.

Automatikgetriebe

Die Unterdruckdose wird über 2 Thermoventile –128/ 130– am Zylinderkopf und am Kühlmittelflansch angesteuert. Bei einer Motortemperatur unter +17° C ist das Ventil –128–am Zylinderkopf geöffnet und der Unterdruck gelangt von der Unterdruckpumpe direkt an die Unterdruckdose –4–. Das Ventil –130– ist geschlossen, die Leerlaufdrehzahl wird angehoben. Bei einer Kühlmitteltemperatur über +17° C ist das Ventil –128– geschlossen und Ventil –130– am Kühlmittelflansch geöffnet. Die Unterdruckdose –4– wird über das Belüftungsfilter –62– und die Belüftungsleitung –a– vom Fahrzeuginnenraum belüftet und hebt deshalb die Drehzahlerhöhung auf.

Achtung: Das **Erneuern der Unterdruckdose** –4– an der Einspritzpumpe kann nur bei einer BOSCH-Vertretung durchgeführt werden, da zum Erneuern der Unterdruckdose der Regler zerlegt und anschließend auf einem Einspritzpumpen-Prüfstand eingestellt werden muß.

Pneumatische Leerlaufanhebung prüfen

Eine defekte Leerlaufanhebung verursacht entweder eine zu niedrige Leerlaufdrehzahl bei kaltem Motor (Motor ruckelt, bleibt stehen beim Einschalten zusätzlicher Verbraucher), oder führt dazu, daß der Motor in warmem Zustand zu hoch dreht.

- Grundsätzlich vor der Prüfung Gasbetätigung und Leerlaufdrehzahl prüfen, gegebenenfalls einstellen, siehe Seite 56.
- Sämtliche Unterdruck-Schlauchanschlüsse auf festen Sitz prüfen.

Schaltgetriebe

- Wenn die Leerlaufdrehzahl bei kaltem Motor zu niedrig ist, Thermoventil –128a– auf Durchgang prüfen.
- Kalten Motor starten und im Leerlauf drehen lassen.

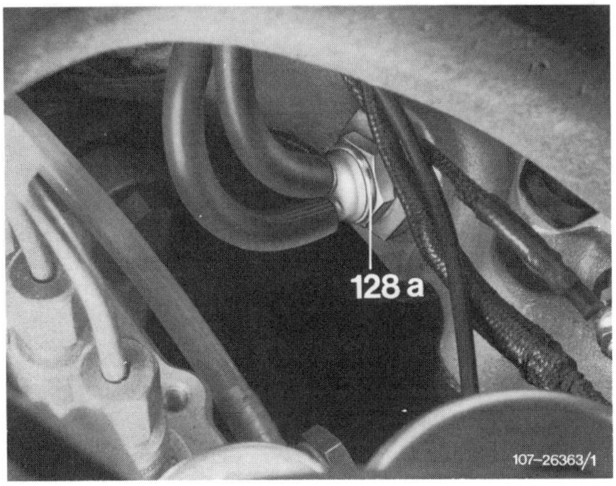

- Unterdruckschlauch vom geraden Anschluß des Ventils abziehen und prüfen, ob Unterdruck anliegt. Dazu Finger auf den Anschluß des Thermoventils legen. Wenn der Finger etwas „kleben“ bleibt, ist Unterdruck vorhanden.
- In diesem Fall Unterdruck-Prüfgerät an den Schlauch anschließen und mit ca. 700 mbar beaufschlagen. Die Drehzahl muß sich um ca. 100/min erhöhen. Wenn dies der Fall ist, Unterdruckleitungen vor dem Thermoventil auf Dichtheit prüfen. Andernfalls Leitungen zwischen Thermoventil und Unterdruckdose auf Dichtheit oder Beschädigung prüfen, gegebenenfalls Unterdruckdose erneuern (Werkstattarbeit).
- Falls am geraden Anschluß des Thermoventils kein Unterdruck vorhanden ist, Leitung am schrägen Anschluß abziehen und am Schlauchende prüfen, ob Unterdruck anliegt. Wenn dies der Fall ist, Thermoventil erneuern.
- Wenn die Leerlaufdrehzahl bei warmem Motor zu hoch ist, Motor in warmem Zustand im Leerlauf drehen lassen.
- Unterdruckschlauch vom geraden Anschluß des Thermoventils abziehen und am Anschluß des Ventils prüfen, ob Unterdruck vorhanden ist. Wenn das der Fall ist, Thermoventil erneuern.
- Andernfalls Unterdruckleitungen ausbauen und mit Preßluft durchblasen, beziehungsweise Belüftungsfilter –62a– mit Drossel ersetzen.

Fahrzeuge mit automatischem Getriebe

Achtung: Die Prüfung erfolgt bei warmem Motor, es wird ein Unterdruck-Prüfgerät benötigt.

- Motor starten und im Leerlauf drehen lassen.

- Unterdruckschlauch am geraden Anschluß des Thermoventils –130– abziehen und Prüfgerät am Ventil anschließen.
- Ventil mit 500 mbar Unterdruck beaufschlagen. Die Drehzahl muß sich um ca. 100/min erhöhen.
- Andernfalls Thermoventile –128/130– prüfen: Thermoventil –128– darf keinen Durchgang haben, Ventil –130– muß geöffnet sein. Anschließend Unterdruckleitungen auf Dichtheit prüfen.
- Motor abstellen. Geraden Anschluß des Thermoventils –130– mit 500 mbar beaufschlagen. Der Unterdruckwert darf innerhalb 1 Minute nicht mehr als ca. 100 mbar abfallen, sonst Unterdruckleitungen und Verbindungsschläuche auf Beschädigungen prüfen, gegebenenfalls Unterdruckdose für Leerlaufanhebung erneuern (Werkstattarbeit).
- Motor bleibt abgestellt. Belüftungsleitung vom geraden Anschluß des Thermoventils –130– mit Unterdruck-Prüfgerät verbinden. Handpumpe des Prüfgerätes betätigen. Dabei darf sich kein Unterdruck aufbauen, sonst Unterdruckleitung mit Preßluft durchblasen, falls erforderlich Belüftungsfilter –62– erneuern.

Elektronische Leerlaufregelung

Mit einer elektronischen Leerlaufregelung (ELR) sind alle Fahrzeuge mit 6-Zylinder-Motoren ausgerüstet. Außerdem ist die ELR in Fahrzeuge mit 4- und 5-Zylinder-Motoren eingebaut, die gleichzeitig Automatik-Getriebe und Klimaanlage besitzen.

Die ELR sorgt für eine konstante Leerlaufdrehzahl unabhängig von der Außentemperatur oder zusätzlich eingeschalteten Verbrauchern.

Das Steuergerät für die ELR befindet sich hinter der Batterie. Es verarbeitet Signale über die augenblickliche Motordrehzahl und die Kühlmitteltemperatur und regelt dementsprechend die Leerlaufdrehzahl nach einer vorgegebenen Kennlinie durch einen Stellmagnet.

Seit 9/89 können Fahrzeuge mit mechanischem Getriebe mit einer Anti-Ruckel-Aufschaltung (ARA) ausgerüstet sein. Dabei ist zur Dämpfung der Ruckelneigung am Einspritzpumpenregler ein zusätzlicher Stellmagnet angebracht, der bei Drehzahlschwankungen die Einspritzmenge kurzzeitig reduziert. Angesteuert wird der Stellmagnet von einem Steuergerät, das ebenfalls die ELR-Funktionen regelt.

Der Stellmagnet –Y22– befindet sich am Einspritzpumpenregler und hält die Leerlaufdrehzahl konstant.

Die ELR ist zu prüfen, wenn die Leerlaufdrehzahl zu hoch oder zu niedrig ist, beziehungsweise der Motor in kaltem Zustand nicht rundläuft.

Prüfen

Prüfvoraussetzungen: Motor warm, Kühlmitteltemperatur über +60° C. Batteriespannung mindestens 11,5 Volt. Gaszug richtig eingestellt und, falls vorhanden, Automatik-Getriebe in Stellung „P" und Klimaanlage ausgeschaltet.

- Motor starten und im Leerlauf drehen lassen.
- Stecker vom Stellmagnet –Pfeil– mindestens 3 Sekunden lang abziehen und wieder aufstecken. Wenn sich die Drehzahl kurzzeitig erhöht, Leerlaufdrehzahl bei abgezogenem Stecker prüfen, gegebenenfalls einstellen.
- Andernfalls **kurz** Batteriespannung (12 V) an den Stellmagnet anlegen.

Achtung: Wenn die Spannung länger als 3 Sekunden anliegt, wird der Stellmagnet zerstört.

- Wenn sich die Drehzahl erhöht, elektrische Zuleitung gemäß Schaltplan, sowie Überspannschutz, Drehzahlgeber und Temperaturfühler prüfen. Andernfalls Stellmagnet erneuern.
- Motor abstellen.

Überspannschutz prüfen

Der Überspannschutz befindet sich neben dem ELR-Steuergerät.

- Zündung einschalten, Steuergerät abziehen.

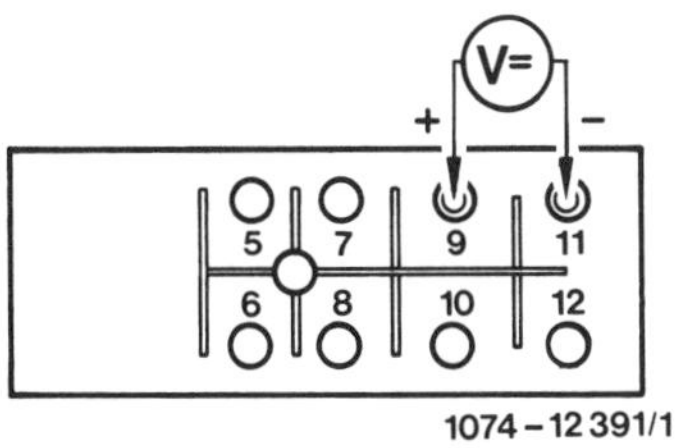

- Voltmeter zwischen die Buchsen 9 und 11 anschließen. Das Meßgerät muß Batteriespannung (ca. 12 Volt) anzeigen. Andernfalls Sicherung am Überspannschutz beziehungsweise elektrische Leitung gemäß Schaltplan prüfen.
- Zündung ausschalten.

Drehzahlgeber prüfen

Der Drehzahlgeber ist am Flansch zum Getriebe eingebaut und erfaßt die Drehzahl über den Starterzahnkranz.

- Mit Ohmmeter Widerstand zwischen den Buchsen 10 und 12 prüfen (Steuergerät ist abgezogen). Wenn der Sollwert von 1,9 ± 0,2 k Ω nicht erreicht wird, Drehzahlgeber erneuern.
- Andernfalls Motor starten und im Leerlauf drehen lassen (Steuergerät bleibt abgezogen). **Wechselspannung** zwischen den Buchsen 10 und 12 prüfen. Sollwert: über 4 Volt. **Achtung:** Bei steigender Drehzahl muß sich auch die Spannung erhöhen. Gegebenenfalls Drehzahlgeber erneuern.

Temperaturfühler prüfen

Über den NTC-Temperaturfühler erhält das Steuergerät der ELR Informationen über die jeweilige Motortemperatur. Der Widerstand des Temperaturfühlers ändert sich dabei je nach Kühlmitteltemperatur.

Der Temperaturfühler befindet sich am Zylinderkopf.

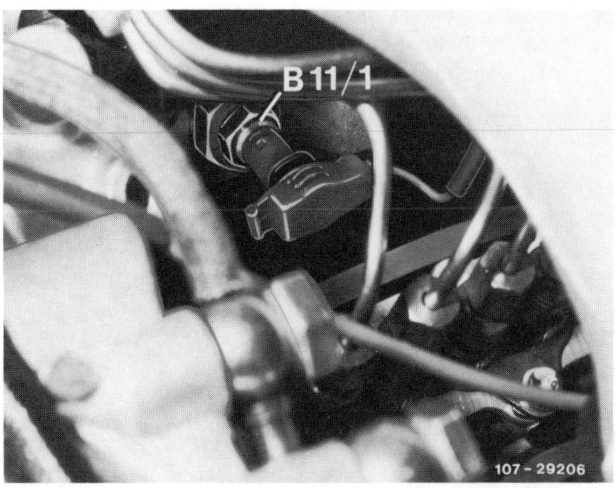

- Stecker am Temperaturfühler – B11/1 – abziehen und Voltmeter zwischen Stecker und Masse anschließen. Zündung einschalten, die Spannung muß ca. 5 Volt betragen, sonst Leitungsunterbrechung nach Schaltplan beseitigen.
- Zündung ausschalten.

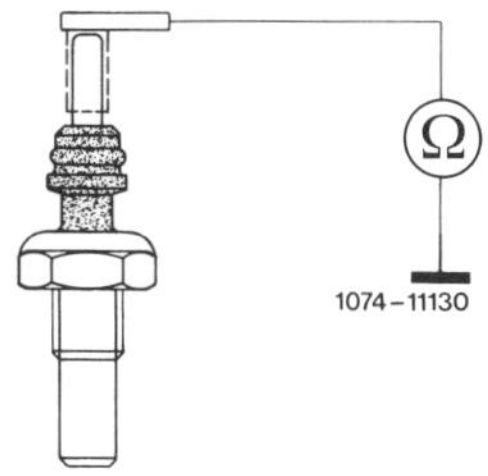

- Stecker am Temperaturfühler abziehen und mit Ohmmeter Widerstand des Fühlers gegen Masse prüfen.

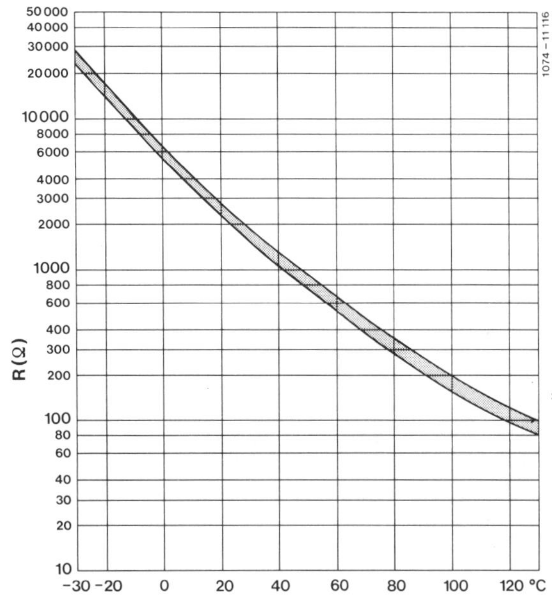

- Gemessenen Wert mit Sollwert im Diagramm vergleichen. Beispiel: Bei einer Kühlmitteltemperatur von +20° C muß das Meßgerät einen Widerstand von 2,2 – 2,8 k Ω anzeigen; bei +80° C einen Widerstand von 290 – 370 Ω .

Achtung: Prüfung immer bei 2 unterschiedlichen Kühlmitteltemperaturen durchführen. Der Temperaturfühler kann zur Prüfung auch ausgebaut werden.

- Werden die Sollwerte nicht erreicht, Temperaturfühler auswechseln.

Stoppdose prüfen/aus- und einbauen

Die Stoppdose befindet sich oben am Einspritzpumpenregler. Sie wird über ein Unterdruckventil im Lenkschloß betätigt und sorgt dafür, daß der Motor stehen bleibt, sobald die Zündung ausgeschaltet wird. Wenn der Motor nach Ausschalten der Zündung weiterläuft, kann dies an einem Defekt (Undichtigkeit) der Stoppdose liegen.

Achtung: Der Motor kann dann mit dem Notstopphebel seitlich an der Einspritzpumpe abgestellt werden. Dazu Stopphebel mit einem Schraubendreher oder einer Steckschlüssel-Verlängerung nach unten drücken, siehe auch Abbildung 107–26792 auf Seite 34.

Prüfen

- Betriebswarmen Motor im Leerlauf drehen lassen.
- Weiße Unterdruckleitung am Rückschlagventil in der Bremskraftverstärker-Leitung abziehen.
- Mit Finger prüfen ob Unterdruck anliegt, der Finger wird dann am Ventilschlauch angesaugt.
- Braun/blaue Leitung am Verbindungsstück zur schwarzen Unterdruckleitung trennen und am Rückschlagventil aufschieben. Der Motor muß stehenbleiben, andernfalls Unterdruckleitung und Verbindungsschläuche auf Beschädigungen prüfen, mit Preßluft durchblasen.
- Probehalber neue Unterdruckleitung an Stoppdose anschließen oder Stoppdose erneuern.

Ausbau

- Luftfilter ausbauen, siehe Seite 67.
- Unterdruckleitung von Stoppdose abziehen.
- 2 Halter für die Stoppdose abschrauben.
- Stoppdose etwas anheben, nach hinten zur Motorseite kippen und herausziehen.
- O-Ring abnehmen.

Einbau

- Notstopphebel von Hand nach unten drücken, Stoppdose mit neuem O-Ring einsetzen und dabei Verbindungsstange der Stoppdose in die Wippe des Notstopphebels einrasten. Auf dem Notstopphebel ist oben die Bezeichnung „STOP" eingeschlagen.
- Notstopphebel loslassen.
- Halter für Stopdose einsetzen und anschrauben.
- Unterdruckleitung aufschieben.
- Luftfilter einbauen, siehe Seite 67.

Förderbeginn prüfen/einstellen

Der Förderbeginn der Einspritzpumpe wird geprüft beziehungsweise eingestellt, wenn der Motor zu wenig Leistung abgibt oder eine neue Einspritzpumpe eingebaut wurde.

Es gibt 2 unterschiedliche Prüf- und Einstellmethoden, die von der Werkstatt je nach Ausrüstung durchgeführt werden können: die statische Positionsgeber-Methode und die dynamische Positionsgeber-Methode. Nachfolgend wird die statische Positionsgeber-Methode beschrieben. Als Spezialwerkzeug ist hierfür ein Positionsgeber erforderlich.

Prüfen

- Luftfilteroberteil ausbauen, siehe Seite 67.

- Verschlußschraube –11– seitlich an der Einspritzpumpe herausdrehen. **Achtung:** Falls Öl austritt, mit Lappen auffangen.

- Positionsgeber in das Reglergehäuse einsetzen, dabei muß der Führungsstift –Pfeil– nach oben zeigen. Überwurfmutter handfest anziehen.

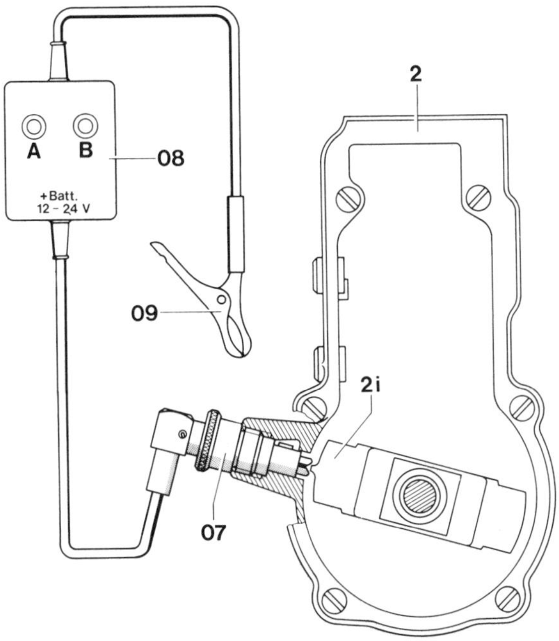

1073-11408

- Klemme –09– am Pluspol der Batterie anschließen.
- Kurbelwelle auf Zünd-OT des 1. Zylinders stellen, siehe Seite 26.
- Anschließend Riemenscheibe weiterdrehen, bis am Anzeigegeber –08– die Lampe –A– aufleuchtet. Nun Riemenscheibe ganz langsam weiterdrehen bis beide Lampen –A– und –B– brennen. Die beiden Kontakte des Positionsgebers –07– liegen dann durch den Zapfen des Fliehgewichtes –2i– an Masse, wodurch die beiden Lampen leuchten. Diese Stellung des Einspritzpumpenreglers –2– entspricht dem indirekten Förderbeginn der Einspritzpumpe.

107-26355

- Die Riemenscheibe muß sich nun in der Position befinden, wie sie in der Abbildung gezeigt wird. Das heißt, die Bezugsmarke befindet sich über der Stellung 15° ± 1° nach OT.

Achtung: Motor nicht rückwärts drehen. Wenn nur die Lampe –B– aufleuchtet, Prüfung wiederholen. Kurbelwelle dabei annähernd 2 Umdrehungen weiterdrehen und im Bereich, in dem die Lampen aufleuchten, besonders langsam drehen.

Einstellen

- Kurbelwelle in Motordrehrichtung auf 15° nach OT des 1. Zylinders stellen. Dazu Kurbelwelle zunächst auf Zünd-OT stellen, dann etwas weiterdrehen, siehe Seite 25.

107 – 26367

- Schrauben –Pfeile– am Flansch der Einspritzpumpe lösen, nicht abschrauben.

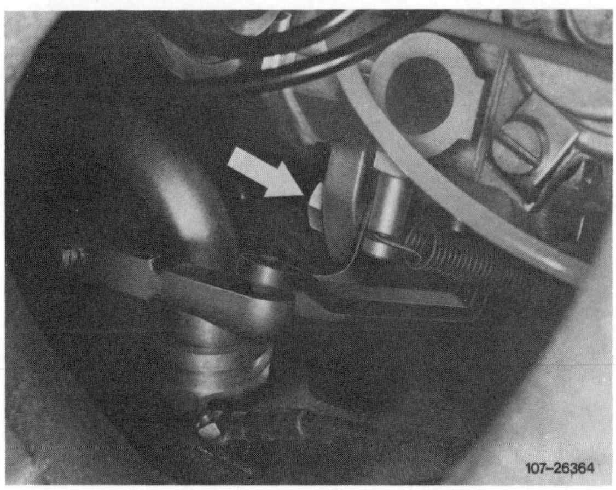

107-26364

- Befestigungsschraube –Pfeil– am Stützhalter der Einspritzpumpe lösen, nicht abschrauben.

- Einstellschraube –Pfeil– verdrehen und dadurch Einspritzpumpe schwenken bis am Anzeigegerät beide Lampen –A– und –B– leuchten. Dabei Einstellschraube nach rechts drehen, wenn bei der Prüfung der Förderbeginn vor der „15° nach OT"-Markierung lag. Soll der Förderbeginn früher erfolgen, Schraube nach links drehen.

Achtung: Wenn die Verstellmöglichkeit durch die Einstellschraube nicht ausreicht, muß die Einspritzpumpe ausgebaut und umgesetzt werden (Werkstattarbeit).

- Befestigungsschrauben für Einspritzpumpe an Flansch und Halter festziehen.
- Positionsgeber abschrauben und herausziehen.
- Verschlußschraube mit Alu-Dichtring und 30 Nm einschrauben.
- Gasgestänge prüfen, gegebenenfalls einstellen, siehe Seite 56.
- Luftfilteroberteil einbauen, siehe Seite 67.
- Motorölstand prüfen, eventuell korrigieren.

Einspritzdüsen aus- und einbauen

Defekte Düsen macht man ausfindig, indem man der Reihe nach die Einspritzleitungs-Überwurfmuttern löst, während der Motor in schnellem Leerlauf dreht. Bleibt die Motordrehzahl nach Lösen einer Überwurfmutter konstant, zeigt dies eine defekte Düse an.

Die Werkstatt kann den Einspritzstrahl und den Abspritzdruck von 100 bis 145 bar prüfen und gegebenenfalls durch Auswechseln der Einstellscheibe einstellen.

Die ersten Anzeichen einer Düsenstörung treten wie folgt auf:

- Fehlzündungen.
- Klopfen in einem oder mehreren Zylindern.
- Motor überhitzt.
- Leistungsabfall des Motors.
- Übermäßig starker schwarzer Auspuffqualm.
- Hoher Kraftstoffverbrauch.
- Verstärkter Blaurauch bei Kaltstart.

Ausbau

- Einspritzleitungen äußerlich reinigen.

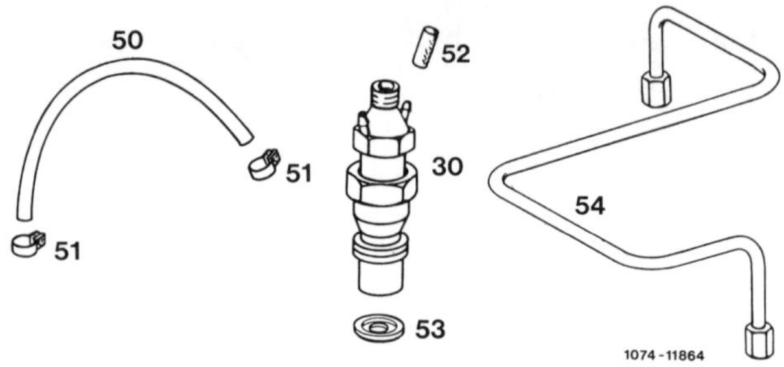

- Einspritzleitung –54– an Düse und Einspritzpumpe abschrauben, am Halter ausclipsen und zur Seite legen. Dabei Biegeform der Leitung nicht verändern.

Achtung: Zum Abschrauben der Überwurfmuttern an den Einspritzleitungen wird ein offener Ringschlüssel, zum Beispiel HAZET 4550-14 mit ¼"-Antrieb mit Verlängerung benötigt. ¼" bedeutet, daß die Kantenlänge der Vierkantöffnung am Schlüsseleinsatz ¼ Zoll beträgt.

- Leckleitungen –50– an der Einspritzdüse abziehen. –52– Blindstopfen an Einspritzdüse für Zylinder 4.
- Einspritzdüse –30– mit extra-langem Steckschlüsseleinsatz SW 27 herausschrauben.
- Falls vorhanden, Abdichthülse herausziehen.
- Düsenplättchen –53– herausnehmen.

Einbau

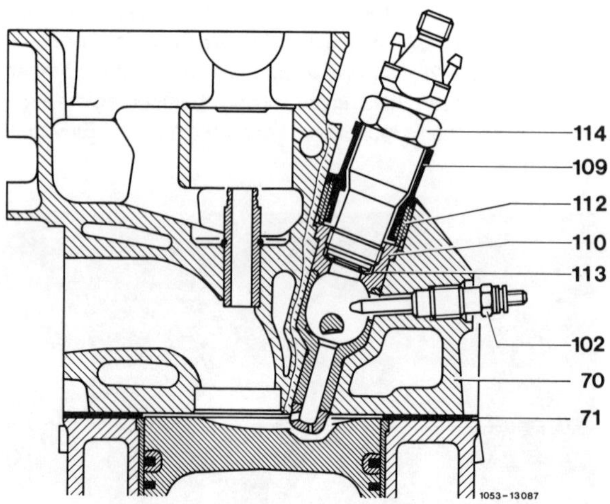

- Neues Düsenplättchen –113– einsetzen. Die Abbildung zeigt den Turbomotor.
- Falls vorhanden, Abdichthülse –109– in den Gewindering –112– einsetzen.
- Einspritzdüse –114– einschrauben und beim Saugdiesel mit **75 Nm**, beim Turbodiesel mit **40 Nm** festziehen. Zusätzlich abgebildete Teile: 70 – Zylinderkopf, 71 – Zylinderkopfdichtung, 110 – Vorkammer.
- Leckleitungen aufschieben.
- Einspritzleitungen an Düse und Pumpe mit 10–20 Nm (Richtwert) anschrauben und am Halter einclipsen.

Fördermenge der Kraftstoffpumpe prüfen

Die Kraftstoff-Förderpumpe ist an der linken Seite der Einspritzpumpe angeflanscht.

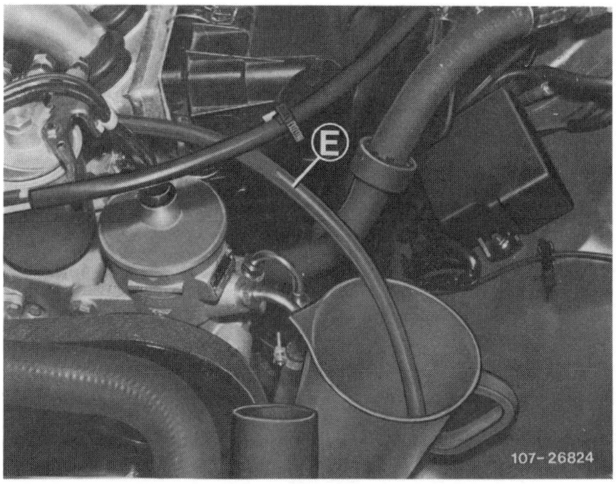

- Rücklaufleitung –E– seitlich am Radkasten abschrauben und in Meßbecher halten.
- Motor 30 Sekunden lang starten (Helfer). Gleichzeitig mit Dorn oder Schlüsseleinsatz-Verlängerung Stopphebel an der Einspritzpumpe nach unten drücken, damit kein Kraftstoff eingespritzt wird. Die Fördermenge soll in dieser Zeit mindestens 150 ml betragen.
- Wird der Sollwert nicht erreicht, Voltmeter an die Batteriepole anschließen und Anlasser betätigen. Beim Starten müssen mindestens 10,0 Volt anliegen, gegebenenfalls Batterie laden und Prüfung wiederholen.
- Liegt die Startspannung über 10 Volt, Kraftstofffilter ersetzen und Prüfung wiederholen, gegebenenfalls Kraftstoffpumpe auswechseln.

Luftfilter aus- und einbauen

Ausbau

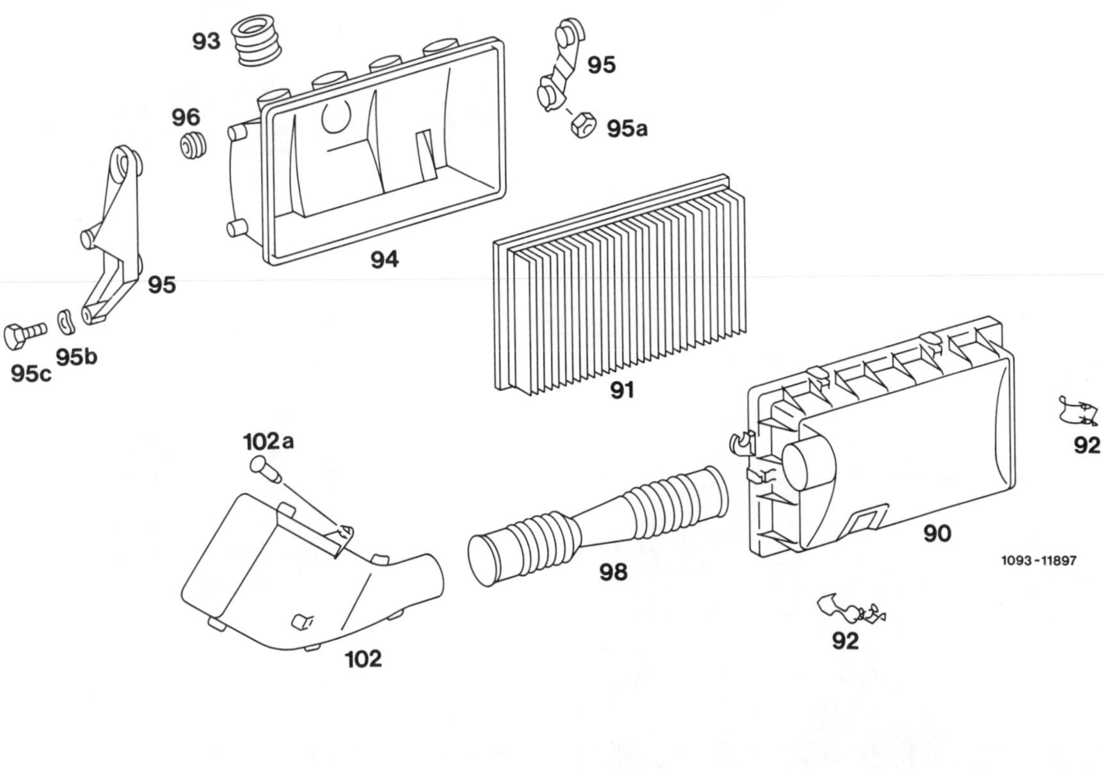

- Luftschlauch –98– am Filterdeckel –90– und am Lufttrichter –102– durch leichtes Drehen und Zusammenschieben in Längsrichtung abziehen.
- Kraftstoff-Rücklaufleitung am Filterdeckel aushängen.
- 6 Drahtklammern –92– lösen, obere und seitliche Drahtbügel zurückklappen.
- Filterdeckel mit Filtereinsatz –91– herausnehmen.
- Luftführungsgehäuse –94– mit Haltern –95– abschrauben, dazu auf jeder Seite 2 Muttern herausdrehen.
- Luftführungsgehäuse unten in Richtung Radkasten ziehen, dann mit Dichtungsmanschetten –93– vom Ansaugkrümmer abnehmen und herausheben.
- Lufttrichter –102– oben am Querträger ausclipsen, dazu Spreizstift –102a– eine ¼ Umdrehung nach links drehen und herausziehen. Lufttrichter ausclipsen, nach hinten absenken und dabei vorn aushängen.

Einbau

- Luftführungsgehäuse mit Dichtungsmanschetten am Ansaugkrümmer aufschieben und mit 4 Muttern anschrauben.
- Filterdeckel mit Luftfiltereinsatz auf Luftführungsgehäuse aufsetzen, durch Hin- und Herbewegen richtigen Sitz prüfen, Drahtklammern einhaken und spannen.
- Kraftstoffrücklaufleitung an 2 Stellen am Luftfilter einhängen.
- Lufttrichter vorn einhängen und oben in die Bohrung am Blech einclipsen, Spreizstift einsetzen und durch Rechtsdrehen sichern.
- Luftschlauch an Trichter und Luftfiltergehäuse aufschieben.

Tankgeber aus- und einbauen/prüfen

Achtung: Tankgeber nicht bei vollem Tank ausbauen. Füllmenge höchstens 62 Liter. Kein offenes Feuer, Brandgefahr!

Ausbau

- Batterie-Masseband abklemmen.
- Verkleidung für Kraftstoffbehälter ausbauen.

147 – 23940

- Stecker –66– vom Tankgeber abziehen.
- Dichtflansch –65a– mit Schlüsseleinsatz SW 46 herausschrauben.
- Tankgeber zuerst nach oben, dann nach hinten herausziehen.

Prüfen

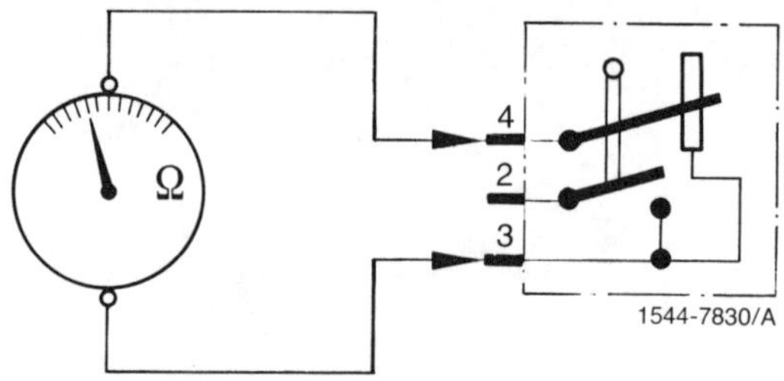

1544-7830/A

- Ohmmeter an die Klemmen –4– und –3– anschließen.
- Tankgeber in Einbaulage halten, der Schwimmer befindet sich unten und die Anzeige im Fahrzeug würde „Reserve" anzeigen. Sollwert: ca. 85,6 ± 2,5 Ω.
- Tankgeber um 180° drehen (auf den Kopf stellen), der Schwimmer befindet sich oben und die Anzeige im Fahrzeug würde „voll" anzeigen. Sollwert: ca. 3,3 ± 0,7 Ω.
- Reserve-Warnkontakt prüfen: Ohmmeter an Klemme –2– und –3– anschließen und Widerstand messen. Sollwerte: in Einbaulage ca. 0 Ω; um 180° gedreht ∞ Ω.

Einbau

- Vor dem Einbau eines neuen Tankgebers Sicherungsstift für Schwimmer entfernen.

147–23633

- Tankgeber mit der Nase –Pfeil– nach unten einsetzen.

147–23634

- Dichtflansch mit 2 neuen Dichtringen –Pfeile– und 40 Nm anschrauben.
- Elektrischen Stecker aufschieben.
- Verkleidung für Kraftstoffbehälter einbauen.
- Batterie-Masseband anklemmen.
- Kraftstoffanzeige im Innenraum auf Funktion prüfen.

Wartungsarbeiten an der Kraftstoffanlage

Beim Tanken aus Kanistern empfiehlt es sich, den Kraftstoff durch einen sauberen Lappen zu filtern.

Die Dieseleinspritzpumpe ist wartungsfrei, bei Defekten ist die komplette Pumpe auszutauschen (Werkstattarbeit).

Alle 60000 Kilometer muß der Kraftstoff-Filter ersetzt werden. Dabei ist gleichzeitig die Leerlaufdrehzahl des Motors zu überprüfen.

Fahren im Winter

Kraftstoffzusätze sollen dem Diesel nicht zugegeben werden, es sei denn im Winter. Mit abnehmenden Außentemperaturen verringert sich das Fließvermögen des Dieselkraftstoffes durch Paraffin-Ausscheidung. Der Dieselkraftstoff wird dick wie Honig. Aus diesem Grund werden von den Mineralölfirmen dem Diesel im Winter Zusätze beigemischt, die das Fließverhalten heraufsetzen und ein Starten bis etwa –15° C garantieren. Nicht immer reichen jedoch diese Zusätze für einen störungsfreien Betrieb aus, weshalb es mitunter notwendig wird, auch wenn noch „Sommer-Diesel" im Tank ist, dem Diesel Ottokraftstoff oder Petroleum beizumischen.

Durch die bei eingeschalteter Fahrzeugheizung wirksame Kraftstoffvorwärmung ist ein störungsfreies Fahren mit Winter-Dieselkraftstoff in der Regel bis ca. –23° C Außentemperatur möglich.

- Die Zumischung sollte möglichst vor Beginn der Paraffin-Ausscheidung erfolgen, da sonst erst Filter und Leitungen von dem dickflüssigen Diesel befreit werden müssen.
- Da das Beimischen von Ottokraftstoff (Normalbenzin) die Motorleistung mindert, sollte grundsätzlich nur die tatsächlich benötigte Menge beigemischt werden (siehe Tabelle).

Achtung: Zum Beimischen nur Normalbenzin, kein Superbenzin verwenden.

- Wegen der leichteren Entflammbarkeit von Ottokraftstoff sollte aus Sicherheitsgründen das Beimischen nur im Fahrzeugtank erfolgen. Dabei möglichst zuerst Normalbenzin oder Petroleum und dann Dieselkraftstoff einfüllen.

Außentemperatur °C	Mischanteile in Volumen %			
	Sommer-Dieselkraftstoff	Zusatz[1]	Winter Dieselkraftstoff	Zusatz[1]
0 bis –15	80	20	100	–
–15 bis –23	50	50	100	–
–23 bis –30	–	–	80	20
–30 bis –35	–	–	50	50

[1]) Petroleum oder max. 20% Normalkraftstoff.

- Bleibt der Motor bei großer Kälte aufgrund versulzten Dieselkraftstoffs stehen, ist es mitunter sehr schwierig, den Motor wieder zum Laufen zu bringen. Dabei bieten sich folgende Möglichkeiten an:
- Kraftstoffilter ausbauen und im Wasserbad erwärmen, bis der Dieselkraftstoff wieder flüssig wird.
- Kraftstoffilter ausbauen und durch neuen Filter ersetzen.
- Kraftstoffilter ausbauen und im Wasserbad erwärmen, bis der Dieselkraftstoff wieder flüssig wird.
- Kraftstoffilter ausbauen und durch neuen Filter ersetzen.
- Fahrzeug in Garage schieben oder abschleppen und Garage heizen.
- Einspritzanlage mit heißem Wasser abspritzen.

Achtung: Auf keinen Fall dürfen die Einspritzanlage oder der Tank mit einer Lötlampe oder einem vergleichbaren Gerät erhitzt werden. Explosionsgefahr!

Luftfiltereinsatz reinigen/wechseln

Der Papierfiltereinsatz im Luftfilter wird normalerweise nach 20000 km gereinigt und alle 60000 km erneuert. Bei starkem Staubanfall muß der Einsatz in kürzeren Abständen gereinigt oder erneuert werden.

- Luftschlauch vom Filterdeckel abziehen .

- Schnellverschlüsse –Pfeile– am Filterdeckel öffnen und Deckel mit Filtereinsatz herausnehmen.
- Luftführungsgehäuse innen mit Lappen auswischen.
- Filtereinsatz an der Lochblechverstärkung herausziehen.
- Filtereinsatz von der lochblechverstärkten Seite aus (Reinluftseite) mit Preßluft, max. 5 bar Überdruck, durchblasen. Dabei Preßluftdüse ca. 20 cm vom Lochblech entfernt halten.

Achtung: Nie direkt, ohne Abstand, in die Papierfiltertaschen blasen, da hierdurch die Verklebung der Filtertaschen reißen kann und ungefilterte Luft in den Motor gesaugt wird. Filtereinsatz weder mit Kraftstoff reinigen noch mit Öl benetzen.

- Gereinigten beziehungsweise neuen Filter mit der Lochblechverstärkung nach oben in den Filterdeckel einsetzen und an der Dichtung ringsum eindrücken.
- Filterdeckel an Luftführungsgehäuse ansetzen und mit Schnellverschlüssen befestigen.

Gasgestänge schmieren

Nach jeder Motorwäsche oder Konservierung des Motorraums sämtliche Lagerstellen, Regulierhebel und Gelenke mit Molykote Longterm 2 schmieren.

Schaltgetriebe

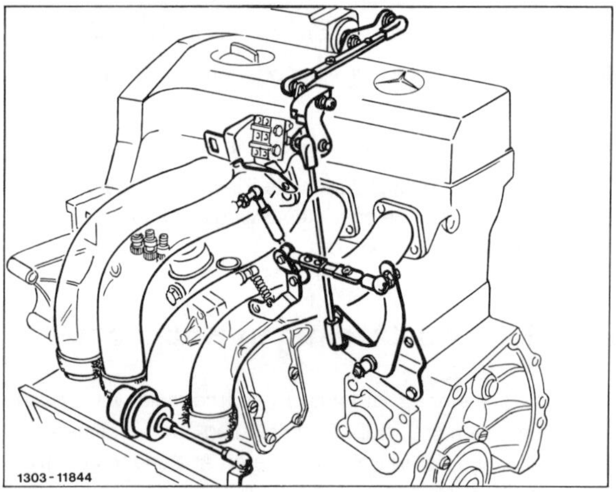

1303-11844

Automatisches Getriebe

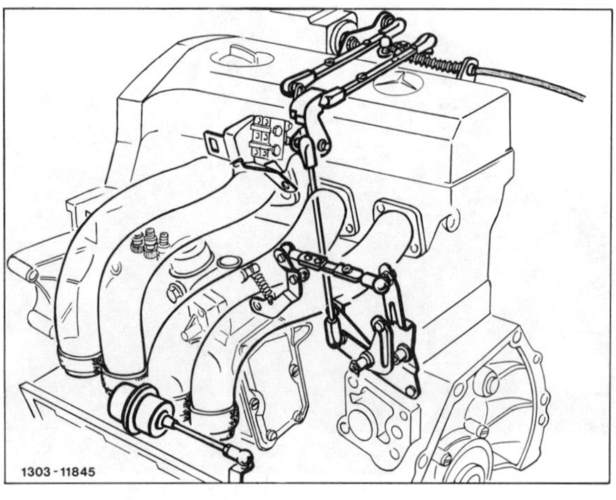

1303-11845

Achtung: Der Bowdenzug ist wartungsfrei und braucht nicht geschmiert zu werden. Bei Schwergängigkeit Bowdenzug auswechseln.

Kraftstoffilter aus- und einbauen

Für einen störungsfreien Betrieb ist der Kraftstoffilter alle 60000 km zu ersetzen.

Ausbau

- Unterdruckleitung für Bremskraftverstärker am Halter –73– aushängen.

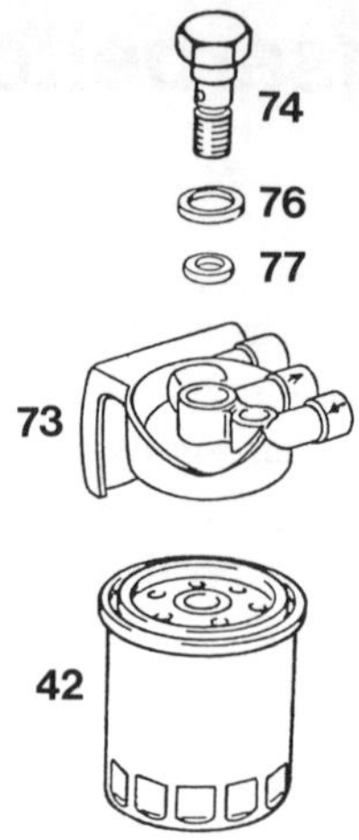

1074-11877

- Befestigungsschraube –74– etwas lösen, dabei senkt sich der Filter –42– nach unten ab. Filter hochdrücken und Schraube herausdrehen.
- Unterdruckschlauch zur Seite ziehen und Filter vorsichtig herausnehmen.

Achtung: Der Filter ist randvoll mit Diesel-Kraftstoff gefüllt. Entweder vor dem Herausnehmen mit Spritze etwas Kraftstoff absaugen oder Lappen über Keilriemen und Kühlmittelschlauch legen. Eventuell verschütteten Kraftstoff sofort abwischen.

107-33998

- Kraftstoffleitungen am Vorfilter –43– abziehen und Vorfilter herausnehmen. Zusätzlich abgebildete Teile: 3 – Kraftstofförderpumpe, 86 – Kraftstoffthermostat.

Einbau

- Neuen Kraftstoff-Vorfilter einsetzen und Schlauchschellen festziehen.
- Neuen Kraftstoffilter, mit Diesel gefüllt, einsetzen.
- Befestigungsschraube mit neuem Alu-Dichtring einschrauben.
- Unterdruckschlauch mit Gummitülle am Halter eindrücken.
- Motor laufen lassen und auf Dichtheit prüfen.

Störungsdiagnose Kraftstoffanlage

Leerlaufstörungen

Defekt	Ursache/Abhilfe
Drehzahl nicht richtig eingestellt	Leerlaufdrehzahl bei betriebswarmem Motor prüfen und einstellen
Schwergängige Gasbetätigung Gasgestänge verbogen	Gaszug, Verstellhebel ersetzen
Unrunder Leerlauf bei kaltem Motor, zu hohe Drehzahl bei warmem Motor	Leerlaufanhebung prüfen, Gaszug einstellen
Kraftstoffschläuche an Einspritzpumpe und Kraftstoffilter lose	Schlauchanschlüsse mit Schellen befestigen Hohlschrauben nachziehen
Schraubverbindungen für Einspritzpumpe lose	Stützplatte auf Risse bzw. Bruch untersuchen, gegebenenfalls austauschen, Befestigungsschrauben anziehen
Kraftstoffversorgung defekt	Kraftstoff-Filter verschmutzt, Kraftstoffrücklauf- und Einspritzleitungen bzw. Entlüftungsleitung für Kraftstoffbehälter undicht, verschmutzt, geknickt oder an den Anschlüssen verengt, Überströmdrossel in der Hohlschraube der Rücklaufleitung an der Einspritzpumpe verstopft
Einspritzdüsen defekt	Einspritzdüsen überprüfen
Förderbeginn verstellt	Einstellung des Förderbeginns prüfen
Einspritzpumpe defekt	Versuchsweise neue Pumpe einbauen
Motor hat mechanische Fehler	Motoraufhängung prüfen. Kompression prüfen

Kraftstoffverbrauch zu hoch

Prüfvoraussetzung: Reifengröße und Reifenart entsprechen der Serienausrüstung, die Räder sind freigängig (Bremsen, Radlager), der Einlaufvorgang ist abgeschlossen (ca. 5000 km). Kraftstoffverbrauch exakt ermitteln.

Defekt	Ursache/Abhilfe
Luftfilter verschmutzt, Kraftstoffanlage undicht	Filtereinsatz reinigen bzw. ersetzen. Sichtprüfung auf Undichtigkeiten an allen Kraftstoffleitungen (Saug-, Rücklauf-, Einspritzleitungen), Kraftstoffilter und Einspritzpumpe durchführen
Rücklaufleitung verstopft	Rücklaufleitung an Einspritzpumpe lösen. Motor starten und prüfen, ob Kraftstoff austritt. Rücklaufleitung von Einspritzpumpe zum Kraftstoffbehälter mit Luft durchblasen. Eventuell ist die Überströmdrossel in der Hohlschraube der Rücklaufleitung verstopft
Leerlaufdrehzahl zu hoch	Leerlaufdrehzahl und Leerlaufanhebung prüfen
Einspritzdüsen defekt	Einspritzdüsen tropfen, verschmutzt, hängende oder gebrochene Düsennadel. Einspritzdruck falsch
Förderbeginn verstellt	Einstellung des Förderbeginns überprüfen
Einspritzpumpe defekt	Probehalber neue Einspritzpumpe einsetzen
Motor hat mechanische Fehler	Ventil undicht, Zylinder/Kolben verschlissen, Zylinderkopfdichtung undicht, Verengung in der Auspuffanlage, Kompression prüfen

Motorleistung zu gering

Prüfvoraussetzungen: Die Tacho-Anzeige muß normal sein; die Reifengröße muß der Serienausrüstung entsprechen; die Räder (Bremsen, Radlager) müssen freigängig sein, Kupplung und Kupplungspedalspiel müssen einwandfrei sein; der Einlaufvorgang (etwa 5000 km) muß abgeschlossen sein. Es dürfen keine die Geschwindigkeit mindernden Zubehörteile (Dachgepäckträger usw.) eingebaut sein. Zur Ermittlung der Höchstgeschwindigkeit empfiehlt es sich, den Wagen auf einer ebenen Teststrecke in beiden Richtungen etwa 1000 Meter zu fahren, um die Höchstgeschwindigkeit mit einer Stoppuhr zu ermitteln.

Defekt	**Ursache/Abhilfe**
Vollgasstellung der Einspritzpumpe wird nicht erreicht	Gasbetätigung überprüfen: Weg des Gaspedals zu gering, Gaszugeinstellung nicht in Ordnung, Reglerhebel an der Pumpe los, Gasgestänge verbogen
Fahrleistungen unbefriedigend. Nebelartige Rauchgase im Vollastbereich. Höchstdrehzahl wird nicht erreicht. Motor sägt im Leerlauf	Vertauschte Hohlschrauben für die Zu- und Rücklaufleitung an Einspritzpumpe oder Filterhalter
Luftfilter verschmutzt	Filtereinsatz reinigen bzw. austauschen
Kraftstoffilter/Vorfilter verstopft	Kraftstoffilter ersetzen
Luftblasen in der Kraftstoffleitung vom Filter zur Kraftstoffpumpe	Kraftstoffvorlaufleitung und Filter prüfen. Kraftstoffilter lose, undicht; Leitungsanschlüsse am Kraftstoffilter undicht; Kraftstoffvorlaufleitung zwischen Kraftstoffbehälter und Kraftstoffilter undicht
Kraftstoffleitungen defekt	Kraftstoffleitungen (Saug-, Rücklauf-, Einspritzleitungen und Tankbelüftung) überprüfen. Kraftstoffleitungen verschmutzt, Eis oder Wachs in den Leitungen (nur im Winter). Einspritzleitungen an den Anschlüssen verengt oder geknickt, Einspritzleitungen nicht nach Zündfolge angeschraubt, Tankleitung verstopft, Kraftstoffsieb im Tank verstopft
Einspritzdüsen defekt	Einspritzdüsen tropfen, hängende oder abgebrochene Düsennadel, Einspritzdruck falsch
Förderbeginn verstellt	Einstellung des Förderbeginns überprüfen
Einspritzpumpe defekt	Probeweise neue Einspritzpumpe einbauen
Motor hat mechanische Fehler	Kompression prüfen, Zylinderkopfdichtung undicht, Verengung in der Auspuffanlage

Die Abgasanlage

Die Abgasanlage besteht aus dem Abgaskrümmer, dem vorderen Abgasrohr, dem Mittelschalldämpfer und dem Nachschalldämpfer. Alle Teile sind miteinander verschraubt und können einzeln ausgewechselt werden.

Hinweis: Gummihalterungen auf Porosität und Beschädigungen prüfen, gegebenenfalls erneuern.

Achtung: Werden Teile der Abgasanlage erneuert, zugehörige Gummiringe oder -puffer sowie selbstsichernde Muttern grundsätzlich ersetzen.

4-, 5-Zylinder-Motor

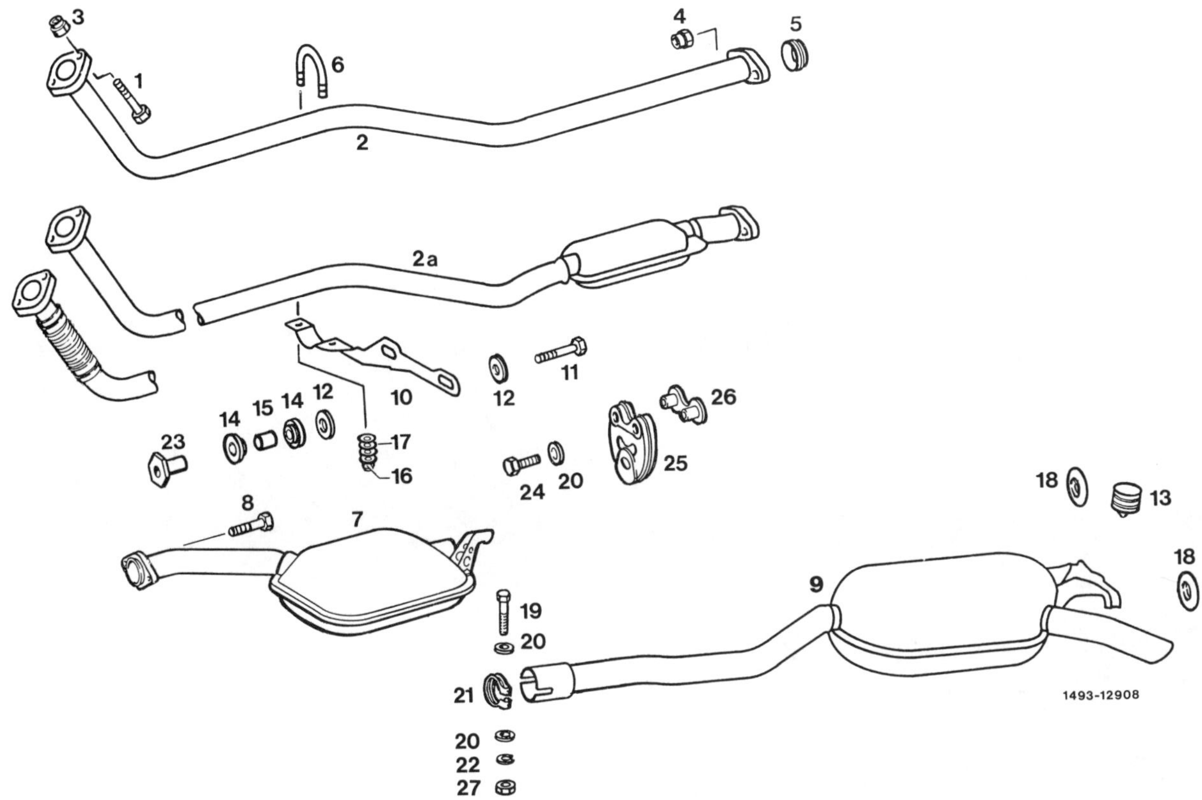

1 – Sechskantschraube
2 – Vorderes Abgasrohr; **4-Zylinder-Motor.**
2a – Vorderes Abgasrohr mit Vorschalldämpfer; **5-Zylinder-Motor.**
3 – SelbstsicherndeSechskantmutter
4 – SelbstsicherndeSechskantmutter
5 – Sinter-Dichtring
6 – Haltebügel
7 – Mittelschalldämpfer
8 – Sechskantschraube
9 – Nachschalldämpfer
10 – Seitenabstützung
11 – Sechskantschraube
12 – Scheibe
13 – Gummipuffer
14 – Gummischeibe
15 – Distanzhülse
16 – Selbstsichernde Sechskantmutter
17 – Tellerfeder
18 – Gummiring
19 – Sechskantschraube
20 – Scheibe
21 – Rohrschelle
22 – Federring
23 – Bundmutter
24 – Sechskantschraube
25 – Aufhängeplatte
26 – Spannplatte
27 – Sechskantmutter

Abgasanlage aus- und einbauen

Ausbau

- Fahrzeug aufbocken.
- Motorraumverkleidung ausbauen, siehe Seite 18.
- Sämtliche Schrauben und Muttern der Abgasanlage mit rostlösendem Mittel einsprühen. Rostlöser einige Zeit einwirken lassen.

4-, 5-Zylinder-Motor

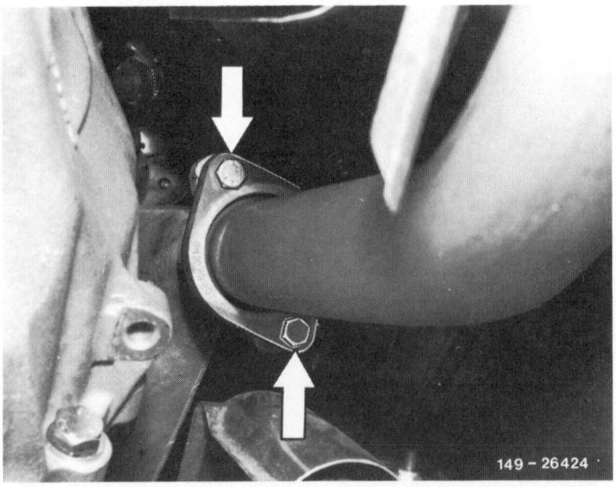

6-Zylinder-Motor

- Vorderes Abgasrohr vom Abgaskrümmer abschrauben –Pfeile– .
- Abgasanlage durch Holzunterlagen abstützen.

- Abgasrohr-Seitenabstützung abschrauben.

- Gummiringe mit selbstangefertigten Haken aushängen.
- Abgasanlage ablassen.

Einbau

Vor der Montage der Abgasanlage prüfen, ob der Flansch zum Abgaskrümmer verzogen ist, gegebenenfalls Flansch ausrichten.

- Neue Abgasanlage zusammenstecken, Schellen und Verbindungsflansche leicht beiziehen.

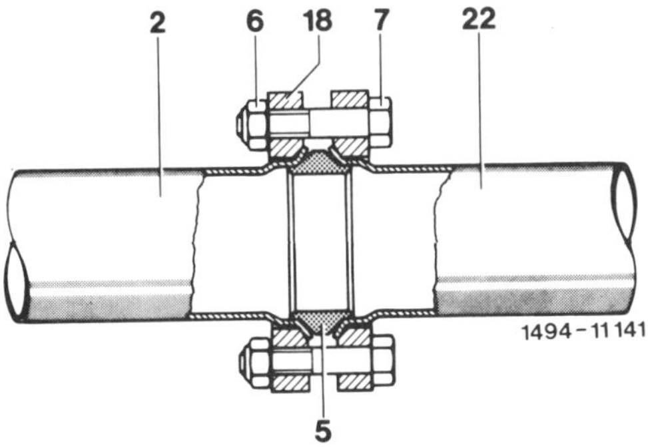

- Falls erforderlich, Konus-Anschlußstücke der Rohre –2– und –22– vor dem Zusammenfügen mit Schmirgelleinen von Verbrennungsrückständen reinigen.
- Beim Zusammensetzen der Rohre auf richtigen Sitz des Dichtringes –5– achten. Selbstsichernde Mutter verwenden.

Achtung: Um die Muttern und Schrauben der Abgasanlage später leichter lösen zu können, empfiehlt es sich, diese mit einer Hochtemperaturpaste (zum Beispiel Liqui Moly LM-508-ASC) einzustreichen.

- Abgasanlage mit neuen Halteringen einhängen.

- Mittelschalldämpfer in die Aufhängegummis am Hinterachsträger einhängen.
- Gummiringe mit geeignetem Haken am Nachschalldämpfer einhängen.
- Klemmschrauben der Schellen lösen und Abgasanlage durch Drehen und Verschieben in Längsrichtung so ausrichten, daß überall ausreichend Abstand zum Aufbau vorhanden ist und die Halteringe gleichmäßig belastet werden.
- **Neue** selbstsichernde Muttern an der Flanschverbindung zum Abgaskrümmer über Kreuz stufenweise mit 20 Nm festziehen.

Achtung: Dabei dürfen die Wickelschläuche, falls vorhanden, nicht auf Zug belastet werden.

- Nachschalldämpfer so weit nach vorn schieben, daß sich die Haltebügel am Dämpfer ca. 10 mm in Fahrtrichtung gesehen vor den Haltern am Rahmenboden befinden –Pfeile–.

Achtung: Dies gilt nur für nachträglich montierte Nachschalldämpfer mit einer Steckverbindung zwischen Mittel- und Nachschalldämpfer.

- Seitenabstützung spannungsfrei ansetzen. Schrauben für die Befestigung am Getriebe mit 20 Nm festziehen.

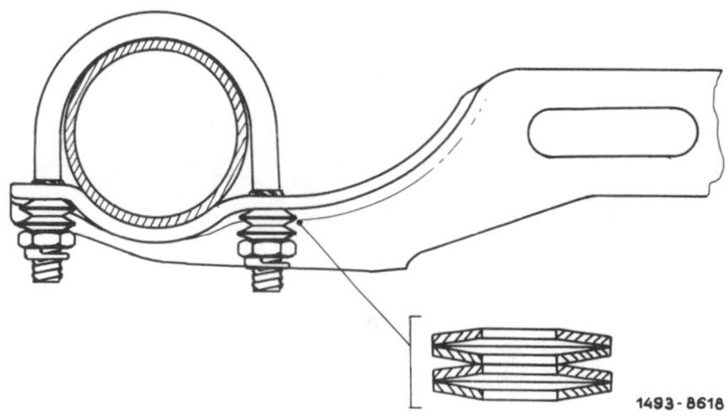

- Neue Muttern für Spannbügel mit je 4 neuen Unterlegscheiben wie in der Abbildung gezeigt ansetzen und mit 7 Nm anziehen.
- Motor starten und Abgasanlage auf Dichtheit prüfen.
- Fahrzeug ablassen.

Nachschalldämpfer ersetzen

- Abgasanlage ausbauen.

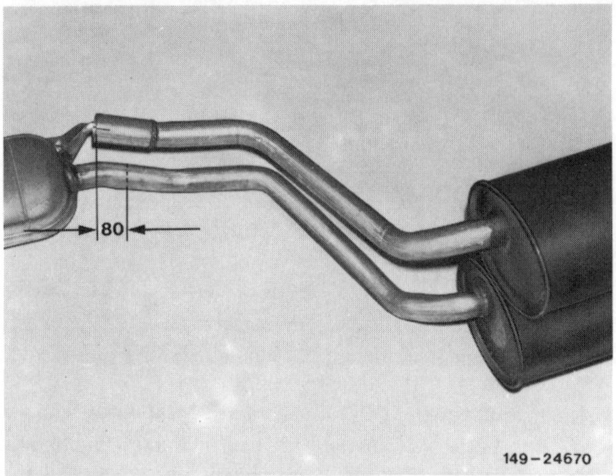

- Neuen Nachschalldämpfer über die alte Anlage legen und Rohrlänge an der ausgebauten Abgasanlage markieren.
- Ca. 80 mm von der Markierung in Richtung Nachschalldämpfer eine 2. Kennzeichnung am Abgasrohr anbringen.
- Abgasrohr bei 2. Kennzeichnung absägen. **Achtung:** Einstecktiefe soll 70–80 mm betragen.
- Altes Abgasrohr mit Schmirgelleinen reinigen und Nachschalldämpfer aufschieben, vorher Rohrschelle über Abgasrohr schieben.
- Klemmschraube mit Unterlegscheiben beiziehen, nicht festziehen.
- Abgasanlage einbauen.

Der Abgasturbolader

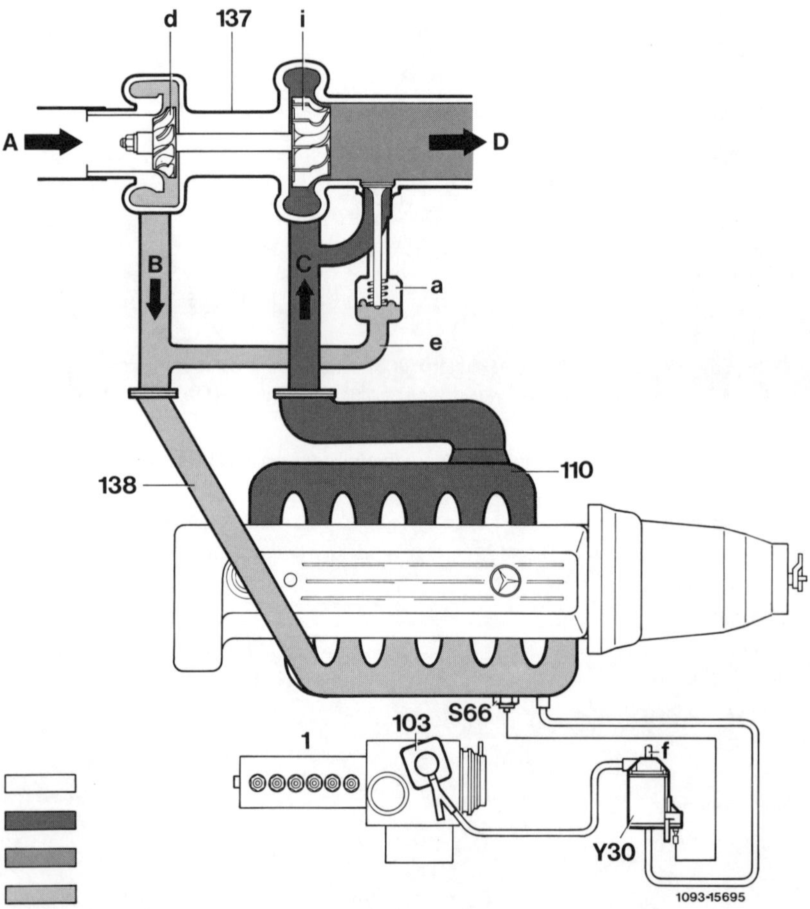

1 **Einspritzpumpe**
103 **ALDA-Dose**
ALDA = Absolut messender ladedruckabhängiger Vollastanschlag
110 **Abgaskrümmer**
137 **Abgasturbolader**
138 **Ladeluftrohr**
S66 **Druckschalter**
Y30 **Umschaltventil**
Für Motorüberlastschutz
a **Ladedruckregelventil**
d **Verdichterrad**
e **Steuerleitung**
f **Belüftung**
i **Turbinenrad**
A **Verdichtereintritt**
Frischluft
B **Verdichteraustritt**
vorverdichtete Luft
C **Abgase zum Turbinenrad**
D **Abgasaustritt**

Der Dieselmotor des MERCEDES ist auf Wunsch mit einem Turbolader ausgerüstet. Beim Turbolader sitzen auf einer Welle zwei Turbinenräder, die in zwei voneinander getrennten Gehäusen untergebracht sind. Für den Antrieb der Turbinenräder sorgen die ohnehin vorhandenen Abgase. Sie bringen die Laderwelle auf bis zu 135 000 Umdrehungen in der Minute. Und da Abgas- und Frischluftrotor auf gleicher Welle sitzen, wird mit gleicher Drehzahl Frischluft in die Zylinder gedrückt.

Aufgrund des guten Füllungsgrades lassen sich bei vorhandenen Motoren Leistungszuwachsraten von bis zu 100 Prozent verwirklichen. Abhängig ist der Leistungszuwachs unter anderem vom Ladedruck, der bei einem Pkw-Motor zwischen 0,75 bis 0,95 bar (Reifenfülldruck etwa 2,0 bar) liegt. Erhöht sich der Ladedruck über den vom Werk eingestellten Wert, öffnet das Ladedruckregelventil, der Druck kann über einen Bypasskanal direkt in das Abgasrohr entweichen.

Neben der Motorleistung steigt bei der Verwendung eines Abgasturboladers auch das Drehmoment an, was vor allem im Hinblick auf einen elastischen Motorlauf wünschenswert ist. Voraussetzung ist allerdings, daß die Laderwelle mit ausreichender Drehzahl rotiert und somit einen ordentlichen Füllungsgrad garantiert. In der Regel muß der Motor schon mit rund 2500/min drehen, damit ein spürbarer Ladedruck einsetzt.

Gegenüber einem Ottomotor ist es beim Dieseltriebwerk nicht erforderlich, aufgrund der Aufladung die normale Verdichtung zu verringern, so daß auch im unteren Drehzahlbereich der eingespritzte Kraftstoff vollständig ausgenutzt wird.

Der Turbolader ist ein äußerst präzise hergestelltes Bauteil. Es empfiehlt sich deshalb, eine Reparatur nur von einem Fachmann ausführen zu lassen. In der Regel wird der Turbolader bei einem Defekt komplett ausgetauscht.

Wartungsarbeiten an der Abgasanlage

Sichtprüfung

- Fahrzeug aufbocken.
- Befestigungsschellen auf festen Sitz prüfen.
- Abgasanlage mit Lampe und leichtem Hammer auf Löcher, durchgerostete Teile sowie Scheuerstellen absuchen.
- Stark gequetschte Abgasrohre ersetzen.
- Gummihalterungen durch Drehen und Dehnen auf Porosität überprüfen und gegebenenfalls austauschen.

Die Kupplung

Die Kupplung besteht aus der Kupplungsdruckplatte, der Kupplungsscheibe und dem hydraulischen Betätigungssystem. Druckplatte und Kupplungsscheibe sind im Schwungrad des Motors untergebracht.

In der Getriebeglocke befindet sich die Ausrückgabel. Sie trägt das wartungsfreie Ausrücklager, das beim Auskuppeln gegen die Kupplungsdruckplatte gedrückt wird. An der Ausrückgabel liegt der Kolben des Nehmerzylinders vom Hydrauliksystem an. Das Hydrauliksystem der Kupplung arbeitet mit Bremsflüssigkeit und wird über den gemeinsamen Ausgleichbehälter für Bremsflüssigkeit versorgt.

In eingekuppeltem Zustand wird durch die Kupplungsmembranfeder die Kupplungsscheibe von der Druckplatte gegen das Schwungrad gepreßt und so der Kraftschluß zwischen Kurbelwelle und Getriebeantriebswelle hergestellt.

Beim Niedertreten des Kupplungspedals wird über den Geberzylinder im Fußraum des Fahrzeuges Druck aufgebaut und über eine Hydraulikleitung auf den am Getriebe angeflanschten Kupplungs-Nehmerzylinder übertragen. Der Kolben des Nehmerzylinders drückt über die Ausrückgabel das Ausrücklager gegen die Membranfeder der Druckplatte und hebt diese etwas an. Dadurch wird die Kupplungsscheibe zwischen Schwungrad und Druckplatte frei, der Kraftschluß zwischen Motor und Getriebe ist somit aufgehoben.

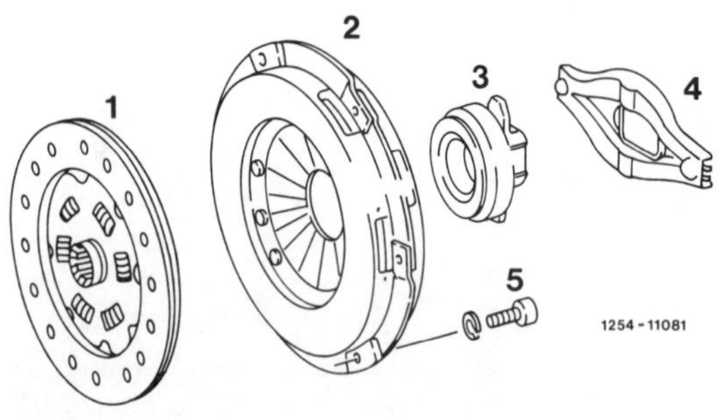

1 – Kupplungsscheibe
2 – Druckplatte
3 – Ausrücklager
4 – Ausrückgabel
5 – Innensechskantschraube, 25 Nm

Seit 9/89 kommt bei allen Modellen ein Zweimassenschwungrad zum Einsatz, außer bei den 2,0-l-Diesel- und Benzinmotoren. Das Zweimassenschwungrad besitzt ein Feder- und Dämpfersystem, um die Übertragung der vom Motor erzeugten Drehschwingungen zu reduzieren. Außerdem verringert sich dadurch auch die Geräuschübertragung im unteren Drehzahlbereich. Die Kupplungsscheibe für dieses Schwungrad besteht nur noch aus Nabe, Mitnehmerblech und Kupplungsbelag. Ebenso sind die Druckplatte und das Ausrücklager den geänderten Platzverhältnissen angepaßt.

Kupplung aus- und einbauen/prüfen

Ausbau

- Getriebe ausbauen, siehe Seite 83.
- Befestigungsschrauben der Kupplungsdruckplatte nacheinander jeweils um 1 bis 1½ Umdrehungen lösen, bis die Druckplatte entspannt ist.

Achtung: Wenn die Schrauben sofort ganz gelöst werden, kann die Membranfeder beschädigt werden.

- Damit das Schwungrad beim Lösen der Schrauben nicht mitdreht, Schwungrad mit Schraubendreher arretieren.
- Anschließend Schrauben ganz herausdrehen.
- Druckplatte und Kupplungsscheibe herausnehmen. **Achtung:** Druckplatte und Kupplungsscheibe beim Herausnehmen nicht fallen lassen, sonst können nach dem Einbau Rupf- und Trennschwierigkeiten auftreten.
- Schwungrad innen ausblasen oder mit benzingetränktem Lappen auswischen.

Prüfen

- Kupplungsdruckplatte auf Brandrisse und Riefen prüfen.

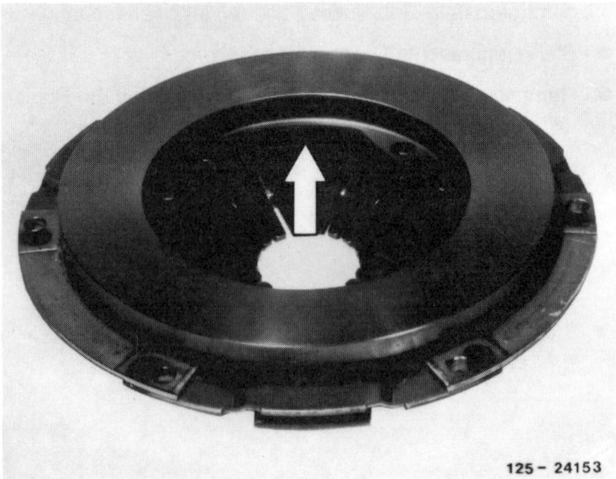

- Membranfeder auf Brüche untersuchen –Pfeil–.

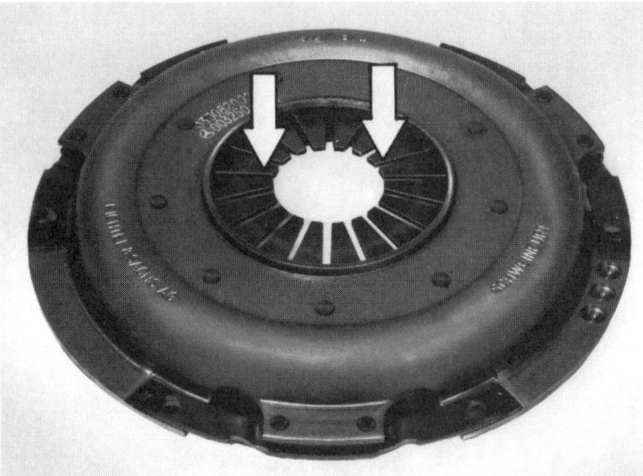

125 - 24151

- Zungen der Membranfeder –Pfeile– auf Verschleiß und gleichmäßige Höhe prüfen, gegebenenfalls mit Zange vorsichtig nachrichten. **Achtung:** Der Verschleiß darf maximal 0,3 mm betragen.
- Schwungrad auf Brandrisse und Riefen prüfen.
- Kupplungsdruckplatte und Schwungrad mit grobem Schmirgelleinen abziehen.

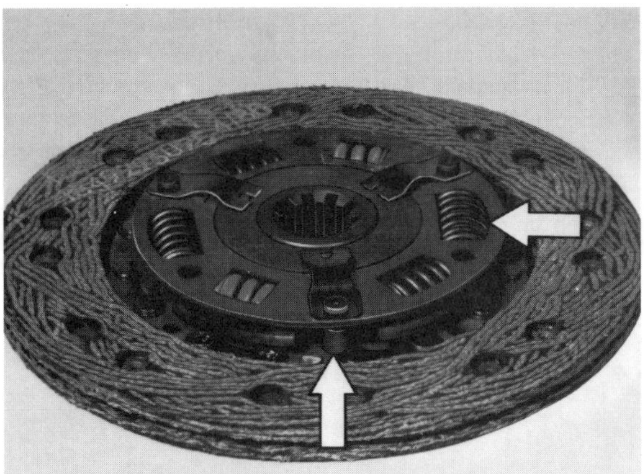

125 - 24152

- Verölte, verfettete oder mechanisch beschädigte Kupplungsscheiben austauschen.
- Belagstärke der Kupplungsscheibe messen. Neu: 3,6–3,8 mm bei Belag Valeo F 201 und 3,8–4,0 mm bei Belag Thermoid 846 FT. Wenn die Verschleißgrenze von 1,6 mm für „F 201“ beziehungsweise 1,8 mm für „846 FT“ erreicht ist, Kupplungsscheibe auswechseln. Ebenso bei Belagrissen.
- Anschlagbolzen, Federfenster, Torsionsfedern und Nabe auf Verschleiß- und Einlaufspuren prüfen –Pfeile–.
- Ausrücklager vom Lagerrohr am vorderen Getriebedeckel abnehmen und prüfen, siehe Seite 80.
- In der Werkstatt kann die Kupplungsscheibe auf Schlag geprüft werden. Der Seitenschlag darf bei der Kupplungsscheibe maximal 0,5 mm betragen. **Achtung:** Diese Prüfung ist nur notwendig, wenn die alte Kupplungsscheibe wieder eingebaut werden soll und die Kupplung vorher nicht richtig ausgekuppelt hat.

Einbau

125-10249

- Kupplungsscheibe und Kupplungsdruckplatte in Schwungrad einsetzen. Dabei muß die Kupplungsscheibe mit einem passenden Dorn (zum Beispiel von HAZET) oder mit einer alten Getriebe-Antriebswelle zentriert werden.
- Befestigungsschrauben für Kupplungsdruckplatte nacheinander mit 1 bis 1½ Umdrehungen anziehen, bis die Druckplatte festgezogen ist. Anschließend Zentrierdorn entfernen. **Achtung:** Darauf achten, daß die Druckplatte beim Anziehen der Schrauben gleichmäßig und gratfrei in das Schwungrad eingezogen wird.
- Getriebe einbauen, siehe Seite 83.

Kupplungsbetätigung entlüften

Die Kupplungsbetätigung muß entlüftet werden, wenn das Kupplungspedal nicht oder nur verzögert zurückkommt, beziehungsweise wenn das Hydrauliksystem geöffnet wurde.

Da das Hydrauliksystem der Kupplung mit Bremsflüssigkeit arbeitet, sind ebenfalls die entsprechenden Kapitel im Abschnitt „Die Bremsanlage“ durchzulesen.

- Fahrzeug vorn aufbocken.
- Bremsflüssigkeitsstand im gemeinsamen Vorratsbehälter prüfen, gegebenenfalls bis zur Max.-Markierung auffüllen.
- Staubkappen von den Entlüfterventilen am Nehmerzylinder und am vorderen rechten Bremssattel abziehen.
- Entlüfterventile vorsichtig gangbar machen.
- Durchsichtigen Schlauch auf das Entlüfterventil am Bremssattel aufschieben und Entlüfterschraube öffnen.
- Bremspedal langsam durchtreten (Helfer) und in dieser Stellung halten. Entlüfterventil schließen und Bremspedal loslassen. Anschließend Entlüfterventil wieder öffnen und Bremspedal erneut durchtreten. Vorgang so lange wiederholen, bis der Schlauch vollständig mit Bremsflüssigkeit gefüllt ist. Schlauch mit dem Finger zuhalten, damit keine Bremsflüssigkeit ausläuft. **Achtung:** Der Flüssigkeitsstand im Vorratsbehälter darf nicht zu weit absinken, gegebenenfalls **neue** Bremsflüssigkeit nachfüllen.

- Freies Schlauchende auf die Entlüfterschraube am Kupplungs-Nehmerzylinder stecken und beide Entlüfterschrauben öffnen.
- Bremspedal durchtreten, Entlüfterschraube am Bremssattel schließen und Bremspedal entlasten. Diesen Vorgang so oft wiederholen, bis im Ausgleichbehälter keine Luftblasen mehr herausgedrückt werden. Dabei stets neue Bremsflüssigkeit nachfüllen.
- Entlüfterschrauben am Bremssattel und am Nehmerzylinder verschließen. Schlauch abziehen und Staubkappen aufschieben.
- Fahrzeug ablassen.
- Bremsflüssigkeit bis zur Max.-Markierung auffüllen.
- Funktion von Brems- und Kupplungssystem prüfen.

Ausrücklager aus- und einbauen

Hörbare Lagergeräusche in ausgekuppeltem Zustand, also bei niedergetretenem Kupplungspedal, deuten auf ein defektes Ausrücklager hin.

Ausbau

- Getriebe ausbauen, siehe Seite 83.

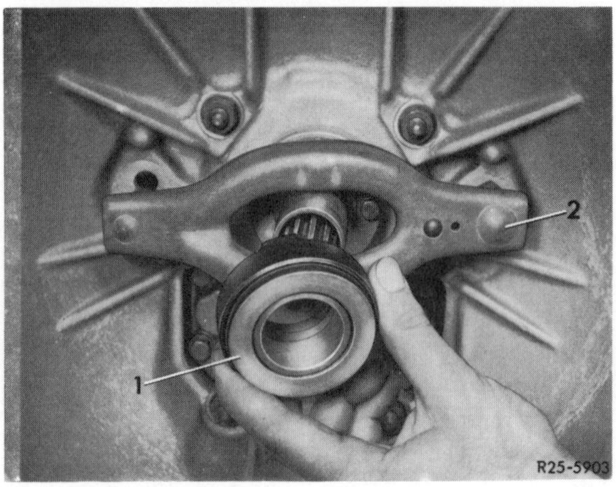

- Ausrücklager –1– vom Lagerrohr am vorderen Getriebedeckel abziehen.

- Ausrückgabel –2– in Pfeilrichtung –A– bewegen und dann in Pfeilrichtung –B– vom Kugelbolzen –3– am Kupplungsgehäuse abziehen und abnehmen.
- Ausrücklager von Hand auf leichten Lauf prüfen.

Einbau

- Sämtliche Lager- und Berührungsflächen mit sauberem Lappen abwischen und mit MoS_2-Schmierfett einfetten.
- Ausrückgabel –2– entgegen der Pfeilrichtung –B– auf den Kugelbolzen –3– aufdrücken, bis der Federbügel der Gabel einrastet. Anschließend Gabel entgegen der Pfeilrichtung –A– bewegen, bis die Druckstange des Nehmerzylinders an der Aussparung der Ausrückgabel anliegt.
- Ausrücklager innen und an den beiden seitlichen Anfräsungen am hinteren Hülsenteil einfetten.
- Ausrücklager auf das Lagerrohr aufschieben und so lange drehen, bis es mit den seitlichen Anfräsungen in die Gabel einschnappt.
- Getriebe einbauen, siehe Seite 83.

Störungsdiagnose Kupplung

Störung	Ursache	Abhilfe
Kupplung rupft	● Zu niedrige Leerlaufdrehzahl	Drehzahl einstellen
	● Motorlager defekt	Prüfen, gegebenenfalls auswechseln
	● Getriebe liegt in der Aufhängung nicht fest	Schrauben nachziehen
	● Kupplungsdruckplatte trägt ungleichmäßig	Druckplatte auswechseln
Kupplung rutscht	● Kupplungsscheibe verschlissen	Dicke der Kupplungsscheibe prüfen, gegebenenfalls auswechseln
	● Begrenzungsanschlag für Kupplungspedal defekt	Begrenzungsanschlag im Fußraum prüfen
	● Nehmerzylinder klemmt	Nehmerzylinder ersetzen
	● Spannung der Membranfeder zu gering	Druckplatte auswechseln
	● Nehmerzylinder undicht	Sichtprüfung durchführen
	● Belag verhärtet oder verölt	Kupplungsscheibe austauschen, Ursache für Verschmutzung beseitigen
Kupplung trennt nicht richtig	● Kupplungspedal erreicht den Begrenzungsanschlag nicht	Prüfen, ob Begrenzungsanschlag erreicht wird, gegebenenfalls Fußmatte ausschneiden
	● Geberzylinder undicht	Bei durchgetretenem Kupplungspedal beobachten, ob Flüssigkeit im Bremsflüssigkeitsvorratsbehälter aufwallt, gegebenenfalls Kupplung entlüften oder Geberzylinder austauschen
	● Belag der Kupplungsscheibe durch Abrieb verklebt	Kupplungsscheibe austauschen
	● Kupplungsscheibe klemmt auf der Getriebe-Antriebswelle	Verzahnung reinigen und neu schmieren, gegebenenfalls Rost entfernen
	● Kupplungsscheibe hat Seitenschlag	Kupplungsscheibe prüfen lassen, ersetzen
	● Ausrückgabel defekt	Ausrückgabel auf Verformung prüfen
Geräusch bei betätigtem Kupplungspedal	● Ausrücklager defekt	Ausrücklager prüfen, ersetzen
	● Kupplungsscheibe schlägt an die Druckplatte	Kupplungsscheibe auswechseln
Auf- und abschwellendes Geräusch bei Zug- oder Schubzustand, oder wenn das Fahrzeug in ausgekuppeltem Zustand rollt	● Torsionsdämpfer der Kupplungsscheibe schwergängig	Kupplungsscheibe erneuern

Wartungsarbeiten an der Kupplung

Kupplungsscheibe/Dicke prüfen

Die Kupplung ist selbstnachstellend und wartungsfrei. Der Verschleiß der Kupplungsscheibe ist daher nicht am Spiel des Kupplungspedales erkennbar. Die Dicke der Kupplungsscheibe wird mit einer speziellen Kontroll-Lehre in eingebautem Zustand gemessen. Die Lehre kann selbst angefertigt werden.

Die Dicke der Kupplungsscheibe ist im Rahmen der Wartung alle 20000 km zu prüfen.

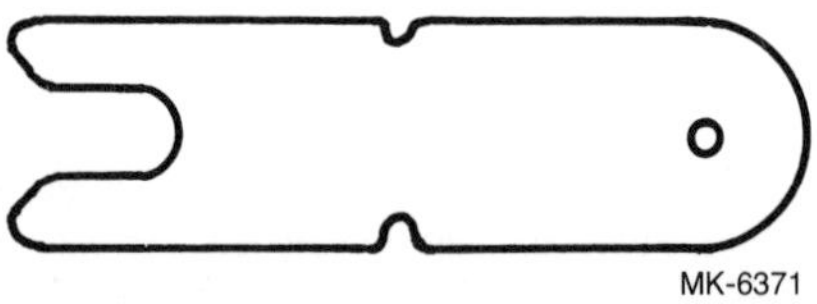

- Kontroll-Lehre im Maßstab 1 : 1 entsprechend der Abbildung aus 0,8 mm starkem Blech anfertigen.
- Fahrzeug aufbocken.

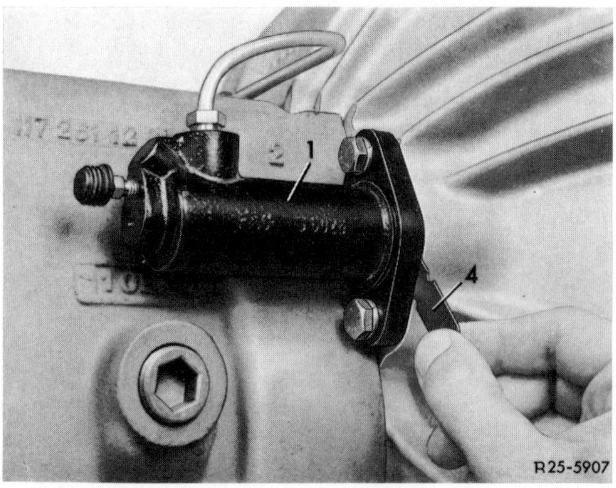

- Lehre –4– am Kupplungs-Nehmerzylinder in die Nut der Kunststoffbeilage bis zum Anschlag einschieben.

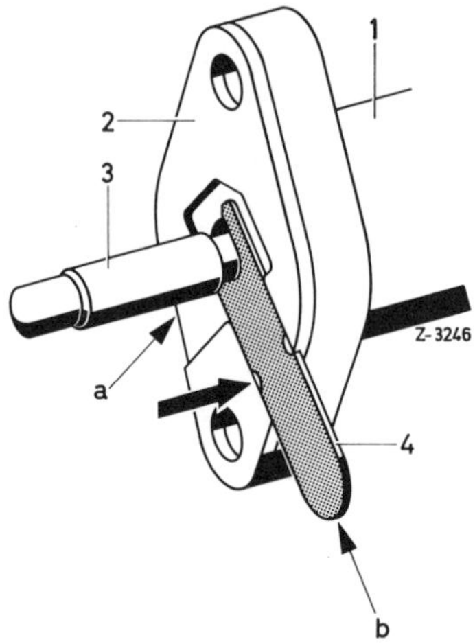

- Wenn die Kerbmarken der Lehre –Pfeil– hinter dem Flansch des Nehmerzylinders verschwinden, ist die Kupplungsscheibe noch ausreichend dick.

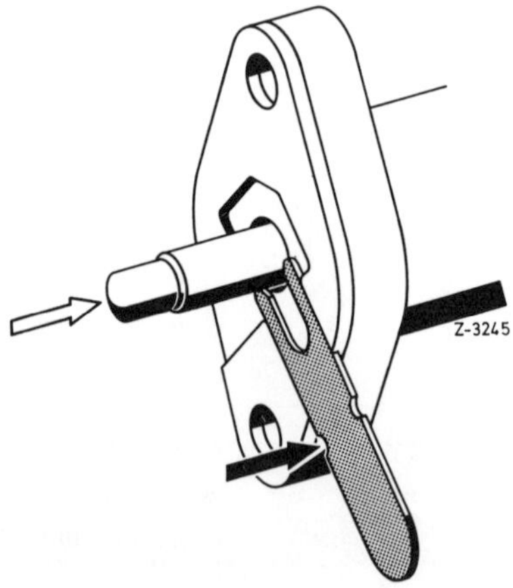

- Wenn die Kerbmarken sichtbar bleiben, obwohl die Lehre bis zum Anschlag eingeschoben ist, dann hat die Kupplungsscheibe ihre Verschleißgrenze erreicht und muß ausgewechselt werden.
- Fahrzeug ablassen.

Das Getriebe

Das Getriebe kann ohne Ausbau des Motors ausgebaut werden. Ein Ausbau ist aber meistens nur dann notwendig, wenn das Getriebe ausgetauscht, erneuert oder die Kupplung gewechselt werden muß. Da es jedoch in keinem Fall anzuraten ist, Reparaturen am Getriebe mit Heimwerkermitteln in Angriff zu nehmen, verweise ich in dieser Hinsicht auf die Werkstatt und beschreibe lediglich den Ausbau des Aggregates.

Getriebe aus- und einbauen

Ausbau

- Massekabel von der Batterie abklemmen.
- Hintere Motorraumwand mit geeignetem Blech abdecken, damit beim Ablassen des Getriebes die Dämmatte nicht beschädigt wird.

Achtung: Bei Fahrzeugen mit Zusatzheizung beim Absenken des Getriebes darauf achten, daß der Kühlmittelschlauch im Bereich der hinteren Motorraumwand nicht beschädigt wird.

- Fahrzeug aufbocken, Getriebe mit Werkstattwagenheber und Holzzwischenlage abstützen.

- Motorlager –Pfeil– am hinteren Getriebedeckel abschrauben.

- Motorträger am Rahmenboden abschrauben –Pfeile–.

- Halter für Abgasanlage am Getriebe abschrauben. Vorher Lage der Unterlegscheiben mit Reißnadel markieren (umkreisen), damit sie später an der gleichen Stelle wieder eingebaut werden können.

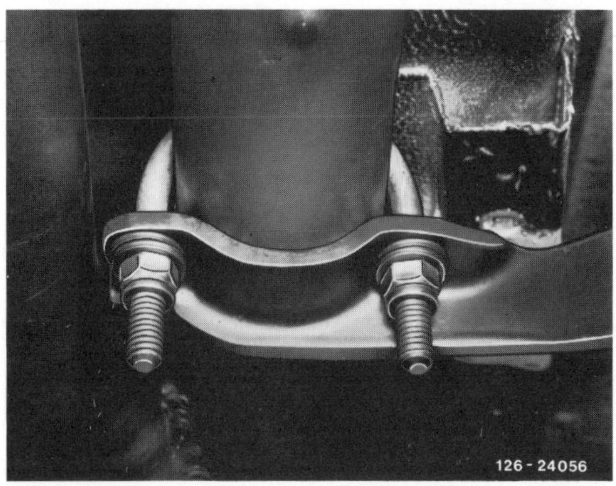

- Muttern am Klemmbügel abschrauben und Halter herausnehmen.

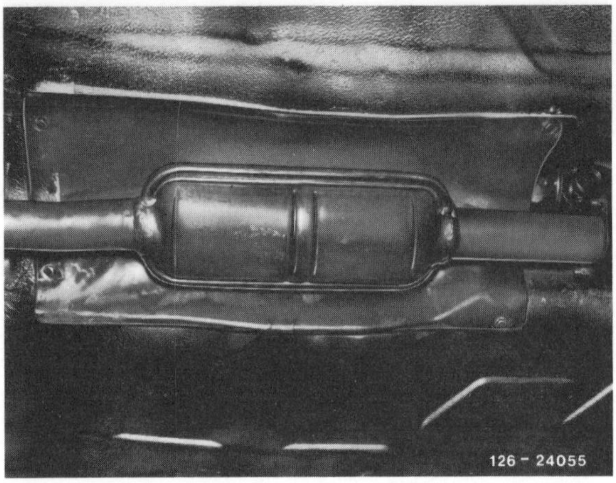

- Abschirmblech für Gelenkwellen-Zwischenlager abschrauben.

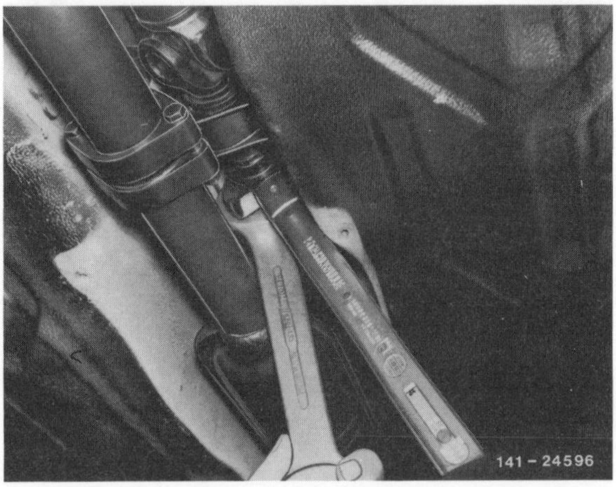

- Klemmutter an der Gelenkwelle lösen.
- Schrauben für Gelenkwellen-Zwischenlager lösen, nicht herausdrehen.

- Gelenkwelle am Getriebe abschrauben. Dabei muß die Gelenkscheibe an der Gelenkwelle bleiben.

- **Einspritzmotor:** Paßhülsen im Gelenkflansch mit einem zylindrischen Dorn (Ø = 10 mm, Länge = ca. 150 mm) lokkern.
- Gelenkwelle so weit nach hinten drücken, wie es Zwischenlager und Klemmstück zulassen.

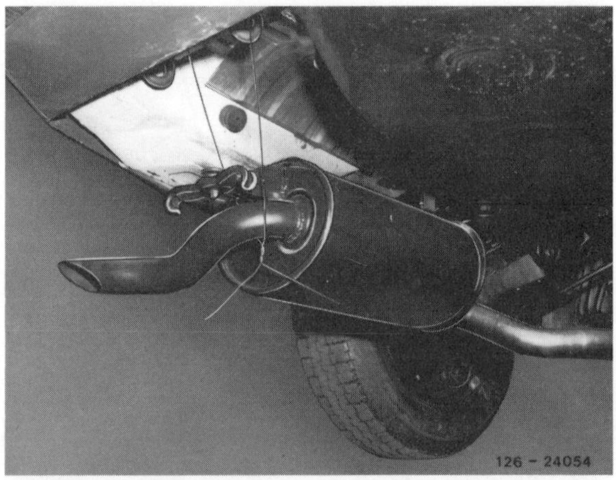

- Abgasanlage an der hinteren Aufhängung aushängen, etwas ablassen und mit geeignetem Draht am Aufbau aufhängen.
- Antriebswelle für Geschwindigkeitsmesser am hinteren Getriebedeckel abschrauben.
- Antriebswelle für Tachometer am Halter ausclipsen.

- Halter am Kupplungsgehäuse abschrauben –Pfeil–.

- Nehmerzylinder abschrauben und mit der Leitung so weit nach hinten ziehen, bis die Druckstange aus dem Kupplungsgehäuse frei wird. Nehmerzylinder mit Draht am Aufbau aufhängen. **Achtung:** Wenn die Leitung geöffnet wird, muß die Anlage beim Einbau entlüftet werden.

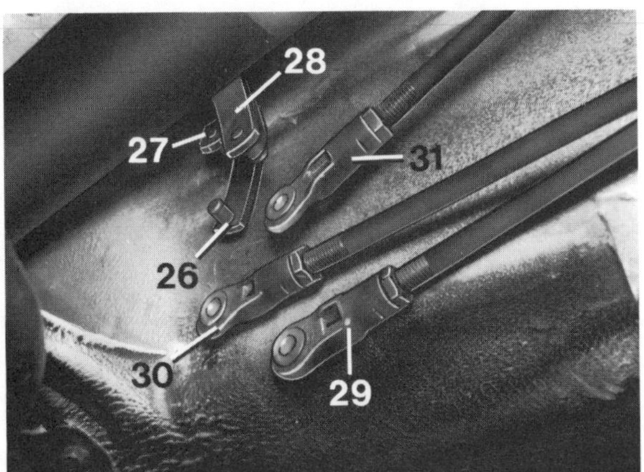

- Schaltstangen von den Zwischenhebeln am Schaltbock abnehmen. Vorher Sicherungsklammern abdrücken.
- Befestigungsschrauben aus Starterflansch herausdrehen.

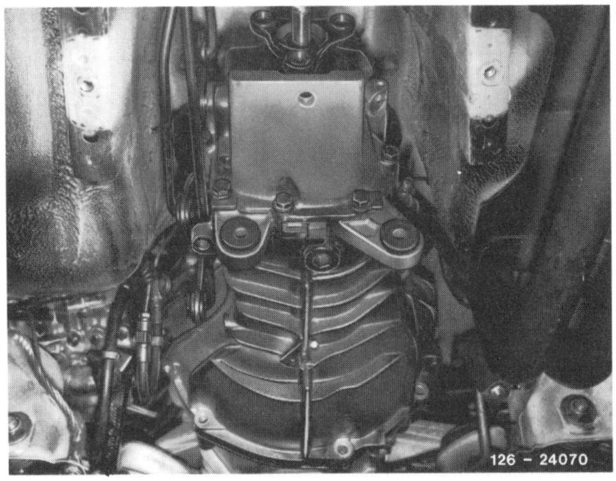

- Sämtliche Befestigungsschrauben, Getriebe an Zwischenflansch, herausschrauben. Dabei die beiden oberen Schrauben zuletzt entfernen.

- Getriebe um ca. 45° nach links drehen, waagerecht nach hinten von den Paßstiften abziehen und aus der Kupplung mit Helfer herausziehen.
- Getriebe ablassen.

Achtung: Getriebe erst ablassen, wenn die Antriebswelle mit Sicherheit aus der Kupplungsscheibe herausgezogen ist, andernfalls kann die Kupplungsscheibe beschädigt werden.

Einbau

- Vor dem Einbau Kupplung prüfen, siehe Seite 78.
- Kupplungsausrücklager auf leichten Lauf prüfen. Lager einfetten, z.B. mit Liqui Moly M-320. Sind vor dem Ausbau Laufgeräusche des Ausrücklagers beim Auskuppeln aufgetreten, Lager auswechseln, siehe Seite 80.
- Keilverzahnung der Antriebswelle sowie Zentrierzapfen reinigen und leicht mit Moly-Gleitpaste oder Moly-Spray schmieren.
- Einen Gang einlegen.
- Getriebe anheben, nach links drehen und waagerecht in die Kupplung einfahren. Falls beim Einsetzen die Getriebe-Antriebswelle nicht in die Kupplungsscheibe einrastet, Antriebswelle von hinten am Flansch für die Gelenkwelle mit der Hand entsprechend verdrehen.

Achtung: Vor dem Einführen des Getriebes Kupplungs-Nehmerzylinder mit Leitung über das Getriebe legen.

- Getriebe am Zwischenflansch anschrauben, dabei Massekabel links unten am Getriebe mit anschrauben.
- Anlasser mit 2 Schrauben festziehen.
- Nehmerzylinder und Druckstange in das Kupplungsgehäuse einsetzen und festschrauben. Dabei auf richtigen Sitz der Kunststoffbeilage achten.
- Hydraulikleitung mit Halter am Kupplungsgehäuse anschrauben. Gegebenenfalls Hydraulikkreis entlüften, siehe Seite 79.

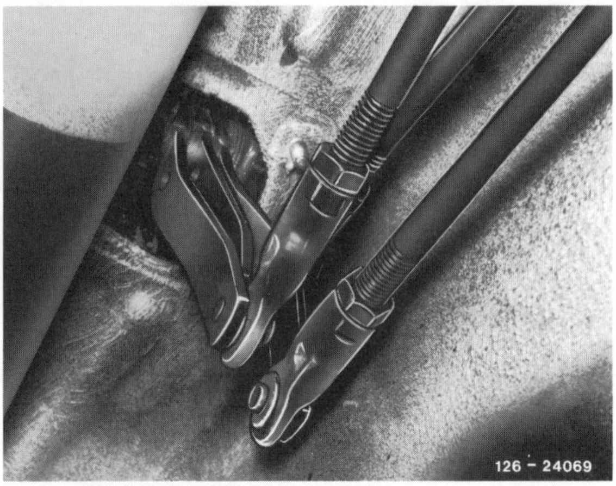

126 - 24069

- Schaltstangen an den Zwischenhebeln einhängen und mit Sicherungsklammern sichern. Dabei Federklammer aufdrücken, mit dem Langloch in die Nut der Schaltstange schieben und einrasten.

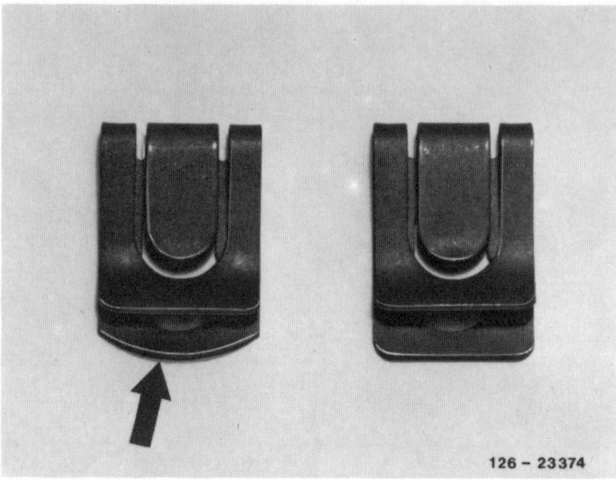

126 - 23374

Achtung: Nur Sicherungsklammern mit Abrundung –Pfeil– verwenden. Die Klammern müssen beim Einbau einrasten, damit sicherer Halt gewährleistet ist.

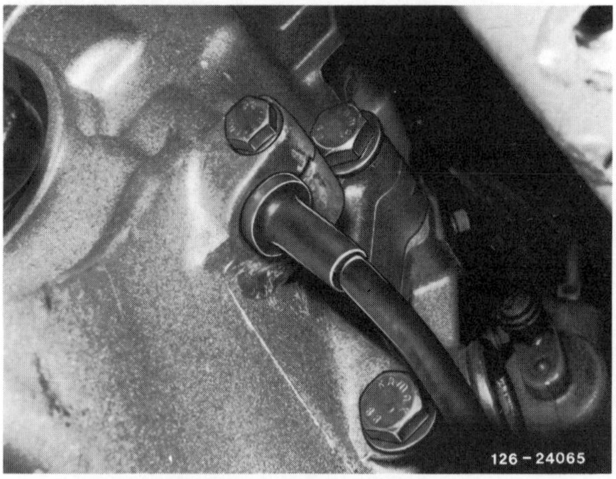

126 - 24065

- Antriebswelle für Geschwindigkeitsmesser am hinteren Getriebedeckel einsetzen und anschrauben.
- Antriebswelle in Halter einclipsen.

- Gelenkwelle im Schiebestück so weit wie möglich auseinanderziehen und am Getriebe anflanschen. Dazu Motor und Getriebe mit Werkstattwagenheber und Holzzwischenlage etwas anheben.
- Hinteres Motorlager mit Motorträger am Getriebe festschrauben.
- Motorträger am Rahmenboden festschrauben.
- Nachschalldämpfer mit Gummiringen einhängen, dabei Gummiringe auf Porosität und Beschädigung prüfen.
- Gelenkwellen-Zwischenlager festschrauben.
- Klemmutter mit 35 Nm festziehen.
- Abschirmblech für Gelenkwellen-Zwischenlager festschrauben.
- Halter für Abgasrohr am Getriebe festschrauben, dabei auf richtige Lage der Unterlegscheiben entsprechend der beim Ausbau angebrachten Markierung achten.
- Klemmbügel einsetzen und Muttern mit 7 Nm festziehen. Dabei auf richtige Lage der Tellerfedern achten, siehe Seite 75.
- Einstellung der Schaltung überprüfen, siehe Seite 90.
- Fahrzeug ablassen.
- Blech aus Motorraum herausnehmen.
- Batterie- Massekabel anklemmen.

W Wartungsarbeiten am Getriebe

Sichtprüfung auf Dichtheit

Folgende Leckstellen sind möglich:

- Trennstelle zwischen Motorblock und Getriebe (Schwungraddichtung/Wellendichtung-Getriebe).
- Öleinfüllschraube/Ölablaßschraube.
- Flansch für Gelenkwelle an Getriebe.

Bei der Suche nach der Leckstelle folgendermaßen vorgehen:

- Getriebegehäuse mit Kaltreiniger reinigen.
- Ölstand kontrollieren, ggf. auffüllen.
- Mögliche Leckstellen mit Kalk oder Talkumpuder bestäuben.
- Probefahrt durchführen. Damit das Öl besonders dünnflüssig wird, sollte die Probefahrt auf einer Schnellstraße über eine Entfernung von ca. 30 km durchgeführt werden.
- Anschließend Fahrzeug aufbocken und Getriebe mit einer Lampe nach der Leckstelle absuchen.
- Leckstellen umgehend beseitigen.

Ölstand im Getriebe prüfen

Das Getriebeöl braucht nicht gewechselt zu werden. Der Ölstand ist alle 20000 km im Rahmen der Wartung zu prüfen.

- Das Getriebe sollte vor der Prüfung etwa handwarm sein.
- Fahrzeug waagerecht aufbocken, siehe Seite 211.
- Falls erforderlich, untere Motorraumverkleidung ausbauen.

- Einfüllschraube –linker Pfeil– am Getriebe herausdrehen. Hierzu wird ein Innensechskantschlüssel SW 14 benötigt, zum Beispiel HAZET 2760.
- Wenn beim Herausdrehen der Einfüllschraube etwas Öl ausläuft, ist der Ölstand in Ordnung. Andernfalls mit Finger prüfen, ob der Ölstand bis zum unteren Rand der Einfüllbohrung reicht. Gegebenenfalls ATF-Öl nachfüllen.

Achtung: Hierfür wird eine Ölspritzkanne benötigt. Beim Nachfüllen Gefäß unterstellen und überschüssiges Öl ablaufen lassen. Nicht zuviel Öl auf einmal einfüllen.

Getriebeölspezifikation: ATF Typ A Suffix A (ATF = Automatic Transmission Fluid), dabei nur ein vom Werk freigegebenes Getriebeöl verwenden (Freigabe steht auf dem Gebinde).

Füllmengen: 4-Gang-Getriebe: **1,3 l,**
5-Gang-Getriebe: **1,5 l.**

- Einfüllschraube mit neuem Dichtring und 60 Nm festziehen.
- Falls ausgebaut, untere Motorraumverkleidung einbauen.
- Fahrzeug ablassen.

Gelenkscheiben an der Gelenkwelle prüfen

Die Gelenkscheiben sind im Rahmen der Wartung alle 20000 km zu prüfen.

- Fahrzeug aufbocken.
- Falls erforderlich, untere Motorraumverkleidung ausbauen.

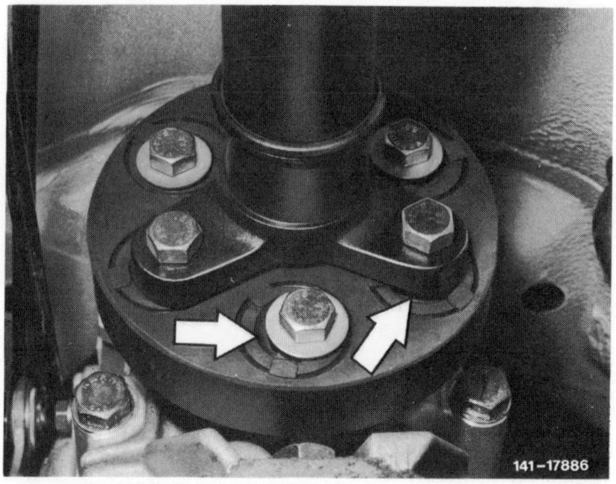

- Gelenkscheiben vorn und hinten mit Lampe auf Verschleiß, Beschädigungen und Verformungen prüfen.
- Zwischenstege im Bereich der Paßhülsen –Pfeile– auf Risse prüfen.
- Gegebenenfalls Gelenkscheibe erneuern. Bei Verformungen Gelenkwelle entspannen; wenn die Verformung bestehen bleibt, Gelenkscheibe ebenfalls ersetzen.

Die Schaltung

Mechanisches Getriebe

Der MERCEDES (Typ 124) ist wahlweise mit einem 4- oder 5-Gang-Schaltgetriebe ausgestattet.

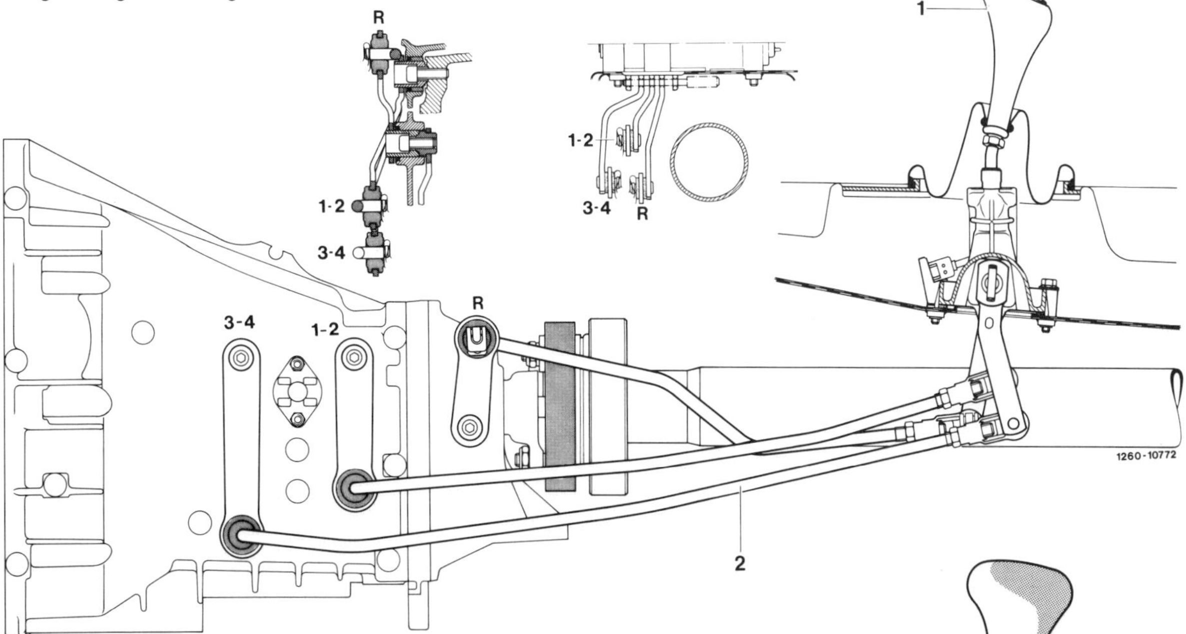

Automatisches Getriebe

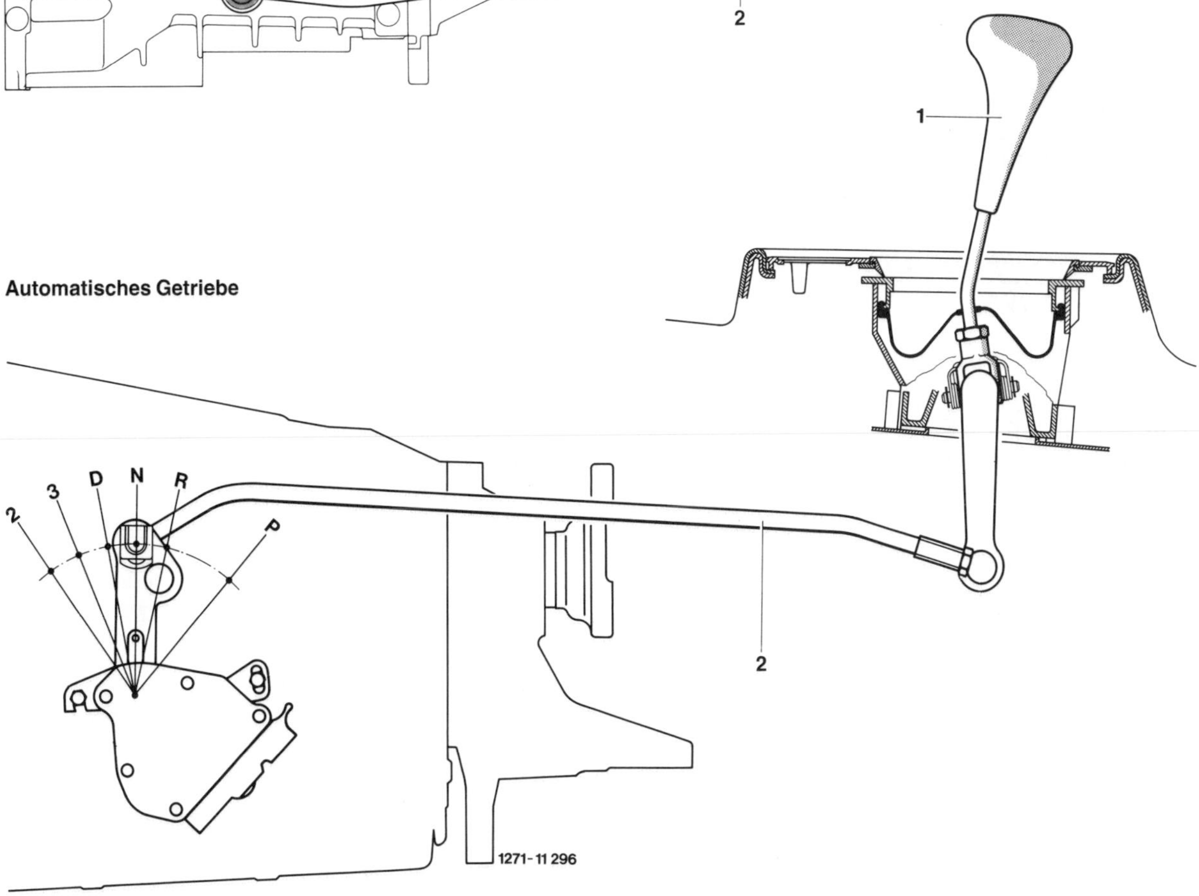

1 – Schalthebel
2 – Schaltstange

Schaltung einstellen

- Getriebe in Leerlaufstellung bringen.

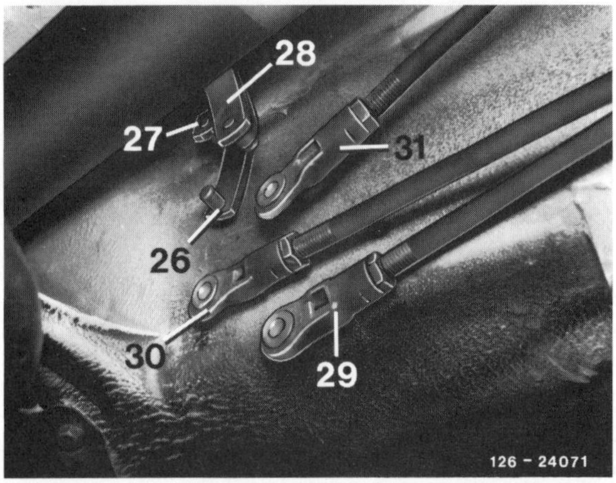

- Sicherungsklammern abhebeln, dann Schaltstangen an den Zwischenhebeln aushängen. –26–, –27–, –28– = Zwischenhebel für 3./4. Gang, 1./2. Gang, Rückwärtsgang; –29–, –30–, –31– = Schaltstangen für 3./4. Gang, 1./2. Gang, Rückwärtsgang.

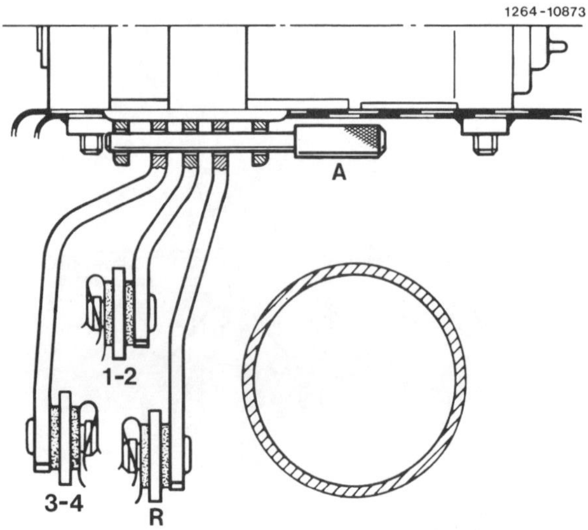

- Fixierbolzen –A– unten am Schaltbock in die Bohrungen einführen und dadurch die 3 Zwischenhebel fixieren.

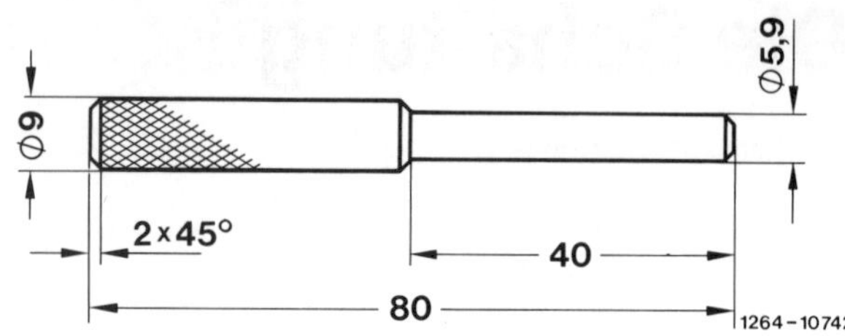

- Falls erforderlich, Fixierbolzen nach den angegebenen Maßen anfertigen.
- Die Schaltstangen müssen sich nun spannungsfrei auf die Bolzen der Zwischenhebel drücken lassen. Andernfalls Kontermutter lösen und jeweilige Schaltstange auf die entsprechende Länge einstellen. Kontermutter festziehen.
- Schaltstangen mit Sicherungsklammern sichern. **Achtung:** Es dürfen nur Sicherungsklammern mit Abrundungen verwendet werden, siehe Seite 86.
- Fixierbolzen herausnehmen.
- Schaltung bei laufendem Motor auf Funktion prüfen. Die Gänge müssen sich ohne zu haken einlegen lassen.

Die Vollautomatik

Der MERCEDES wird auf Wunsch mit einer Getriebevollautomatik ausgestattet. Das automatische Getriebe hat drei Vorwärtswählbereiche, die automatisch geschaltet werden.

Um schneller beschleunigen zu können, zum Beispiel bei Überholvorgängen, hat die Automatik einen sogenannten Kickdown-Schalter, der sich beim vollen Niedertreten des Gaspedals einschaltet. Der Kickdown-Effekt sorgt dafür, daß das Getriebe entweder länger im kürzeren Gang verweilt oder von einem höheren in einen niedrigeren Gang zurückschaltet.

Für die Beurteilung der Funktion der Getriebeautomatik und für die richtige Fehlersuche ist Erfahrung mit automatischen Getrieben und die Kenntnis der Arbeitsweise unerläßlich. Da diese Materie nur durch lange Berufserfahrung erworben werden kann, beschränke ich mich deshalb im Kapitel Automatik auf einige leichte Überprüfungsarbeiten.

Abschleppen von Fahrzeugen mit Automatik

- Wählhebelstellung „N".

Maximale Schleppgeschwindigkeit: 50 km/h!

Maximale Schleppentfernung: 120 Kilometer!

- Über große Entfernungen muß der Wagen hinten angehoben werden, oder die Gelenkwelle muß an der Hinterachse abgeflanscht werden. Grund: Bei stehendem Motor arbeitet die Getriebeölpumpe nicht, das Getriebe wird für höhere Drehzahlen und längere Laufzeiten daher nicht ausreichend geschmiert.
- Zündung einschalten, damit das Lenkrad nicht blockiert ist und die Blinkleuchten, das Signalhorn und gegebenenfalls die Scheibenwischer betätigt werden können.
- Da der Bremskraftverstärker nur bei laufendem Motor arbeitet, muß bei Fahrzeugen mit Bremskraftverstärker bei nicht laufendem Motor das Bremspedal entsprechend kräftiger getreten werden!

Ölstand im automatischen Getriebe prüfen

Der vorgeschriebene Ölstand ist für die einwandfreie Funktion des automatischen Getriebes äußerst wichtig. Darum ist die Prüfung mit großer Sorgfalt alle 10000 km durchzuführen.

Der Peilstab für die Prüfung befindet sich im Motorraum. Hier wird auch das ATF (Automatic Transmission Fluid) eingefüllt.

- ATF-Stand bei warmem Motor prüfen.

Achtung: Bei der Prüfung soll das Getriebeöl eine Temperatur von ca. 80° C besitzen. Bei höheren oder niedrigeren Temperaturen kann der Ölstand über oder unter der Prüfmarkierung liegen (Wärmeausdehnung des ATF). Beispielsweise liegt der maximale Ölstand bei kaltem Motor (20° bis 30° C) ca. 12 mm (300E: ca. 10 mm) unter der Minimummarke. Einwandfreie Messungen sind deshalb nur im angegebenen Temperaturbereich möglich.

- Fahrzeug auf ebener Fläche abstellen.
- Motor im Leerlauf ca. 1 bis 2 Minuten laufen lassen.
- Wählhebel in Stellung „P" legen, Feststellbremse anziehen.
- Der Motor dreht während der Prüfung im Leerlauf.

Benzinmotor

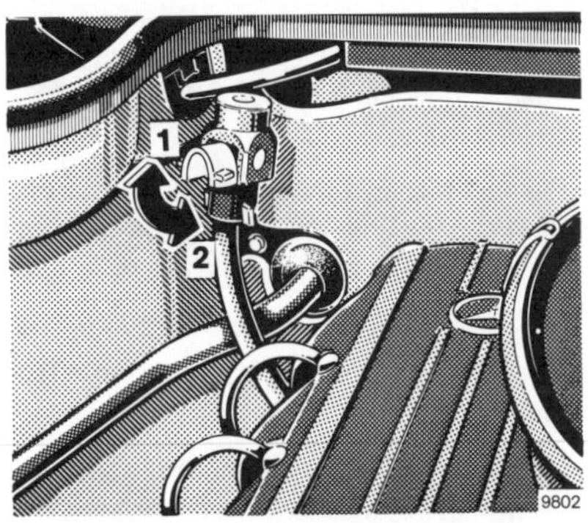

Dieselmotor

- Verschlußhebel in Stellung –1– bringen und Ölmeßstab herausziehen.

- Der Flüssigkeitsstand muß etwa an der Max.-Markierung des Peilstabes liegen.

Achtung: Bei zu niedrigem Ölstand wird von der Ölpumpe deutlich hörbar Luft angesaugt. Das Öl schäumt dadurch auf und kann bei der Ölstandsprüfung zu einem falschen Ergebnis führen. In diesem Fall Motor abstellen, nach ca. 2 Minuten etwas Öl nachfüllen und anschließend Ölstand nochmals bei laufendem Motor prüfen.

- Zum Abwischen des Peilstabes darf nur ein sauberer, nicht fasernder Lappen verwendet werden.

- Muß ATF nachgefüllt werden, sauberen Trichter und feinmaschiges Sieb verwenden. Nachfüllmenge zwischen Min.- und Max.-Markierung am Peilstab ca. 0,3 l.

Achtung: Nicht zuviel Öl einfüllen. Zuviel Öl kann Störungen in der Automatik hervorrufen. In jedem Fall muß zuviel eingefülltes Öl wieder abgelassen werden.

- Altes Öl gleichzeitig am Peilstab auf Aussehen und Geruch prüfen. Verbrannte Reibbeläge verursachen Brandgeruch. Durch verschmutztes Öl können Störungen in der Getriebesteuerung auftreten.

Achtung: Es dürfen nur die vom Werk freigegebenen ATF-Öle verwendet werden.

Alle zugelassenen ATF-Öle lassen sich miteinander mischen. Keine Zusatzschmiermittel verwenden.

Ohne ATF-Füllung im Drehmomentwandler und automatischen Getriebe darf weder der Motor laufen noch darf der Wagen abgeschleppt werden.

- Fußbremse betätigen und sämtliche Wählhebelstellungen langsam durchschalten. Anschließend Ölstand nochmals kontrollieren.

ATF-Ölwechsel

Die ATF-Füllung wird normalerweise alle 60000 km gewechselt, gleichzeitig wird auch der Filter gewechselt. Bei erschwerten Einsatzbedingungen (Anhängerbetrieb, überwiegend Kurzstrecken- und Großstadtverkehr, extrem hohe Außentemperaturen) ist es notwendig, die Füllung alle 30000 km zu wechseln (ohne Filterwechsel).

Modell	Wechselfüllmenge
200, T, 200 E, TE 200 D, TD, 250 D, TD	**5,5** Liter
230, CE, TE, 260 E, 250 D Turbo, 300 D, TD	**6,0** Liter
300 E, CE, TE, TE 4MATIC 260 E 4MATIC, 300 E 4MATIC 300 D Turbo, 300 TD Turbo 300 D 4MATIC, 300 D Turbo 4MATIC 300 TD Turbo 4MATIC	**6,2** Liter

Ohne ATF-Füllung im Drehmomentwandler und automatischen Getriebe darf der Motor nicht laufengelassen werden. Auch darf das Fahrzeug ohne ATF-Füllung nicht abgeschleppt werden.

Ablassen

- Wählhebel in Stellung „P“ bringen.
- Fahrzeug waagerecht aufbocken.
- Gegebenenfalls untere Motorraumverkleidung ausbauen.
- Öl-Auffangwanne unter Getriebe stellen.

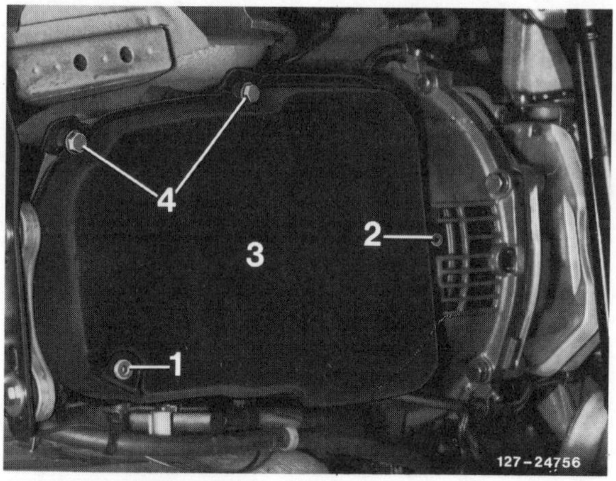

- Ablaßschraube –1– an der Ölwanne –3– herausdrehen und Öl ablaufen lassen.
- Motor an der Kurbelwelle-Riemenscheibe in Motordrehrichtung durchdrehen (Helfer), bis die Ablaßschraube –2– am Drehmomentwandler über der Öffnung im Lüftungsgitter steht. Motor durchdrehen.
- Ablaßschraube –2– herausdrehen und Öl ablaufen lassen.
- Ölwanne –3– abschrauben –4–.

- Ölfilter –5– abschrauben –6– und nach unten abnehmen.
- Ölwanne sorgfältig reinigen und mit neuer Dichtung ansetzen.

Achtung: Zum Reinigen nur sauberen, nicht fasernden Lappen verwenden und auf peinlichste Sauberkeit bei sämtlichen Arbeitsschritten achten.

- Befestigungsschrauben für Ölwanne gleichmäßig mit 8 Nm festziehen.
- Ablaßschrauben mit neuen Dichtringen einschrauben und mit 14 Nm festziehen.
- Fahrzeug ablassen.

Auffüllen

- Feststellbremse anziehen.
- Peilstab herausziehen und bei stehendem Motor ca. 4 l ATF mit einem sauberen Trichter und einem feinmaschigen Sieb einfüllen.
- Motor starten und im Leerlauf drehen lassen.
- Restliches ATF-Öl auffüllen. Ölstand mit Peilstab kontrollieren. Bei einer ATF-Temperatur von +20° bis 30° C muß der maximale Ölstand 12 mm unter der Min.-Marke liegen.
- Bei stehendem Fahrzeug sämtliche Wählhebelstellungen durchschalten, dabei Wählhebel jeweils einige Sekunden in den einzelnen Stellungen belassen. Anschließend Wählhebel wieder in Stellung „P" bringen.
- Kurze Probefahrt durchführen und dadurch ATF auf die Betriebstemperatur von 80° C bringen.
- Fahrzeug waagerecht abstellen.
- Bei Leerlaufdrehzahl ATF-Stand prüfen, gegebenenfalls bis zur oberen Peilstabmarkierung auffüllen.

Steuerdruckzug einstellen

Die Einstellung des Steuerdruckzuges ist in den folgenden Fällen zu überprüfen, gegebenenfalls zu korrigieren:

- Grundsätzlich beim Einstellen des Gaszuges.
- Wenn die Schaltstöße im Teillastbereich, also bei mittlerer Drehzahl, zu stark sind. Dabei Steuerdruckzug nicht zu kurz einstellen, da sonst keine Bremsschaltungen mehr erfolgen.
- Hochschaltungen erfolgen nur im oberen Geschwindigkeitsbereich der Gänge.
- Hochschaltungen erfolgen nur im unteren Geschwindigkeitsbereich der Gänge, der Zug ist dann unter Umständen ausgehängt oder gerissen.
- Kein Zurückschalten bei voll durchgetretenem Gaspedal (Kick-down).
- Keine Bremsschaltungen möglich, das heißt, beim Zurückschalten des Wählhebels zum Beispiel von „D" in „3" schaltet das Getriebe nicht.

Achtung: Die angeführten Beanstandungen können auch andere Ursachen haben. Da die Beurteilung der Störungen eine spezielle Erfahrung erfordert, sollte die weitergehende Fehlersuche und deren Behebung der Werkstatt überlassen werden.

- Motor auf Betriebstemperatur bringen.

Achtung: Einstellung des Gaszuges prüfen, gegebenenfalls einstellen, siehe Seite 58.

- Motor im Leerlauf laufen lassen, Schlauch zum Unterdruckregler mit Schraubklemme abklemmen und Motor abstellen.

- Kugelpfanne –19– aushängen, dann Steuerdruckzug nach vorn ziehen, bis geringer Widerstand spürbar wird.
- In dieser Stellung Kugelpfanne über den Kugelkopf halten und spannungsfrei einhängen. Gegebenenfalls Steuerdruckzug mit Einstellschraube –15– einstellen.

Die Vorderachse

Die Vorderachse des MERCEDES besteht aus Dämpferbeinen, Dreieck-Querlenkern sowie separat angeordneten Schraubenfedern. Ein Querstabilisator sorgt für bessere Bodenhaftung der Vorderräder.

Die Dämpferbeine sind als Gasdruckstoßdämpfer ausgelegt. Sie sind mit der Karosserie und mit den Achsschenkeln verschraubt. Gleichzeitig dienen sie als Ausfederungsanschlag für die Vorderräder.

Die Querlenker sind über die Achsgelenke an den Achsschenkeln und mit Gummilagern am Aufbau befestigt.

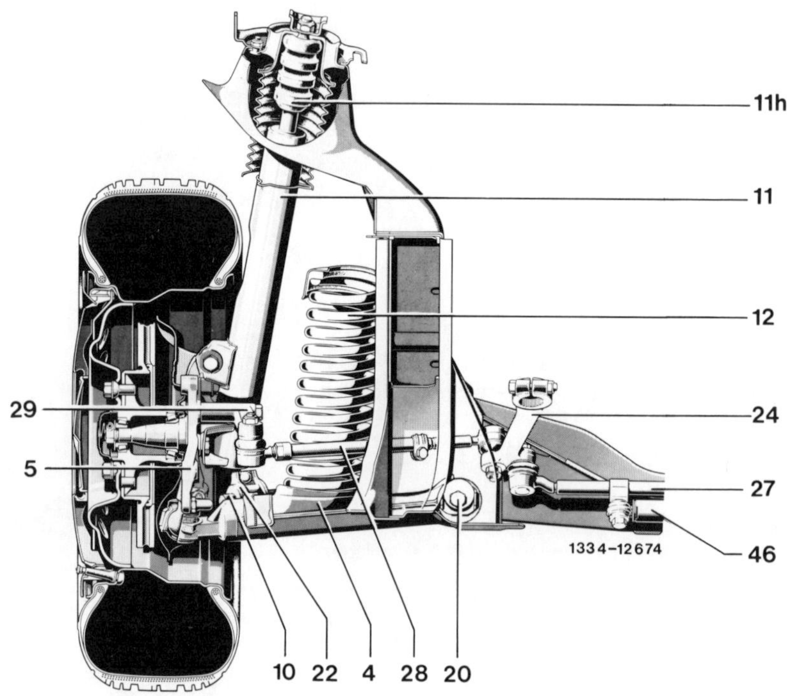

4 Dreiecks-Querlenker
5 Achsschenkel
10 Stabilisator
11 Dämpferbein
11h PU-Zusatzfeder
12 Vorderfeder
20 Exzenterschraube hinten
22 Lagerung für Stabilisator
24 Lenkstockhebel
27 Lenkstange
28 Spurstange
29 Lenkspurhebel
46 Lenkungsdämpfer

Dämpferbein aus- und einbauen

Dämpferbeine sind im Reparaturfall, unabhängig vom Fabrikat, einzeln austauschbar. Die Ausführung der Dämpferbeine (Farbstrich-Kennzeichnung) muß jedoch übereinstimmen.

Ausbau

- Radschrauben lösen.
- Fahrzeug vorn aufbocken, Rad abnehmen.
- Federspanner in Schraubenfeder einsetzen und Feder so weit spannen, bis der Querlenker entlastet ist. Dabei soll der Spanner 7 ½ Windungen der Feder umfassen.
- Querlenker mit Werkstattwagenheber und Holzzwischenlage leicht abstützen.

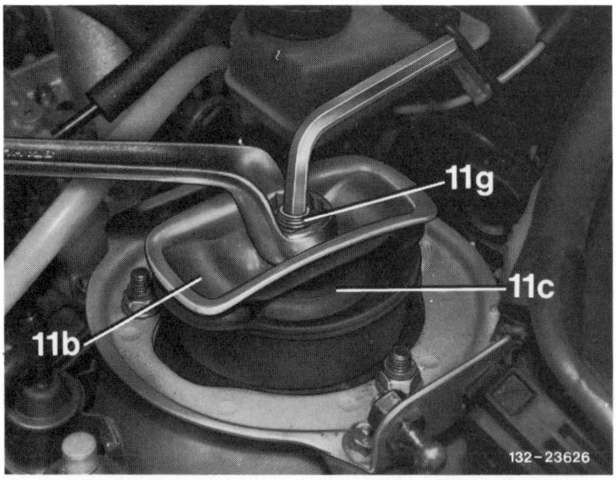

- Obere Befestigungsmutter mit tiefgekröpftem Ringschlüssel abschrauben. Dabei mit 8 mm-Innensechskantschlüssel an der Kolbenstange –11g– gegenhalten. Unterlegscheibe abnehmen. –11b– Ausfederungsbegrenzung, –11c– Gummilager.

Achtung: Die Befestigungsmutter darf nur gelöst werden, wenn die Schraubenfeder gespannt und der Querlenker abgestützt ist.

Hinweis: Steht kein geeigneter Federspanner zur Verfügung, Querlenker mit Wagenheber oder Unterstellbock abstützen, damit sich nach dem Lösen der oberen Dämpferbefestigung die Schraubenfeder nicht entspannen kann.

- Dämpferbein –11– vom Achsschenkel –5– abschrauben, dazu Sechskantschrauben –Pfeile– herausdrehen.

- Selbstsichernde Mutter abschrauben und Sechskantschraube –11k– mit Unterlegscheiben herausnehmen.

- Dämpferbein nach unten vorn herausnehmen.

- Achsschenkel mit Drahthaken so anhängen, daß er nicht wegkippen kann. **Achtung:** Bremsschlauch und angeschlossene elektrische Leitungen dürfen nicht auf Zug beansprucht werden.
- Falls erforderlich, Gummilager für Dämpferbein abschrauben und nach unten herausnehmen.

Einbau

Vor dem Einbau Stoßdämpfer prüfen, Kunststoff-Feder, Gummilager und Manschette auf Porosität beziehungsweise Beschädigung prüfen und gegebenenfalls austauschen. Nur Dämpferbein mit gleicher Farbkennzeichnung einbauen.

- Falls das Gummilager ausgebaut wurde, vor dem Einsetzen Manschette an den beiden kürzeren Kragen –Pfeil– am Gummilager einhängen. Gummilager mit **neuen** selbstsichernden Muttern und **20 Nm** anschrauben.
- Achsschenkel an der Anlagefläche der Dämpferbeinbefestigung reinigen.

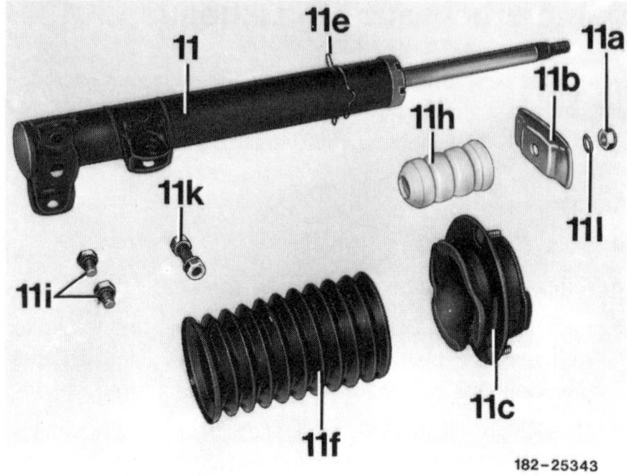

- Dämpferbein komplettieren: Anschlagring –11e– über das Dämpferbeinrohr stecken, zusammenhaken und bis zur Verdickung beziehungsweise auf die Ringsicke schieben. Gummipuffer –11h– auf die Kolbenstange schieben.
- Dämpferbein von unten in das Gummilager –11c– einführen.
- Dämpferbein an die Anlageflächen des Achsschenkels ansetzen, dabei muß die Bohrung am Dämpferbein in den Führungsbolzen am Achsschenkel eingreifen.
- Anschließend zuerst unten neue selbstsichernde Schrauben –11i in Abbildung 182–25343– hineindrehen, nicht festziehen.
- Dämpferbein gegen den Achsschenkel drücken und zur Anlage bringen, dann die obere Schraube –11k– mit Scheiben einsetzen und **neue** selbstsichernde Mutter leicht anziehen.

Achtung: Vor dem Festziehen der Schrauben Anlage des Dämpferbeines an Achsschenkelflächen und Führungsbolzen nochmals kontrollieren.

- Zuerst die beiden unteren Schrauben mit **100 Nm** festziehen, dann die obere Klemmverbindung mit **75 Nm** festziehen.

Achtung: Reihenfolge unbedingt einhalten, da hiervon die Einhaltung der Sturztoleranzen abhängt.

- Querlenker mit Wagenheber langsam anheben, Ausfederungsanschlag –11b– aufsetzen.
- **Neue** Unterlegscheibe über Kolbenstange schieben sowie **neue** selbstsichernde Mutter mit **60 Nm** festziehen.
- Schraubenfeder langsam entspannen, dabei auf richtigen Sitz des Gummilagers oben im Rahmenboden und passenden Windungsauslauf der Feder im Querlenker achten.
- Vorderrad montieren, Fahrzeug ablassen und Schrauben über Kreuz mit 110 Nm festziehen.

Stoßdämpfer prüfen

Klopf- und Poltergeräusche bei den hinteren Stoßdämpfern können folgende Ursachen haben:

- Obere Aufhängung nicht richtig montiert.
- Gummilager im unteren Gehäuseauge lose.
- Bei großem Ölverlust kann beim Einfedern der Trennkolben gegen die Kolbenstange klopfen.
- Arbeitskolben lose. Am ausgebauten Stoßdämpfer in Einbaulage Kolbenstange eindrücken, loslassen und wieder eindrücken. Wenn beim Wechsel zwischen Druck und Zug ein Klopfen auftritt, Stoßdämpfer auswechseln.

Zischgeräusche bei den hinteren Stoßdämpfern

- Bei undichtem Trennkolben kann Gas in das Ölsystem eintreten und zur Schaumbildung führen, dies führt dann während der Fahrt zu Zischgeräuschen. In diesem Fall Stoßdämpfer austauschen, auch wenn er noch funktionstüchtig ist.

Ausgebauten Stoßdämpfer prüfen (vorn und hinten)

- Stoßdämpfer ausbauen.
- Kolbenstange sorgfältig auf Oberflächenbeschädigungen überprüfen.
- Kolbenstange auf Verbiegung prüfen. Stoßdämpfer in Einbaulage auf Holzunterlage stellen. Kolbenstange einschieben, eine verbogene Kolbenstange klemmt dabei in der Führungsbuchse.

Achtung: Ein geringer Ölfilm an der Kolbenstange ist konstruktiv bedingt.

- Stoßdämpfer in Einbaulage halten, Stoßdämpfer auseinanderziehen und zusammendrücken. Dabei muß sich der Stoßdämpfer über den gesamten Hub gleichmäßig und ruckfrei bewegen lassen.
- Bei starkem Ölverlust Stoßdämpfer austauschen. Dämpferöl kann nicht nachgefüllt werden.

Schraubenfeder vorn aus- und einbauen

Achtung: Je nach Ausstattung des Fahrzeuges sind unterschiedliche Schraubenfedern mit den jeweils dazu passenden Gummilagern eingebaut. Zur Kennzeichnung der Federn sind am letzten, unteren Windungsgang ein roter oder blauer Farbstrich angebracht sowie die Teile-Nr. eingeschlagen. Beim Auswechseln nur Feder gleicher Kennzeichnung einbauen.

Ausbau

- Radschrauben lösen, Fahrzeug vorn aufbocken, Vorderrad abnehmen.
- Dämpferbein oben ausbauen, dazu Schraubenfeder mit geeignetem Federspanner spannen, Querlenker mit Werkstattwagenheber und Holzzwischenlage unterstützen, siehe Seite 95.

- Querlenker etwas ablassen und gespannte Schraubenfeder mit Gummilager nach vorn herausnehmen.
- Gummilager nach links drehen und abnehmen.
- Feder längs zwischen Schraubstockbacken legen und langsam entspannen.

Einbau

Vor dem Einbau Gummilager auf Porosität oder Beschädigung prüfen, gegebenenfalls ersetzen. Anlagefläche am Querlenker reinigen.

- Federspanner ansetzen und Feder langsam spannen.

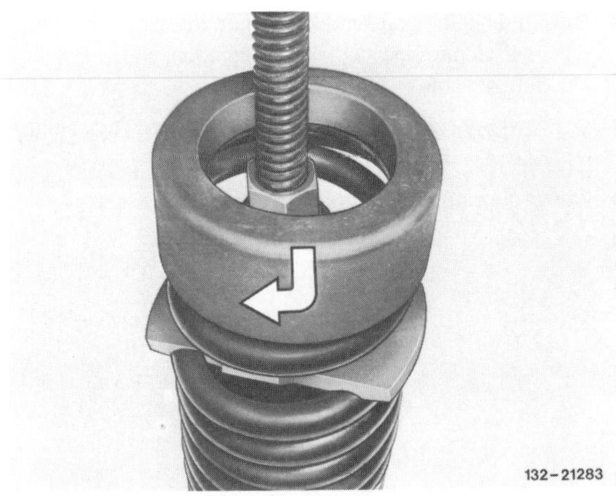

- Gummilager mit einer Rechtsdrehung –Pfeil– auf die Feder aufsetzen.

- Schraubenfeder so einsetzen, daß das Ende der unteren Windung in der Vertiefung im Querlenker sitzt –Pfeil–.
- Querlenker mit Werkstattwagenheber etwas anheben und Dämpferbein oben einführen und anschrauben.

- Schraubenfeder langsam entspannen, dabei auf richtigen Sitz des Gummilagers im Rahmenboden und unten am Querlenker achten –Pfeile–.
- Vorderrad anschrauben, Fahrzeug ablassen, Radschrauben über Kreuz mit 110 Nm festziehen.
- Fahrzeugniveau an der Vorderachse prüfen lassen.
- Scheinwerfer einstellen lassen.

Radlagerspiel vorn einstellen

- Radschrauben lösen.
- Fahrzeug aufbocken, Rad abnehmen.

- Bremsscheibe mit 2 Radschrauben an Nabe anschrauben.
- Scheibenbremsbeläge mit Schraubendreher vorsichtig von der Bremsscheibe wegdrücken. Falls erforderlich, obere Befestigungsschraube lösen und Zylindergehäuse wegklappen.
- Nabenkappe –9e– mit Abziehgerät 023 anziehen, oder mit Gummihammer abschlagen.

- Kontaktfeder für Radioentstörung abnehmen.

- Innensechskantschraube der Klemm-Mutter –9d– lösen.
- Klemm-Mutter unter gleichzeitigem Drehen der Nabe –9– so weit anziehen, bis sich die Nabe kaum noch drehen läßt. Anschließend Klemm-Mutter ca. ⅓ Umdrehung zurückdrehen und durch einen Schlag mit einem Kunststoffhammer auf den Achsschenkelzapfen –5a– Spannung lösen.
- Das Radlagerspiel ist richtig eingestellt, wenn sich die Scheibe hinter der Klemm-Mutter **satt, das heißt mit geringem Kraftaufwand** noch drehen läßt. Sonst Klemm-Mutter etwas anziehen oder lösen.

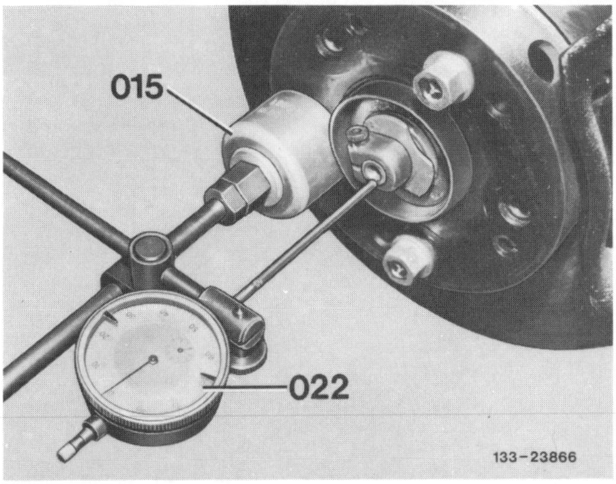

- Die Werkstatt mißt das Axialspiel des Radlagers mit Hilfe einer Meßuhr und des entsprechenden Halters. Sollwert bei richtig eingestelltem Spiel: 0,01–0,02 mm.
- Meßuhr auf 2 mm Vorspannung einstellen.
- Spiel durch kräftiges Ziehen und Drücken am Flansch kontrollieren. Vor jedem Messen Radnabe einige Male durchdrehen.

Achtung: Während der Messung darf sich die Radnabe nicht verdrehen.

- Innensechskantschraube der Klemm-Mutter mit 12 Nm festziehen und Radlagerspiel nochmals kontrollieren.
- Kontaktfeder für Radioentstörung einsetzen.

- Nabenkappe bis zum Bördelrand –Pfeil– mit Hochtemperatur-Wälzlagerfett füllen. Füllmenge ca. 15 Gramm.
- Nabenkappe mit Spezialwerkzeug 023 aufdrücken oder mit Gummihammer einschlagen.
- Falls abgebaut, Zylindergehäuse des Bremssattels einbauen.
- Die beiden Radschrauben herausdrehen und das Vorderrad anschrauben.
- Fahrzeug ablassen, Radschrauben über Kreuz mit 110 Nm festziehen.

W Wartungsarbeiten an der Vorderachse

Sichtprüfung der Vorderachse

Die Sichtprüfung ist im Rahmen der Wartung alle 20000 km durchzuführen.

- Fahrzeug vorn aufbocken.
- Untere Motorraumabdeckung ausbauen.

- Mit Lampe Staubkappen auf Beschädigung überprüfen, dabei auf Fettspuren an der Kappe und in deren Umgebung achten.

Achtung: Wenn die Staubkappe beschädigt ist, Achsgelenk umgehend ersetzen.

- Dämpferbein auf Ölspuren überprüfen. Ein geringer Ölfilm ist normal. Andernfalls Dämpferbein ausbauen und prüfen, siehe Seite 95.
- Untere Motorraumabdeckung einbauen.
- Fahrzeug ablassen und Radschrauben mit 110 Nm über Kreuz festziehen.

Die Hinterachse

Der MERCEDES besitzt eine Raumlenker-Hinterachse mit Einzelradaufhängung. Zur Abfederung dienen Schraubenfedern und hydraulische Stoßdämpfer.

In der Mitte der Hinterachse befindet sich das Hinterachsgetriebe. Es ist am Achsträger befestigt und über 4 Schubgummilager mit dem Rahmenboden verbunden.

Auf beiden Seiten des Achsträgers sind je 5 Lenker (Federlenker, Zugstrebe, Schubstrebe, Sturzstrebe und Spurstange) elastisch gelagert. Die Lenker sind auf der anderen Seite über Gummilager mit dem Radträger verbunden.

Die Schraubenfedern und Stoßdämpfer sind zwischen Federlenker und Rahmenboden angeordnet. Die Stoßdämpfer befinden sich in der Nähe der Radträger und außerhalb der Federn.

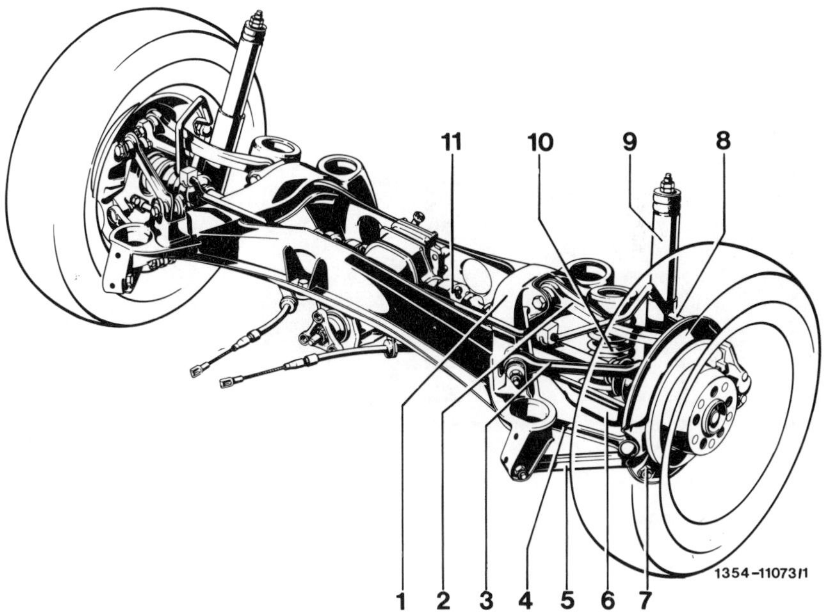

1 Hinterachsträger
2 Sturzstrebe
3 Zugstrebe
4 Spurstange
5 Schubstrebe
6 Federlenker mit Abdeckung
7 Radträger
8 Stabilisator
9 Stoßdämpfer
10 Hinterfeder
11 Hinterachswelle

Stoßdämpfer hinten aus- und einbauen

Stoßdämpfer sind im Reparaturfall, unabhängig vom Fabrikat, einzeln austauschbar. Die Ausführung der Stoßdämpfer (Farbstrich-Kennzeichnung) muß jedoch übereinstimmen.

Achtung: Beim Lösen der oberen Aufhängung darf sich das Stoßdämpferrohr nicht mitdrehen, sonst könnte sich die Befestigung des Arbeitskolbens lösen. Unfallgefahr!

Ausbau

- Kofferraum-Verkleidung ausclipsen und herausnehmen.

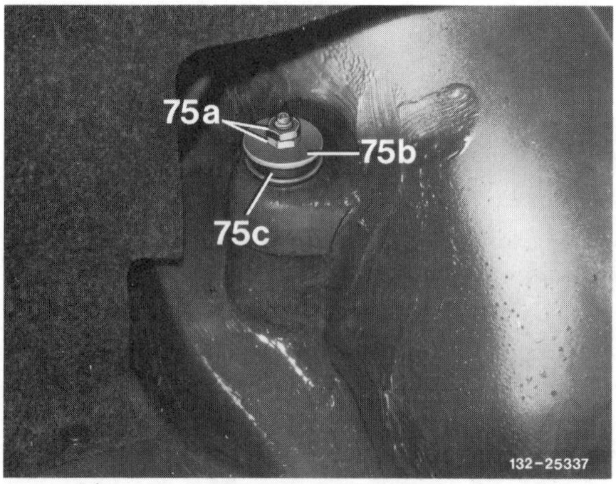

- Muttern –75a– abschrauben. Wenn sich hierbei das Stoßdämpferrohr mitdreht, dieses mit der Hand im Radlauf festhalten. Beim Lösen der Kontermutter untere Mutter mit flachem Gabelschlüssel (SW 17) gegenhalten.
- Fahrzeug hinten aufbocken.

- Halteklammern –Pfeile– der Federlenker-Abdeckung mit Schraubendreher abhebeln und Abdeckung abnehmen.

- Mutter –Pfeil– am Federlenker –72– abschrauben und Sechskantschraube mit Scheiben herausnehmen.

- Stoßdämpfer nach unten aus dem Rahmenboden herausdrücken und nach hinten herausnehmen.

Einbau

- Vor dem Einbau Stoßdämpfer prüfen, siehe Seite 97.
- Gummiteile auf Porosität und Beschädigung prüfen, gegebenenfalls ersetzen.

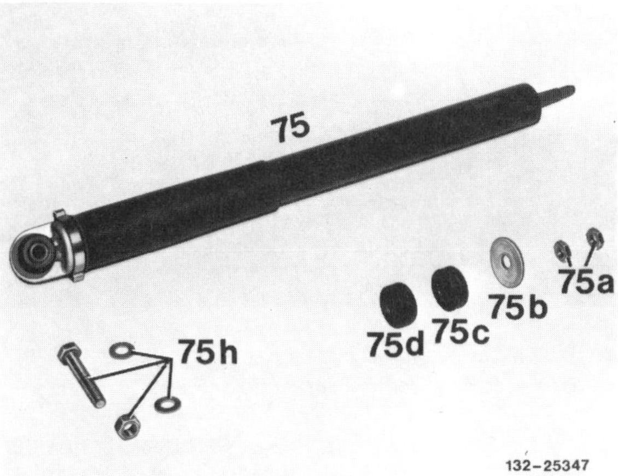

- Gummiring –75d– auf den Stoßdämpfer –75– stecken.
- Stoßdämpfer einsetzen.
- Sechskantschraube –75h– mit Unterlegscheiben einsetzen und **neue** selbstsichernde Mutter mit **65 Nm** festziehen.
- Federlenker-Abdeckung mit Klammern befestigen.
- Fahrzeug langsam ablassen, dabei Stoßdämpfer in die obere Aufnahmebohrung einführen.
- Gummiring –75c– und Scheibe –75b– aufschieben.
- Die beiden Sechskantmuttern –75a– anschrauben, dabei die untere Mutter bis zum Gewindeende anziehen, dann die obere Mutter kontern.

Achtung: Seit **12/86** sind an der Hinterachse Stoßdämpfer mit obenliegender Kolbenstange und geänderter oberer Aufhängung eingebaut. Beim Einbau darauf achten, daß die ballige Seite des unteren Gummiringes –75d– zum Rahmenboden zeigt.

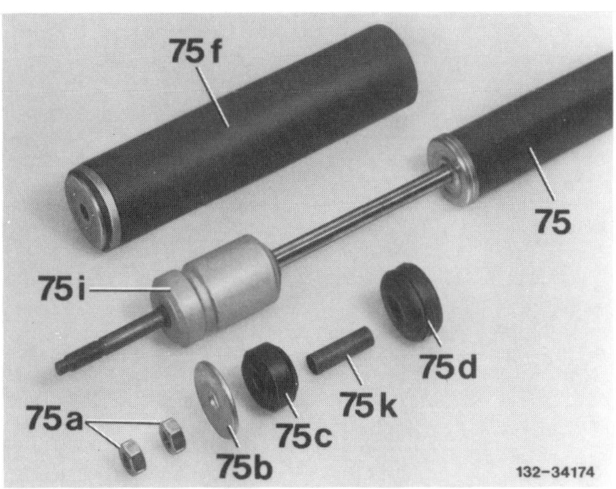

75	Stoßdämpfer	75d	Gummiring unten
75a	Sechskantmuttern	75f	Gummi-Schutzhülse
75b	Teller	75i	PU-Zusatzfeder
75c	Gummiring oben	75k	Hülse

- Kofferraum-Verkleidung einsetzen und Clipse eindrücken

Schraubenfeder hinten aus- und einbauen

Achtung: Je nach Aussstattung des Fahrzeuges sind unterschiedliche Schraubenfedern mit den jeweils dazu passenden Gummilagern eingebaut.

Zur Kennzeichnung der Federn sind am letzten unteren Windungsgang ein roter oder blauer Farbstrich angebracht sowie die Teile-Nr. eingeschlagen. Beim Auswechseln nur Feder mit gleicher Kennzeichnung verwenden.

Ausbau

- Fahrzeug hinten aufbocken.
- Abdeckung für Federlenker abnehmen, siehe Seite 102.
- Schraubenfeder mit geeignetem Federspanner vorspannen, bis der Federlenker entlastet ist. Dabei soll der Federspanner 5 ½ Windungen umfassen.
- Stoßdämpfer unten abbauen.

- Hintere Schraubenfeder mit Gummilager herausnehmen.
- Feder längs in Schraubstock einspannen, Gummilager durch Linksdrehung abnehmen und Feder langsam entspannen.

Einbau

Vor dem Einbau Gummilager auf Porosität oder Beschädigung prüfen, gegebenenfalls ersetzen. Anlagebereich am Federlenker reinigen, Wasserablaufbohrung muß frei sein.

- Federspanner ansetzen und Feder langsam spannen.
- Gummilager mit Rechtsdrehung aufsetzen, siehe Seite 97.
- Schraubenfeder so einsetzen, daß das Ende der unteren Windung in der Vertiefung am Federlenker sitzt.
- Feder entspannen, dabei auf richtigen Sitz des Gummilagers im Rahmenboden und im Federlenker achten.
- Federspanner entfernen.
- Stoßdämpfer unten anschrauben.

Hinterachswelle aus- und einbauen

Achtung: Zum Festziehen der Hinterachs-Bundmutter wird ein Drehmomentschlüssel bis mindestens 300 Nm benötigt.

Ausbau

- Bundmutter mit Zwölfkant-Steckschlüsseleinsatz SW 30 abschrauben.

Achtung: Dabei muß das Fahrzeug auf den Rädern stehen, Gang einlegen, Bremse anziehen. Unfallgefahr!

- Fahrzeug hinten aufbocken.

- Hinterachswelle vom Verbindungsflansch –33– abschrauben. Dazu Innenvielzahnschrauben –35– herausdrehen (SW 10, zum Beispiel HAZET 2751 oder 990 SLg 10) und mit Sicherungsblechen –34– abnehmen. **Achtung:** Auf guten Sitz des Steckschlüsseleinsatzes im Vielzahnprofil des Schraubenkopfes achten, eventuell Vielzahnprofil reinigen.

- Hinterachswelle in Axialrichtung schieben –unterer Pfeil–, dann nach oben schwenken – oberer Pfeil–.

- Hinterachswelle aus dem Achswellenflansch herausnehmen. Falls die Welle im Flansch festsitzt, Welle mit geeignetem handelsüblichen Ausdrückwerkzeug herausdrücken.

135-25305

- Hinterachswelle auf der Vorderseite nach unten drücken und abnehmen.

Achtung: Darauf achten, daß sich beim Abnehmen der Hinterachswelle der Abschlußdeckel des Gelenkringes nicht löst.

- Gummimanschetten und Abschlußdeckel auf Dichtheit und Beschädigung prüfen.

Einbau

135-25306

- Flanschfläche zwischen Verbindungsflansch und Abschlußdeckel reinigen.
- Hinterachswelle in Hinterachswellenflansch einsetzen.
- Welle von oben an den Verbindungsflansch ansetzen.
- Unterlegbleche ansetzen und **neue** Innenvielzahnschrauben reindrehen. **Achtung:** Vorher Gewinde und Schraubenkopf-Auflage leicht einölen.
- Innenvielzahnschrauben abwechselnd mit 70 Nm festziehen.
- Fahrzeug ablassen.
- **Neue** Zwölfkant-Bundmutter anschrauben und mit **300 Nm** festziehen.

Achtung: Dabei muß das Fahrzeug auf dem Boden stehen. Mutter grundsätzlich erneuern. Beim Anziehen Gang einlegen und Bremse anziehen.

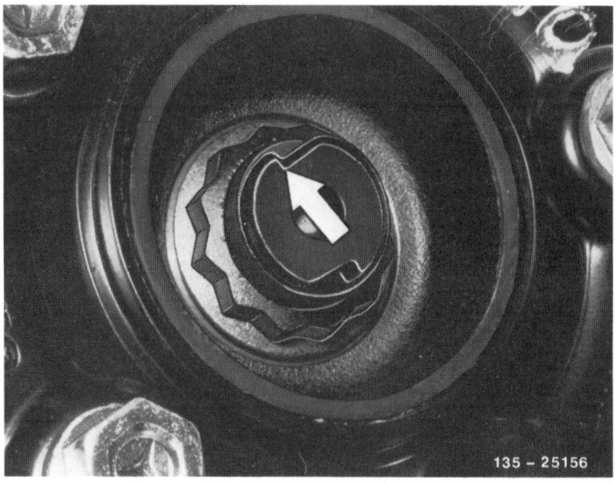

135 - 25156

- Bundmutter am Quetschbund sichern –Pfeil–, dazu Bund der Mutter mit Dorn in die Nut einschlagen.

Hinterachswelle zerlegen/ Gummimanschetten ersetzen

Achtung: Das äußere Gleichlaufgelenk kann nicht zerlegt werden. Nach längerer Laufzeit grundsätzlich beide Manschetten ersetzen.

Zerlegen

- Hinterachswelle ausbauen.

135-22694

- Schraubschellen abschrauben, Klemmschellen durchkneifen und beim Einbau durch Schraubschellen ersetzen.

- Abschlußdeckel mit Dorn vom Gelenkring abdrücken.

- Gummimanschette am Gelenkring abdrücken und auf der Hinterachswelle zurückschieben.
- Mit Lappen Fett vom Gelenk abwischen.

- Sicherungsring mit geeigneter Zange spreizen und abnehmen.

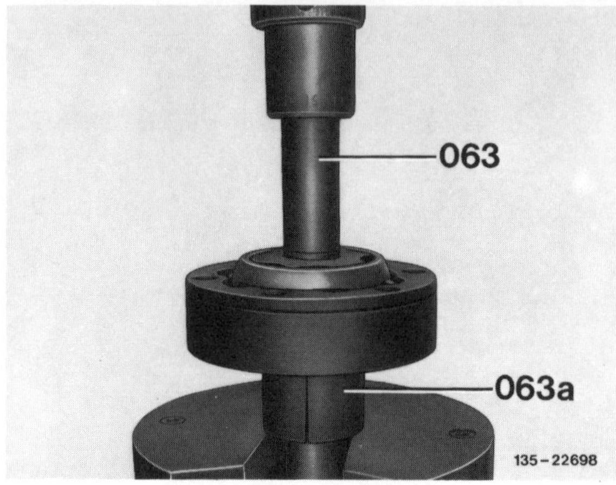

- Inneres Gleichlaufgelenk von der Hinterachswelle abpressen. Hierzu werden ein geeigneter Dorn –063– (∅ = 24 mm, Länge ca. 80 mm) sowie passende Halbschalen –063a– benötigt.

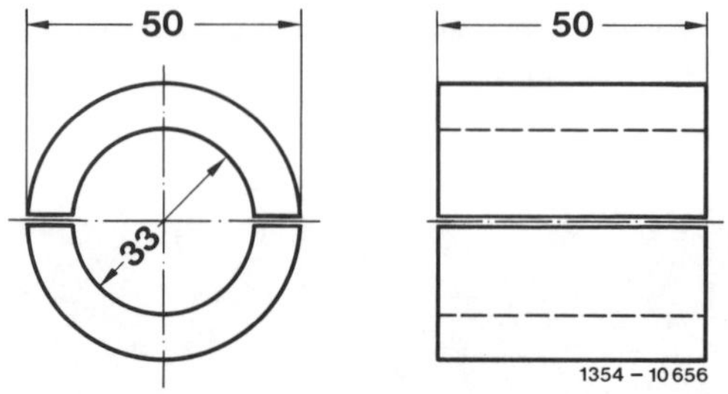

- Die Halbschalen können nach den oben angegebenen Maßen (in mm) selbst angefertigt werden.
- Gummimanschette für inneres Gleichlaufgelenk von der Hinterachswelle abziehen.

- Schlauchschellen für Gummimanschette am äußeren Gelenk lösen und Manschette über die Hinterachswelle abziehen. Dabei darauf achten, daß kein Schmutz in das Gelenk gelangt. Vor dem Abziehen der Manschette das Fett von der Innenseite der Manschette abstreifen und in das Gleichlaufgelenk einfüllen.
- Inneres Gleichlaufgelenk in Benzin auswaschen.
- Hinterachswelle reinigen.

Zusammenbauen

- Für den Manschettenwechsel kompletten Reparatursatz verwenden. Der Reparatursatz besteht aus 1 Sicherungsring, 4 Schlauchschellen, 1 Gummimanschette und 100 Gramm MB-Langzeit-Schmierfett (Menge für ein Gelenk). Bei Fahrzeugen mit längerer Laufzeit empfiehlt es sich, die zweite Gummimanschette ebenfalls auszuwechseln.

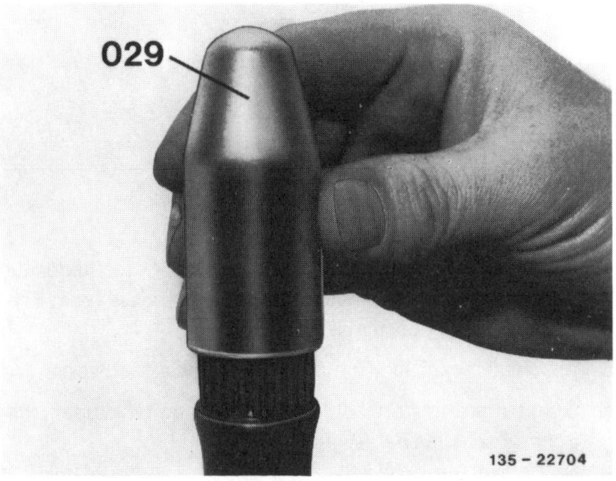

135 - 22704

- Montagehülse −029− auf das Vielzahnprofil der Hinterachswelle stülpen. Steht die Hülse nicht zur Verfügung, Vielzahnprofil mit Klebstreifen abkleben.
- Äußere Gummimanschette aufschieben.

135 - 22703

- Innere Gummimanschette auf Hinterachswelle schieben.
- Montagehülse beziehungsweise Klebstreifen entfernen.

135 - 22702

- Inneres Gelenk auf die Hinterachswelle stecken.

135 - 22701

- Klemmvorrichtung −064− am Manschettenbund der Hinterachswelle anlegen.

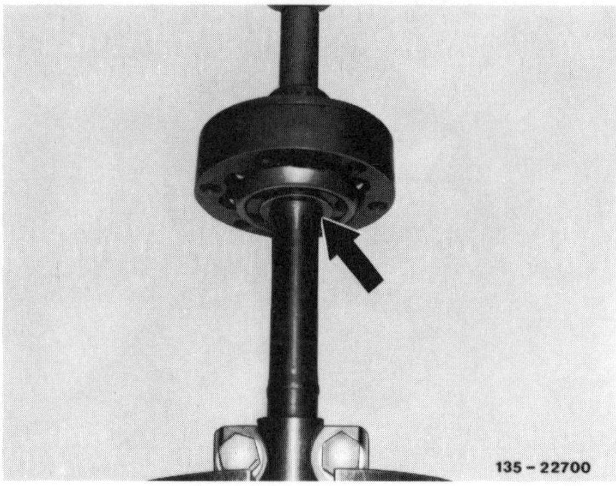

- Gleichlaufgelenk mit geeignetem Dorn bis zur Anlagefläche –Pfeil– der Hinterachswelle aufpressen.
- Klemmvorrichtung abnehmen.
- Sicherungsring mit geeigneter Zange einsetzen.
- Gleichlaufgelenk und Gummimanschette mit insgesamt 100 g vorgeschriebenem MB-Langzeit-Schmierfett füllen. Darauf achten, daß kein Schmutz in das Gelenk eindringt.

- Dichtflächen am Gleichlaufgelenk zum Abschlußdeckel und zur Gummimanschette mit Dichtungsmasse (zum Beispiel: Curil oder Loctite 574) bestreichen.
- Abschlußdeckel und Gummimanschetten aufschieben.
- Gummimanschetten an der Manschettenkappe mit Schraubschellen befestigen.
- Manschetten jeweils über den Wulst an der Hinterachswelle schieben und mit Schellen befestigen.

Achtung: Die Schrauben der Schellen sollen jeweils in die gleiche Richtung zeigen. An der zweiten Manschette Schellen so montieren, daß sie um 180° gegenüber der ersten Manschette versetzt sind.

- Hinterachswelle einbauen.

Die Gelenkwelle

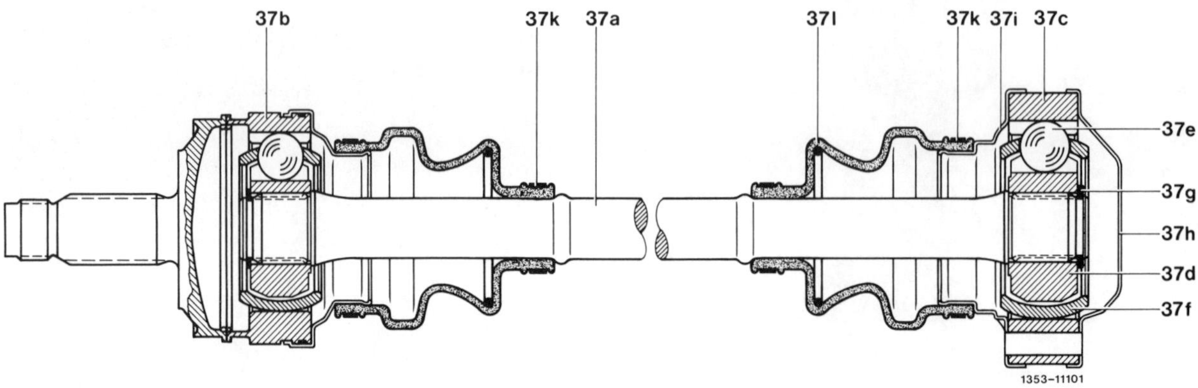

37a	Hinterachswelle	37d	Gelenknabe	37g	Sicherungsring	37k	Schlauchschelle
37b	Gelenkring außen	37e	Kugel	37h	Abschlußdeckel	37l	Gummimanschette
37c	Gelenkring innen	37f	Kugelkäfig	37i	Manschettenkappe		

Wartungsarbeiten an der Hinterachse

W

Ölstand im Ausgleichgetriebe prüfen

Das Öl im Ausgleichgetriebe der Hinterachse muß nicht gewechselt werden.

Die Ölstandskontrolle ist im Rahmen der Wartung alle 20000 km durchzuführen.

- Kurze Probefahrt durchführen, damit das Öl im Ausgleichgetriebe Betriebstemperatur erreicht.
- Fahrzeug waagerecht aufbocken.

135 - 23919

- Öleinfüllschraube –rechter Pfeil– mit Innensechskantschlüssel SW 14, zum Beispiel HAZET 2760, herausdrehen. Ablaßschraube –linker Pfeil–.
- Wenn geringfügig Öl austritt, ist der Ölstand in Ordnung. Andernfalls mit Finger prüfen, ob der Ölstand bis zur Unterkante der Öffnung reicht.
- Falls nicht, mit Spritzkanne Öl nachfüllen.

Achtung: Bei größerem Ölverlust Ursache ermitteln und beseitigen.

Öl-Spezifikation: Hypoid-Getriebeöl SAE 90 beziehungsweise SAE 85 W 90. Dabei nur ein von MERCEDES freigegebenes Öl verwenden (steht auf der Öldose).

Achtung: Getriebeöl ist zähflüssig, deshalb nicht zuviel Öl auf einmal einfüllen. Jeweils Wartepausen einlegen und Gefäß unterstellen, um überlaufendes Öl aufzufangen.

- Öleinfüllschraube mit 50 Nm anschrauben.

Manschetten der Achswellen prüfen

- Fahrzeug aufbocken.
- Auf sichtbare Fettspuren an den Manschetten und in deren Umgebung achten.
- Festen Sitz der Klemmschellen prüfen.
- Gummi der Manschette mit Lampe auf Porosität und Risse untersuchen. Eingerissene Gelenkschutzhüllen umgehend erneuern.
- Sollte die Manschette durch Unterdruck im Gelenk nach innen gezogen oder defekt sein, so ist sie umgehend auszutauschen.

Niveauregulierung/Ölstand prüfen

Der Ölstand ist alle 20000 km zu prüfen. Die Prüfung erfolgt bei stehendem Motor.

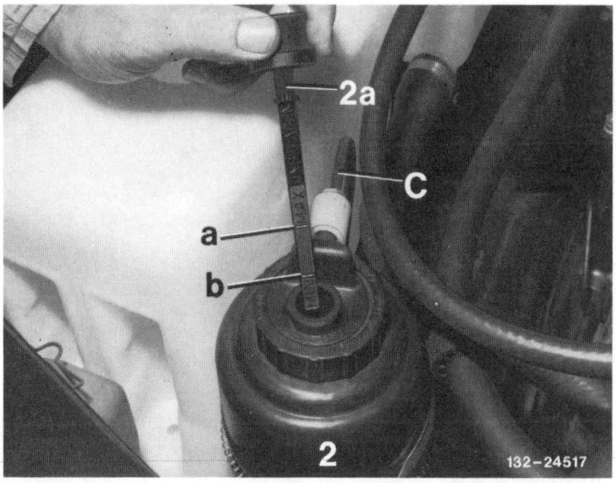

132-24517

- Ölmeßstab –2a– aus Vorratsbehälter herausziehen, mit nicht fusselndem, sauberem Lappen abwischen und wieder einführen.
- Meßstab erneut herausziehen und Ölstand ablesen.
- In fahrfertigem Zustand, also bei vollgetanktem, unbelastetem Fahrzeug soll der Ölstand zwischen der Max.- und der Min.-Markierung –a/b– liegen. –C– Rückströmleitung.
- Bei belastetem Fahrzeug liegt der Ölspiegel etwas unterhalb der Min.-Markierung.
- Gegebenenfalls Hydrauliköl mit Trichter und engmaschigem Sieb einfüllen. Dabei nur ein von MERCEDES freigegebenes Öl verwenden.
- Die Nachfüllmenge zwischen Min.- und Max.-Markierung des Peilstabes beträgt ca. 0,2 l. Gesamtfüllmenge des Hydrauliksystems ca. 2 l.

Die Lenkung

Die Lenkung besteht aus dem Lenkrad, der Lenkspindel, dem Lenkgetriebe, dem Lenkgestänge, dem Lenkungsdämpfer und der hydraulischen Lenkhilfe. Das Lenkrad ist auf die Lenkspindel aufgeschraubt, die wiederum die Lenkbewegungen auf das Lenkgetriebe überträgt.

Je nach Lenkeinschlag ändert sich die Übersetzung im Lenkgetriebe. Das heißt, je weiter das Lenkrad eingeschlagen wird, desto indirekter wird die Lenkung. Das Lenkrad läßt sich dann leichter drehen, zum Beispiel beim Einparken.

Sobald sich das Lenkrad etwa in Mittelstellung befindet, sorgt eine direktere Getriebeübersetzung für erhöhte Lenkpräzision, insbesondere bei höheren Geschwindigkeiten.

Eine hydraulische Lenkhilfe (Servolenkung) sorgt dafür, daß der Kraftaufaufwand beim Einschlagen der Lenkung möglichst gering gehalten wird. Die Lenkhilfe besteht aus der Ölpumpe, dem Vorratsbehälter und den Öldruckleitungen. Angetrieben wird die Ölpumpe über den Keilrippenriemen. Die Pumpe saugt das Hydrauliköl aus dem Vorratsbehälter an und fördert es mit hohem Druck zum Lenkgetriebe. Dort sorgt eine Regeleinheit zusammen mit dem Arbeitskolben für die erforderliche Lenkunterstützung.

1 Lenkgetriebe
2 Lenkungskupplung
3 Innensechskantschraube
4 Dichtmanschette
5 Lenkspindel
6 Mantelrohr

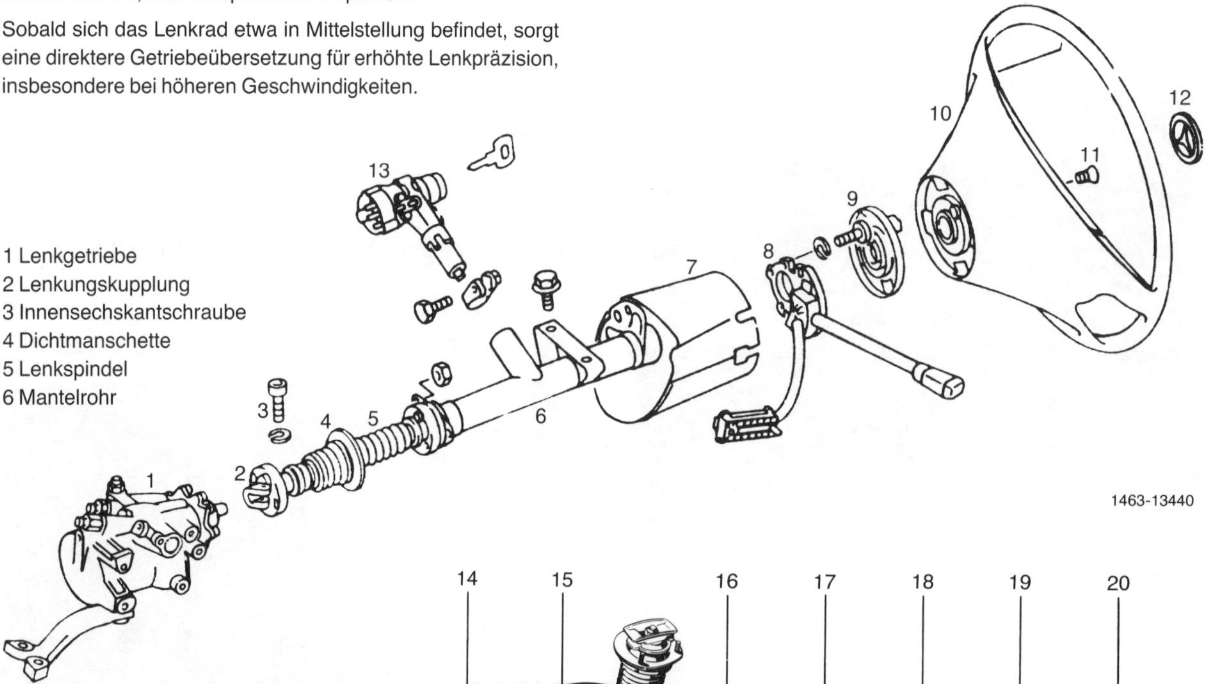

1463-13440

7 Verkleidung
8 Kombischalter
9 Abdeckplatte
(nur bei Fahrzeugen mit Airbag)
10 Lenkrad
11 selbstsichernde Senkschraube
80 Nm (erneuern)
12 Abdeckung
13 Lenkschloß
14 Achsschenkel
15 Dämpferbein
16 Lenkspurhebel
17 Spurstange
18 Lenkzwischenhebel
19 Lenkstockhebel
20 Vorderfeder
21 Gummilager für Stabilisator
22 Stabilisator
23 Dreiecks-Querlenker
24 Lenkungsdämpfer
25 Lenkstange

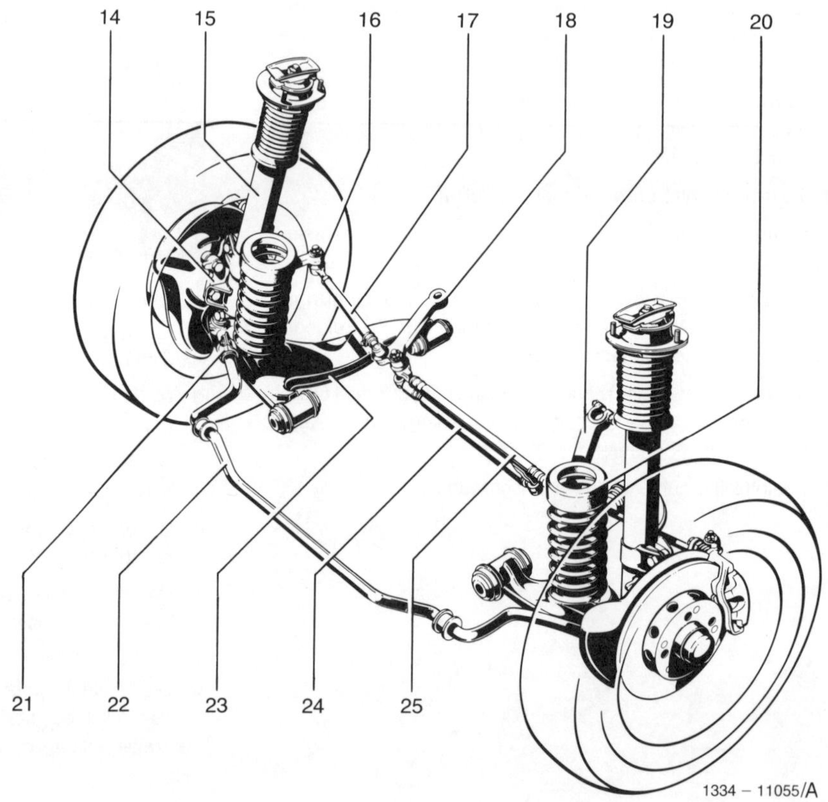

1334 – 11055/A

Lenkrad aus- und einbauen

Achtung: Die Anweisungen gelten nur für Lenkräder **ohne** Airbag-Einrichtung. Der Ausbau der Airbag-Einrichtung sollte aus Sicherheitsgründen der Werkstatt überlassen werden.

Ausbau

- Abdeckung –18– mit kleinem Schraubendreher aus der Polsterplatte –25– heraushebeln.

Achtung: Nicht die Polsterplatte abziehen.

- Lenkrad drehen bis Lenkschloß einrastet.

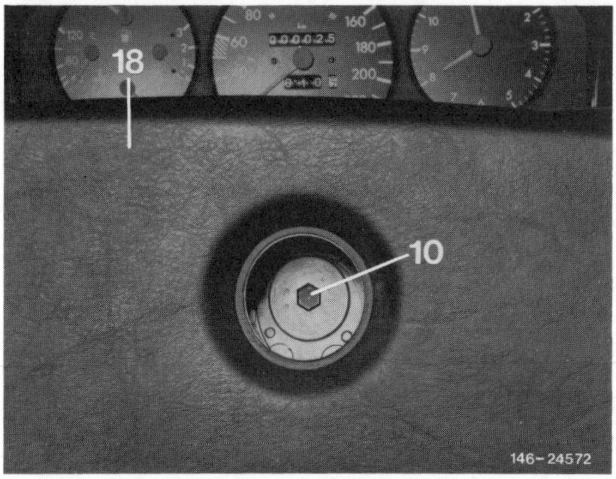

- Senkschraube –10– mit Innensechskantschlüssel SW 10 herausschrauben.
- Lenkrad so drehen, daß sich die Räder in Geradeausstellung befinden, vorher Lenkschloß lösen.
- Lenkrad von der Lenkspindel abziehen, gegebenenfalls mit dem Handballen abschlagen.

Einbau

- Prüfen, ob der Markierungsstrich –Pfeil– auf der Lenkspindel genau nach oben zeigt, andernfalls Lenkspindel entsprechend verdrehen.

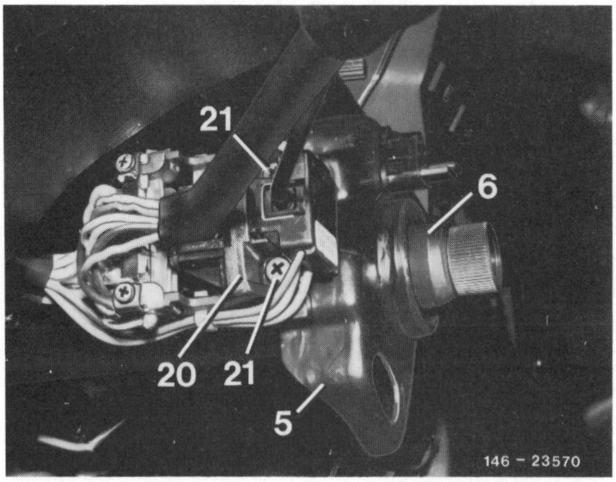

- Bei Fahrzeugen mit längerer Laufzeit Schleifkohlen auf Verschleiß prüfen, gegebenenfalls erneuern. Dazu die beiden Kabel am Kombischalter lösen.
- Lenkrad auf Kerbverzahnung der Lenkspindel aufschieben. Dabei muß die geschwungene Speiche unten sein und die obere Speiche muß sich in waagerechter Stellung befinden, siehe Abbildung 146–23824.
- Lenkrad drehen und Lenkschloß einrasten.
- **Neue selbstsichernde** Senkschraube hineindrehen und mit **80 Nm** festziehen.
- Abdeckung –18– in Polsterplatte eindrücken.
- Probefahrt durchführen und bei Geradeausfahrt Stellung des Lenkrades überprüfen. Die obere Speiche des Lenkrades muß sich in waagerechter Lage befinden.
- Falls das Lenkrad schräg steht, kann es an der Kerbverzahnung um maximal 2 Zähne versetzt werden.

Achtung: Wenn diese Versetzung des Lenkrades nicht ausreicht, Spur der Vorderräder überprüfen, siehe Seite 119.

- Hupe auf Funktion prüfen.
- Automatische Rückstellung des Blinkerschalters prüfen.

Hinweis: Ein verschmutztes oder klebrig wirkendes Lenkrad kann mit neutralem Haushaltsreiniger und lauwarmem Wasser gereinigt werden, keine Scheuermittel verwenden.

Spurstange aus- und einbauen

Ausbau

- Radschrauben lösen.
- Fahrzeug vorn aufbocken, Rad abnehmen.

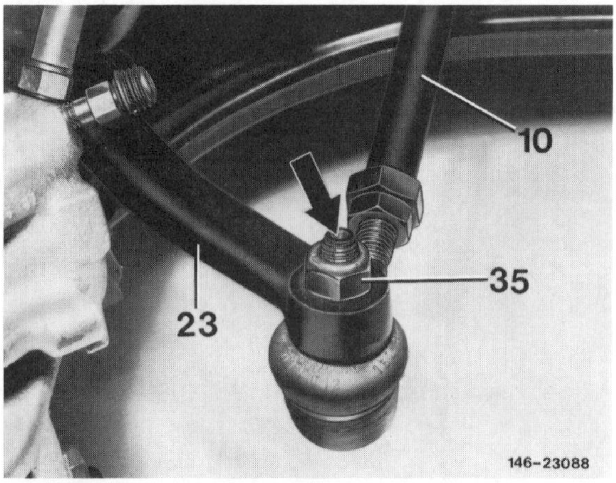

- Befestigungsmutter –35– an den Gelenken der Spurstange –10– abschrauben. Dabei mit Innensechskantschlüssel SW 5 am Zapfen des Spurstangengelenks gegenhalten.

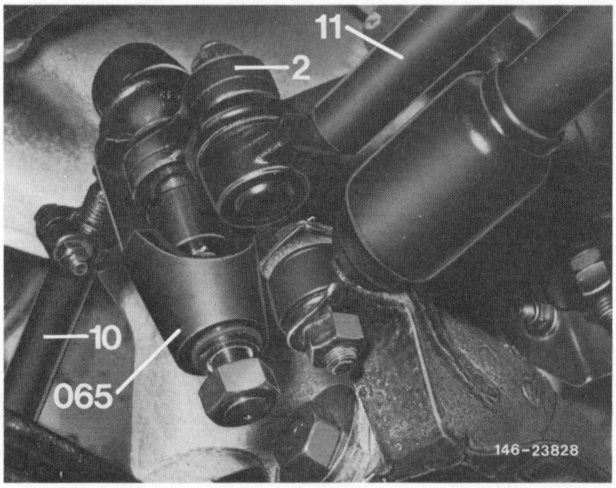

- Spurstangengelenke mit Abzieher 065 oder HAZET 779 von den Lenkhebeln abdrücken.

Achtung: Dabei Gummimanschette nicht beschädigen.

Prüfen

- Spurstangengelenke am Zapfen hin- und herbewegen. Bei zu großer Leichtgängigkeit oder wenn Spiel vorhanden ist, Spurstangenkopf erneuern.
- Staubmanschetten auf Beschädigung und Undichtheit (Austritt der Fettfüllung) prüfen. Wenn die Manschette beschädigt ist, Spurstangenkopf erneuern.

Achtung: Falls die Manschette erst beim Ausbau beschädigt wurde, genügt es, die Manschette zu ersetzen.

Einbau

- Falls erforderlich, Zapfen der Spurstangengelenke sowie Sitze in den Lenkhebeln von Fett reinigen.

- Spurstange so einsetzen, daß das mit 2 Muttern –40– und –41– gesicherte Gelenk zum Achsschenkel zeigt.
- Zapfen des jeweiligen Kugelgelenkes fest in den Konus des entsprechenden Lenkhebels eindrücken.

Achtung: Links und rechts sind unterschiedliche Spurstangen eingebaut.

- **Neue** selbstsichernde Muttern aufschrauben, dabei Gelenkzapfen mit Innensechskantschlüssel gegenhalten und Muttern mit **35 Nm** festziehen.
- Rad anschrauben.
- Fahrzeug ablassen.
- Radschrauben über Kreuz mit 110 Nm anziehen.
- Spureinstellung überprüfen lassen.

Staubmanschetten für Spurstangen- und Lenkstangengelenke aus- und einbauen

Achtung: Zum leichteren Einbau können 2 Montagehülsen selbst angefertigt werden.

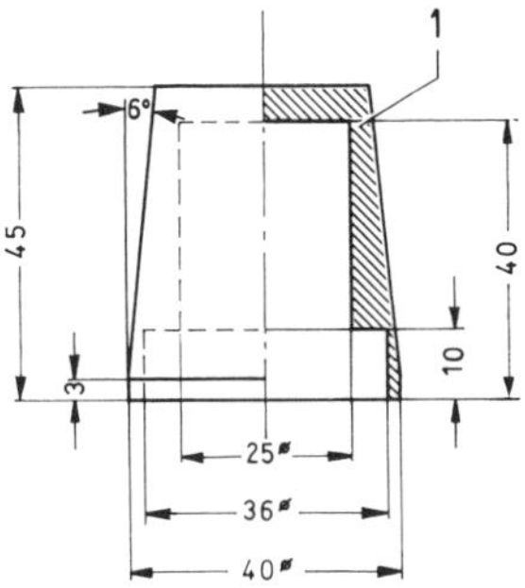

Für die Montage des Draht-Spannringes

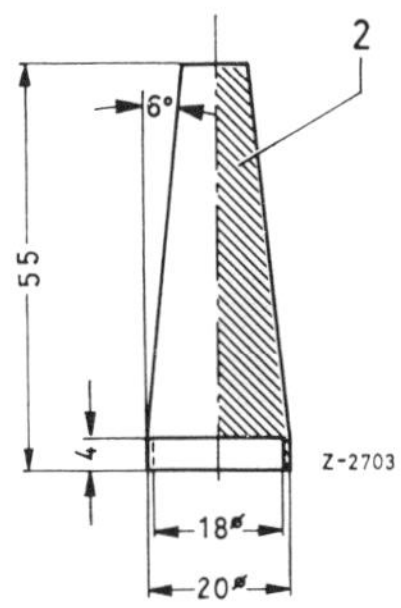

Für die Montage des Kunststoffringes

Ausbau

- Spur-, Lenkstange ausbauen.

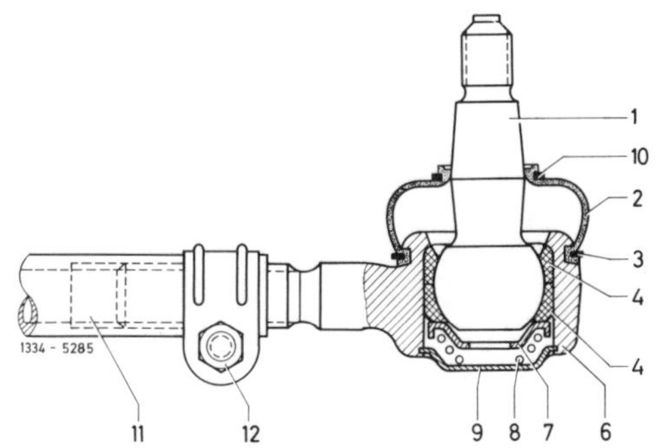

- Draht-Spannring –3– mit Schraubendreher abhebeln.
- Manschette –2– mit Kunststoffring –10– nach oben abziehen. Zusätzlich abgebildete Teile: 1 – Gelenkzapfen, 4 – Kunststoff-Lagerschalen, 6 – Spurstangengelenk, 7 – Druckteller, 8 – Druckfeder, 9 – Verschlußdeckel, 11 – Gelenkstange, 12 – Klemmschraube.

Einbau

- Kugelgelenk mit Mehrzweckfett füllen, zum Beispiel SHELL Retinax A.

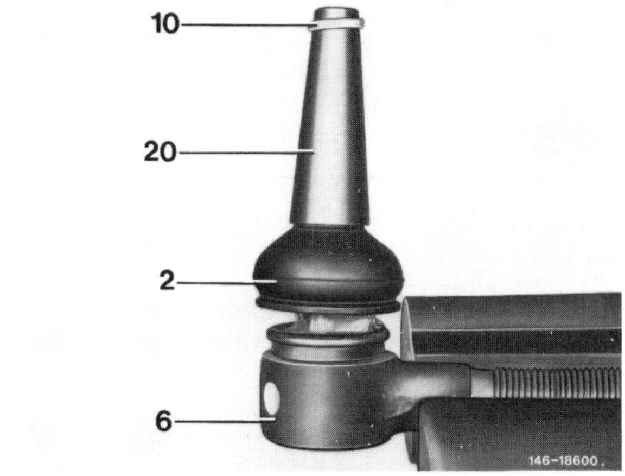

- Gummimanschette –2– über den Gelenkzapfen aufschieben.
- Montagehülse –20– aufsetzen und Kunststoffring –10– über die Montagehülse in die Gummimanschette einsetzen.
- Montagehülse –20– entfernen.

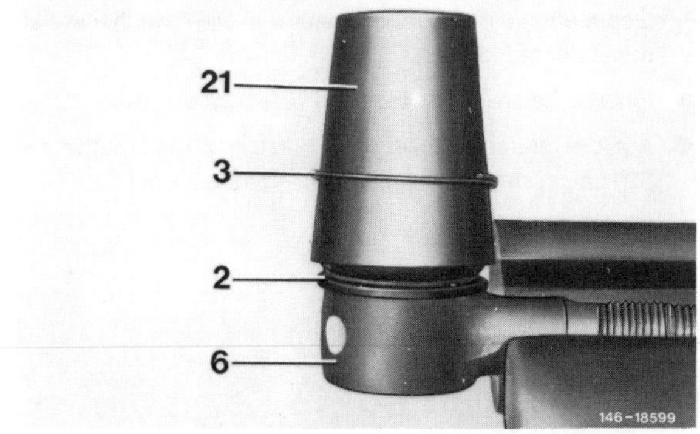

- Montagehülse –21– über die Gummimanschette aufschieben und Draht-Spannring –3– in die Gummimanschette einsetzen.
- Spur-, Lenkstange einbauen.

Spurstangengelenk aus- und einbauen

Ausbau

- Spurstange ausbauen.

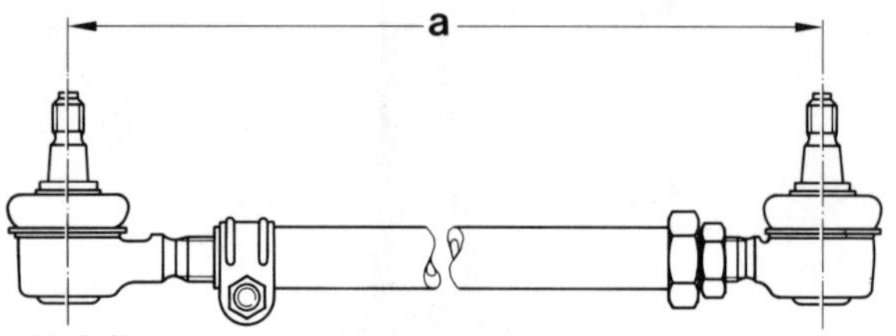

1464 - 10 698

- Klemmschelle abschrauben und inneres Spurstangengelenk aus der Spurstange herausschrauben. **Achtung:** Linksgewinde !

Hinweis: Zum leichteren Einbau Umdrehungen beim Ausbau des Gelenkes zählen und notieren.

- Kontermutter lösen und anschließend Spannmutter vom Konus der Spurstange abschrauben; – Rechtsgewinde –.
- Äußeres Spurstangengelenk aus der Spurstange herausschrauben.

Einbau

- Spurstangengelenke mit notierter Umdrehungszahl einschrauben. Dabei müssen beide Gelenke etwa gleich weit eingeschraubt werden, gegebenenfalls Umdrehungen ausmitteln.
- Maß –a– der Spurstange prüfen, Sollwert 333 ± 2 mm. Gegebenenfalls beide Spurstangenköpfe wechselweise rein- oder rausdrehen.
- Inneres Gelenk mit Schelle und 10 Nm befestigen.
- Auf der anderen Seite der Spurstange Klemmutter mit 30 Nm anschrauben und mit Kontermutter sichern.
- Spurstange einbauen.

Wartungsarbeiten an der Lenkung

Staubkappen für Spurstangen-/ Lenkstangengelenke prüfen

- Fahrzeug vorn aufbocken.
- Staubkappen mit Lampe anstrahlen und auf Beschädigungen überprüfen, dabei auf Fettspuren an den Manschetten und in deren Umgebung achten.
- Bei beschädigter Staubkappe, entsprechendes Gelenk auswechseln. Eingedrungener Schmutz zerstört mit Sicherheit das Gelenk.
- Befestigungsmutter für die Gelenke auf festen Sitz prüfen, dabei Mutter jedoch nicht verdrehen. Lockere Muttern ersetzen.

- Spurstangen –11– sowie Lenkstange –10– kräftig von Hand hin- und herbewegen. Die Kugelgelenke dürfen kein Spiel aufweisen, andernfalls Gelenke oder Lenkstange ersetzen.

Lenkungsspiel prüfen

- Lenkrad in Mittelstellung bringen.

- Durch geöffnetes Fenster das Lenkrad hin- und herbewegen. Am Lenkrad darf dabei maximal ein Spiel von a = 25 mm vorhanden sein, ohne daß die Räder sich bewegen.
- Bei größerem Spiel am Lenkrad sind Lenkgestänge, Lenkzwischenhebel, Lenkgetriebe und die Lagerspiele der Vorderachse zu prüfen.

- Lenkzwischenhebel –2– kräftig auf- und abdrücken. Wenn Spiel vorhanden ist, Gummigleitlager –Pfeil– im Zapfenlager ersetzen lassen.
- Spurstangen auf Verbiegungen prüfen.

Ölstand für Servolenkung prüfen

Der Ölstand für die Lenkhilfe sollte alle 20 000 km geprüft werden.

- Der Ölstand kann bei kaltem (Umgebungstemperatur) oder betriebswarmem Öl (ca. 80° C) geprüft werden.

- Verschlußschraube abschrauben und Deckel des Pumpengehäuses abnehmen. **Achtung:** Statt der Verschlußschraube kann auch eine Flügelschraube vorhanden sein.

- Bei warmem Öl (ca. 80° C) soll der Ölstand im Vorratsbehälter bis zur eingegossenen Markierung reichen, beziehungsweise ca. 20 mm unterhalb des Behälterrandes.
- Bei kaltem Öl soll der Ölstand 6 bis 8 mm unterhalb der Markierung am Behälter liegen.
- Falls erforderlich ATF- Schaltgetriebeöl nachfüllen; ATF= Automatic Transmission Fluid. Grundsätzlich nur **neues Öl** nachfüllen, da bereits kleinste Verunreinigungen zu Störungen an der hydraulischen Anlage führen können.
- Die Füllmenge beträgt insgesamt ca. 0,6 Liter.
- Dichtring am Deckel auf Porosität oder Beschädigung prüfen.
- Deckel für Pumpengehäuse auflegen und mit Verschlußschraube beziehungsweise Flügelschraube befestigen.
- Anschließend bei laufendem Motor das Lenkrad mehrmals von Anschlag zu Anschlag bewegen, dadurch entlüftet sich die Anlage.

Befestigungsschrauben an der Lenkung nachziehen

Die Schrauben an der Lenkung sind alle 20 000 km auf das richtige Anzugsdrehmoment nachzuziehen.

- Fahrzeug vorn aufbocken, siehe Seite 211.
- Untere Motorraumverkleidung ausbauen, siehe Seite 18.
- Sicherheits-Befestigungsschrauben des Lenkgetriebes am Längsträger des Rahmenbodens: **70 bis 80 Nm**.
- Innensechskantschrauben an der Lenkungskupplung: **25 Nm.**
- Selbstsichernde Befestigungsmutter für Lenkzwischenhebel: **90 bis 100 Nm.**
- Selbstsichernde Befestigungsmutter für Lenkungsstoßdämpfer an der Lenkstange: **50 Nm.**
- Selbstsichernde Muttern an Lenk- und Spurstangen: **35 Nm.**
- Sechskantschraube an der Klemmschelle der Spurstange: **10 Nm.**
- Kontermutter am Klemmkonusring der Spurstangen auf festen Sitz prüfen.
- Untere Motorraumverkleidung einbauen.
- Fahrzeug ablassen.
- Innensechskant-Befestigungsschraube für Lenkrad: **80 Nm.**
- Befestigungsschraube für Mantelrohr an Querträger: **20 Nm.**

Die Fahrzeugvermessung

Optimale Fahreigenschaften und geringster Reifenverschleiß sind nur dann zu erzielen, wenn die Stellung der Räder einwandfrei ist. Bei anomaler Reifenabnutzung sowie mangelhafter Straßenlage – bei schlechter Richtungsstabilität in Geradeausfahrt sowie schlechten Lenkeigenschaften in Kurvenfahrt – sollte die Werkstatt aufgesucht werden, um den Wagen optisch vermessen zu lassen.
Die Fahrzeugvermessung kann ohne eine entsprechende Meßanlage nicht durchgeführt werden.
Ich beschränke mich deshalb hier auf die Beschreibung der für die Vermessung erforderlichen Grundbegriffe.

Die Spur

Als Spur bezeichnet man den seitlichen Abstand der Räder voneinander. In der Regel müssen Vorderräder Vorspur haben, weil sie – veranlaßt durch Sturz und Rollwiderstand – in Geradeausfahrt etwas nach außen laufen, da Spiel in den Radlagern, Radaufhängungen und Spurstangengelenken vorhanden ist. Die Vorspur kompensiert das Bestreben der Vorderräder, nach außen zu laufen. Für die Vorspur werden die Räder so eingestellt, daß sie – in Höhe des Radmittelpunktes gemessen – vorn etwas enger zusammenstehen als hinten.

Nachspur bedeutet, daß die Vorderräder, gemessen in Höhe des Radmittelpunktes, vorn etwas weiter auseinanderstehen als hinten.
Beim MERCEDES werden sowohl die Vorderräder als auch die Hinterräder auf Vorspur eingestellt.

Sturz und Spreizung

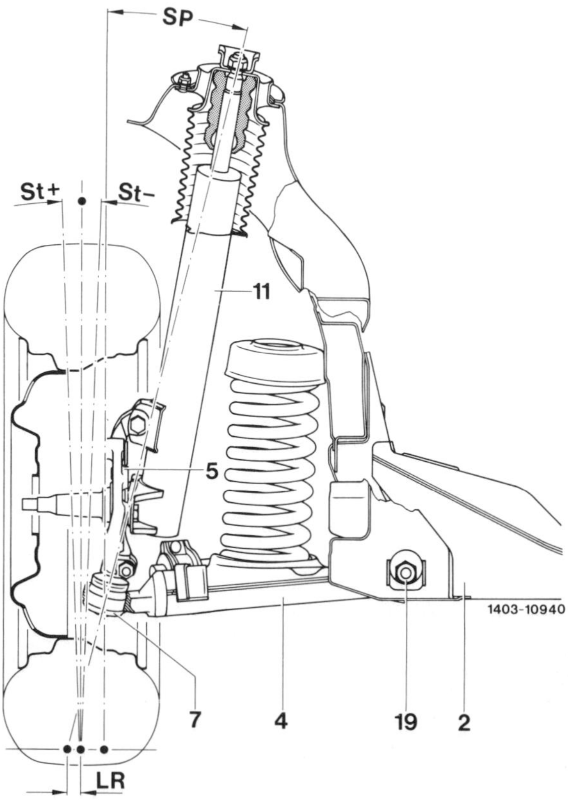

Vorderachse: St – Sturz, SP – Spreizung, LR – Lenkrollradius, 2 – Querträger, 4 – Querlenker, 5 – Achsschenkel, 7 – Achsgelenk, 11 – Dämpferbein, 19 – Exzenterbolzen.

Sturz und Spreizung vermindern die Übertragung von Fahrbahnstößen auf die Lenkung und halten bei Kurvenfahrt die Reibung möglichst gering.

Sturz ist der Winkel, um den die Radebene von der Senkrechten abweicht. Die Vorderräder stehen also schräg, bei positivem Sturz beispielsweise im Radaufstandspunkt mehr zusammen als oben. Der Sturz beim MERCEDES ist auf neutral (0°) eingestellt.

Spreizung ist der Winkel zwischen der Schwenkachse des Achsschenkels und der Senkrechten im Reifenaufstandspunkt, in Längsrichtung des Wagens gesehen.

Durch den Sturz- und Spreizwinkel werden die Berührungspunkte der Räder auf der Fahrbahn näher an die Schwenkachse des Achsschenkels herangebracht. Damit wird der sogenanne Lenkrollhalbmesser klein gehalten. Je kleiner der Lenkrollhalbmesser ist, desto leichgängiger ist die Lenkung. Auch die Fahrbahnstöße wirken sich wesentlich schwächer auf das Lenkgestänge aus.

Beim MERCEDES ist der Lenkrollradius negativ. Dadurch wird größte Richtungsstabilität erreicht, wenn ungleiche Bremswirkung an den Vorderrädern auftritt.

Nachlauf

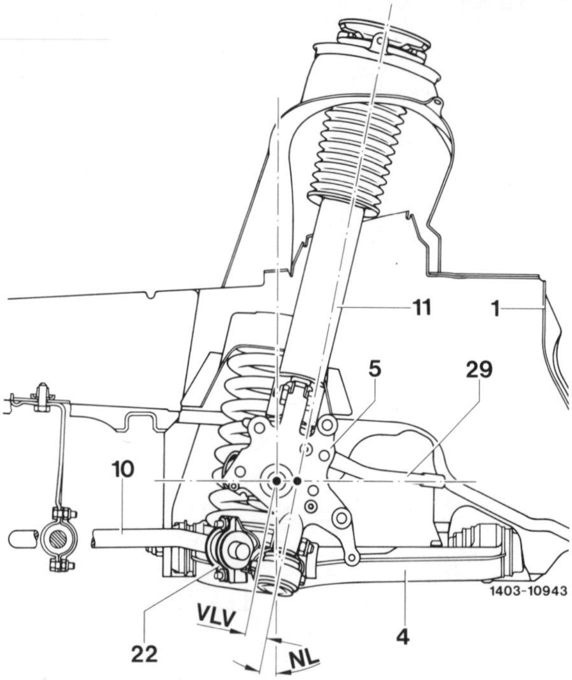

Vorderachse: NL-Nachlauf, VLV-Vorlaufversatz, 1-Längsträger, 4-Querlenker, 5-Achsschenkel, 10-Stabilisator, 11-Dämpferbein, 22-Gummilager, 29-Lenkspurhebel.

Nachlauf ist der Winkel zwischen der Schwenkachse des Achsschenkels und der Senkrechten im Reifenaufstandspunkt in Querrichtung des Fahrzeuges gesehen. Der Nachlauf wird zusammen mit dem Sturz über 2 Exzenterschrauben eingestellt.

Der Nachlauf beeinflußt maßgeblich die Geradeausführung der Vorderräder. Zu geringer Nachlauf begünstigt ein Abweichen aus der Fahrtrichtung auf schlechten Straßen und bei Seitenwind und läßt zudem nach der Kurvenfahrt die Lenkung nicht weit genug zur Mittelstellung zurücklaufen.

Das Einstellen

Zur Fahrzeugvermessung wird eine Meßgrube oder eine Meß-Hebebühne benötigt. Bei jeder Vermessung müssen folgende Voraussetzungen erfüllt sein:

- Vorschriftsmäßiger Reifenfülldruck
- Fahrzeug bei Leergewicht in fahrfertigem Zustand: mit vollem Kraftstoffbehälter, Reserverad, Bordwerkzeug
- Fahrzeug vorher kräftig durchgefedert
- Lenkung richtig eingestellt
- Kein unzulässiges Spiel im Lenkgestänge
- Kein unzulässiges Spiel in der Radaufhängung

Einstellwerte für Spur, Sturz und Fahrzeugniveau

Die folgenden Werte sind auf das Leergewicht bezogen. Sie gelten nicht für 4MATIC-Fahrzeuge.

Vorderachse

Sturz	Messung in Geradeausstellung	$+0°20'^{+15'}_{-25'}$ [1]
	Zulässiger Unterschied zwischen links und rechts	0° 20′
Nachlauf	Messung in Geradeausstellung [2]	10° 10′ ± 30′ [1]
	Messung über Radeinschlag	9° 40′ ± 30′ [1]
	Zulässiger Unterschied zwischen links und rechts	0° 30′
Vorspur (Räder vorn mit 110–120 N auseinandergedrückt)		+0° 20′ ± 10′ bzw. 2,5 ± 1 mm [1]
Spurdifferenzwinkel bei 20° Einschlag des kurveninneren Rades		−0° 40′ ± 30′ [3]
Maximal zulässiger Lenkeinschlag am kurveninneren Rad (Begrenzung durch Anschlagzapfen im Achsschenkel und Lenkanschlag am Querlenker)		43° [4] [5]
Kugelpunktlage (Meßpunkt) = Höhenunterschied „a" zwischen der Achse der Lagerung des Querlenkers und der Unterkante des Kugelbolzens der Spurstange (Lenkstock- bzw. Lenkzwischenhebel in Geradeausfahrt-Stellung)		26 ± 2 mm [6]
Zulässige Höhenabweichung der Kugelpunktlage zwischen Lenkstock- und Lenkzwischenhebel		3 mm

[1] Bei der Einstellung Sollwert anstreben.
[2] Messung mit mechanischem Nachlauf-Meßgerät 201 589 02 21 00.
[3] Wertangabe ohne Vorspur. In der Messung enthaltener Vorspurwert bei der Ermittlung des tatsächlichen Spurdifferenzwinkels (ohne Vorspur) berücksichtigen.
[4] Messung des Lenkeinschlages mit mechanischer Meßvorrichtung für Radeinschlag.
[5] Am kurvenäußeren Rad ergibt sich durch den Spurdifferenzwinkel ein um 7° bis 11° geringerer Einschlagwinkel.
[6] Korrektur am Lenkzwischenhebel nach oben und nach unten durch Beilegen bzw. Herausnehmen einer Scheibe.

Hinterachse

Fahrzeugniveau	+40 mm	+30 mm	+20 mm	+10 mm	0 mm	−10 mm	−20 mm
entspricht Hinterradsturz	− 0°30′ ± 30′	− 0° 45′ ± 30′	− 1° ± 30′	−1°15′ ± 30′	−1°30′ ± 30′	−1°45′ ± 30′	−2° ± 30′

Gesamt-Vorspur der Hinterräder	$+0°25'^{+10'}_{-05'}$ bzw. $3^{+1}_{-0,5}$ mm [1]
Zulässiger Bereich der Vorspur pro Rad (Werte sind nur für die Prüfung gültig)	zwischen +0°30′ und −0° 05′ bzw. +3,5 mm und −0,5 mm [2]

[1] Bei der Einstellung Sollwert anstreben, dabei Vorspur gleichmäßig auf beide Räder verteilen.
[2] Bei der Serienmontage der Hinterachse werden die Hinterräder symmetrisch eingestellt. Bei eingebauter Hinterachse können sich jedoch die angegebenen Werte durch Toleranzen am Rahmenboden für die Befestigung des Hinterachsträgers ergeben. Eine Korrektur ist nicht erforderlich.

Fahrzeugniveau

Niveau Vorderachse fahrfertig mm	Niveau Hinterachse Fahrzeug ohne Niveauregulierung fahrfertig mm	 Fahrzeug mit Niveauregulierung fahrfertig mm	 belastet (Regelpunkt)[1] mm
Standardausführung: Limousinen mit normaler Federung			
$+28^{+10}_{-15}$	$+28^{+10}_{-15}$	$+19^{+10}_{-15}$	-7 ± 10[2])
Sonderausführung: Limousinen mit härterer Federung für Länder mit schlechten Straßenverhältnissen			
$+41^{+10}_{-15}$	$+41^{+10}_{-15}$	$+30^{+10}_{-15}$	$+8 \pm 10$[2])

[1]) Fahrzeugbelastung ca. 140 kg im Kofferraum bei Limousinen mit normaler Federung bzw. Fahrzeugbelastung ca. 160 kg im Kofferraum mit härterer Federung.
[2]) Toleranzen des Fahrzeugniveaus beziehen sich nur auf die Prüfung. Bei der Einstellung Sollwerte einhalten.

Niveau-Unterschiede an Vorder- und Hinterachse

Zulässiger Unterschied der Anzeige am Meßgerät zwischen links und rechts	**10 mm**
Zulässiger Unterschied zwischen linker und rechter Fahrzeugseite, gemessen an den Türeinstiegkanten	**12 mm**

Korrektur des Fahrzeugniveaus

Niveau an der Vorder- und Hinterachse	Änderung des Gummilagers der Vorder- oder Hinterfeder um 5 mm	ergibt Änderung des Niveaus um ca. 10 mm
	Änderung der Federlänge (Feder mit Farb-Kennzeichnung rot gegen blau oder umgekehrt)	

Die Bremsanlage

Das hydraulische Fußbremssystem besteht aus dem Hauptbremszylinder, dem Bremskraftverstärker und den Scheibenbremsen für die Vorder- und Hinterräder. Das Bremssystem ist in zwei Kreise aufgeteilt. Ein Bremskreis wirkt auf die vorderen Räder, der andere auf die hinteren. Bei Ausfall eines Bremskreises, zum Beispiel durch Undichtigkeit, kann das Fahrzeug über den anderen Bremskreis zum Stehen gebracht werden. Der Druck für beide Bremskreise wird im Tandem-Hauptbremszylinder über das Bremspedal aufgebaut.

Der Bremsflüssigkeitsbehälter befindet sich über dem Hauptbremszylinder und versorgt das ganze Bremssystem mit Bremsflüssigkeit.

Der Bremskraftverstärker speichert einen Teil des vom Motor erzeugten Ansaug-Unterdruckes (der Dieselmotor besitzt hierzu eine spezielle Unterdruckpumpe). Über entsprechende Ventile wird dann bei Bedarf die Pedalkraft durch den Unterdruck verstärkt.

Die vorderen Scheibenbremsen sind mit einem sogenannten Faustsattel ausgestattet. Bei einem Faustsattel wird nur ein Kolben benötigt, um beide Bremsbeläge gegen die Bremsscheibe zu drücken. An der Hinterachse sorgen zwei Festsättel für die gewünschte Verzögerung. Zum Andrücken der Bremsbeläge sind beim Festsattel zwei Kolben erforderlich.

Abweichend hiervon besitzen die Modelle mit Abgasturbolader hinten Faustsattelbremsen. Fahrzeuge mit 24-Ventil-Motor sind an der Vorderachse mit 4-Kolben-Festbremssätteln ausgerüstet, die der höheren Motorleistung angeglichen sind.

Die Fußfeststellbremse wird über Seilzüge betätigt und wirkt auf die Hinterräder. Da sich die Scheibenbremse als Feststellbremse nicht gut eignet, befinden sich an den Hinterrädern zusätzlich 2 Trommelbremsen, die in den Bremsscheiben integriert sind. Die Trommelbremsen werden ausschließlich über den Fußhebel der Feststellbremse betätigt.

Beim Reinigen der Bremsanlage fällt Bremsstaub an. Dieser Staub kann zu gesundheitlichen Schäden führen. Deshalb beim Reinigen der Bremsanlage darauf achten, daß der Bremsstaub nicht eingeatmet wird.

Die Bremsbeläge sind Bestandteil der Allgemeinen Betriebserlaubnis (ABE), außerdem sind sie vom Werk auf das jeweilige Fahrzeugmodell abgestimmt. Es empfiehlt sich deshalb, nur von MERCEDES freigegebene Bremsbeläge zu verwenden.

Das Arbeiten an der Bremsanlage erfordert peinliche Sauberkeit und exakte Arbeitsweise. Falls die nötige Arbeitserfahrung fehlt, sollten die Arbeiten an der Bremse von einer Fachwerkstatt durchgeführt werden.

Hinweis: Auf stark regennassen Fahrbahnen sollte während des Fahrens die Bremse von Zeit zu Zeit betätigt werden, um die Bremsscheiben von Rückständen zu befreien.

Durch die Zentrifugalkraft wird zwar das Wasser von den Bremsscheiben geschleudert, doch bleibt teilweise ein dünner Film von Silikonen, Gummiabrieb, Fett und Verschmutzungen zurück, der das Ansprechen der Bremse vermindert. Nach dem Einbau von neuen Bremsbelägen müssen diese eingebremst werden. Während einer Fahrtstrecke von rund 200 km sollten unnötige Vollbremsungen unterbleiben.

Achtung: Wird beim Bremsen, hauptsächlich nach Kurvenfahrt, ein unterschiedlicher Pedalweg festgestellt, dann muß die Bremsscheibe auf Seitenschlag am äußeren Durchmesser geprüft werden. Gleichzeitig ist auch das Radlagerspiel zu prüfen und gegebenenfalls einzustellen. Bei zu großem Seitenschlag der Bremsscheibe, diese auf der Vorderradnabe versetzen. Wird dadurch keine ausreichende Verbesserung erzielt, Bremsscheibe erneuern.

Bremsbeläge vorn aus- und einbauen

Achtung: Modelle mit 24-Ventil-Motor besitzen an der Vorderachse 4-Kolben-Festbremssättel. Der Aus- und Einbau entspricht weitgehend dem der hinteren Festsättel.

Ausbau

- Radschrauben lösen.
- Fahrzeug vorn aufbocken, siehe Seite 211.
- Vorderrad abnehmen.

Achtung: Ein Wechsel der Beläge von der Außen- zur Innenseite und umgekehrt oder auch vom rechten zum linken Rad ist nicht zulässig. Der Wechsel kann zu ungleichmäßiger Bremswirkung führen. Grundsätzlich alle Scheibenbremsbeläge einer Achse gleichzeitig erneuern.

- Deckel für Steckverbindung öffnen, dazu die seitlichen Haltenasen mit Schraubendreher etwas anheben.
- Kabel des Verschleißfühlers –25– aus der Steckverbindung herausziehen. Dabei nicht am Kabel ziehen.

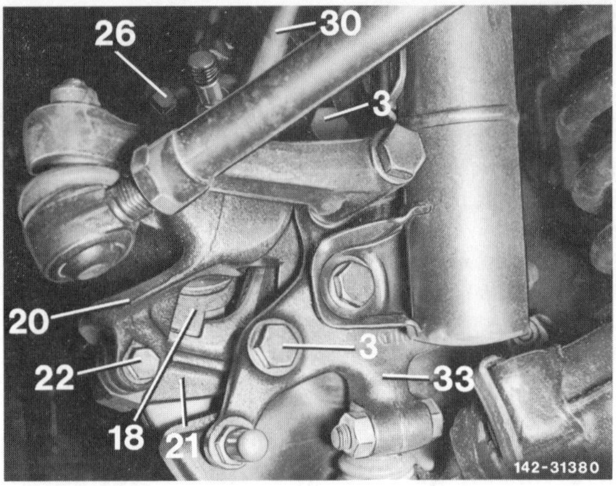

● Untere Befestigungsschraube für Kolbengehäuse herausdrehen, dabei am Führungsbolzen mit Maulschlüssel gegenhalten.

● Kolbengehäuse –20– nach oben klappen und mit Draht am Radlauf aufhängen. Beim Hochklappen darauf achten, daß die Gleitbolzen nicht verbogen werden. Das Kolbengehäuse auf keinen Fall dazu verwenden, den Lenkeinschlag zu verändern.

● Bremsbeläge –18– vom Bremsträger –21– abnehmen. Zusätzlich abgebildete Teile: 2 – Kolben, 16 – Federbügel, 23 – Gleitbolzen, 24 – Faltenbalg, 25 – Verschleißfühler.

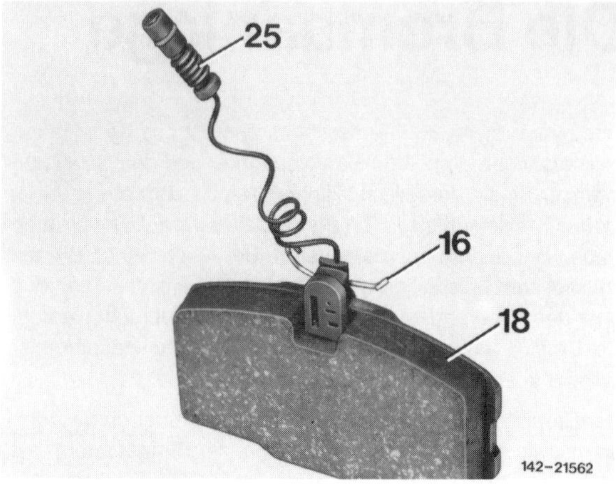

● Verschleißfühler –25– aus der Belagrückenplatte herausziehen. Der Verschleißfühler befindet sich jeweils am inneren Bremsbelag.

● Falls die Isolation der Kontaktplatte durchgerieben oder die Kabelisolation beschädigt ist, Verschleißfühler ersetzen.

Einbau

Achtung: Bei ausgebauten Bremsbelägen nicht auf das Bremspedal treten, sonst wird der Kolben aus dem Gehäuse herausgedrückt.

● Führungsfläche bzw. Sitz der Beläge im Gehäuseschacht mit geeigneter Weichmetallbürste und Staubsauger reinigen, oder mit einem Lappen und Spiritus auswischen. Keine mineralölhaltigen Lösungsmittel oder scharfkantigen Werkzeuge verwenden.

● Vor Einbau der Beläge ist die Bremsscheibe durch Abtasten mit den Fingern auf Riefen zu untersuchen. Riefige Bremsscheiben sind zu erneuern. Bremsscheiben mit grauer oder blauer Verfärbung vor dem Einbau neuer Beläge reinigen, siehe Seite 126.

● Bremsscheibendicke messen, siehe Seite 136.

- Staubkappe –9– auf Anrisse prüfen. Eine beschädigte Staubkappe umgehend ersetzen lassen, da eingedrungener Schmutz schnell zu Undichtigkeiten des Bremssattels führt. Der Faustsattel muß hierzu ausgebaut und zerlegt werden (Werkstattarbeit).

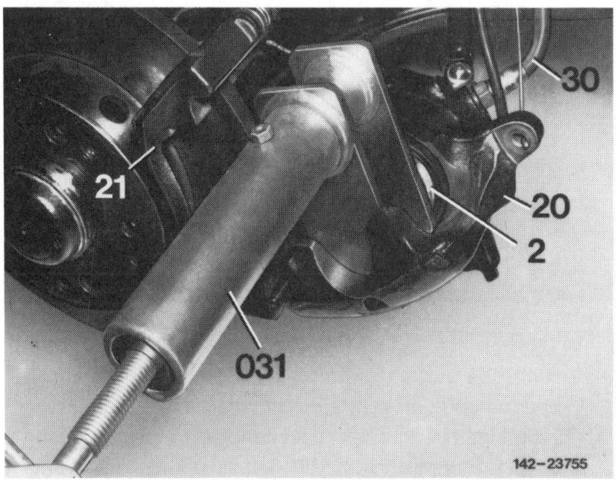

- Bremskolben –2– mit Rücksetzvorrichtung –031– zurückdrücken. Es geht auch mit einem Hartholzstab (Hammerstiel), dabei jedoch besonders darauf achten, daß der Kolben nicht verkantet wird und Kolbenfläche sowie Staubkappe nicht beschädigt werden.

Achtung: Beim Zurückdrücken der Kolben wird Bremsflüssigkeit aus den Bremszylindern in den Ausgleichbehälter gedrückt. Flüssigkeit im Behälter beobachten, eventuell Bremsflüssigkeit mit einem Saugheber absaugen.

Zum Absaugen die Entlüfterflasche oder eine Plastikflasche verwenden, die nur mit Bremsflüssigkeit in Berührung kommt. Keine Trinkflaschen verwenden! **Bremsflüssigkeit ist giftig und darf auf gar keinen Fall mit dem Mund über einen Schlauch abgesaugt werden. Saugheber verwenden. Auch nach dem Belagwechsel darf die Max.-Marke am Bremsflüssigkeitsbehälter nicht überschritten werden, da sich die Flüssigkeit bei Erwärmung ausdehnt. Ausgelaufene Bremsflüssigkeit läuft am Hauptbremszylinder runter, zerstört den Lack und führt zur Korrosion.**

Achtung: Bei hohem Bremsbelagverschleiß Leichtgängigkeit des Kolbens prüfen. Bei schwergängigem Kolben Faustsattel instandsetzen (Werkstattarbeit).

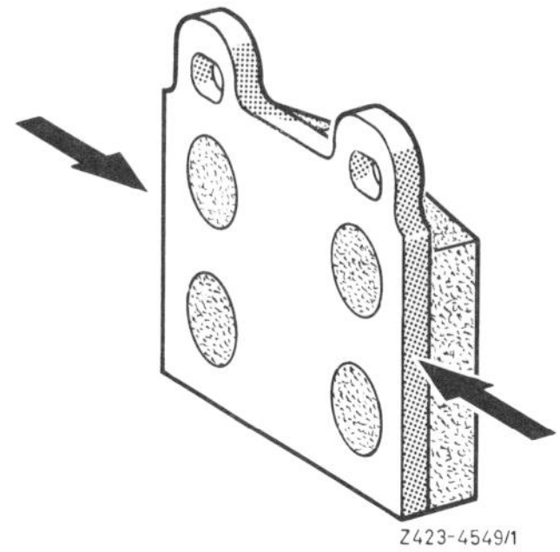

- Um ein Quietschen der Scheibenbremsen zu verhindern, Rückseite der Bremsbeläge sowie Seitenteile der Rückenplatte –Pfeile– mit Schmiermittel (z. B. Plastilube, Tunap VC 582/S, Chevron SRJ/2, Liqui Moly LM-36 oder LM-508-ASC) **dünn** einstreichen. Dabei nur Rückenplatte bestreichen, **die Paste darf keinesfalls auf den eigentlichen Bremsbelag oder auf die Bremsscheibe kommen.** Gegebenenfalls sofort abwischen und mit Spiritus reinigen.
- Beide Bremsbeläge in den Bremsträger einsetzen. Dabei darauf achten, daß die Federbügel –16– in Abbildung –142-30328– parallel zur Belagoberkante stehen.
- Verschleißfühler am inneren Bremsbelag einstecken.
- Kolbengehäuse herunterklappen und am Bremsträger mit **neuer** selbstsichernder Schraube und **35 Nm** festschrauben. Dabei mit Maulschlüssel am Führungsbolzen gegenhalten.

Achtung: Die selbstsichernde Befestigungsschraube darf **nur einmal** verwendet werden.

- Kabel für Verschleißfühler spiralförmig aufwickeln und in die Steckverbindung am Bremssattel einstecken. Deckel für Steckverbindung schließen.
- Rad anschrauben, Fahrzeug ablassen und Radschrauben mit 110 Nm über Kreuz festziehen.

Achtung: Bremspedal im Stand mehrmals kräftig niedertreten, bis fester Widerstand spürbar ist.

- Bremsflüssigkeit im Ausgleichbehälter prüfen gegebenenfalls bis zur „Max."-Marke auffüllen.
- Neue Bremsbeläge vorsichtig einbremsen, dazu Fahrzeug mehrmals von ca. 80 km/h auf 40 km/h mit geringem Pedaldruck abbremsen. Dazwischen Bremse etwas abkühlen lassen.

Achtung: Bis zu einer Fahrstrecke von ca. 200 km sollten keine Vollbremsungen vorgenommen werden.

Scheibenbremsbeläge hinten aus- und einbauen

Achtung: Modelle mit 24-Ventil-Motor besitzen an der Vorderachse 4-Kolben-Festbremssättel. Der Aus- und Einbau entspricht weitgehend dem der hinteren Festsättel. Die Besonderheiten stehen am Ende des Kapitels.

Ausbau

- Radschrauben lösen.
- Fahrzeug hinten aufbocken, siehe Seite 211.
- Hinterrad abnehmen.

Achtung: Ein Wechsel der Beläge von der Außen- zur Innenseite und umgekehrt oder auch vom rechten zum linken Rad ist nicht zulässig. Der Wechsel kann zu ungleichmäßiger Bremswirkung führen. Grundsätzlich alle Scheibenbremsbeläge einer Achse gleichzeitig erneuern.

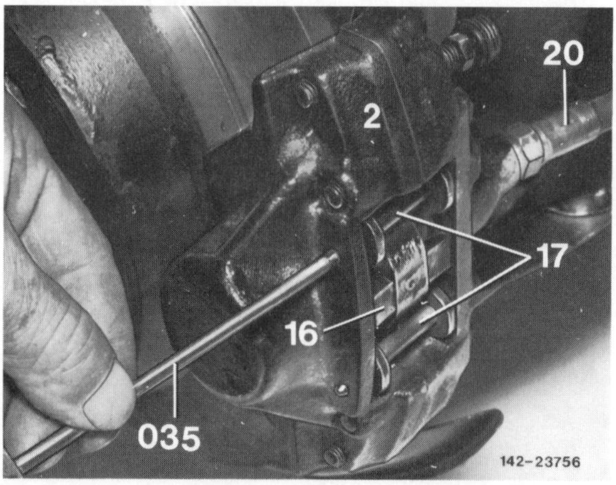

- Haltestifte –17– mit geeignetem Dorn –35– herausschlagen.
- Kreuzfeder – 16– herausnehmen.

- Bremsbeläge –18– mit Ausdrückhebel –034–, Zange oder Schraubendreher herausziehen. Bei festgerosteten Bremsbelägen wird eine spezielle Ausziehvorrichtung (z. B. von HAZET) benötigt.

Einbau

Achtung: Bei ausgebauten Bremsbelägen nicht auf das Bremspedal treten, sonst werden die Kolben aus dem Gehäuse herausgedrückt.

- Führungsfläche bzw. Sitz der Beläge im Gehäuseschacht mit geeigneter Weichmetallbürste und Staubsauger reinigen, oder mit einem Lappen und Spiritus auswischen. Keine mineralölhaltigen Lösungsmittel oder scharfkantigen Werkzeuge verwenden.
- Vor Einbau der Beläge ist die Bremsscheibe durch Abtasten mit den Fingern auf Riefen zu untersuchen. Riefige Bremsscheiben erneuern. Bremsscheiben mit grauer oder blauer Verfärbung vor dem Einbau neuer Beläge reinigen, siehe Seite 127.
- Bremsscheibendicke messen, siehe Seite 136.
- Staubkappe auf Anrisse prüfen. Eine beschädigte Staubkappe umgehend ersetzen lassen, da eingedrungener Schmutz schnell zu Undichtigkeiten des Bremssattels führt. Der Festsattel muß hierzu ausgebaut und zerlegt werden (Werkstattarbeit).

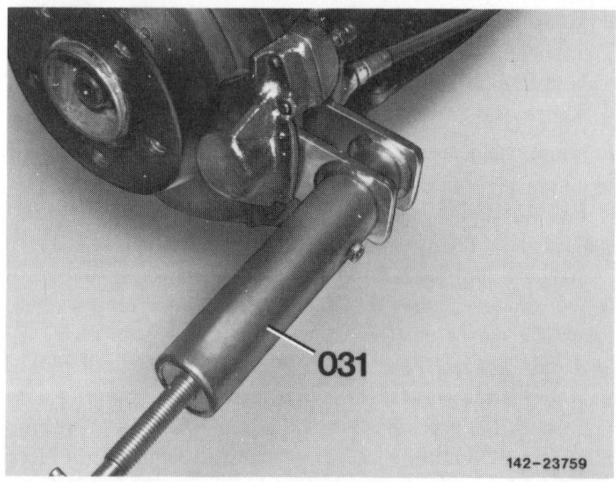

- Mit Rücksetzvorrichtung –031– beide Kolben zurückdrükken. Es geht auch mit einem Hartholzstab (Hammerstiel), dabei jedoch besonders darauf achten, daß die Kolben nicht verkantet und Kolbenfläche sowie Staubkappe nicht beschädigt werden.

Achtung: Beim Zurückdrücken der Kolben wird Bremsflüssigkeit aus den Bremszylindern in den Ausgleichbehälter gedrückt. Flüssigkeit im Behälter beobachten, eventuell Bremsflüssigkeit mit einem Saugheber absaugen.

Zum Absaugen die Entlüfterflasche oder eine Plastikflasche verwenden, die nur mit Bremsflüssigkeit in Berührung kommt. Keine Trinkflaschen verwenden! **Bremsflüssigkeit ist giftig und darf auf gar keinen Fall mit dem Mund über einen Schlauch abgesaugt werden. Saugheber verwenden. Auch nach dem Belagwechsel darf die Max.-Marke am Bremsflüssigkeitsbehälter nicht überschritten werden, da sich die Flüssigkeit bei Erwärmung ausdehnt. Ausgelaufene Bremsflüssigkeit läuft am Hauptbremszylinder runter, zerstört den Lack und führt zur Korrosion.**

Hinweis: Bei hohem Bremsbelagverschleiß Leichtgängigkeit der Kolben prüfen. Bei schwergängigen Kolben Festsattel instandsetzen (Werkstattarbeit).

- 20° -Kolbenstellung prüfen. Die Werkstatt benutzt dazu eine 20° -Lehre. **In der Regel werden beim Ausbau der Bremsbeläge die Kolben nicht verdreht! Das Einstellen ist also nicht unbedingt notwendig.**

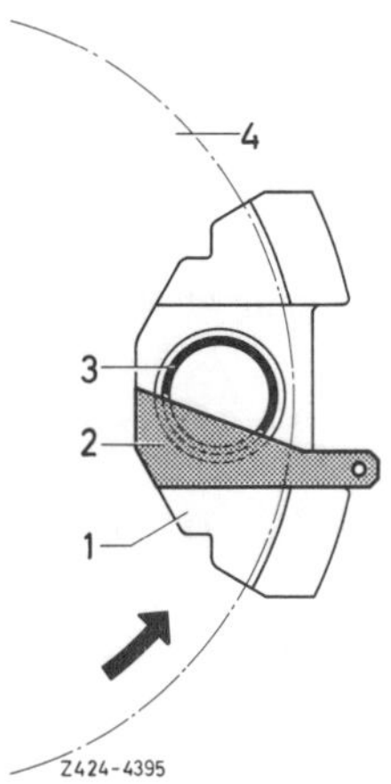

- Kolbenlehre an der unteren Führungsfläche im Bremssattel anhalten. Die Kolbenstellung ist richtig, wenn die angelegte Lehre (20° -Stellung) mit den Kolbenansätzen übereinstimmt. Gegebenenfalls Kolben mit Schraubendreher vorsichtig verdrehen.

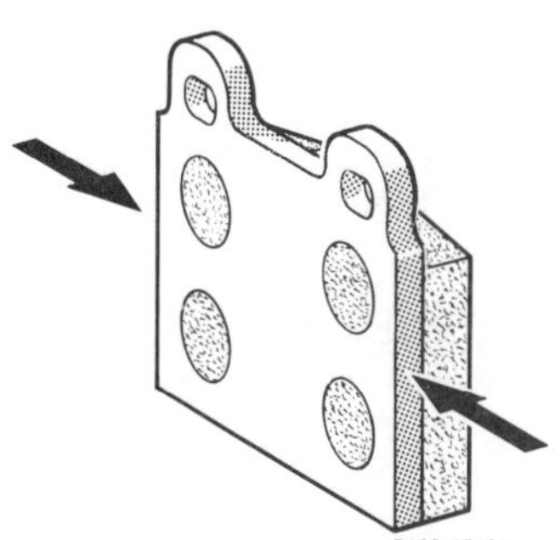

- Um ein Quietschen der Scheibenbremsen zu verhindern, Rückseite der Bremsklötze sowie Seitenteile der Rückenplatte mit Schmiermittel dünn einstreichen, siehe Seite 123.
- Bremsbeläge in den Bremssattel einsetzen.
- Kreuzfeder auflegen und Haltestifte einschlagen.

Achtung: Kreuzfeder und Haltestifte grundsätzlich erneuern.

- Rad anschrauben, Fahrzeug ablassen und Radschrauben über Kreuz mit 110 Nm festziehen.

Achtung: Bremspedal im Stand mehrmals kräftig niedertreten, bis fester Widerstand spürbar ist.

- Bremsflüssigkeit im Ausgleichbehälter prüfen, gegebenenfalls bis zur „Max.“-Marke auffüllen.
- Neue Bremsbeläge vorsichtig einbremsen, dazu Fahrzeug mehrmals aus ca. 80 km/h auf 40 km/h mit geringem Pedaldruck abbremsen. Dazwischen Bremse etwas abkühlen lassen.

Achtung: Bis zu einer Fahrstrecke von ca. 200 km sollten keine Vollbremsungen vorgenommen werden.

Vordere Scheibenbremse 300 E-24, CE-24, TE-24

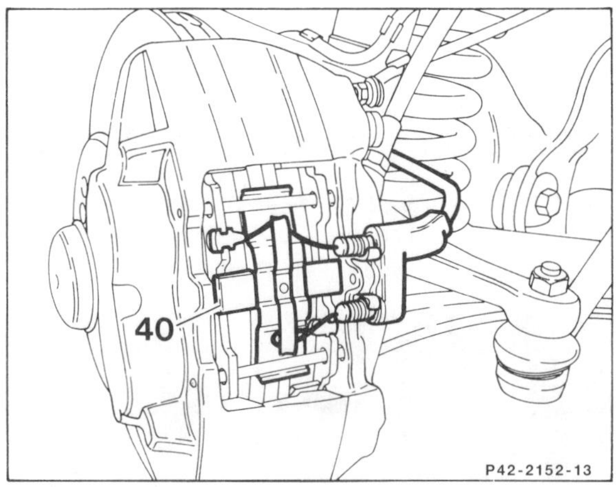

- Kabel für die Bremsbelagverschleißanzeige wie in der Abbildung gezeigt verlegen und in die Belaghaltefeder –40– einhängen.

Bremskolbenlehre herstellen

- Lehre aus Pappe oder Blech nach Zeichnung anfertigen.

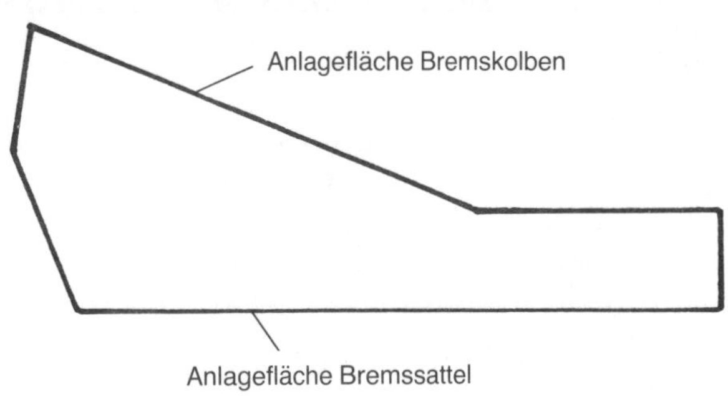

- Die lange Seite der Lehre muß im Bremssattel anliegen. Der Bremskolben hat einen Absatz. Dieser Absatz muß an der schrägen Fläche der Lehre anliegen, sonst Bremskolben verdrehen.

Bremsscheibe vorn aus- und einbauen

Ausbau

- Radschrauben lösen.
- Fahrzeug vorn aufbocken.
- Vorderrad abnehmen.

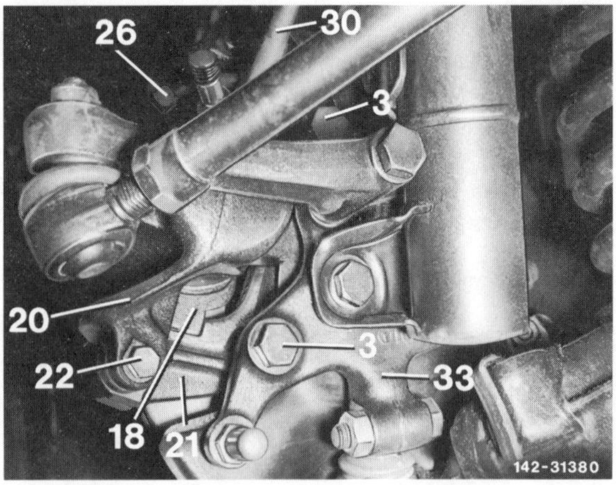

- Befestigungsschrauben –3– am Bremsträger –21– herausdrehen und Faustsattel zusammen mit dem Bremsträger vom Achsschenkel –33– abnehmen.

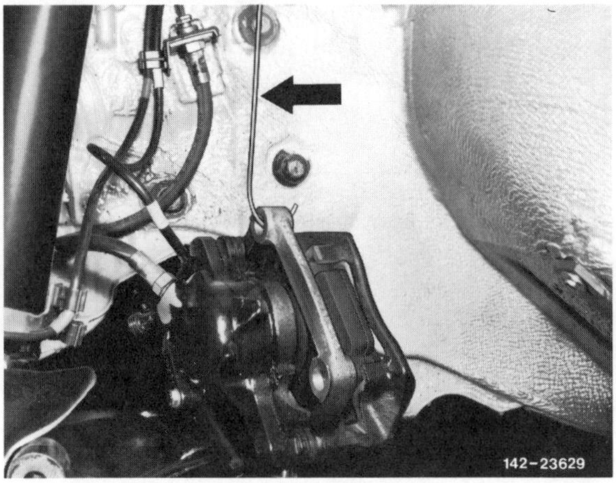

- Bremssattel mit selbstangefertigtem Drahthaken –Pfeil– so am Drehstab aufhängen, daß der Bremsschlauch sowie das Kabel für die Bremsbelagverschleißanzeige nicht verdreht oder auf Zug beansprucht werden.

Achtung: Bremsschlauch nicht lösen, sonst muß das Bremssystem entlüftet werden.

- Befestigungsschraube –8– mit Inbusschlüssel herausdrehen und Bremsscheibe –6– von der Radnabe abnehmen. Weitere dargestellte Teile: 5 – Abschirmblech, 9 – Spannhülsen, 20 – Bremssattel, 21 – Bremsträger.

Einbau

Um ein gleichmäßiges Bremsen beidseitig zu gewährleisten, müssen beide Bremsscheiben die gleiche Oberfläche bezüglich Schliffbild und Rauhtiefe aufweisen. Deshalb **grundsätzlich beide** Bremsscheiben ersetzen.

Die Werkstatt kann die Bremsscheibe auf Schlag prüfen. Maximaler Scheibenschlag (eingebaut) 0,12 mm.

- Falls vorhanden, Rost am Flansch der Bremsscheibe und der Vorderradnabe entfernen.
- Neue Bremsscheiben mit Nitro-Verdünnung vom Schutzlack reinigen.
- Bremsscheibe auf Vorderradnabe aufsetzen, dabei auf festen Sitz der Spannhülsen achten.
- Faustsattel am Achsschenkel ansetzen. Dabei darf der Bremsschlauch nicht verdreht oder gedehnt werden. Freigängigkeit des Bremsschlauches bei vollem Lenkradeinschlag prüfen.
- Faustsattel mit **neuen** selbstsichernden Schrauben und **115 Nm** am Achsschenkel anschrauben.

Achtung: Wenn sich die Schrauben nur schwer reindrehen lassen, Gewinde im Faustsattel mit Gewindebohrer M 12x1,5 von den Resten des Schraubensicherungsmittels reinigen.

- Rad montieren, Fahrzeug ablassen und Radschrauben über Kreuz mit 110 Nm festziehen.

Achtung: Bremspedal im Stand mehrmals kräftig niedertreten bis fester Widerstand spürbar ist.

- Bremsflüssigkeitsstand im Ausgleichbehälter prüfen, siehe Seite 135.

Bremsscheibe hinten aus- und einbauen

Ausbau

- Radschrauben lösen.
- Fahrzeug hinten aufbocken.
- Hinterrad abnehmen.

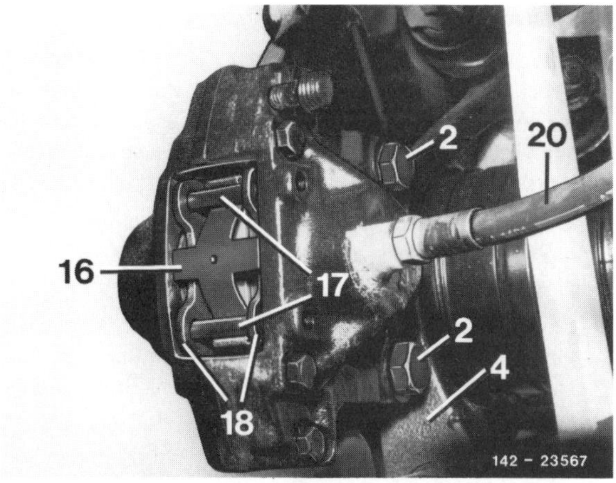

- Befestigungsschrauben –2– herausdrehen und Festsattel abnehmen.

- Bremssattel mit selbstangefertigtem Drahthaken so an der Schraubenfeder einhängen, daß der Bremsschlauch nicht verdreht oder auf Zug beansprucht wird.

Achtung: Bremsschlauch nicht lösen, sonst muß das Bremssystem entlüftet werden.

- Halteschraube –8– herausdrehen und Bremsscheibe –12– vom Hinterachswellenflansch –15– abnehmen. –14– Paßstift.

Achtung: Die Feststellbremse muß vollkommen gelöst sein. Festsitzende Bremsscheibe durch leichte Schläge mit einem Kunststoffhammer lösen.

Einbau

Um beidseitig ein gleichmäßiges Bremsen zu gewährleisten, müssen beide Bremsscheiben die gleiche Oberfläche bezüglich Schliffbild und Rauhtiefe aufweisen. Deshalb grundsätzlich beide Bremsscheiben ersetzen.

Die Werkstatt kann die Bremsscheibe auf Schlag prüfen. Maximaler Scheibenschlag (eingebaut) 0,15 mm.

- Falls vorhanden, Rost am Flansch der Bremsscheibe und der Hinterachswelle entfernen.

Achtung: Damit sich die Bremsscheibe beim späteren Ausbau leichter abnehmen läßt, Paßsitz des Hinterachswellenflansches mit Hochtemperaturpaste (z. B. Molykote-U oder -G-Rapid, beziehungsweise Liqui-Moly LM-36 oder LM-508-ASC) bestreichen.

- Neue Bremsscheibe mit Nitro-Verdünnung vom Schutzlack reinigen.
- Bremsscheibe so auf Hinterachswellenflansch aufsetzen, daß der Paßstift in die Bremsscheibe eingreift. **Neue** Halteschraube mit 10 Nm festziehen.

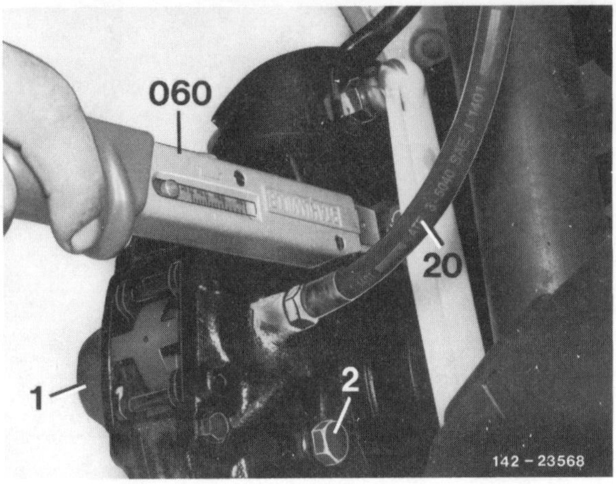

- Bremssattel am Radträger ansetzen, dabei auf Freigängigkeit des Bremsschlauches –20– achten.
- **Neue** selbstsichernde Schrauben reindrehen und mit **50 Nm** anziehen.

Achtung: Wenn sich die Schrauben nur schwer reindrehen lassen, Gewinde am Radträger mit einem passenden Gewindebohrer M10 von den Resten des Sicherungsmittels reinigen.

- Rad montieren, Fahrzeug ablassen und Radschrauben über Kreuz mit 110 Nm festziehen.

Achtung: Bremspedal im Stand mehrmals kräftig niedertreten bis fester Widerstand spürbar ist.

- Bremsflüssigkeitsstand im Ausgleichbehälter prüfen, siehe Seite 135.

Die Bremsflüssigkeit

Beim Umgang mit Bremsflüssigkeit ist zu beachten:

- Bremsflüssigkeit ist giftig. Keinesfalls Bremsflüssigkeit mit dem Mund über einen Schlauch absaugen. Bremsflüssigkeit nur in Behälter füllen, bei denen ein versehentlicher Genuß ausgeschlossen ist.
- Bremsflüssigkeit ist ätzend und darf deshalb nicht mit dem Autolack in Berührung kommen, gegebenenfalls sofort abwischen und mit viel Wasser abwaschen.
- Bremsflüssigkeit ist hygroskopisch, das heißt, sie nimmt aus der Luft Feuchtigkeit auf. Bremsflüssigkeit deshalb nur in geschlossenen Behältern aufbewahren.
- Bremsflüssigkeit, die schon einmal im Bremssystem verwendet wurde, darf nicht wieder verwendet werden. Auch beim Entlüften der Bremsanlage nur neue Bremsflüssigkeit verwenden.
- Spezifikation: **DOT 4.**
- Bremsflüssigkeit darf nicht mit Mineralöl in Berührung kommen. Schon geringe Spuren Mineralöl machen die Bremsflüssigkeit unbrauchbar, beziehungsweise führen zum Ausfall des Bremssystems.

Bremsanlage entlüften

Nach jeder Reparatur an der Bremse, bei der die Anlage geöffnet wurde, kann Luft in die Druckleitungen eingedrungen sein. Dann ist das Bremssystem zu entlüften. Luft ist auch dann in den Leitungen, wenn sich beim Treten auf das Bremspedal der Bremsdruck schwammig anfühlt. In diesem Fall muß die Undichtigkeit beseitigt und die Bremsanlage entlüftet werden.

Die Bremsanlage wird durch Pumpen mit dem Bremspedal entlüftet, dazu ist eine zweite Person notwendig.

Muß die ganze Anlage entlüftet werden, jeden Bremssattel einzeln entlüften. Das ist immer dann der Fall, wenn Luft in jeden einzelnen Bremssattel gedrungen ist. Falls nur ein Bremssattel erneuert bzw. überholt wurde, genügt in der Regel das Entlüften des betreffenden Bremssattels.

Die Reihenfolge der Entlüftung: 1. Bremssattel hinten rechts, 2. Bremssattel hinten links, 3. Bremssattel vorn rechts, 4. Bremssattel vorn links.

- Staubkappe vom Entlüfterventil des Bremszylinders abnehmen. Entlüfterventil reinigen, sauberen Schlauch aufstecken, anderes Schlauchende in eine mit Bremsflüssigkeit halbvoll gefüllte Flasche stecken.
- Von einer Hilfsperson Bremspedal so oft niedertreten lassen („pumpen“), bis sich im Bremssystem Druck aufgebaut hat. Zu spüren am wachsenden Widerstand beim Betätigen des Pedals.
- Ist genügend Druck vorhanden, Bremspedal ganz durchtreten, Fuß auf dem Bremspedal halten.
- Entlüfterventil am Bremssattel etwa eine halbe Umdrehung mit Ringschlüssel öffnen. Ausfließende Bremsflüssigkeit in der Flasche sammeln. Darauf achten, daß sich das Schlauchende in der Flasche ständig unterhalb des Flüssigkeitsspiegels befindet.
- Sobald der Flüssigkeitsdruck nachläßt, sofort Entlüfterventil schließen.
- Pumpvorgang wiederholen, bis sich Druck aufgebaut hat. Bremspedal niedertreten, Fuß auf dem Bremspedal lassen, Entlüfterschraube öffnen, bis der Druck nachläßt, Entlüfterschraube schließen.
- Entlüftungsvorgang an einem Bremszylinder so lange wiederholen, bis sich in der Bremsflüssigkeit, die in die Entlüfterflasche strömt, keine Luftblasen mehr zeigen.
- Nach dem Entlüften Schlauch von Entlüfterschraube abziehen, Staubkappe auf Ventil stecken.
- Die anderen Bremszylinder auf gleiche Weise entlüften.

Achtung: Während des Entlüftens ab und zu den Ausgleichbehälter beobachten. Der Flüssigkeitsspiegel darf nicht zu weit sinken, sonst wird über den Ausgleichbehälter Luft angesaugt. **Immer nur neue Bremsflüssigkeit nachgießen!**

- Nach dem Entlüften ist der Ausgleichbehälter bis zur Markierung „max“ aufzufüllen.

Bremsleitungen und Bremsschläuche

Für das Bremsleitungssystem, das zusammen mit den druckfesten Bremsschläuchen für die Räder die Verbindung vom Hauptbremszylinder zu den vier Radbremsen herstellt, werden Rohre verwendet.

Die Rohrverbindungen zu den Bremszylindern und Verteilerstücken sind als sogenannte Kegelkupplungen ausgebildet.

Die Rohrenden sind vorn gestaucht und haben dann eine kegelförmige Anlagefläche für die ebenfalls mit einem kegeligen Grund versehenen Gewindeöffnungen in den Bremszylindern bzw. Verteilerstücken. Bevor die Rohrenden gestaucht werden, wird eine Rohrmutter auf das Rohr gesteckt, die dann später nach dem Einschrauben die kegelige Anlagefläche des Rohres gegen den kegeligen Grund der Gewindeöffnung drückt und damit zuverlässig abdichtet.

Die Bremsschläuche stellen die flexiblen Verbindungen zwischen den starren und beweglichen Fahrzeugteilen her.

Bremsleitung/Bremsschlauch ersetzen

- Fahrzeug aufbocken, siehe Seite 211.
- Bremsleitung an den Überwurfmuttern lösen und abnehmen.
- Leitungsanschluß in Richtung Hauptbremszylinder mit geeignetem Stopfen verschließen.
- Neue Bremsleitung möglichst an gleicher Stelle verlegen.
- Beim Anschließen der Bremsleitung die kegelige Anlagefläche mit einigen Tropfen Bremsflüssigkeit benetzen und mit 10 Nm festziehen.

Bremsschlauch Vorderachse

Bremsschlauch Hinterachse

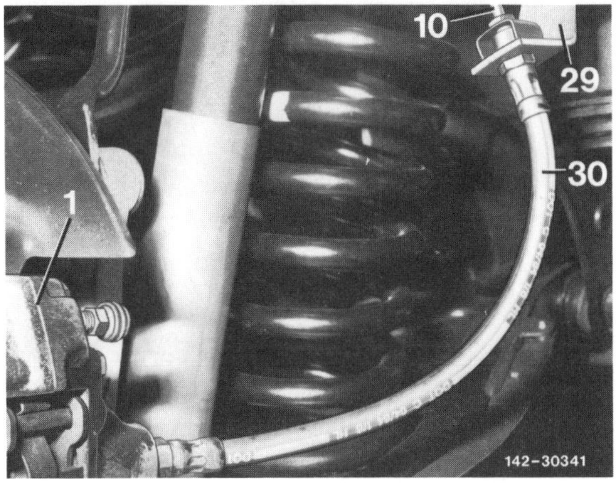

- Bremsleitung –10– vom Bremsschlauch lösen, dabei Bremsschlauch mit Gabelschlüssel gegenhalten. Anschluß mit Stopfen verschließen. –29– Halter für Bremsleitung.
- Bremsschlauch –30– aus dem Bremssattel –1– herausdrehen. Anschluß am Bremssattel verschließen.
- Neuen Bremsschlauch so einbauen, daß er ohne Drall durchhängt, und mit 15 Nm am Bremssattel festziehen.
- Nur vom Werk freigegebene Bremsschläuche einbauen.
- Nach dem Einbau bei entlastetem Rad prüfen (Wagen angehoben), ob der Schlauch allen Radbewegungen folgt, ohne irgendwo anzuscheuern.

Achtung: Bremsschläuche nicht mit Öl oder Petroleum in Berührung bringen, nicht lackieren oder mit Unterbodenschutz besprühen.

- Bremsanlage entlüften.
- Fahrzeug ablassen.

Bremskraftverstärker prüfen

Der Bremsservo ist auf Funktion zu überprüfen, wenn zur Erzielung ausreichender Bremswirkung die Pedalkraft außergewöhnlich hoch ist.

- Bremspedal bei stehendem Motor mindestens 5mal kräftig durchtreten, dann bei belastetem Bremspedal Motor starten. Das Bremspedal muß jetzt unter dem Fuß spürbar nachgeben.
- Andernfalls Unterdruckschlauch am Bremskraftverstärker abschrauben, Motor starten. Durch Fingerauflegen am Ende des Unterdruckschlauches prüfen, ob Unterdruck erzeugt wird.
- Ist kein Unterdruck vorhanden: Unterdruckschlauch auf Undichtigkeiten und Beschädigungen prüfen, ggf. ersetzen. Sämtliche Schellen fest anziehen.
- Ist Unterdruck vorhanden: Unterdruck messen, ggf. Bremsservo ersetzen (Werkstattarbeit.)

Die Feststellbremse

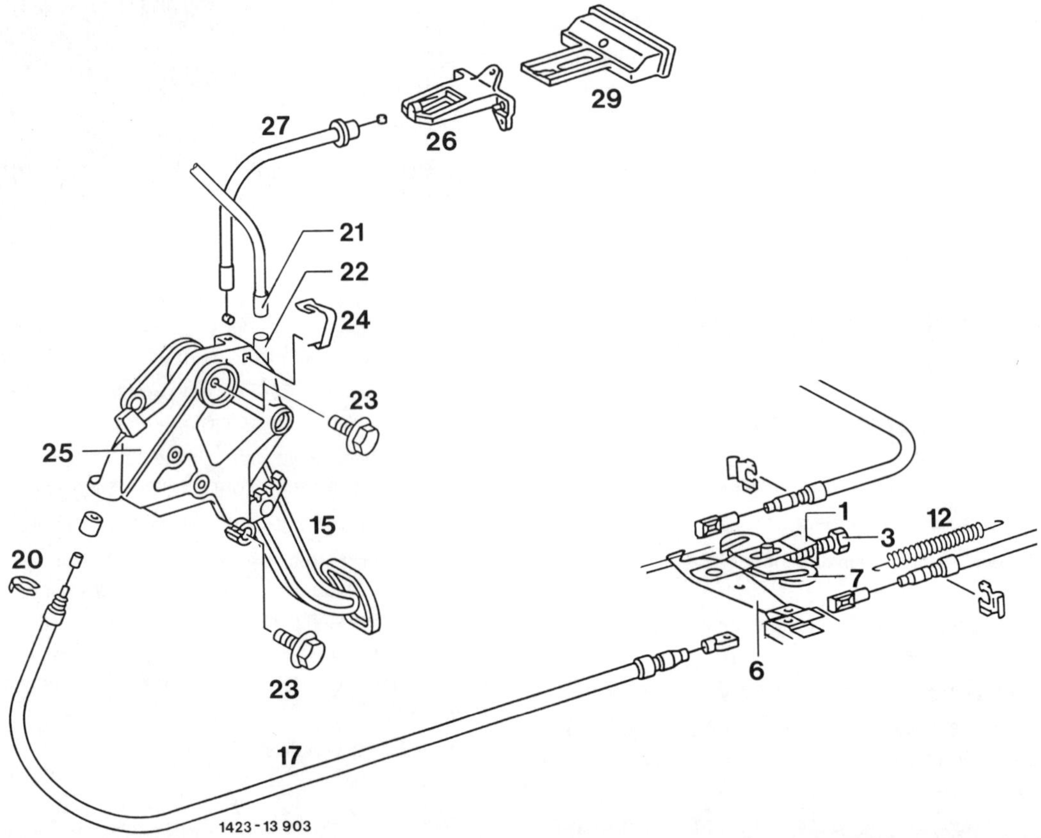

1 – Stellbügel für Bremsnachstellung
3 – Einstellschraube
6 – Zwischenhebel
7 – Ausgleichhebel
12 – Rückzugfeder
15 – Pedal
17 – Vorderer Bremsseilzug
20 – Federklammer
21 – Stecker
22 – Schalter für Warnleuchte
23 – Sechskantschrauben
24 – Klammer
25 – Pedalträger
26 – Führungsstück
27 – Oberer Bremsseilzug
29 – Griff

Bremsbacken für Feststellbremse aus- und einbauen

Ausbau

- Bremsscheibe hinten ausbauen.

- Hinterachswellenflansch –15– so drehen, daß ein Gewindeloch sich über der Feder –24– befindet.
- Andrückfeder mit Werkzeug 040 etwas zusammendrükken, um ca. 90° (¼ Umdrehung) drehen und Feder aus dem Abdeckring –19– aushängen.
- Das Hilfswerkzeug kann zum Beispiel folgendermaßen angefertigt werden. An eine Stange mit entsprechendem Durchmesser auf der einen Seite einen T-Griff anschweißen und auf der anderen Seite einen Schlitz, ca. 4 mm tief und ca. 2,5 mm breit, einfeilen.
- Andrückfeder für anderen Bremsbacken auf dieselbe Weise ausbauen.

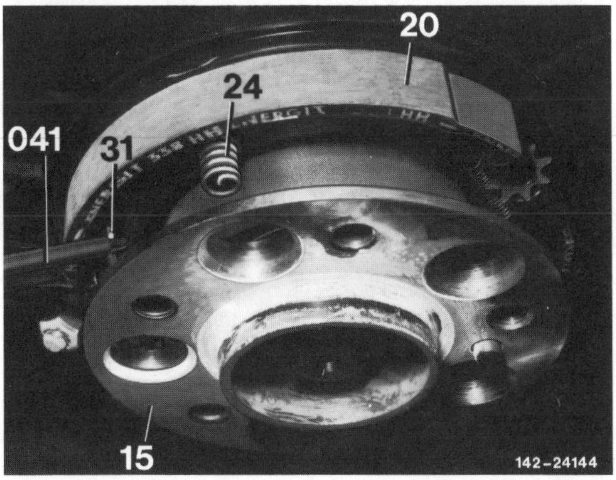

- Rückzugfeder –31– aus den Bremsbacken aushängen.

- Beide Bremsbacken –20– auseinanderziehen und über Hinterachswellenflansch –15– abnehmen.

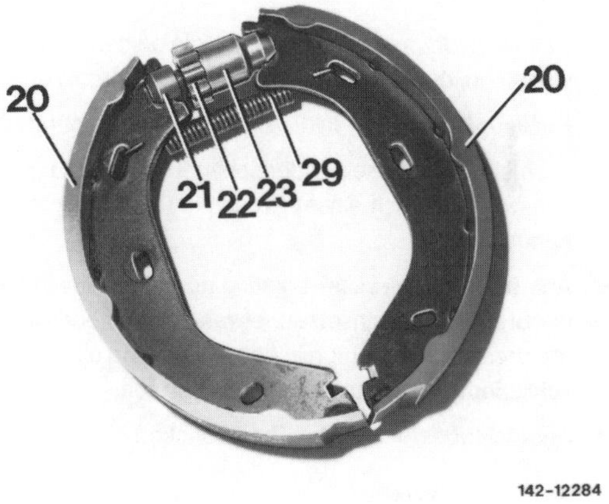

- Rückzugfeder –29– aus den Bremsbacken aushängen und Nachstellvorrichtung –21, 22, 23– herausnehmen.

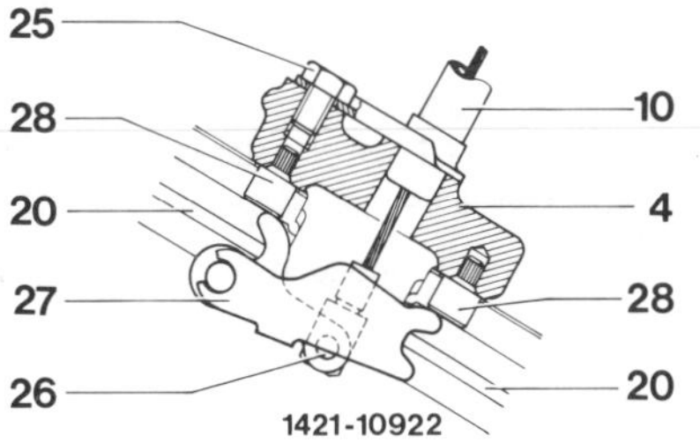

- Bolzen –26– am Spreizschloß –27– herausdrücken und Bremsseilzug –10– vom Spreizschloß abnehmen. –4– Radträger, –20– Bremsbacken, –25– Sechskantschraube, –28– Innensechskantschraube.

Einbau

- Sämtliche Lager- und Gleitflächen am Spreizschloß mit Hochtemperaturpaste (z. B. Liqui Moly LM-36 oder LM-508-ASC, Molykote-Paste-U oder G-Rapid) schmieren.
- Bremsseilzug mit Bolzen am Spreizschloß befestigen. Danach Spreizschloß in Richtung Abdeckring –19– drücken.

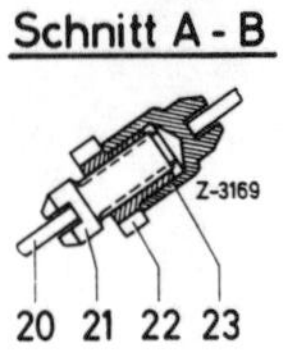

- Nachstellvorrichtung zerlegen. Gewinde des Druckstückes –21– sowie zylindrischen Teil des Stellrades –22– mit Hochtemperaturpaste schmieren.
- Druckstück –21– in das Stellrad –22– einschrauben und in die Druckhülse –23– einsetzen. Dabei Druckstück ganz einschrauben.
- Nachstellvorrichtung so zwischen die beiden Bremsbacken einsetzen, daß das Stellrad –22– nach vorn zeigt.
- Rückzugfeder –29– in die Bremsbacken einhängen.
- Bremsbacken auseinanderziehen und über den Hinterachswellenflansch einsetzen und in das Spreizschloß einhängen.
- Andrückfeder mit Hilfswerkzeug durch ein Gewindeloch in die Bremsbacke einsetzen, etwas zusammendrücken, um 90° drehen und dadurch in den Abdeckring einhängen. Anschließend Feder auf richtigen Sitz prüfen.
- Andrückfeder für anderen Bremsbacken einhängen.

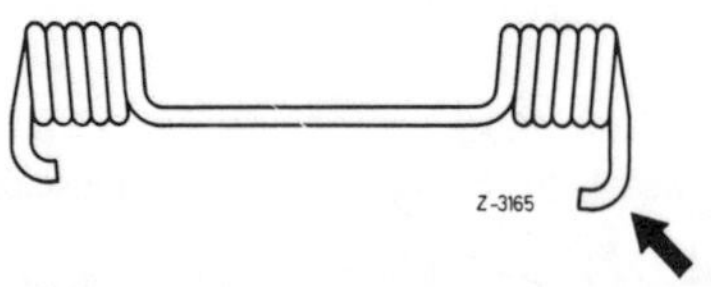

- Rückzugfeder mit der kleinen Öse in den Bremsbacken einhängen. Große Öse –Pfeil– mit Schraubendreher in anderen Bremsbacken einhängen.
- Hintere Bremsscheibe einbauen.
- Feststellbremse einstellen.

Feststellbremse einstellen

Die Feststellbremse muß eingestellt werden, wenn sich das Pedal mehr als 4 Rasten hineintreten läßt und keine Bremswirkung spürbar wird.

- An den beiden Hinterrädern je eine Radschraube herausschrauben.
- Fahrzeug hinten aufbocken.

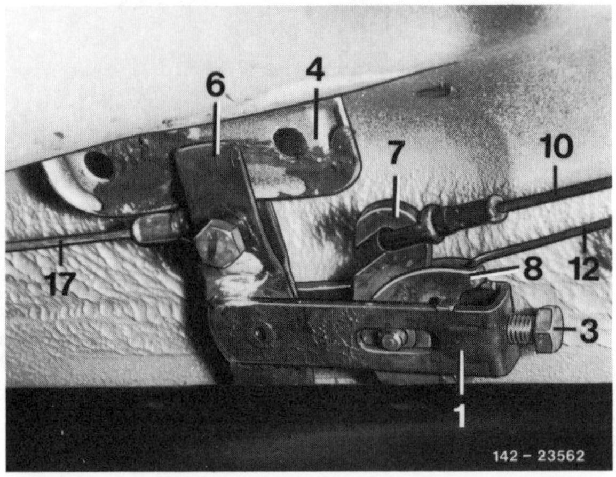

- Einstellschraube –3– hinten am Fahrzeugboden (Bremsausgleich) ganz herausdrehen.

- Rad so drehen, daß das Schraubenloch ca. 45° nach hinten oben zeigt, siehe Abbildung.

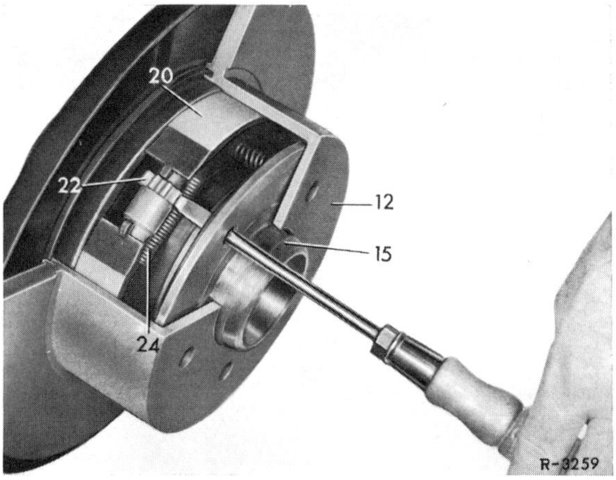

- Mit Schraubendreher, Größe 4,5 mm, durch das Gewindeloch das Stellrad –22– der Nachstellvorrichtung verdrehen, bis sich das Rad von Hand gerade nicht mehr drehen läßt (bei gelöster Feststellbremse). Während des Nachstellens also immer das Rad von Hand drehen; das Stellrad der Nachstellvorrichtung hat 15 Zähne.
  Drehrichtung: linkes Rad – von unten nach oben; rechtes Rad – von oben nach unten.
- Anschließend Stellrad wieder 5–6 Zähne zurückdrehen, bis sich das Rad drehen läßt, ohne daß die Bremsbacken schleifen.
- Jetzt das Stellrad –22– genauso am anderen Rad einstellen.
- Einstellschraube –3– am Bremsausgleich soweit hineindrehen, bis die Bremsseile gerade gespannt sind.
- Fußfeststellbremse mehrmals kräftig betätigen.
- Danach prüfen, ob sich bei gelöstem Pedal das Hinterrad vollkommen frei drehen läßt. Wenn das Pedal nun um 1 Raste hineingetreten wird, muß eine leichte Bremswirkung spürbar werden. Andernfalls Einstellung wiederholen.
- Radschrauben reindrehen, Fahrzeug ablassen und Schrauben über Kreuz mit 110 Nm festziehen.

Bremslichtschalter aus- und einbauen

Ausbau

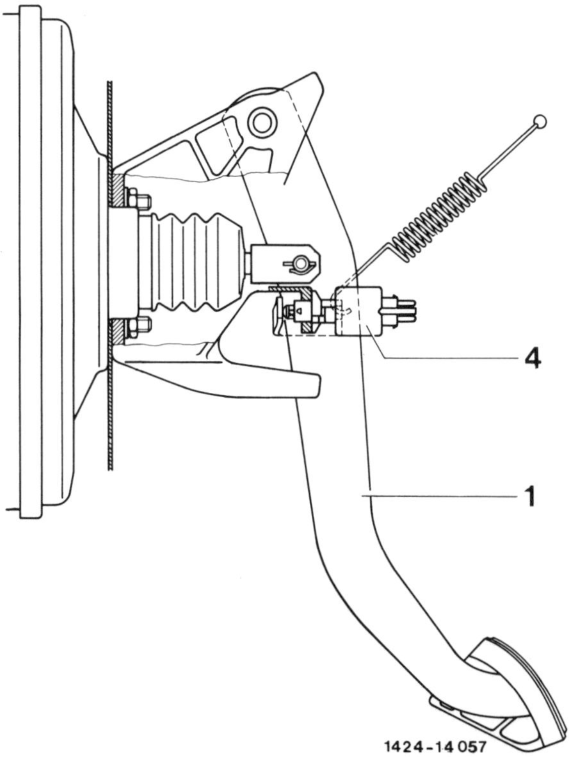

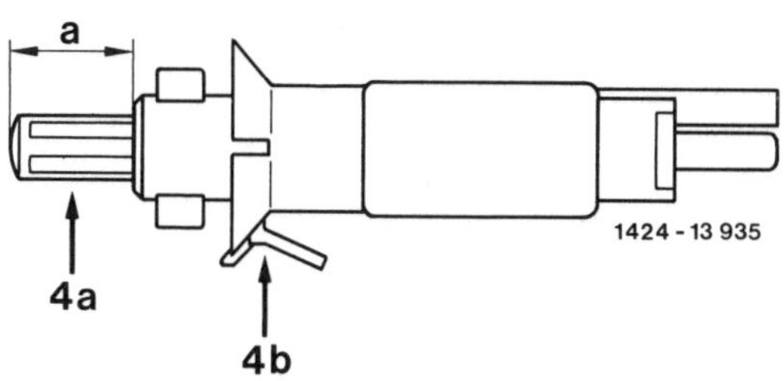

- Stecker abziehen.
- Arretierung –4b– eindrücken, Schalter drehen und herausziehen.

Einbau

- Betätigungsstift –4a– am neuen Bremslichtschalter bis zum Anschlag herausziehen. Dadurch ergibt sich der maximale Weg „a".
- Bremspedal ganz eindrücken.
- Schalter einsetzen und so weit drehen, bis die Arretierung –4b– einrastet.
- Bremspedal loslassen, dabei stellt sich der Betätigungsweg selbst ein.
- Elektrische Leitung aufschieben.

Die ABS-Anlage

Seit 9/88 ist der MERCEDES mit ABS (Anti-Blockier-System) ausgestattet. Ein nachträglicher Einbau des ABS bei bisherigen Fahrzeugen ohne diese Anlage ist nicht möglich.

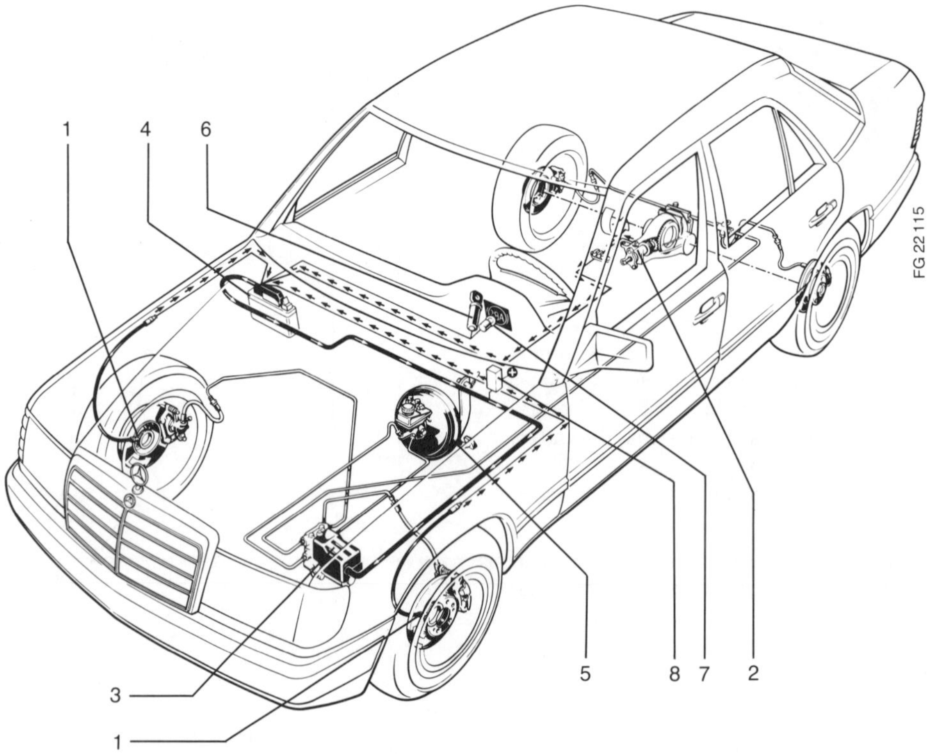

Das Antiblockiersystem besteht aus folgenden Bauteilen:

1 – Drehzahlfühler für die Vorderräder
2 – Drehzahlfühler für die Hinterachse
3 – Hydraulikeinheit
4 – Elektronisches Steuergerät
5 – Bremskraftverstärker
6 – Lenkschloß
7 – ABS-Kontrolleuchte
8 – Überspannschutzrelais

Das Antiblockiersystem (ABS) verhindert, daß bei scharfem Bremsen die Räder blockieren. Dadurch verkürzt sich der Bremsweg, weil der Kraftschluß zwischen Rädern und Fahrbahn größer ist, wenn sich die Räder eben noch drehen. Außerdem bleibt das Fahrzeug bei einer Vollbremsung lenkbar.

Das ABS ist funktionsbereit, sobald die Zündung eingeschaltet ist und die Geschwindigkeit 5–7 km/h erreicht. Es regelt alle Bremsvorgänge im Blockierbereich, sobald die Geschwindigkeit von 12 km/h einmal überschritten wurde.

Durch die Drehzahlfühler, zwei für die Vorderräder und einer für die Hinterachse, wird die Radgeschwindigkeit gemessen. Aus den Signalen der einzelnen Drehzahlfühler errechnet das elektronische Steuergerät eine Durchschnittsgeschwindigkeit, die in etwa der Fahrzeuggeschwindigkeit entspricht. Durch Vergleich der Radgeschwindigkeit für ein einzelnes Rad und der Durchschnittsgeschwindigkeit aller Räder erkennt das Steuergerät den Schlupfzustand des einzelnen Rades und kann dadurch feststellen, wenn sich ein Rad kurz vor dem Blockieren befindet.

Sobald ein Rad zum Blockieren neigt, der Bremsflüssigkeitsdruck im Bremssattel ist dann zu hoch im Verhältnis zur Haftfähigkeit der Reifen auf der Straße, hält das Hydrauliksystem aufgrund von Signalen des Steuergerätes den Flüssigkeitsdruck konstant. Das heißt, der Druck im Bremssattel erhöht sich nicht, auch wenn stärker auf das Bremspedal getreten wird. Besteht weiterhin Blockierneigung, wird der Flüssigkeitsdruck durch öffnen eines Auslaßventils abgesenkt. Jedoch nur soweit, bis das Rad wieder geringfügig beschleunigt, dann wird der Druck wieder konstant gehalten.

Beschleunigt das Rad über einen bestimmten Wert hinaus, wird der Druck durch das Hydrauliksystem wieder erhöht, jedoch nicht über das Maß des allgemeinen Bremsdrucks hinaus.

Dieser Vorgang wiederholt sich bei scharfem Bremsen für jedes einzelne Rad so lange, bis das Bremspedal zurückgenommen wird, beziehungsweise bis kurz vor Stillstand (5–7 km/h) des Fahrzeuges.

Eine Sicherheitsschaltung im elektronischen Steuergerät sorgt dafür, daß sich das ABS bei einem Defekt (z. B. Kabelbruch) oder bei zu niedriger Betriebsspannung (Batteriespannung unter 10,5 Volt) selbst abschaltet. In diesem Fall leuchtet die ABS-Kontrolleuchte am Armaturenbrett während der Fahrt auf. Die herkömmliche Bremsanlage bleibt dabei in Betrieb. Das Fahrzeug verhält sich beim Bremsen dann so, als ob kein ABS eingebaut wäre.

Die Hydraulikeinheit besteht aus der Rückförderpumpe sowie aus 3 Magnetventilen, je eines für die beiden Vorderradbremsen und eines für die Hinterradbremse.

Druckaufbau: Das Einlaßventil im Magnetventil ist geöffnet. Der Flüssigkeitsdruck im Bremssattel kann bis zu dem Wert ansteigen, der durch den Hauptbremszylinder hervorgerufen wird.

Druck konstant halten: Auslaß- und Einlaßventil im Magnetventil sind geschlossen. Der Flüssigkeitsdruck im Bremssattel verändert sich nicht, auch wenn sich der Druck zwischen Hauptbremszylinder und Magnetventil erhöht.

Druckabbau: Das Auslaßventil im Magnetventil ist geöffnet. Bremsflüssigkeit strömt über einen Speicher in die Rückförderpumpe, die die Flüssigkeit gegen den vorhandenen Druck in den Hauptbremszylinder zurückpumpt.

Das ist erforderlich, damit nicht die ganze Bremsflüssigkeit aus dem Hauptbremszylinder herausgedrückt werden kann. Die Pumpentätigkeit ist am deutlichen Pulsieren des Bremspedals spürbar. Die Pumpengeräusche werden durch je einen Dämpfer pro Bremskreis gedämpft.

Leuchtet während der Fahrt die ABS-Kontrollampe auf, dann weist dies darauf hin, daß sich das ABS abgeschaltet hat.

- Fahrzeug kurz anhalten, Motor abstellen und wieder starten.
- Batteriespannung prüfen. Wenn die Spannung unter 10,5 Volt liegt, Batterie laden.

Achtung: Wenn die ABS-Kontrolleuchte am Anfang einer Fahrt aufleuchtet und nach einiger Zeit wieder erlöscht, deutet das darauf hin, daß die Batteriespannung zunächst zu gering war, bis sie sich während der Fahrt durch Ladung über den Generator wieder erhöht hat.

- Fahrzeug aufbocken, Vorderräder abnehmen, elektrische Leitungen auf äußere Beschädigungen (durchgescheuert) prüfen.
- Weitere Prüfungen des ABS sollten der Werkstatt vorbehalten bleiben.

Wartungsarbeiten an der Bremsanlage

Bremsflüssigkeitsstand/Warnleuchte prüfen

Der Vorratsbehälter für die Bremsflüssigkeit befindet sich im Motorraum. Er hat zwei Kammern, je eine für jeden Bremskreis. Der Schraubverschluß –4– hat eine Belüftungsbohrung, die nicht verstopft sein darf.

Der Vorratsbehälter ist durchscheinend, so daß der Bremsflüssigkeitsstand jederzeit von außen überwacht werden kann.

Der Flüssigkeitsstand soll, bei geschlossenem Deckel, nicht höher als die Max.-Markierung und nicht unterhalb der Min-Marke liegen.

- Nur Bremsflüssigkeit nach DOT 4 einfüllen.

- Durch Abnutzung der Scheibenbremsen entsteht ein geringfügiges Absinken der Bremsflüssigkeit. Das ist normal.
- Sinkt die Bremsflüssigkeit jedoch innerhalb kurzer Zeit stark ab, ist das ein Zeichen für Bremsflüssigkeitsverlust.
- Die Leckstelle muß dann sofort ausfindig gemacht werden. In der Regel liegt es an verschlissenen Manschetten in den Radbremszylindern. Sicherheitshalber sollte die Überprüfung der Anlage von einer Fachwerkstatt durchgeführt werden.

Warnleuchte prüfen

- Zündung einschalten, Feststellbremse lösen.
- Beide Kontakte –Pfeil– nacheinander mit dem Finger nach unten drücken.
- Ein Helfer kontrolliert, ob die Warnleuchte jeweils aufleuchtet. Falls nicht, elektrische Zuleitung gemäß Stromlaufplan prüfen.
- Die Kontakteinsätze können nicht ausgebaut werden. Gegebenenfalls Vorratsbehälter ersetzen.

Bremsbelagdicke prüfen

Bei abgefahrenen **vorderen** Bremsbelägen leuchtet in der Armaturentafel eine Warnleuchte auf. In diesem Fall die vorderen Bremsbeläge umgehend ersetzen.

- Radschrauben lösen.
- Fahrzeug aufbocken, Räder abnehmen.
- Mit Schieblehre Belagdicke – also ohne metallene Rückenplatte – prüfen.

Belagdicke	vorn	hinten
Neu, alle Modelle 300 E-24, CE-24, TE-24	13,1 mm 11,3 mm	11 mm 11 mm
Verschleißgrenze	3,5 mm	2 mm
Dicke der metallnen Rückenplatte	6,2 mm	4,5 mm

- Ist die Verschleißgrenze erreicht, Bremsbeläge auswechseln. Grundsätzlich alle Beläge einer Achse erneuern.

Hinweis: Nach einer Faustregel entspricht 1 mm Bremsbelag einer Fahrleistung von mindestens 1000 km. Diese Faustregel gilt unter ungünstigen Bedingungen. Im Normalfall halten die Beläge viel länger. Bei einer Belagdicke der vorderen Scheibenbremsbeläge von 5,5 mm (ohne Rückenplatte) beträgt die Restnutzbarkeit der Bremsbeläge also noch mindestens 2000 km.

Bremsscheibendicke prüfen

Hinweis: Je nach Motorleistung ist der MERCEDES vorn mit innenbelüfteten oder massiven Bremsscheiben ausgestattet.

- Radschrauben lösen.
- Fahrzeug aufbocken.
- Rad abnehmen.

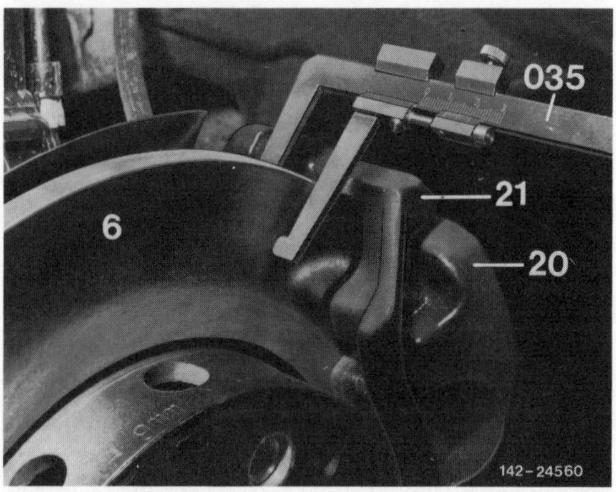

- Bremsscheibendicke messen. Die Werkstätten benutzen dazu eine spezielle Lehre –035–, da sich durch Abnutzung der Bremsscheibe ein Rand bildet. Man kann die Bremsscheibendicke auch mit einer normalen Schieblehre messen, allerdings muß dann auf jeder Seite der Bremsscheibe eine 3 mm starke Unterlage zwischengelegt werden (oder 2 Zehn-Pfennig-Stücke). Um die exakte Bremsscheibendicke zu haben, müssen von dem Maß dann die 6 mm für die Unterlage abgezogen werden.

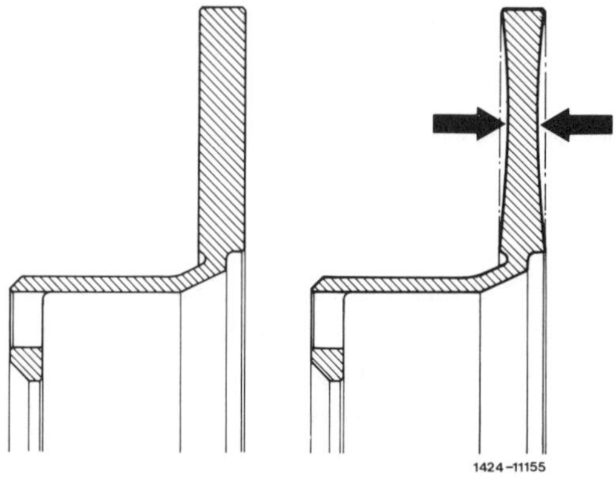

Achtung: Bremsscheibendicke immer an der dünnsten Stelle –Pfeile– messen.

Bremsscheibendicke	Neu	Mindest-dicke	Verschleiß-grenze
vorn (massiv)	12 mm	10,5 mm	10,0 mm
vorn (belüftet)	22 mm	20,0 mm	19,4 mm
hinten (massiv)	9 mm	7,6 mm	7,3 mm
hinten (belüftet)	20 mm	18,5 mm	18,0 mm

- Bei Erreichen der Mindestdicke können noch einmal neue Bremsbeläge eingebaut werden.
- Wird die Verschleißgrenze erreicht, Bremsscheibe erneuern.
- Bei größeren Rissen oder bei Riefen, die tiefer als 0,5 mm sind, Bremsscheibe erneuern.

Sichtprüfung der Bremsleitungen

Die Bremsleitungen sollen etwa alle 20000 km auf einwandfreien Zustand geprüft werden.

- Fahrzeug aufbocken, siehe Seite 211.
- Bremsleitungen mit Kaltreiniger reinigen.

Achtung: Die Bremsleitungen sind zum Schutz gegen Korrosion mit einer Kunststoffschicht überzogen. Wird diese Schutzschicht beschädigt, kann es zur Korrosion der Leitungen kommen. Aus diesem Grund dürfen Bremsleitungen nicht mit Drahtbürste, Schmirgelleinen oder Schraubendreher gereinigt werden.

- Bremsleitungen vom Hauptbremszylinder zu den einzelnen Radbremszylindern mit Lampe überprüfen. Der Hauptbremszylinder sitzt im Motorraum unter dem Vorratsbehälter für Bremsflüssigkeit.
- Bremsleitungen dürfen weder geknickt noch gequetscht sein. Auch dürfen sie keine Rostnarben oder Scheuerstellen aufweisen. Andernfalls Leitung bis zur nächsten Trennstelle ersetzen.
- Bremsschläuche verbinden die Bremsleitungen mit den Radbremszylindern an den beweglichen Teilen des Fahrzeugs. Sie bestehen aus hochdruckfestem Material, können aber mit der Zeit porös werden, aufquellen oder durch scharfe Gegenstände angeschnitten werden. In einem solchen Fall sind sie sofort zu ersetzen.
- Bremsschläuche mit der Hand hin- und herbiegen, um Beschädigungen festzustellen. Schläuche dürfen nicht verdreht sein, farbige Kennlinie beachten!
- Lenkrad nach links und rechts bis zum Anschlag drehen. Die Bremsschläuche dürfen dabei in keiner Stellung Fahrzeugteile berühren.
- Anschlußstellen von Bremsleitungen und -schläuchen dürfen nicht durch ausgetretene Flüssigkeit feucht sein.

Achtung: Wenn der Vorratsbehälter und die Dichtungen durch ausgetretene Bremsflüssigkeit feucht sind, so ist das nicht unbedingt ein Hinweis auf einen defekten Hauptbremszylinder. Vielmehr dürfte die Bremsflüssigkeit durch die Belüftungsbohrung im Deckel oder durch die Deckeldichtung ausgetreten sein.

Bremsflüssigkeit wechseln

Die Bremsflüssigkeit nimmt durch die Poren der Bremsschläuche sowie durch die Entlüftungsöffnung des Vorratsbehälters Luftfeuchtigkeit auf. Dadurch sinkt im Laufe der Betriebszeit der Siedepunkt der Bremsflüssigkeit. Bei starker Beanspruchung der Bremse kann es deshalb zu Dampfblasenbildung in den Bremsleitungen kommen, wodurch die Funktion der Bremsanlage stark beeinträchtigt wird.

Die Bremsflüssigkeit soll einmal jährlich, möglichst im Frühjahr, erneuert werden.

- Vorsichtsmaßregeln beim Umgang mit Bremsflüssigkeit beachten, siehe Seite 128.
- Mit einer Absaugflasche aus dem Bremsflüssigkeitsbehälter Bremsflüssigkeit bis zu einem Stand von ca. 10 mm absaugen.

Achtung: Vorratsbehälter nicht ganz entleeren, damit keine Luft in das Bremssystem gelangt.

- Vorratsbehälter bis zur „Maximum"-Marke mit **neuer** Bremsflüssigkeit füllen.
- Am rechten hinteren Bremssattel sauberen Schlauch auf Entlüfterventil aufschieben, geeignetes Gefäß unterstellen.
- Entlüfterventil öffnen und mit ca. 10 Pumpenstößen am Bremspedal alte Bremsflüssigkeit herauspumpen.
- Entlüfterventil schließen, Vorratsbehälter mit **neuer** Bremsflüssigkeit auffüllen.
- Auf die gleiche Weise alte Bremsflüssigkeit aus den anderen Bremssätteln herauspumpen.

Achtung: Die abfließende Bremsflüssigkeit muß in jedem Fall klar und blasenfrei sein.

Feststellbremse prüfen

Die Feststellbremse wirkt über 2 Trommelbremsen auf die Hinterräder.

- Fahrzeug hinten aufbocken.
- Feststellbremse bis zur 1. Raste hineintreten. Beide Räder von Hand durchdrehen. An den Hinterrädern muß nun eine Bremswirkung spürbar sein.
- Pedal 3 Rasten hineintreten, die Hinterräder müssen jetzt blockieren.
- Andernfalls Feststellbremse einstellen.
- Fahrzeug ablassen.

Störungsdiagnose Bremsanlage

Störung	Ursache	Abhilfe
Leerweg des Bremspedals zu groß	Bremsbeläge teilweise oder völlig abgenutzt	■ Beläge erneuern. Nur Original-MERCEDES-Bremsbeläge verwenden
	Ein Bremskreis ausgefallen	■ Bremskreise auf Flüssigkeitsverlust prüfen
Bremspedal läßt sich weit und federnd durchtreten	Luft im Bremssystem	■ Bremse entlüften
	Zu wenig Bremsflüssigkeit im Ausgleichbehälter	■ Neue Bremsflüssigkeit nachfüllen, Bremse entlüften
	Bremsbeläge hinten stark abgenutzt, Rückenplatte liegt an Kreuzfeder an	■ Bremsbeläge ersetzen. Nur Original-MERCEDES-Bremsbeläge verwenden
	Dampfblasenbildung. Tritt meist nach starker Beanspruchung auf, z. B. Paßabfahrt	■ Bremsflüssigkeit wechseln Bremse entlüften
Bremswirkung läßt nach, und Bremspedal läßt sich durchtreten	Undichte Leitung	■ Leitungsanschlüsse nachziehen oder Leitung erneuern
	Beschädigte Manschette im Hauptbremszylinder	■ Manschette erneuern. Ggf. Hauptbremszylinder ersetzen
	Gummidichtring beschädigt	■ Bremssattel überholen
Schlechte Bremswirkung trotz hohen Fußdrucks	Bremsbeläge verschmiert	■ Bremsbeläge erneuern
	Ungeeigneter Bremsbelag	■ Beläge erneuern. Original-MERCEDES-Beläge verwenden
	Bremskraftverstärker defekt, Unterdruckschlauch undicht	■ Bremsservo prüfen
	Dichtringe zwischen Bremskraftverstärker und Hauptbremszylinder undicht	■ Dichtringe ersetzen
	Bremsscheiben verschmutzt, verschlissen	■ Bremsscheiben reinigen, ersetzen
	Bremsbeläge abgenutzt	■ Bremsbeläge erneuern
Bremse zieht einseitig	Unvorschriftsmäßiger Reifendruck, Bereifung ungleichmäßig abgefahren	■ Reifendruck prüfen und berichtigen. Abgefahrene Reifen ersetzen
	Bremsbeläge verschmiert	■ Bremsbeläge erneuern
	Verschiedene Bremsbelagsorten auf einer Achse	■ Beläge erneuern. Original-MERCEDES-Beläge verwenden
	Schlechtes Tragbild der Bremsbeläge	■ Bremsbeläge austauschen
	Bremskolben schwergängig	■ Kolben auf Leichtgängigkeit prüfen
	Verschmutzte Bremssattelschächte	■ Sitz- und Führungsflächen der Bremsbeläge im Bremssattel reinigen
	Korrosion in den Bremssattelzylindern	■ Bremssattel erneuern
	Bremsbelag ungleichmäßig verschlissen	■ Bremsbeläge erneuern (beide Räder)
Bremsen erhitzen sich während der Fahrt	Ausgleichsbohrung im Hauptbremszylinder verstopft	■ Hauptbremszylinder reinigen und Innenteile erneuern lassen
	Bremskolben schwergängig, Bremse schleift	■ Bremssattel erneuern

Störung	Ursache	Abhilfe
Bremsen rattern	Ungeeigneter Bremsbelag	■ Beläge erneuern. Original-MERCEDES-Beläge verwenden
	Bremsscheibe stellenweise korrodiert	■ Scheibe mit Schleifklötzen sorgfältig glätten
	Bremsscheibe hat Seitenschlag	■ Scheibe nacharbeiten oder ersetzen
	Bremssattel locker	■ Bremssattel festschrauben, neue Schrauben verwenden
Bremsbeläge lösen sich nicht von der Bremsscheibe, Räder lassen sich schwer von Hand drehen	Korrosion in den Bremssattelzylindern	■ Bremssattel überholen, eventuell austauschen
Bremse quietscht	Oft auf atmosphärische Einflüsse (Luftfeuchtigkeit) zurückzuführen	■ Keine Abhilfe erforderlich, und zwar dann, wenn Quietschen nach längerem Stillstand des Wagens bei hoher Luftfeuchtigkeit auftrat, aber nach den ersten Bremsungen sich nicht wiederholt
	Ungeeigneter Bremsbelag	■ Beläge erneuern. Original-MERCEDES-Beläge verwenden
	Bremsscheibe läuft nicht parallel zum Bremssattel	■ Anlagefläche des Bremssattels prüfen
	Verschmutzte Schächte im Bremssattel	■ Bremssattelschächte reinigen
	Falsche Kolbenstellung an den Hinterrad-Bremssätteln	■ 20°-Kolbenstellung prüfen
Ungleichmäßiger Belag-Verschleiß	Ungeeigneter Bremsbelag	■ Belag erneuern. Original-MERCEDES-Beläge verwenden
	Bremssattel verschmutzt	■ Bremssattelschächte reinigen
	Kolben nicht leichtgängig	■ Kolbenstellung (Kolbenring) prüfen
	Bremssystem undicht	■ Bremssystem auf Dichtigkeit prüfen
Keilförmiger Bremsbelag-Verschleiß	Bremsscheibe läuft nicht parallel zum Bremssattel	■ Anlagefläche des Bremssattels prüfen
	Korrosion in den Bremssätteln	■ Verschmutzung beseitigen
	Kolben arbeitet nicht richtig	■ Kolbenstellung (Kolbenring) prüfen
Bremse pulsiert	ABS in Funktion	■ Normal, keine Abhilfe
	Seitenschlag oder Dickentoleranz der Bremsscheibe zu groß	■ Schlag und Toleranz prüfen. Scheibe nacharbeiten oder ersetzen
	Bremsscheibe läuft nicht parallel zum Bremssattel	■ Anlagefläche des Bremssattels prüfen
Bremspedal fällt langsam durch bei leichtem Betätigen	Hauptbremszylinder defekt	■ Hauptbremszylinder erneuern

Räder und Reifen

Der MERCEDES Typ 124 kann mit unterschiedlichen Rädern und Reifen bestückt sein. Es sind jedoch nur Scheibenräder mit einer Einpreßtiefe von 49 mm (300 E-24 nur ET = 48 mm) zulässig. Die Einpreßtiefe ist das Maß von der Felgenmitte bis zur Anlagefläche der Radschüssel an die Bremsscheibe.

Achtung: Räder und Reifen vom Typ 123 (Vorgängermodell) und vom Typ 201 (MERCEDES 190/E/D) können nicht verwendet werden.

Räder und Reifenmaße

Typ	Scheibenrad	Sommerreifen	Winterreifen
200 D	6 J × 15 H2	185/65 R 15 87 T	185/65 R 15 87 T M+S
200 TD, 250 D, TD	6½ J × 15 H2	195/65 R 15 91 T	195/65 R 15 91 T M+S
250 D Turbo, 300 D, TD, Turbo, 4MATIC	6½ J × 15 H2	195/65 R 15 91 H	195/65 R 15 91 T M+S
200	6 J × 15 H2	185/65 R 15 87 H	185/65 R 15 87 T M+S
200 T	6½ J × 15 H2	195/65 R 15 91 T	195/65 R 15 91 T M+S
200 E, TE, 230 E, CE, TE	6½ J × 15 H2	195/65 R 15 91 H	195/65 R 15 91 T M+S
260 E, 4MATIC, 300 E, CE, TE, 4MATIC	6½ J × 15 H2	195/65 R 15 91 V	195/65 R 15 91 T M+S
300 E-24, CE-24, TE-24	6½ J × 15 H2 ET 48[1)]	195/65 R 15 91 Z	195/65 R 15 91 T M+S

[1]) Scheibenräder mit einer Einpreßtiefe von 49 mm dürfen bei diesen Modellen aus Platzgründen **nicht** verwendet werden.

Achtung: Die technische Entwicklung geht ständig weiter. Es kann sein, daß inzwischen auch für ältere Fahrzeug-Modelle andere Reifenfülldrücke beziehungsweise andere Reifen-Felgen-Kombinationen zugelassen sind. Außerdem sind für Fahrzeuge, die Reifen der Geschwindigkeitsklassen »V« oder »Z« benötigen nur bestimmte Reifenfabrikate zugelassen. Es empfiehlt sich deshalb, die aktuellen Daten bei der Fachwerkstatt zu erfragen.

■ Da die Winterreifen einer Geschwindigkeitsbeschränkung unterliegen, muß ein Hinweis über die zulässige Höchstgeschwindigkeit im Blickfeld des Fahrers sinnvoll angebracht werden (§ 36, Absatz 1 StVZO).

Scheibenrad-Bezeichnungen

Beispiel:

6 = Maulweite der Felge in Zoll
J = Kennbuchstabe für Höhe und Kontur des Felgenhorns
X = Kennzeichen für einteilige Tiefbettfelge
15 = Felgen-Durchmesser in Zoll
H2 = Felgenprofil an Außen- und Innenseite mit Hump-Schulter
ET49 = Einpreßtiefe 49 mm

Reifenbezeichnungen

Beispiel:

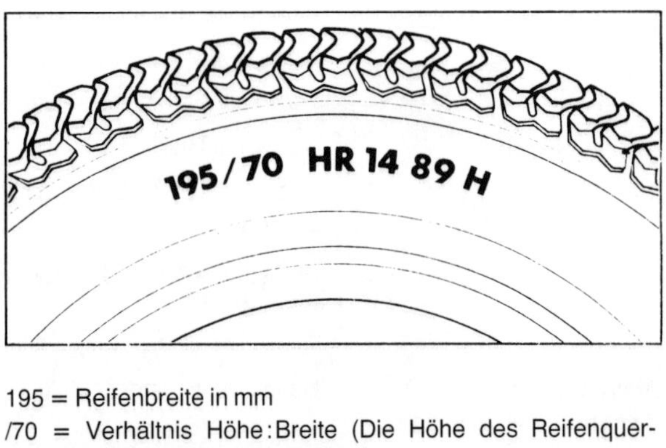

195 = Reifenbreite in mm
/70 = Verhältnis Höhe : Breite (Die Höhe des Reifenquerschnitts beträgt 70 % von der Breite)

Fehlt eine besondere Angabe des Querschnittverhältnisses (z. B. 175 SR 14), so handelt es sich um das „normale" Höhen-Breiten-Verhältnis. Es beträgt bei Gürtelreifen 82 %.

H = Geschwindigkeitsklasse, H: bis 210 km/h, V: über 210 km/h (wird bei neueren Reifen nicht immer angegeben, ausgenommen VR-Reifen).
R = Radial-Bauart (= Gürtelreifen).
14 = Felgendurchmesser in Zoll.
89 = Tragfähigkeits-Kennzahl.

Achtung: Steht zwischen den Angaben 14 und 89 die Bezeichnung M + S, dann handelt es sich um einen Reifen mit Winterprofil.

H = Kennbuchstabe für zulässige Höchstgeschwindigkeit.

Der Geschwindigkeits-Kennbuchstabe steht normalerweise hinter der Tragfähigkeits-Kennzahl und gilt sowohl für Sommer- als auch für Winterreifen.

Geschwindigkeits-Kennbuchstabe

Kennbuchstabe	Zulässige Höchstgeschwindigkeit
M	130 km/h
N	140 km/h
P	150 km/h
Q	160 km/h
R	170 km/h
S	180 km/h
T	190 km/h
U	200 km/h
H	210 km/h
V	240 km/h
Z	über 240 km/h

Reifen-Herstellungsdatum

Das Herstellungsdatum steht auf dem Reifen im Hersteller-Code.

Beispiel: DOT CUL2 UM8 147 TUBELESS

DOT = Department of Transportation (US-Verkehrsministerium)
CU = Kürzel für Reifenhersteller
L2 = Reifengröße
UM8 = Reifenausführung
147 = Herstellungsdatum = 14. Produktionswoche 1987
TUBELESS = schlauchlos (TUBETYPE = Schlauchreifen)

Austauschen der Räder

Es ist nicht ratsam, Räder ohne zwingenden Grund zu wechseln, da bei häufigem An- und Abschrauben der Räder (in der Praxis zumeist ohne Drehmomentschlüssel und somit ohne Gewähr für gleichmäßig festes Anziehen der Radschrauben) Verspannungen der Radnaben auftreten können. Ich empfehle, den Wagen so lange zu fahren, bis sich die Reifen der Verschleißgrenze nähern. Dann:

- Vorn zwei neue Reifen aufziehen beziehungsweise Ersatzrad montieren und einen neuen Reifen aufziehen.
- Hinten die besten alten Reifen montieren (unter Beibehaltung der bisherigen Drehrichtung).

Es ist nicht zweckmäßig, bei einem Austausch der Räder die Drehrichtung der Reifen zu ändern, da sich die Reifen nur unter vorübergehend stärkerem Verschleiß der veränderten Drehrichtung anpassen.

- Zum Schutz gegen Festrosten ist der Zentriersitz des Scheibenrades an den Radnaben vorn und hinten bei jeder Demontage des jeweiligen Rades mit Wälzlagerfett leicht einzufetten.
- Vor der Demontage Rad mit Kreide zur Radnabe markieren, damit es in gleicher Stellung wieder montiert werden kann.

1404-12692

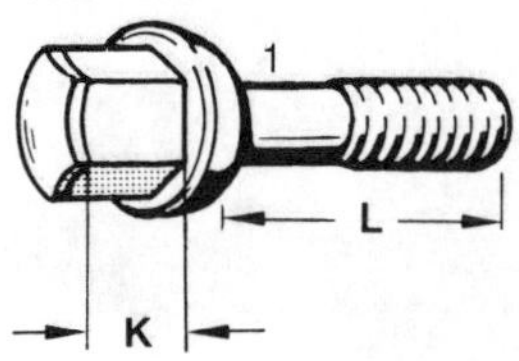

1404-12698

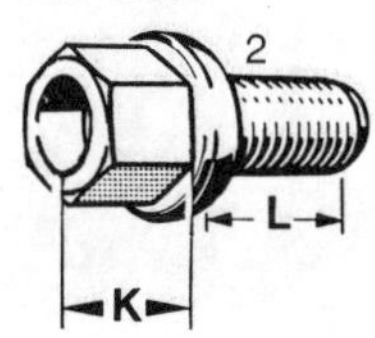

Achtung: Schrauben –1– (Länge L = 40 mm, K = 10,5 mm) nur für Leichtmetall-Scheibenräder, Schrauben –2– (Länge L = 21 mm, K = 10,5 mm) nur für Stahl-Scheibenräder verwenden. Werden Leichtmetallfelgen nachträglich montiert und als Ersatzrad ein Stahl-Scheibenrad mitgeführt, empfiehlt es sich, für das Ersatzrad die entsprechenden Schrauben zum Bordwerkzeug zu legen.

- Leichtmetallfelgen sind durch einen Klarlacküberzug gegen Korrosion geschützt. Beim Radwechsel darauf achten, daß die Schutzschicht nicht beschädigt wird, andernfalls mit Klarlack ausbessern.

- Vor dem Aufschieben des Leichtmetall-Scheibenrades Montagebolzen –039– in ein oberes Gewindeloch –Pfeil– einschrauben. Der Montagebolzen liegt dem Reserverad bei.

- Radschrauben über Kreuz in mehreren Durchgängen festziehen.

Achtung: Durch einseitiges oder unterschiedlich starkes Anziehen der Radschrauben können das Rad und/oder die Radnabe verspannt werden. **Das Anzugsdrehmoment beträgt für alle Radschrauben 110 Nm.** Bei neuen Scheibenrädern Radschrauben nach einer Fahrstrecke von 100 bis 500 km mit vorgeschriebenem Anzugsdrehmoment nachziehen.

Reifen einfahren

Neue Reifen haben vom Produktionsprozeß her eine besonders glatte Oberfläche. Deshalb müssen neue Reifen eingefahren werden. Bei diesem Einfahren rauht sich durch die beginnende Abnutzung die glatte Oberfläche auf.

Während der ersten 300 km sollte man mit neuen Reifen speziell auf Nässe besonders vorsichtig fahren.

Reifen lagern

- Reifen sollten kühl, dunkel, trocken und möglichst auch zugfrei untergebracht werden. Auch mit Fett und Öl dürfen sie nicht in Berührung kommen.
- Reifen liegend oder aufgehängt in der Garage oder im Keller lagern.
- Bevor die Räder abmontiert werden, Reifenfülldruck etwas erhöhen (30–50 kPa, 0,3–0,5 bar).
- Für Winterreifen eigene Felgen verwenden.

Die Reifen jeweils auf die Felgen umzumontieren lohnt sich aus Kostengründen nicht.

Auswuchten der Räder

Die serienmäßigen Räder werden im Werk ausgewuchtet. Das Auswuchten ist notwendig, um unterschiedliche Gewichtsverteilung und Materialungenauigkeiten auszugleichen.

Im Fahrbetrieb macht sich die Unwucht durch Trampel- und Flattererscheinungen bemerkbar. Das Lenkrad beginnt dann bei höherem Tempo zu zittern.

In der Regel tritt dieses Zittern nur in einem bestimmten Geschwindigkeitsbereich auf und verschwindet wieder bei niedrigerer und höherer Geschwindigkeit.

Solche Unwuchterscheinungen können mit der Zeit zu Schäden an Achsgelenken, Lenkgetriebe und Stoßdämpfern führen.

Räder grundsätzlich alle 20 000 km und nach jeder Reifenreparatur auswuchten lassen, da sich durch Abnutzung und Reparatur die Gewichts- und Materialverteilung am Reifen ändert.

Gleitschutzketten

Die Verwendung von Gleitschutzketten ist nur an der Antriebsachse (Hinterachse) erlaubt. Vor der Montage Radblenden abnehmen.

Mit Gleitschutzketten darf nicht schneller als 50 km/h gefahren werden. Auf schnee- und eisfreien Straßen sind die Gleitschutzketten abzunehmen.

Es sollten nur von MERCEDES-BENZ freigegebene Gleitschutzketten verwendet werden.

Reifenfülldruck in bar (atü)

Modell	halbe Zuladung vorn	halbe Zuladung hinten	volle Zuladung vorn	volle Zuladung hinten
200 D, 250 D, 300 D, 200 E, 230 E, 230 CE	2,0	2,0	2,0	2,5
200 T, 200 TD, 250 TD	2,0	2,2	2,2	2,8
200 TE, 230 TE, 300 TE, 300 TD Turbo	2,0	2,5	2,2	3,1
200, 260 E, 250 D Turbo, 300 D Turbo	2,2	2,2	2,2	2,7
300 E	2,2	2,4	2,2	2,8
300 CE	2,3	2,3	2,3	2,8
260 E-, 300 E-, 300 D-4MAT.	2,4	2,4	2,4	2,7
300 E-24, CE-24	2,4	2,5	2,5	3,2
300 TE-24	2,3	2,7	2,4	3,2

- Reifenfülldruck für das **Reserverad:** Maximaler Fülldruck der hinteren Reifen, beispielsweise 3,1 bar beim 230 TE, 300 TE.
- Sämtliche Überdruckangaben beziehen sich auf kalte Reifen. Bei längerer Fahrt erwärmt sich der Reifen, wodurch sich der Reifenfülldruck um ca. 0,3 bar erhöhen kann. Der höhere Fülldruck bei warmen Reifen darf auf keinen Fall reduziert werden.
- Winterreifen werden in der Regel mit einem um 0,2 bar, teilweise auch 0,3 bar höheren Überdruck gefahren. Die Luftdruckempfehlungen des jeweiligen Reifenherstellers bei Winterreifen sind zu beachten.
- Bei sportlicher Fahrweise empfiehlt es sich, den Reifenüberdruck an Vorder- und Hinterrädern um 0,2 bar zu erhöhen. Bei dieser Erhöhung ist vom Basis-Überdruck auszugehen, wie er für die verschiedenen Belastungszustände vorgeschrieben ist.

Wartungsarbeiten an den Reifen

Reifenfülldruck prüfen

- Reifenfülldruck nur am kalten Reifen prüfen.
- Reifenfülldruck einmal im Monat sowie im Rahmen der Wartung prüfen.
- Zusätzlich sollte der Fülldruck vor längeren Autobahnfahrten kontrolliert werden, da hierbei die Temperaturbelastung für den Reifen am größten ist.

Reifenprofil prüfen

Die Reifen ausgewuchteter Räder nutzen sich bei gewissenhaftem Einhalten des vorgeschriebenen Fülldrucks und bei fehlerfreier Radeinstellung und Stoßdämpferfunktion auf der gesamten Lauffläche annähernd gleichmäßig ab. Im übrigen läßt sich keine generelle Aussage über die Lebensdauer bestimmter Reifenfabrikate machen, denn die Lebensdauer hängt von unterschiedlichen Faktoren ab:

- Fahrbahnoberfläche
- Reifenfülldruck
- Fahrweise
- Witterung

Vor allem sportliche Fahrweise, scharfes Anfahren und starkes Bremsen fördern den schnellen Reifenverschleiß.

Achtung: Die Rechtsprechung verlangt, daß Reifen lediglich bis zu einer Profiltiefe von 1,6 mm abgefahren werden dürfen, und zwar müssen die Profilrillen auf der gesamten Lauffläche noch mindestens 1,6 mm Tiefe aufweisen. Es empfiehlt sich jedoch, sicherheitshalber die Reifen bereits bei einer Profiltiefe von 2 mm auszutauschen.

B2-928

Nähert sich die Profiltiefe der gesetzlich zulässigen Mindestprofiltiefe, das heißt, weist der mehrmals am Reifenumfang angeordnete 1,6 mm hohe Verschleißanzeiger an diesen Stellen kein Profil mehr auf, sollten die Reifen bald gewechselt werden.

Achtung: M + S-Reifen haben auf Matsch und Schnee nur ausreichende Wirkung, wenn ihr Profil noch mindestens 4 mm tief ist.

Achtung: Reifen auf Schnittstellen untersuchen und mit kleinem Schraubendreher Tiefe der Schnitte feststellen. Wenn die Schnitte bis zur Karkasse reichen, korrodiert durch eindringendes Wasser der Stahlgürtel. Dadurch löst sich unter Umständen die Lauffläche von der Karkasse, der Reifen platzt. Deshalb: bei tiefen Einschnitten im Profil aus Sicherheitsgründen Reifen austauschen.

Ventil prüfen

- Schutzkappe vom Ventil abschrauben.
- Etwas Speichel auf das Ventil geben. Wenn sich eine Blase bildet, Ventil mit umgedrehter Schutzkappe festdrehen.

Achtung: Zum Anziehen des Ventils kann nur eine Metallschutzkappe verwendet werden. Metallschutzkappen sind an der Tankstelle erhältlich.

- Ventil erneut prüfen. Falls sich wieder Blasen bilden oder sich das Ventil nicht weiter anziehen läßt, Ventil erneuern.
- Grundsätzlich Schutzkappe wieder befestigen.

Fehlerhafte Reifenabnutzung

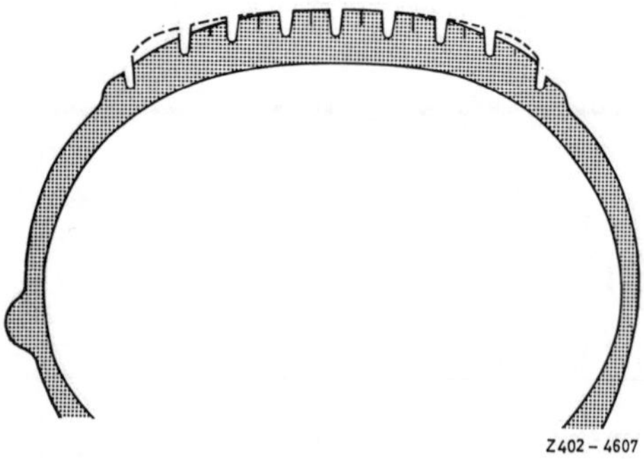

- An den Vorderrädern ist eine etwas größere Abnutzung der Reifenschultern gegenüber der Laufflächenmitte normal, wobei aufgrund der Straßenneigung die Abnutzung der zur Straßenmitte zeigenden Reifenschulter (linkes Rad: außen, rechtes Rad: innen) deutlicher ausgeprägt sein kann.
- Ungleichmäßiger Reifenverschleiß ist zumeist die Folge zu geringen oder zu hohen Reifenfülldrucks und kann auf Fehler in der Radeinstellung oder Radauswuchtung sowie auf mangelhafte Stoßdämpfer oder Felgen zurückzuführen sein.

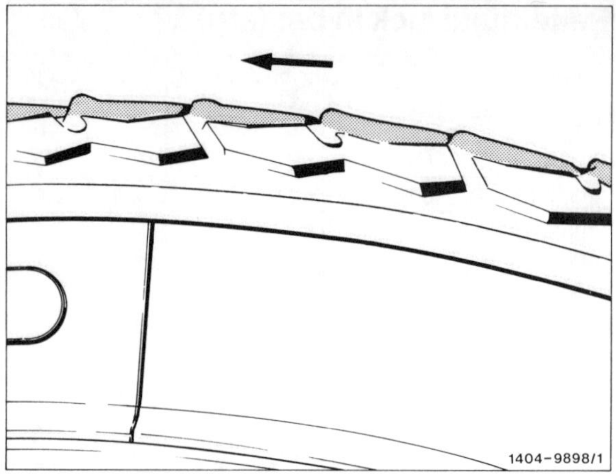

- Sägezahnförmige Abnutzung des Profils ist in der Regel auf eine Überbelastung des Fahrzeuges zurückzuführen.
- In erster Linie ist auf vorschriftsmäßigen Reifenfülldruck zu achten, wobei spätestens alle vier Wochen eine Prüfung vorgenommen werden sollte.
- Reifenfülldruck nur bei kühlen Reifen prüfen. Der Reifenfülldruck steigt nämlich mit zunehmender Erhitzung bei schneller Fahrt an. Dennoch ist es völlig falsch, aus erhitzten Reifen Luft abzulassen.
- Bei zu hohem Reifenfülldruck wird die Laufflächenmitte mehr abgenutzt, da der Reifen an der Lauffläche durch den hohen Innendruck mehr gewölbt ist.
- Bei zu niedrigem Reifenfülldruck liegt die Lauffläche an den Reifenschultern stärker auf, und die Laufflächenmitte wölbt sich nach innen durch – dadurch stärkerer Reifenverschleiß der Reifenschultern.
- Falsche Radeinstellung und Unwucht ergeben jeweils typische Reifenverschleißbilder, auf die in der Störungsdiagnose hingewiesen wird.

Störungsdiagnose Reifen

Abnutzung	Ursache
Stärkerer Reifenverschleiß auf beiden Seiten der Lauffläche	Zu niedriger Reifenfülldruck
Stärkerer Reifenverschleiß in der Mitte der Lauffläche, über den gesamten Umfang	Zu hoher Reifenfülldruck
Auswaschungen der Profilseite	Statische und dynamische Unwucht des Rades. Eventuell zu großer Seitenschlag der Felge, zu großes Spiel in den Traggelenken
Auswaschungen in der Mitte des Reifenprofils	Statische Unwucht des Rades. Eventuell Folge von zu großem Höhenschlag
Starke Abnutzung an einzelnen Stellen in der Mitte der Lauffläche	Blockierspuren von Vollbremsungen
Schuppenförmige oder sägezahnähnliche Abnutzung des Profils. In krassen Fällen mit Gewebebrüchen verbunden, die nach einiger Zeit nach außen sichtbar werden	Überbelastung des Wagens. Innenseite der Reifen auf Gewebebrüche untersuchen!
Gummizungen an den seitlichen Profilkanten	Fehlerhafte Radeinstellung. Reifen radiert. Bei Hinterrädern auch Zustand der Stoßdämpfer prüfen!
Gratbildung an einer Profilseite des Vorderrades	Falsche Spureinstellung. Reifen radiert. Häufiges Fahren auf stark gewölbter Fahrbahn. Schnelle Kurvenfahrt
Stärkerer Reifenverschleiß an den Innen- oder an den Außenschultern der Reifen	Zu geringe beziehungsweise zu große Vorspur
Stoßbrüche im Reifenunterbau. Anfangs nur im Inneren des Reifens sichtbar	Überfahren von kantigen Steinen, Schienenstößen und ähnlichem bei hohen Geschwindigkeiten
Einseitig abgefahrene Laufflächen	Sturzeinstellung überprüfen

Die Karosserie

Die Karosserie des MERCEDES ist selbsttragend. Bodengruppe, Seitenteile, Dach und hintere Kotflügel sind miteinander verschweißt. Größere Karosserieschäden lassen sich deshalb nur von einer Fachwerkstatt beheben.

Motorhaube, Kofferraumdeckel, Türen und die vorderen Kotflügel sind angeschraubt und lassen sich leicht auswechseln. Beim Einbau sind dann unbedingt die richtigen Luftspaltmaße einzuhalten, sonst klappert beispielsweise die Tür oder es können erhöhte Windgeräusche während der Fahrt auftreten. Der Luftspalt muß auf jeden Fall parallel verlaufen, das heißt, der Abstand zwischen den Karosserieteilen muß auf der gesamten Länge des Spaltes gleich groß sein. Abweichungen bis zu 0,5 mm sind zulässig. Die Maße in der Abbildung sind in Millimeter angegeben, mit einer Toleranz von ± 0,5 mm.

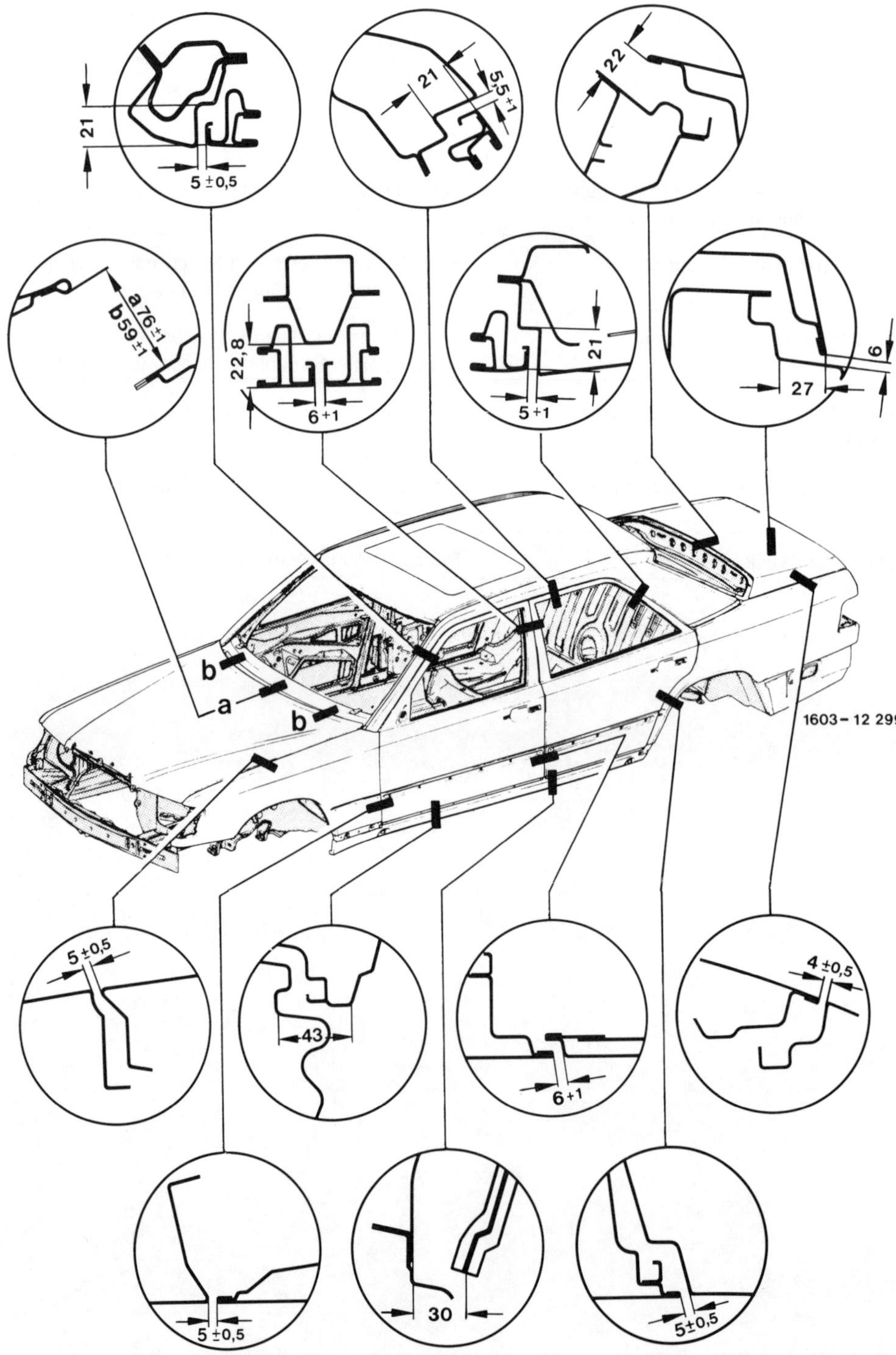

Stoßfänger vorn aus- und einbauen

Ausbau

- Schraube -Pfeil- am Halter auf der rechten und linken Seite herausdrehen.

- Muttern am Längsträger links und rechts herausdrehen.

- Schraube -Pfeil- in der Mitte des Stoßfängers herausdrehen und Stoßfänger nach vorn herausnehmen.

Einbau

- Stoßfänger mit Helfer waagerecht einsetzen und mit Muttern am Längsträger festschrauben.
- Mittlere und seitliche Schrauben anschrauben.

Stoßfänger hinten aus- und einbauen

Ausbau

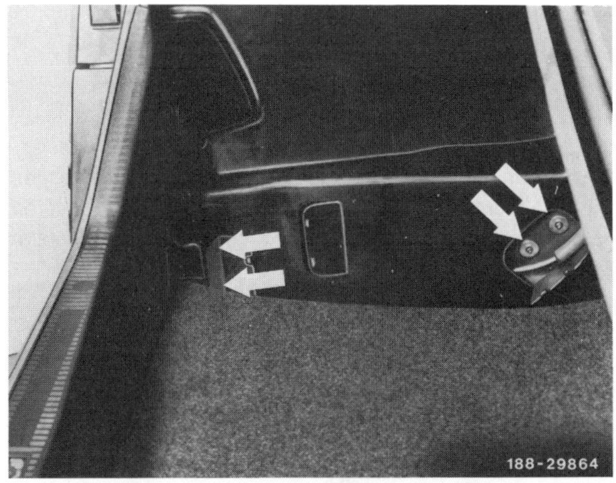

- Befestigungsmuttern links und rechts außen herausdrehen. Vorher Ausschnitte in der Kofferraumverkleidung aufklappen.

- Muttern -Pfeile- an der hinteren Kofferraumwand herausdrehen.
- Vordere Befestigungsbolzen am hinteren Kotflügel herausdrehen.
- Stoßfänger nach hinten herausnehmen.

Einbau

- Stoßfänger mit Helfer von hinten in die Bohrungen einsetzen und mit Befestigungsmuttern sowie Unterlegscheiben anschrauben.
- Befestigungsbolzen an den Kotflügeln festschrauben.

Stoßfänger zerlegen

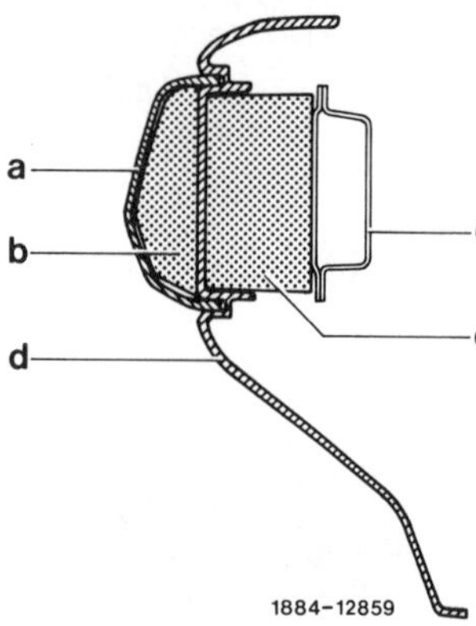

1884-12859

Die Stoßfänger bestehen aus der äußeren Schutzleiste -a-, den energieabsorbierenden Schaumteilen -b- und -c-, der unteren Verkleidung -d-, sowie dem an der Karosserie angeschraubten Querträger -e-.

Zerlegen

188-29796

- Links und rechts je 3 Schrauben herausdrehen.

188-29794

- Halteleisten mit Schraubendreher paarweise zurückdrükken, dabei jeweils außen beginnen.
- Schutzleiste und Schaumteil abnehmen.

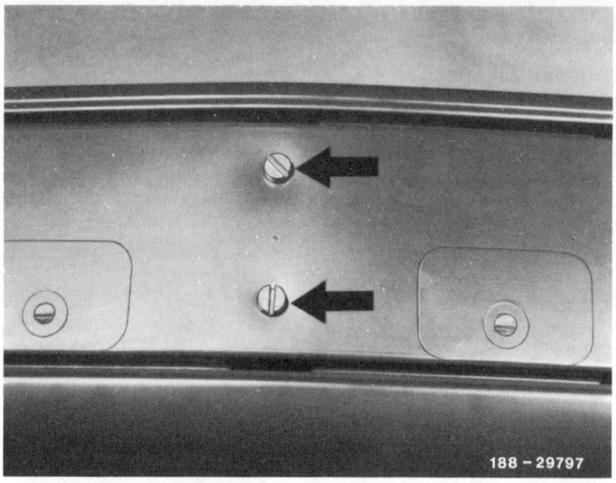

188-29797

- Vordere Halter abschrauben.

188-29798

- Seitliche Halter abbauen, dazu Nietköpfe abbohren. **Achtung:** Nieten an der Innenseite mit einer Zange festhalten, damit sie sich beim Bohren nicht mitdrehen können.

Zusammenbau

- Halter links und rechts mit je 2 Nieten befestigen. **Achtung:** Hierzu wird eine spezielle Nietzange benötigt. Steht diese Zange nicht zur Verfügung, Halter mit je 2 Schrauben und Unterlegscheiben anschrauben.
- Vordere Halter anschrauben.
- Schutzleiste und Schaumteil ansetzen und einclipsen, dabei in der Mitte beginnen.
- Jeweils 3 Schrauben links und rechts reindrehen.

Kotflügel aus- und einbauen

Ausbau

- Zierleisten mit breitem Kunststoffspachtel abdrücken.

- Kotflügel unten abschrauben
- Tür öffnen und hintere Schrauben für Kotflügel herausdrehen. **Achtung:** Dabei Tür im Arbeitsbereich mit Klebeband abkleben, damit der Lack nicht beschädigt wird.

- Kotflügel oben abschrauben.

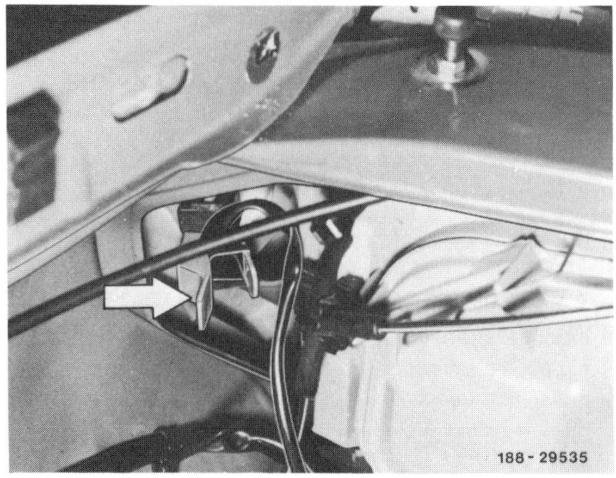

- Haltebügel für Blinkleuchte nach innen biegen und Blinkleuchte nach vorn herausziehen. Mehrfachstecker abziehen.

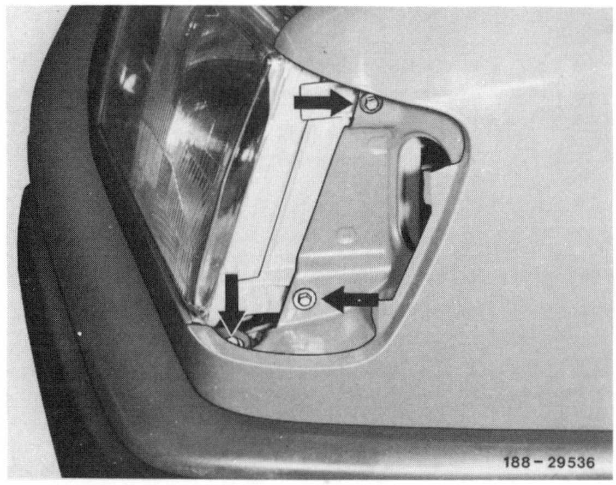

- Schrauben im Blinkleuchtenausschnitt herausdrehen.

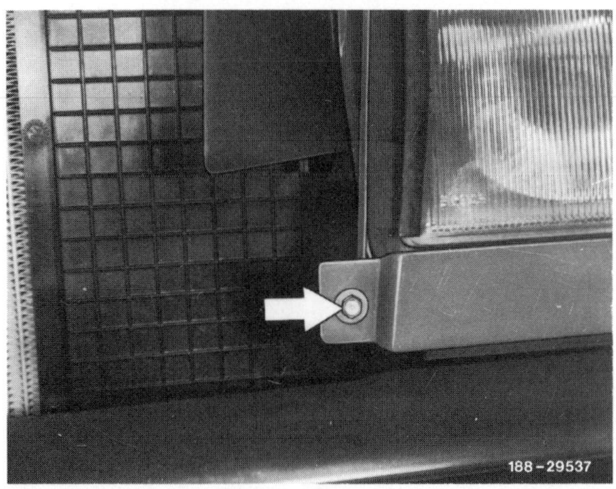

- Schraube vorn an der Blende herausdrehen und Blende abnehmen.
- Schraube vorn, unterhalb des Scheinwerfers, herausdrehen.
- Von unten Schraube am seitlichen Halter des Stoßfängers herausdrehen, siehe auch Bild 188-29539 auf Seite 147.

- Seitenteil des Stoßfängers nach unten drücken und Schraube herausdrehen.
- Kotflügel nach vorn ziehen und abnehmen.

Einbau

- Kotflügel innen ausreichend mit Unterbodenschutz bestreichen.
- Abdichtgummi am Innenkotflügel auf festen Sitz und Beschädigungen prüfen, gegebenenfalls erneuern.
- Kotflügel ansetzen und ausrichten. Der Kotflügel muß bündig mit der Vordertür abschließen beziehungsweise maximal 1 mm überstehen. Luftspalt zwischen Kotflügel und geschlossener Motorhaube sowie Vordertür überprüfen, siehe Seite 146.
- Sämtliche Befestigungsschrauben reindrehen und zugweise festziehen.
- Lage des Kotflügels nochmals überprüfen.

- Hohlraum über Innenkotflügel -Pfeil- durch Blinkleuchtenausschnitt mit Hohlraumwachs konservieren.

Achtung: Öffnungen oben im Kotflügel vor dem Wachsen mit Tesaband abkleben. Nach dem Wachsen Tesaband wieder abziehen.

- Blinkleuchte einbauen, siehe Seite 197.
- Zierleisten einclipsen.

Kühlergrill aus- und einbauen

Ausbau

- 6 Schrauben –Pfeile– herausdrehen und Kühlerverkleidung abnehmen.
- Mit Schraubendreher je 2 Halteklammern links und rechts abdrücken. **Achtung:** Die Klammern sind vorgespannt und springen leicht weg.
- Kreuzschlitzschraube unten in der Mitte der Kühlerverkleidung herausdrehen.
- Mutter oben in der Mitte des Kühlergrills abschrauben.
- MERCEDES-Stern ausbauen. Dazu von unten Federbügel mit Rohrzange kräftig nach unten ziehen, ca. 90° (¼ Umdrehung) nach links drehen und die Enden des Bügels in die vorgesehenen Nuten einrasten.
  Anschließend MERCEDES-Stern nach oben aus der Kühlerverkleidung herausziehen.
- Kühlergrill herausnehmen.

Einbau

- Kühlergrill einsetzen und in der Mitte oben und unten anschrauben.
- MERCEDES-Stern von oben einsetzen und Federbügel mit Zange um 90° nach rechts drehen.
- Kühlergrill in der Mitte oben und unten anschrauben.
- Seitliche Halteklammern eindrücken.
- Kühlerverkleidung ansetzen und festschrauben, dabei darauf achten, daß die Unterlage an der Motorhaube angeklebt ist.

Haubenzug aus- und einbauen

Ausbau

- Im Innenraum Schraube am Griff für Haubenzug herausdrehen. Griff nach hinten ziehen und herausnehmen.
- Haubenzug am Griff aushängen.

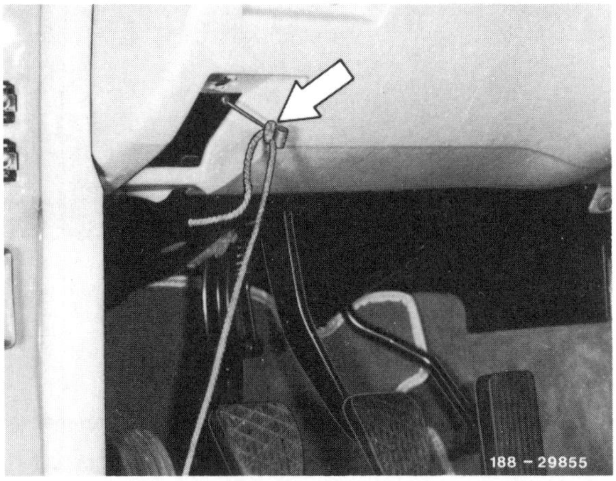

- Schnur am Haubenzug anbinden. Dadurch kann der neue Seilzug beim Einbau leichter durchgezogen werden.
- Am Relaiskasten Kabelbinder öffnen und Haubenzug aus den Halteclipsen herausdrücken.

- Haltebügel für Gummitülle mit Schraubendreher abdrücken und Gummitülle herausnehmen.
- Abdeckung unter dem Motorhaubenschloß ausclipsen, dazu Arretierung mit Schraubendreher durch das Loch im Querträger ausrasten. Das Loch befindet sich auf der rechten Seite des Datenschildes für die Karosserie- und Lackierungsnummer.

- Haubenzug an Schloß und Halter aushängen und nach vorn herausziehen.

Einbau

- Haubenzug am Schloß einhängen und Gummitülle am Widerlager einschieben. Vorher Gummitülle leicht einfetten.
- Schloßabdeckung von unten einsetzen und einrasten.
- Haubenzug mit Schnur in den Innenraum durchziehen.
- Gummitülle einsetzen und mit Haltebügel sichern.
- Seilzug in den Griff einhängen, Griff einschieben und mit einer Schraube befestigen.
- Haubenzug am Radeinbau einclipsen und mit Kabelbinder befestigen.

Tür aus- und einbauen

Achtung: Bei Fahrzeugen mit Zentralverriegelung, elektrischem Fensterheber oder elektrisch verstellbarem Außenspiegel zusätzlich Türinnenverkleidung ausbauen, elektrische Leitungen lösen und durch die Öffnung an der Stirnseite der Tür herausziehen.

Ausbau

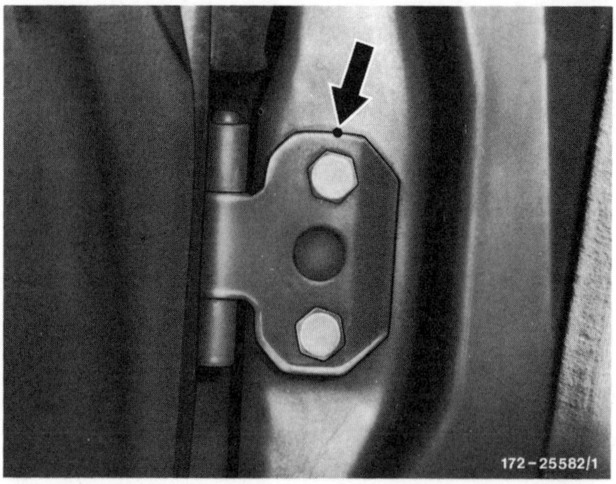

- Lage der Türscharniere an den Anlageflächen markieren, zum Beispiel oben und unten ankörnen oder mit Reißnadel umfahren. Dadurch braucht die alte Tür beim Einbau nicht eingestellt zu werden.

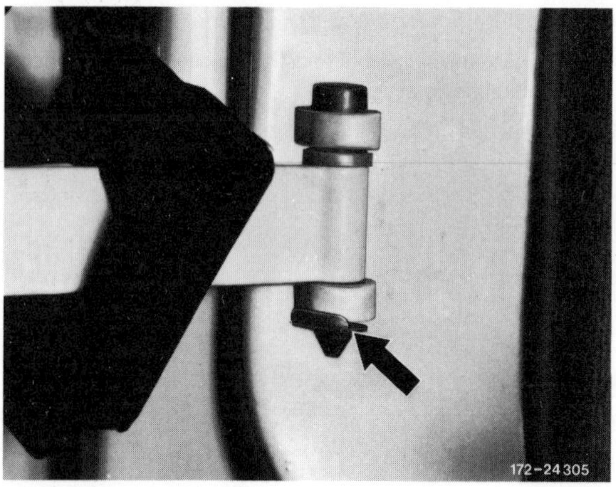

- Bolzensicherung –Pfeil– mit Schraubendreher abhebeln, Bolzen nach oben herausziehen.
- Tür nach unten abstützen.

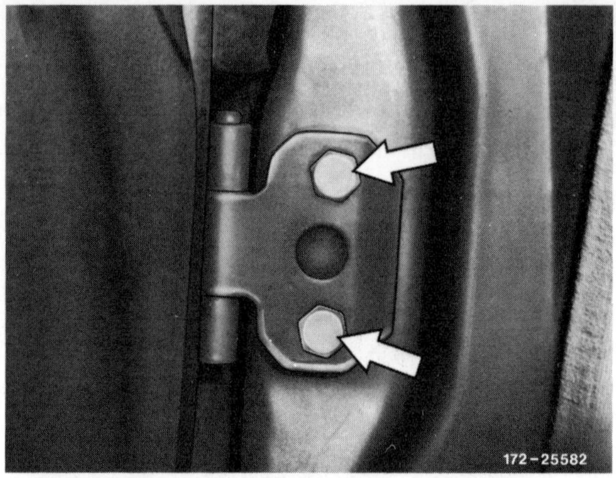

- Je 2 Befestigungsschrauben –Pfeile– herausdrehen und Tür nach hinten abnehmen.

Einbau

- Tür ansetzen und Befestigungsschrauben leicht anziehen.
- Tür so ausrichten, daß die Scharniere mit den angebrachten Markierungen übereinstimmen.
- Befestigungsschrauben festziehen, Bolzen am Türhalter einsetzen und sichern.
- Wird eine neue Tür eingebaut, Tür folgendermaßen einstellen:

Einstellen

- Befestigungsschrauben an den Scharnieren nur leicht anziehen. Bolzen am Türhalter abgenommen.
- Tür schließen und an der Scharnierseite so ausrichten, daß die Außenseite der Tür mit der Kontur des Kotflügels fluchtet. Die Tür darf maximal 1 mm tiefer liegen.
- Tür so ausrichten, daß vorn und hinten ein Luftspalt von 4 – 6 mm vorhanden ist. Der Luftspalt muß jeweils parallel verlaufen, gegebenenfalls Luftspalt gleichmäßig ausmitteln.
- Tür vorsichtig öffnen und Befestigungsschrauben für Scharniere festziehen.
- Einstellung der hinteren Tür prüfen. Die Oberfläche muß mit dem hinteren Kotflügel fluchten.
- Schließöse so einstellen, daß die Außenseite der Tür mit der Außenseite der hinteren Tür beziehungsweise mit dem hinteren Kotflügel fluchtet. Gegebenenfalls darf die vordere Tür maximal 1 mm überstehen.
- Bolzen am Türhalter einsetzen und mit Federklammer sichern.
- Tür mehrmals öffnen und schließen und dabei auf Leichtgängigkeit kontrollieren.

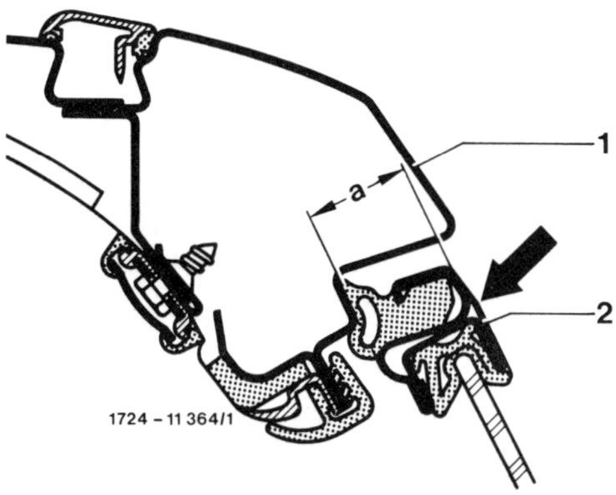

- Abstand –a– zwischen Fensterrahmen –2– und Dachrahmen –1– über die gesamte Länge und Höhe der Anlagefläche prüfen, gegebenenfalls nachrichten. a = 20,5–22 mm, im senkrechten Bereich beträgt der Abstand zur Mittelsäule a = 22–23,5 mm. Ein anderer Abstand als Maß –a– führt zu erhöhten Windgeräuschen.

Türgriff aus- und einbauen

Ausbau

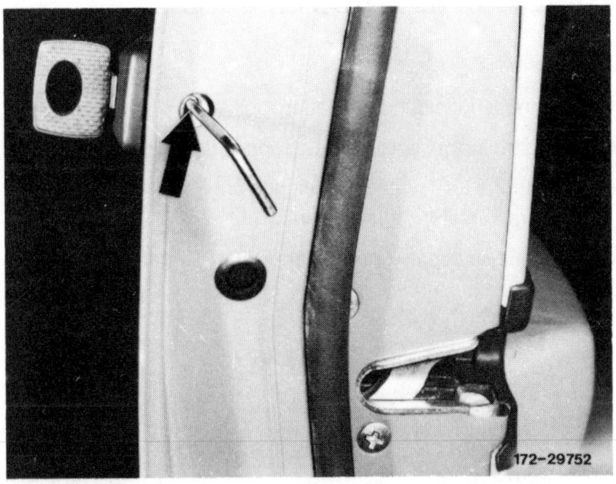

- Abdeckung am Türrahmen abdrücken und Inbusschraube mit Steckschlüssel SW 3 durch die Öffnung in der Tür ca. 4 Umdrehungen herausdrehen.

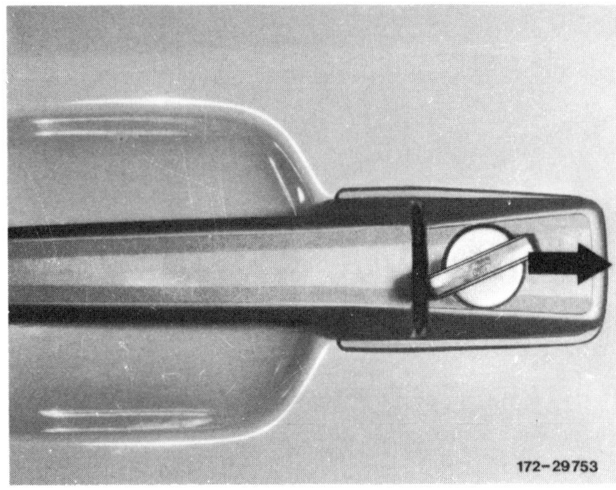

- Schlüssel ins Türschloß stecken und ca. 60° nach rechts drehen, dabei gleichzeitig Schließzylinder nach hinten drücken und herausnehmen.

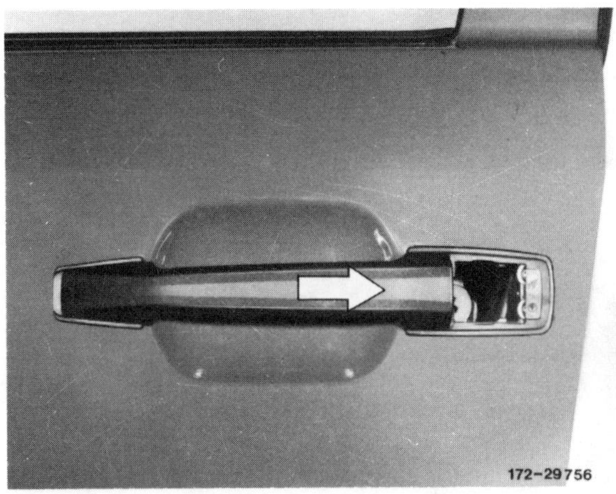

- Türgriff nach hinten schieben, vorn und hinten aushängen und abnehmen.

- Gummiabdeckung abnehmen.
- Türinnenverkleidung ausbauen und Kunststoffolie im oberen Bereich vorsichtig abziehen.

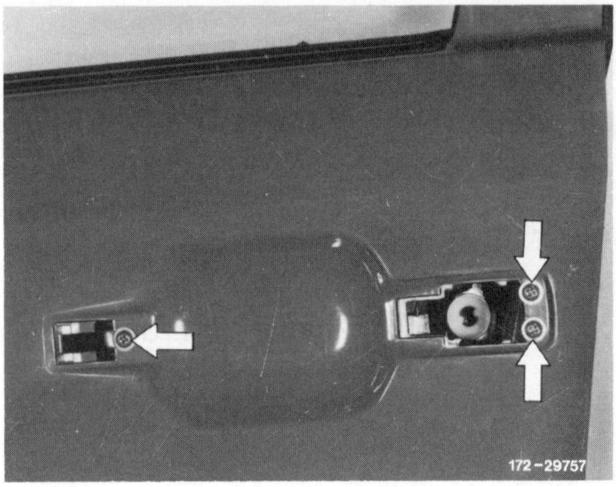

- Schrauben am Lagerbügel lösen, nicht abschrauben -Pfeile-. Lagerbügel nach vorn schieben und durch die Öffnung im Türinnenblech herausnehmen.

Einbau

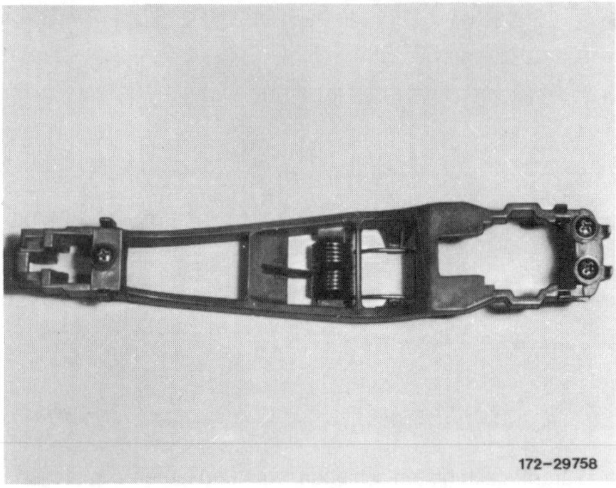

- Lagerbügel in die Tür einsetzen und so nach hinten schieben, daß die Schrauben in die Schlitze am Türblech eingreifen. Lagerbügel in dieser Stellung festschrauben.

- Türgriff mit Gummiabdeckung so einsetzen, daß die Lasche -Pfeil- zwischen Türblech und Lagerbügel gesteckt wird.
- Schließzylinder von hinten einsetzen und einrasten.
- Schlüssel nach links drehen und abnehmen.
- Türschloß mit Innensechskantschraube befestigen.
- Türinnenverkleidung einbauen.

Türschloß aus- und einbauen

Ausbau

- Türinnenverkleidung ausbauen.
- Abdichtfolie im oberen Bereich vorsichtig abziehen.
- Zugstange für Türinnenbetätigung am Halteclip abdrücken und am Türschloß aushängen.
- Schließzylinder ausbauen, siehe unter „Türgriff ausbauen".

- Schrauben für Türschloß herausdrehen.

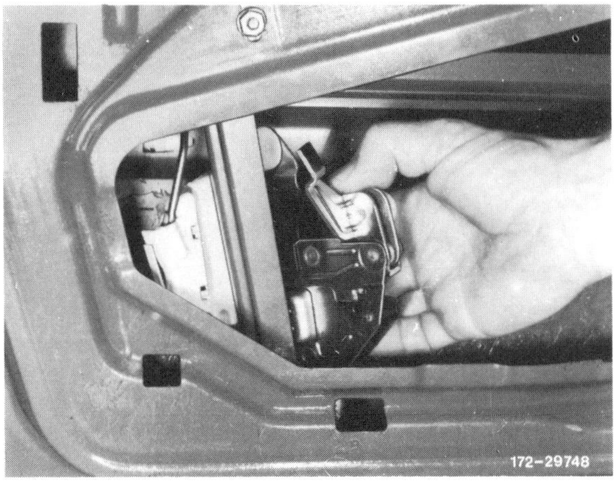

- Türschloß nach unten absenken, dann nach vorn um die hintere Fensterhebeschiene herumschwenken und durch die untere Öffnung im Türinnenlech herausnehmen.

Einbau

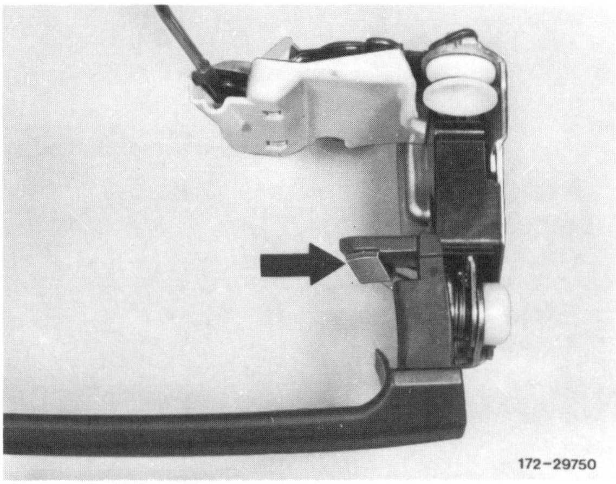

- Türgriff mit Gummiabdeckung so einsetzen, daß die Lasche –Pfeil– zwischen Türblech und Lagerbügel gesteckt wird.

- Türschloß mit Verriegelungsgestänge einsetzen. Dabei muß der Griffbügel hinter dem Betätigungshebel des Schlosses anliegen –Pfeil–.
- Türschloß mit 3 Befestigungsschrauben und 8 Nm anschrauben. **Achtung:** Zuerst die beiden Schrauben an der Stirnseite festziehen.

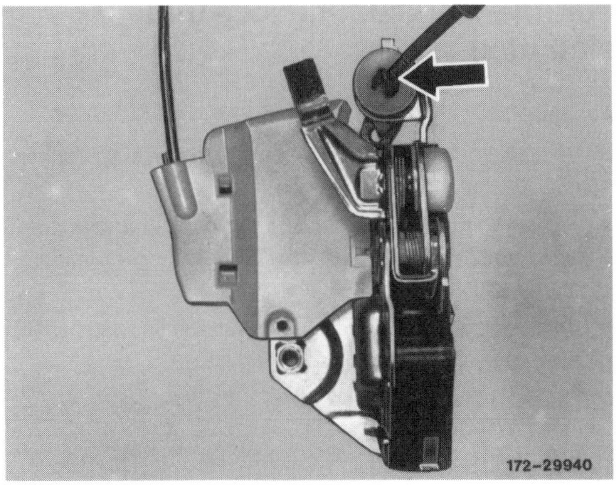

- Schließzylinder mit Drehstange in die Drehnuß einführen und festschrauben.

- Spiel zwischen Griffbügel und Betätigungshebel des Türschlosses prüfen. Sollwert: 0 bis 1 mm. Andernfalls Spiel durch die Bohrung an der Stirnseite der Tür –Pfeil– einstellen. Dazu Exzenterschraube mit einem Kreuzschlitzschraubendreher entsprechend verdrehen.
- Abdichtfolie faltenfrei ankleben.
- Zugstange für Türinnenbetätigung einhängen und einclipsen.
- Türinnenverkleidung einbauen.

Türinnenverkleidung aus- und einbauen

Ausbau

- Verkleidung für Türschloß mit einer Schraube abschrauben und abnehmen.
- An der Fahrertür Griff für Spiegelverstellung abziehen. Dazu geripptes Sicherungsstück mit dem Finger zum Spiegel hin schieben und abnehmen.
- Verkleidungsdreieck oben vom Türrahmen wegziehen, nach oben schieben und unten aushängen.
- Fenster ganz nach unten kurbeln.

- Fensterkurbel ausbauen, dazu mit kleinem Schraubendreher Sicherungshaken an der Abdeckung eindrücken, Abdeckung in Pfeilrichtung nach unten schieben und abnehmen.
- Fensterkurbel von der Kurbelachse abziehen, Distanzscheibe abnehmen.
- Falls eingebaut, Ausstiegsbeleuchtung ausbauen. Dazu vorderen Teil der Leuchte mit schmalem Schraubendreher heraushebeln, Leuchte nach vorn ziehen und herausnehmen. Elektrische Leitungen abziehen.
- Blende für Türinnenbetätigung mit den Fingern von der Türinnenverkleidung wegziehen und abnehmen.
- Schraube oben am Haltegriff mit Steckschlüssel SW 10 herausdrehen.
- Türinnengriff mit Schale nach vorn schieben und aus der Öffnung der Türverkleidung herausnehmen.

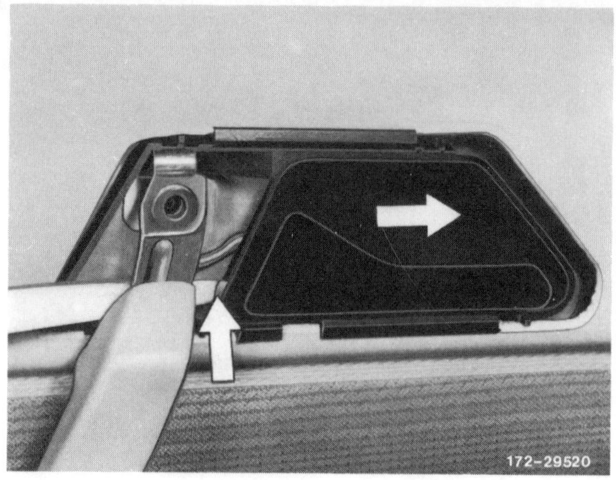

- Stange aus dem Kunststoffclip am Betätigungshebel nach oben rausdrücken -linker Pfeil-. Schale abnehmen.
- Verriegelungsknopf runterdrücken. Wird bei Fahrzeugen mit Zentralverriegelung die Verkleidung an der Fahrertür ausgebaut, Drehfalle mit Schraubendreher zur Türaußenseite hin drücken und dann Türschloß mit Schlüssel abschließen.

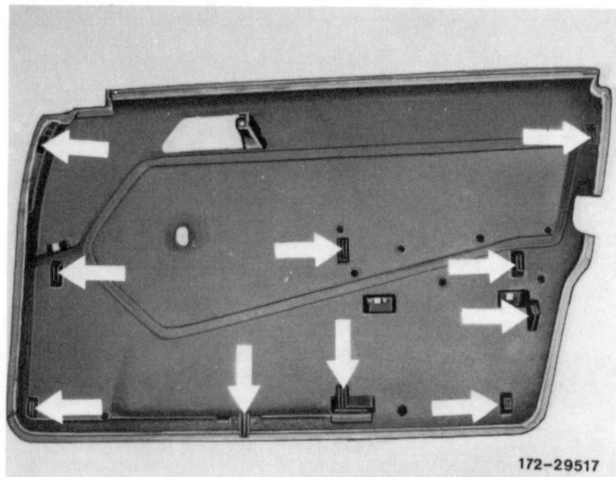

- Türinnenverkleidung ringsum etwas vom Türblech wegziehen und dadurch leichte Klebungen am Rand lösen.
- Türinnenverkleidung nach oben über den Türverriegelungsknopf ziehen und mit den Kunststoffhaltern -Pfeile- aus dem Türblech herausnehmen.

Einbau

Vor dem Einbau auf richtigen Sitz der Abdichtfolie achten, sonst kann es im Fahrzeug ziehen. Kleinere Beschädigungen der Folie mit Tesaband ausbessern, bei größeren Rissen Folie erneuern.

- Türinnenverkleidung von oben über den Türverriegelungsknopf ansetzen, in die Abdichtschiene und gleichzeitig mit den Haken in die Öffnungen am Türblech einführen.
- Stange für Türinnenbetätigung in den Clip am Türinnengriff einhängen.

- Türinnengriff mit Schale in die Öffnung der Verkleidung einsetzen, nach hinten schieben und dadurch am Türinnenblech einrasten.
- Haltegriff so ansetzen, daß die Nase in die Nut der Verkleidung für den Türinnengriff eingreift.
- Befestigungsschraube für Haltegriff anschrauben, Kunststoffabdeckung aufdrücken.

Achtung: Die Schraube für den Haltegriff ist microverkapselt, das heißt sie ist mit Sicherungsmittel beschichtet. Schraube entweder erneuern oder vor dem Einschrauben mit Sicherungsmittel bestreichen, zum Beispiel mit Loctite 270 oder Omnifit.

- Distanzscheibe für Fensterkurbel mit dem größeren Durchmesser zur Türinnenverkleidung aufsetzen.
- Fensterkurbel auf die Kurbelachse aufschieben. Bei geöffnetem Fenster zeigt die Kurbel schräg nach vorn oben.

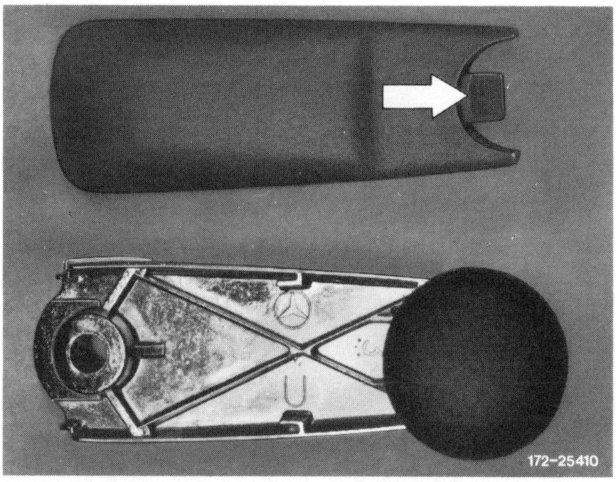

- Abdeckung für die Fensterkurbel von hinten aufschieben, dabei darauf achten, daß die Nase der Abdeckung in die Nut an der Kurbelachse eingreift. Abdeckung so weit nach vorn schieben, bis der Sicherungshaken -Pfeil- einrastet.
- Fenster hochkurbeln.
- Verkleidung für Türschloß oben einhängen und unten mit 1 Schraube festschrauben.
- Obere Dreiecksverkleidung unten einhängen und oben einclipsen.
- Verkleidung für Spiegelgriff aufstecken und Kunststoffsicherung in den Spiegelgriff einschieben.
- Falls ausgebaut, Ausstiegsleuchte einbauen. Dazu elektrische Leitungen anschließen. Leuchte mit den Kabelanschlüssen nach hinten in die Öffnung der Türinnenverkleidung einsetzen, hinten einhängen und vorn hineindrücken.

Fensterheber aus- und einbauen

Ausbau

- Türinnenverkleidung ausbauen.
- Abdichtfolie vorsichtig abziehen. **Achtung:** Die Folie reißt leicht ein.
- Fenster soweit nach unten kurbeln beziehungsweise herunterfahren, bis die Oberkante des Fensters sich noch ca. 2 cm über der Abdichtschiene des Türrahmens befindet.
- Bei elektrischem Fensterheber, Massekabel an der Batterie abklemmen.

- Kabel für elektrischen Fensterheber abklemmen -Pfeile-.

- Mutter an der Fensterhebeschiene vorn herausdrehen und Fensterhebearm aushängen.

- Fenster hinten etwas anheben und mit Gleitbacken aus der Fensterhebeschiene herausnehmen.

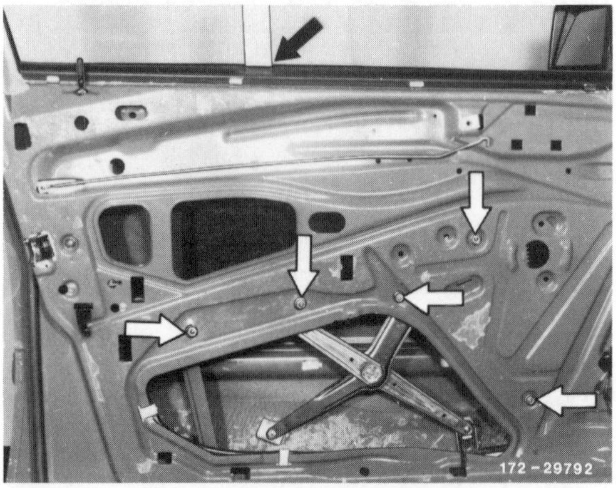

- Fenster nach oben drücken und mit einem Kunststoff- oder Holzkeil –schwarzer Pfeil– gegen Herabfallen sichern.
- **Elektrischer Fensterheber:** 5 Befestigungsmuttern –weiße Pfeile– herausschrauben.

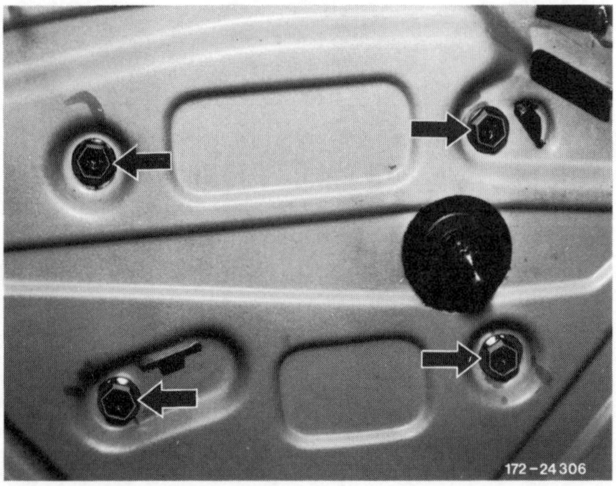

- **Manueller Fensterheber:** Muttern –Pfeile– abschrauben.

Achtung: Bei einigen Modellen ist der Fensterheber angenietet. In diesem Fall Nieten mit einem Bohrer mit 8 mm ∅ abbohren. Dabei darauf achten, daß die Bohrungen im Türinnenblech nicht aufgebohrt werden. Zum Annieten wird ein Hebelnietgerät für Blindnieten benötigt.

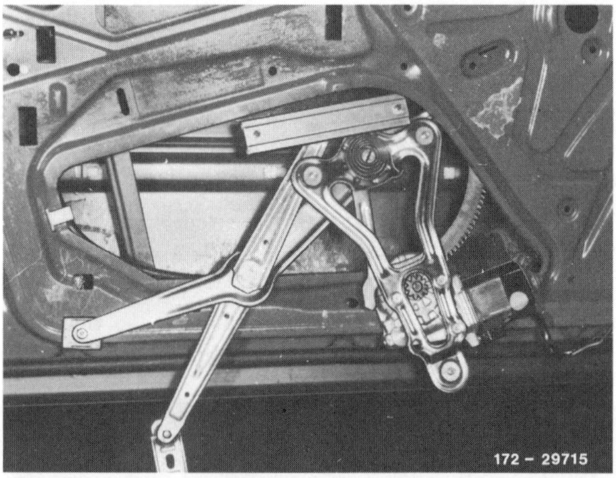

- Fensterheber mit Fensterhebeschiene herausziehen und nach unten herausnehmen. Der im Bild gezeigte elektrische Fensterheber wird komplett mit Motor herausgenommen.

Einbau

- Fensterheber mit Fensterhebeschiene von unten in die Tür einsetzen und anschrauben.

Achtung: Die Schrauben für den Fensterheber sind microverkapselt, das heißt sie sind mit einem Sicherungsmittel beschichtet. Schrauben entweder erneuern oder vor dem Einschrauben mit Sicherungsmittel bestreichen, zum Beispiel mit Loctite 270 oder Omnifit.

- Fensterscheibe vorsichtig ablassen und mit dem Gleitbakken vom hinteren Fensterhebearm am Ausschnitt der Fensterhebeschiene einführen. Dabei Fenster hinten nach oben drehen.
- Fenster waagerecht stellen und gleichzeitig vorn und hinten in die Führungsschiene einsetzen.
- Vorderen Fensterhebearm in die Hebeschiene einsetzen und anschrauben, nicht festziehen. Die Mutter wird erst angezogen, nachdem das Türfenster eingestellt ist.
- Elektrische Leitungen anklemmen, dabei gleichfarbige Kabel zusammen anschließen. Batterie-Massekabel anklemmen.
- Türfenster einstellen.
- Abdichtfolie faltenfrei ankleben.

Achtung: Die Folie darf nicht beschädigt sein und muß einwandfrei abdichten, sonst kann es im Fahrzeug ziehen.

- Türinnenverkleidung einbauen.

Türfenster einstellen

- Türinnenverkleidung ausbauen.
- Abdichtfolie im unteren Bereich vorsichtig abziehen. **Achtung:** Die Folie reißt leicht ein.
- Fenster bis auf ca. 4 cm nach unten stellen.
- Mutter am Fensterhebearm vorn lösen, nicht abschrauben, siehe Bild 172-29717 auf Seite 157.

172-29713

- 2 Muttern an der Führungsschiene lösen, nicht abschrauben.

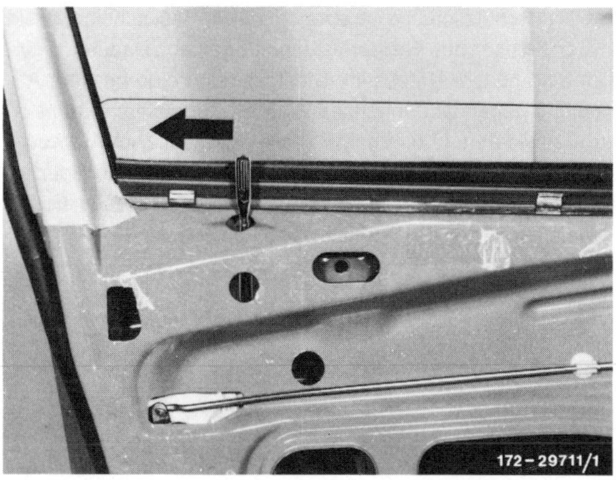

172-29711/1

- Fenster oben in die hintere Fensterlaufschiene drücken -Pfeil-.
- Fenster unten nach vorn in die Fensterlaufschiene drücken und die Mutter am Fensterhebearm festziehen.

172-29713/1

- Hintere Mutter -Pfeil- an der Führungsschiene nach unten drücken und festziehen. Anschließend vordere Mutter an der Führungsschiene festziehen.
- Führungsstücke mit Mehrzweckfett einfetten.
- Fenster rauf- und runterkurbeln und dabei Leichtgängigkeit prüfen.
- Abdichtfolie faltenfrei ankleben.

Achtung: Die Folie darf nicht beschädigt sein und muß einwandfrei abdichten, sonst kann es im Fahrzeug ziehen.

- Türinnenverkleidung einbauen.

Türfenster aus- und einbauen

Achtung: Einige Arbeitsanweisungen sind im Kapitel „Fensterheberausbau“ näher erläutert, es empfiehlt sich deshalb, dieses Kapitel ebenfalls durchzulesen.

Ausbau

- Türinnenverkleidung ausbauen.
- Abdichtfolie vorsichtig abziehen. **Achtung:** Die Folie reißt leicht ein.
- Fenster bis auf ca. 2 cm nach unten stellen.
- Innere Fenster-Abdichtschiene mit breitem Kunststoffkeil am Türrahmen abhebeln.
- Mutter an der Fensterhebeschiene vorn herausdrehen und Fensterhebearm aushängen.
- Fenster hinten anheben und Gleitbacken am Ausschnitt der Fensterhebeschiene herausnehmen.

- Fensterscheibe aus der Führungsschiene vorn herausdrücken und nach vorn aus dem Führungsstück herausziehen.
- Fenster nach oben aus dem Türschacht herausnehmen.

Einbau

- Führungsstück -Pfeil- von unten in die Führungsschiene einsetzen.
- Fensterscheibe von oben in den Türschacht einsetzen und vorsichtig nach unten absenken.
- Fenster hinten nach oben drehen und dadurch vorn aus der Führungsschiene herausdrücken.
- Hebeschiene von vorn in das Führungsstück einführen.
- Gleitstück vom hinteren Fensterhebearm in den Ausschnitt an der Führungsschiene einsetzen.
- Fenster waagerecht stellen und gleichzeitig vorn und hinten in die Führungsschiene einsetzen.
- Vorderen Fensterhebearm in die Hebeschiene einsetzen und anschrauben, nicht festziehen. Die Mutter wird erst angezogen, nachdem das Türfenster eingestellt ist.

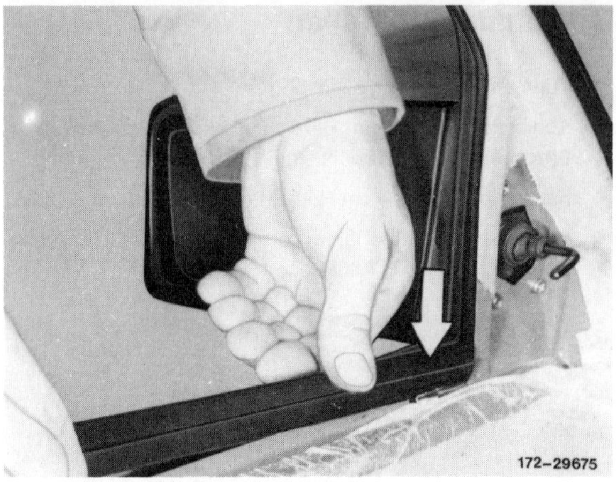

- Abdichtschiene vorn bündig ansetzen und in den Türrahmen eindrücken.
- Türfenster einstellen.
- Abdichtfolie faltenfrei ankleben.

Achtung: Die Folie darf nicht beschädigt sein und muß einwandfrei abdichten, sonst kann es im Fahrzeug ziehen.

- Türinnenverkleidung einbauen.

Die Windschutzscheibe

Die Windschutzscheibe ist, ebenso wie die Heckscheibe, direkt an den Flansch des Fensterausschnitts geklebt. Dadurch ergibt sich eine höhere Karosserie-Steifigkeit und eine bessere Abdichtung gegen eindringendes Wasser. Zudem verringert sich der Luftwiderstand und das Fahrzeuggewicht.Zum Auswechseln der Scheiben ist jedoch, neben verschiedenen Spezialwerkzeugen, eine gewisse Erfahrung nötig. Aus diesem Grund sollte diese Arbeit der Werkstatt überlassen werden.

Außenspiegel aus- und einbauen

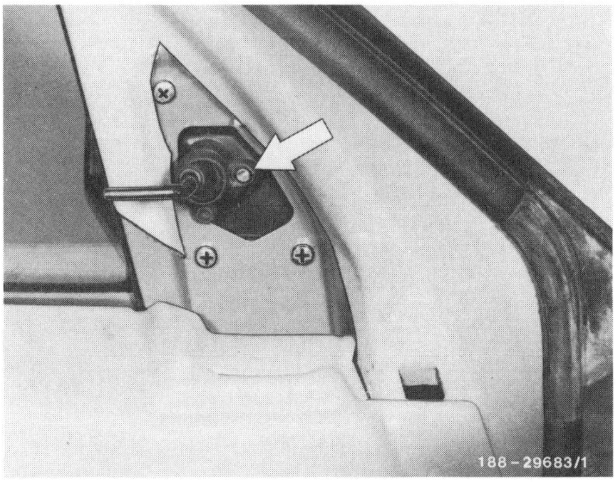

Achtung: Wenn sich der Spiegel von selbst verstellt, Griffstück sowie Abdeckung ausbauen und Schraube –Pfeil– am Verstellteil anziehen.

- Soll nur das Spiegelglas ausgewechselt werden, Spiegelglas mit Kunststoffkeil nach hinten abhebeln und zur Außenseite hin abnehmen.

- Falls ausgebaut, Spiegelglas am Verstellhebel –Pfeil rechts– einhängen und Kugelkopf in die Aufnahme –Pfeil links– drücken.

Ausbau

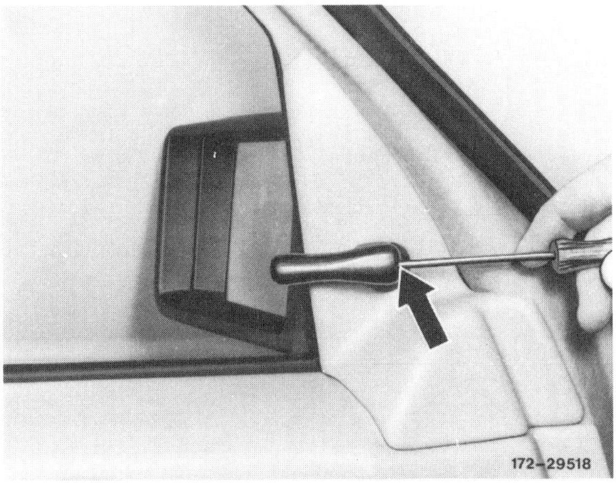

- Griff für Spiegelverstellung nach hinten abziehen. Vorher mit schmalem Schraubendreher Kunststoffsicherung –Pfeil– in Richtung Spiegel herausdrücken und abnehmen.

- Abdeckung oben –Pfeil– mit den Fingern vom Türrahmen wegziehen, ausclipsen und nach oben herausziehen.

  Achtung: Wird dabei ein breiter Schraubendreher verwendet, Papierpolster unter die Klinge legen, damit der Lack nicht beschädigt wird.

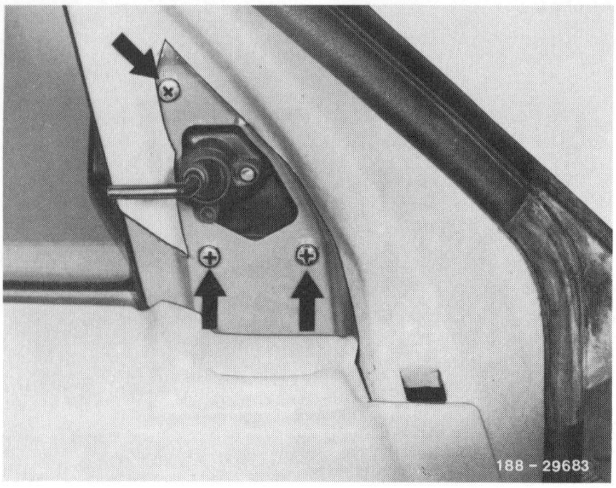

- 3 Befestigungsschrauben für Spiegelfuß herausdrehen. Dabei Spiegel außen festhalten, damit er nicht herunterfallen kann.
- Spiegel abnehmen.

Einbau

- Spiegel ansetzen und festschrauben.
- Verkleidung über Verstellhebel einsetzen, nach unten schieben und oben einclipsen.
- Griffstück aufschieben, Kunststoffsicherung ansetzen und in das Griffstück einführen.

Elektrisch verstellbaren Außenspiegel aus- und einbauen

Achtung: Soll nur das Spiegelglas ausgebaut werden, Kunststoffkeil am äußeren Rand einsetzen und Spiegelglas nach hinten abhebeln.

- Bevor das Spiegelglas aufgedrückt wird, Kugelkopf-Aufnahmen –Pfeile– am Motor so ausrichten, daß der obere Zapfen waagerecht und die seitlichen Zapfen senkrecht stehen. Spiegelglas hörbar einrasten.

Ausbau

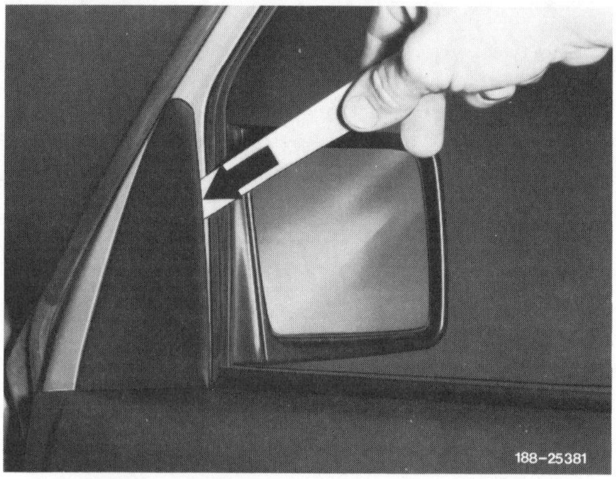

- Kunststoffabdeckung oben abhebeln und nach oben aus der Türinnenverkleidung herausziehen.

Achtung: Falls dazu ein Schraubendreher verwendet wird, Papierpolster unterlegen, damit der Lack nicht beschädigt wird.

- Schaumstoffeinlage herausnehmen.

- Schraube –Pfeil– herausdrehen und Stecker abziehen.
- 3 Befestigungsschrauben herausdrehen. Dabei Spiegel außen festhalten, damit er nicht herunterfallen kann.
- Spiegel abnehmen.

Achtung: Soll der Motor ausgebaut werden, Spiegelglas ausbauen, 3 Kreuzschlitzschrauben für Motor herausdrehen, Spiegel nach vorn klappen und durch den Spalt mit einer Flachzange elektrischen Anschluß aus der Halterung herausnehmen. Stecker dabei im Uhrzeigersinn drehen.

Einbau

- Spiegel ansetzen und festschrauben.
- Elektrische Leitung aufschieben und festschrauben.
- Kunststoffabdeckung mit Schaumstoffeinlage ansetzen, nach unten schieben und oben einclipsen.

Abdeckung unter Armaturentafel aus- und einbauen

Ausbau

- Fußmatte herausnehmen.

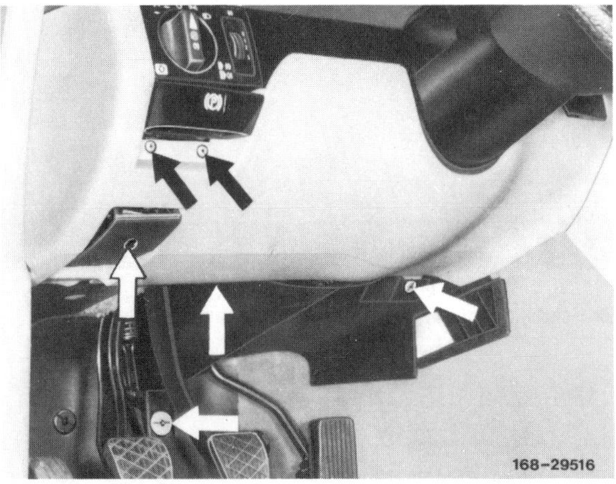

168-29516

- Kunststoffclips –Pfeile– um 90° drehen und dadurch lösen.
- Am Griff für den Motorhaubenzug eine Schraube herausdrehen. Griff nach hinten ziehen und herausnehmen.
- Seilzug am Griff aushängen.

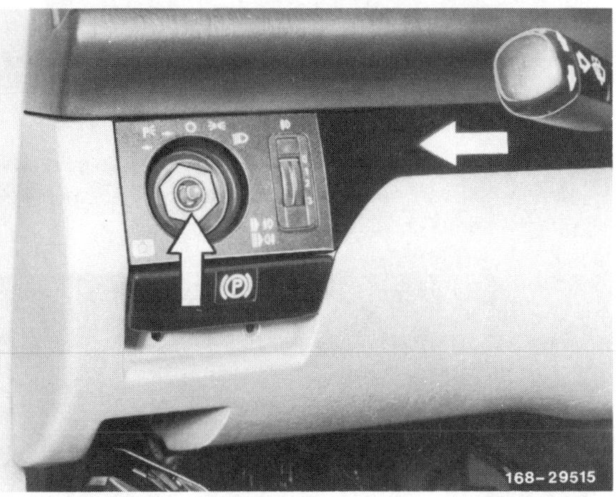

168-29515

- Knopf für Lichtdrehschalter abziehen und Mutter abschrauben, SW 24.
- Blende nach außen schieben, Anschlüsse für Leuchtweitenregulierung und Schalterbeleuchtung abziehen.
- Blende abnehmen.
- Blende am Zündschloß mit Kunststoffkeil abdrücken.
- Schraube neben dem Zündschloß aus der Abdeckung herausschrauben.
- 2 Schrauben rechts neben dem Lichtdrehschalter herausdrehen.

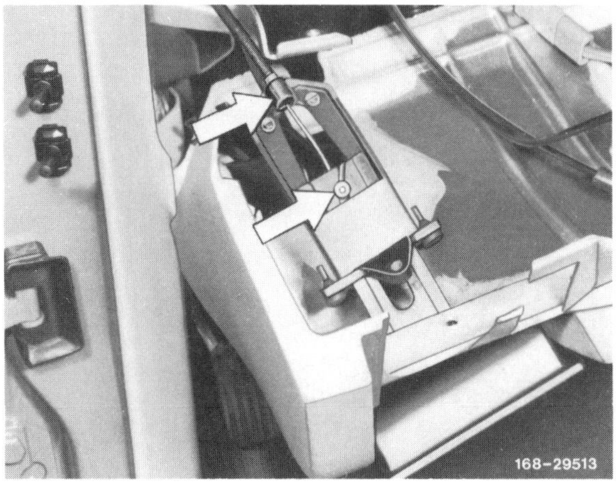

168-29513

- Abdeckung nach unten absenken und Seilzug für Fußfeststellbremse aushängen, Griff abnehmen.
- Abdeckung herausnehmen.

Einbau

- Griff für Fußfeststellbremse in die Abdeckung einsetzen, Seilzug am Griff einhängen.

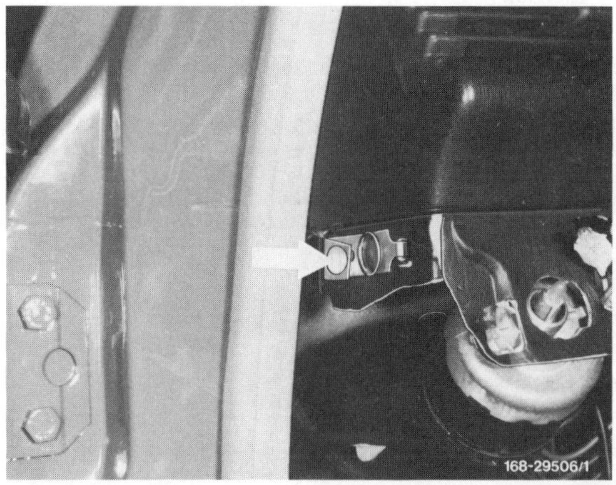

168-29506/1

- Abdeckung einsetzen und dabei in die seitliche Klammer –Pfeil– einschieben. Darauf achten, daß der Motorhaubenzug durch die entsprechende Öffnung in der Abdekkung herausgeführt wird.
- Abdeckung anschrauben.
- Blende für Zündschloß einclipsen.
- Blende für Lichtdrehschalter ansetzen, auf der Rückseite Leitungen anschließen und Blende andrücken. **Achtung:** Unterdruckleitungen für Leuchtweitenregulierung entsprechend den Farbmarkierungen am Schalter aufschieben.
- Blende für Lichtdrehschalter mit Mutter anschrauben, Bedienungsknopf aufstecken.
- Seilzug für Motorhaube in den Griff einhängen, Griff einsetzen und anschrauben.
- Vordere Abdeckung einsetzen und durch Drehen der Halteclips befestigen.

Mittelkonsole aus- und einbauen

Ausbau

- Beide Fußmatten und Schaumstoffteile herausnehmen.
- Abdeckung für Schalthebel ausbauen.

- Knöpfe für Gebläse und Luftverteilung abziehen.
- 2 Muttern, SW 24, – Pfeile oben – und 2 Schrauben – Pfeile unten – herausdrehen.
- Blende unten vorziehen und oben aushängen.

- Schrauben –Pfeile– herausdrehen, Mehrfachstecker abziehen und Halteplatte abnehmen.
- Kippschalter rechts außen zum Innenraum hin abziehen. Schalterleiste auf der rechten Seite hineindrücken, links aushängen und herausnehmen.

- Mittelkonsole an der Armaturentafel abschrauben.

- 2 Haltelaschen -Pfeile- nach unten drücken, Radio herausziehen und von der Rückseite Stecker für Stromversorgung, Antenne und Lautsprecher abziehen.

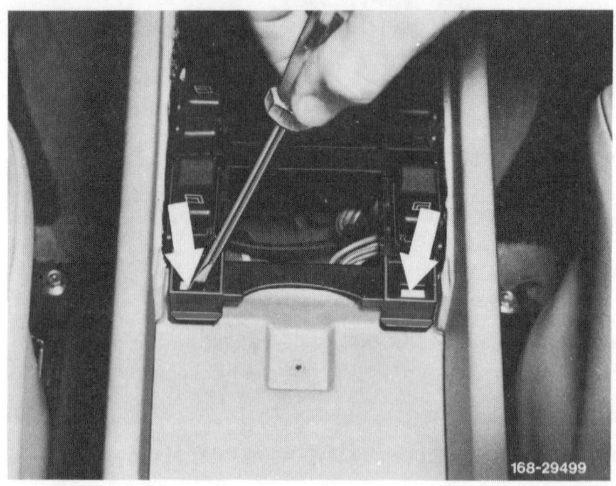

- Schalterplatte herausnehmen, vorher Arretierungen mit Schraubendreher zurückdrücken.

- Hintere Befestigungsschraube herausdrehen. **Achtung:** Die Schraube ist versenkt angebracht.
- Vordere Befestigungsschrauben für seitliche Abdeckung links und rechts herausdrehen.

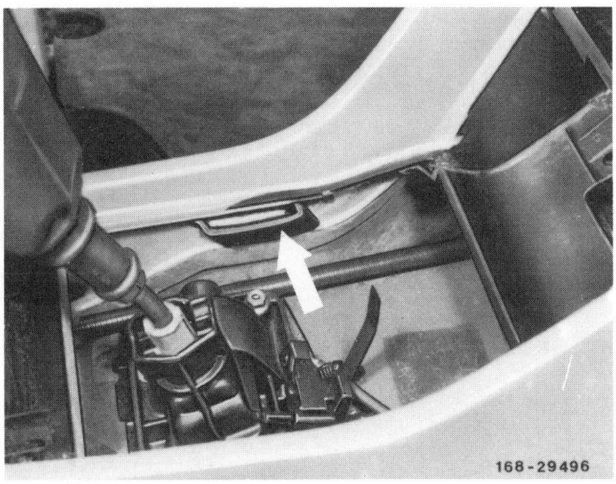

- Untere Lasche -Pfeil- und obere Lasche für seitliche Verkleidung ausrasten.
- Mittelkonsole nach hinten herausziehen.
- Seitliche Verkleidung nach hinten abnehmen.

Einbau

- Mittelkonsole und seitliche Verkleidung einsetzen, Haltelaschen befestigen.
- Seitliche Verkleidung vorn links und rechts, sowie hinten anschrauben.
- Schalterplatte einsetzen und einrasten.
- Leitungen an der Rückseite des Radios anschließen, Radio in die Öffnung schieben und einrasten.
- Mittelkonsole an der Armaturentafel anschrauben.
- Mehrfachstecker an der Halteplatte aufschieben, Halteplatte anschrauben.
- Blende oben einhängen und mit Muttern und Schrauben anschrauben.
- Abdeckung für Schalthebel einbauen.

Abdeckung für Schalthebel aus- und einbauen

Ausbau

- Aschenbecher öffnen, Einsatz herausziehen.

- Schrauben -Pfeile- in der Öffnung für den Aschenbecher herausdrehen.
- Elektrische Leitungen abziehen.

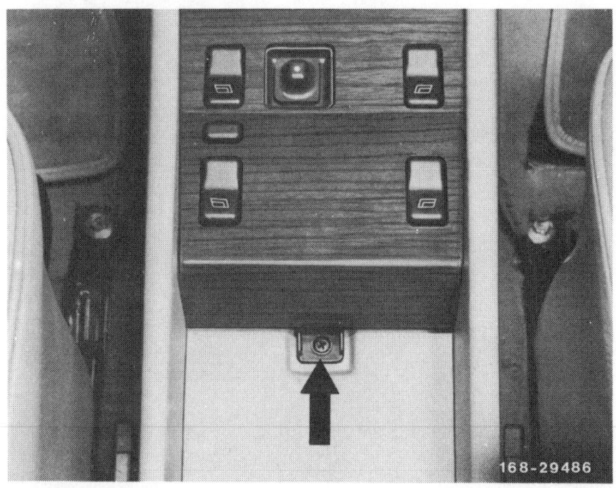

- Schraube -Pfeil- herausdrehen, vorher Teppichbelag aus der Ablageschale herausnehmen.
- Manschette für Schalthebel an der Abdeckung aushängen und nach oben schieben.
- Abdeckung hinten anheben und nach hinten herausnehmen.

Einbau

- Abdeckung so ansetzen, daß die Haltenocken in die entsprechenden Öffnungen an der Mittelkonsole eingreifen.
- Abdeckung hinten anschrauben.
- Manschette für Schalthebel herunterziehen und an der Abdeckung einhängen.
- Abdeckung vorn anschrauben.
- Teppichbelag einlegen.
- Elektrische Leitungen anschließen.
- Abdeckung im Aschergehäuse anschrauben, Einsatz für Aschenbecher einschieben und einrasten.

Vordersitz aus- und einbauen

Hinweis: Die Abbildungen zeigen den Fahrersitz.

Ausbau

- Sitz ganz nach hinten schieben und, falls vorhanden, Höhenverstellung ganz nach unten stellen.

191-25116

- Vorn die beiden Schrauben an den Sitzführungsschienen herausdrehen.
- Sitz ganz nach vorn, Höhenverstellung ganz nach oben schieben.
- Hintere Schrauben an den Führungsschienen herausdrehen.

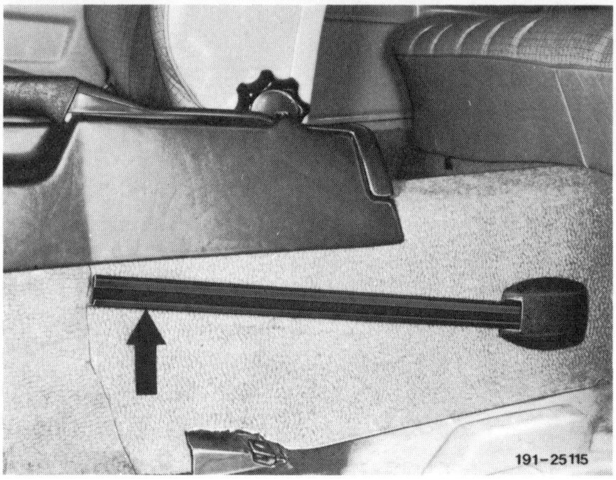
191-25115

- Sitz etwas anheben und nach vorn aus der Gleitschiene herausziehen.
- Sitz herausnehmen.

Einbau

- Sitz von vorn in die Gleitschiene einsetzen und etwas zurückschieben.
- Hintere Schrauben reindrehen, nicht festziehen.
- Sitz ganz nach hinten schieben und vordere Befestigungsschrauben festziehen.
- Sitz wieder nach vorn schieben und hintere Schrauben festziehen.

Rücksitz aus- und einbauen

Ausbau

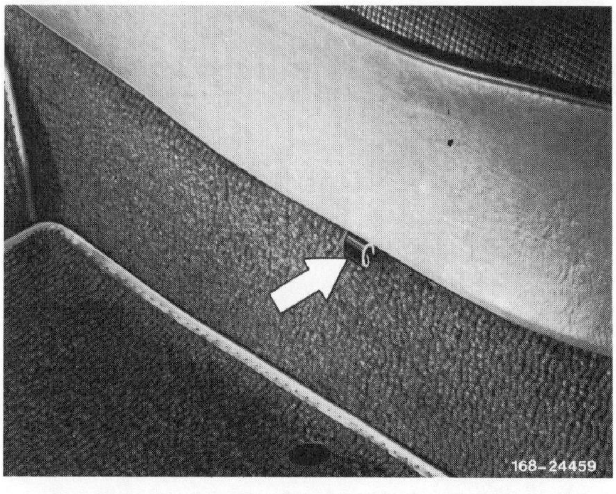
168-24459

- Arretierungshebel -Pfeil- links und rechts nach hinten drükken und Rücksitzbank vorn anheben.
- Rücksitzbank nach vorn ziehen, aus den hinteren Haltebügeln aushängen und herausnehmen.

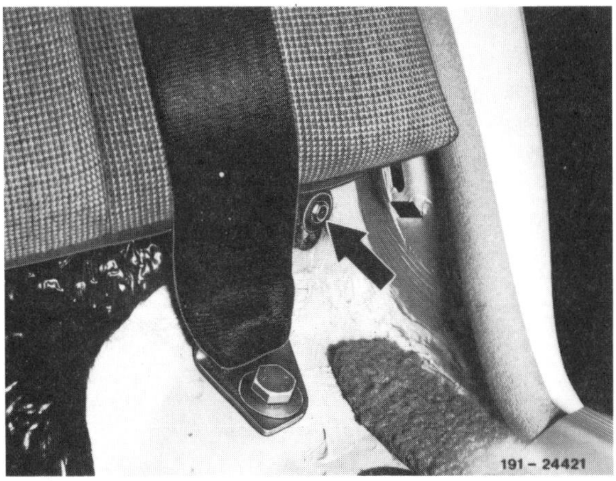

- 3 Befestigungsschrauben -Pfeil- unten an der Rücksitzlehne herausdrehen.
- Falls vorhanden, Kopfstützen nach hinten wegschwenken.
- Lehne nach oben aus den Haltelaschen drücken und herausnehmen.

Einbau

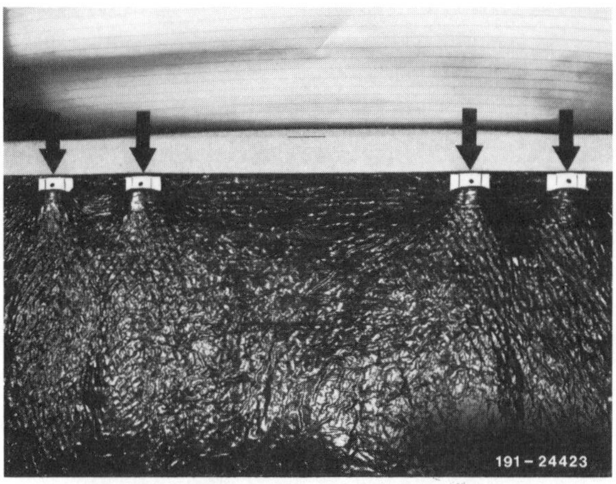

- Rücksitzlehne in die oberen Haltelaschen einhängen, Sicherheitsgurte über die Lehne legen.
- Lehne unten anschrauben. **Achtung:** Die Schaumstoffteile im Bereich der Gurtschlösser dürfen nicht hinter den Lehnenrahmen geklemmt werden.
- Rücksitzbank einsetzen und vorn in die Arretierung drükken. Vorher Beckengurt über die Sitzbank legen.

Die Zentralverriegelung

Auf Wunsch ist der MERCEDES mit einer Zentralverriegelung erhältlich. Es handelt sich dabei um eine Mehrstellenanlage, die außer von der Fahrertür, auch von der Beifahrertür und vom Kofferraumdeckel aus betätigt werden kann. Die Zentralverriegelung besteht aus der elektrischen Versorgungspumpe, den Versorgungsleitungen sowie den Arbeits- und Schaltelementen an den einzelnen Schlössern.

Schemazeichnung der Mehrstellen-Zentralverriegelung

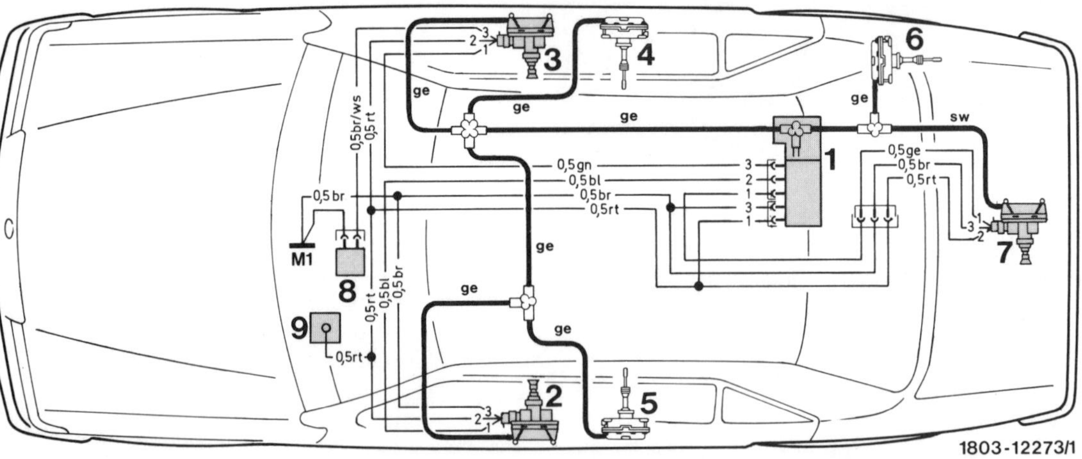

1803-12273/1

1 – Versorgungspumpe, 2 – Schalt- und Arbeitselement Fahrertür, 3 – Schalt- und Arbeitselement Beifahrertür, 4 – Arbeitselement hintere Tür rechts, 5 – Arbeitselement hintere Tür links, 6 – Arbeitselement Tankklappe, 7 – Schalt- und Arbeitselement Kofferraumdeckel, 8 – Warnsummerkontakt, 9 – Stützpunkt Klemme 30, M 1 – Hauptmassestelle hinter Schalttafeleinsatz.

Beim Drehen des Schlüssels im Tür- oder Kofferraumschloß läuft die elektrische Versorgungspumpe unter der Rücksitzbank an. Je nach Drehrichtung des Schlüssels läuft die Pumpe rechts- oder linksherum und erzeugt dabei Über- oder Unterdruck. Über Schlauchleitungen gelangt der Druck an die einzelnen Arbeitselemente, wodurch die einzelnen Schlösser geöffnet oder verriegelt werden.

Achtung: Vor Einbau eines neuen Betätigungselementes Schiebehülse –Pfeil– bis zum Anschlag nach unten drücken und Schaltstangenbefestigung –a– ganz herausziehen.

Wartungsarbeiten an der Karosserie

Sichtprüfung des Sicherheitsgurtes

Achtung: Geräusche, die beim Aufrollen des Gurtbandes entstehen, sind funktionsbedingt. Bei störenden Geräuschen kann nur der Sicherheitsgurt ausgetauscht werden. Auf keinen Fall darf zur Behebung von Geräuschen Öl oder Fett verwendet werden. Der Aufrollautomat darf nicht zerlegt werden, da hierbei die vorgespannte Feder herausspringen kann. Unfallgefahr!

- Sicherheitsgurt ganz herausziehen und Gurtband auf durchtrennte Fasern prüfen. Beschädigungen können zum Beispiel durch Einklemmen des Gurtes oder durch brennende Zigaretten entstehen. In diesem Fall Gurt austauschen.
- Sind Scheuerstellen vorhanden, ohne daß Fasern durchtrennt sind, braucht der Gurt nicht ausgewechselt zu werden.
- Schwergängigen Gurt auf Verdrehungen prüfen, gegebenenfalls Verkleidung an der Mittelsäule ausbauen.
- Wenn die Aufrollautomatik nicht mehr funktioniert, Gurt auswechseln.
- Gurtbänder nur mit Seife und Wasser reinigen, keinesfalls Lösungsmittel oder chemische Reinigungsmittel verwenden.

Wasserabläufe reinigen

Die Wasserabläufe sind einmal im Jahr zu reinigen.

- Verstopfte Wasserablaufschläuche lassen sich am besten mit einer alten, flexiblen Tachowelle reinigen. Tachowelle gegebenenfalls in eine elektronisch gesteuerte Bohrmaschine einspannen und mit langsamen Umdrehungen „durchbohren“.

Die Wasserablaufschläuche befinden sich an folgenden Stellen:

- Tankeinfüllmulde oben.

160 – 22798

- Tankeinfüllmulde unten.

160-22808

- Am hinteren Kotflügel.

■ Unten an der Ersatzradmulde.

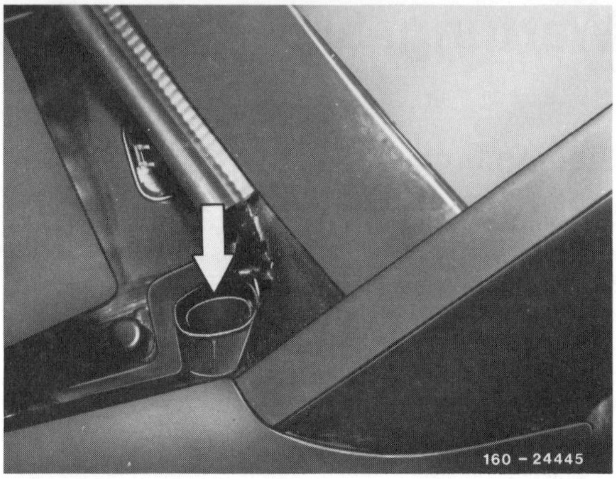

■ Vorderwandsäule oben.

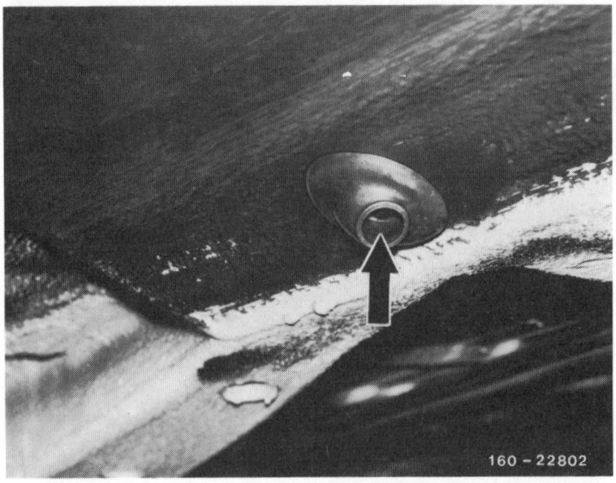

■ Am Längsträger.

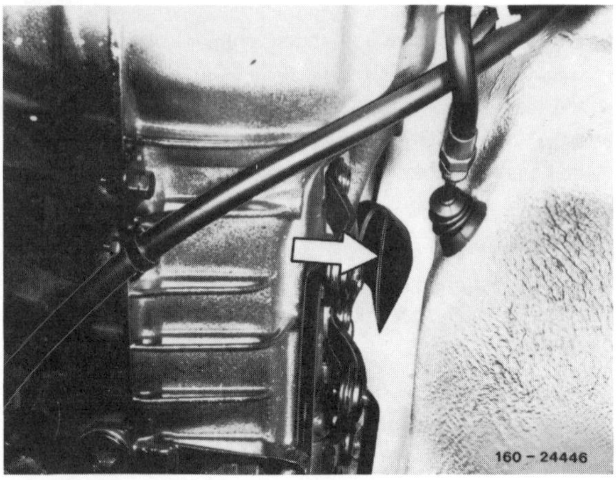

■ Am Wasserkasten.

■ Schiebedach vorn.

Motorhaube schmieren

Die Betätigungsteile an der Motorhaube sind alle 20000 km im Rahmen der Wartung zu schmieren.

- Haubenschloß im vorderen Querträger mit Mehrzweckfett einfetten.

Folgende Teile mit Motoröl und Ölspritzkanne ölen:

- ■ Scharnier am Sicherungshaken der Motorhaube.
- ■ Motorhaubenverschluß an der Motorhaube.
- ■ Bowdenzug.
- ■ Haubenstütze und Scharnierlager.

Die Lackierung

Ausbeul- und Lackierarbeiten an der Autokarosserie setzen Erfahrung über den Werkstoff und dessen Bearbeitung voraus. Derartiges Fachwissen wird in der Regel erst durch eine langjährige Praxis erworben. Aus diesem Grund wird hier nur das Ausbessern von kleineren Karosserie- und Lackschäden erläutert.

Zum Nachlackieren wird unbedingt dieselbe Lackfarbe benötigt, denn selbst kleinste Farbunterschiede fallen nach Abschluß der Arbeiten sofort ins Auge. Der jeweilige Farbton wird vom Hersteller auf einem, innen an der Karosserie, angeklebten Kennschild angegeben. Darauf stehen die Farbbezeichnung und die Farb-Kennummer.

Treten dennoch Differenzen zwischen dem Originallack und dem Reparaturlack auf, dann liegt das daran, daß Fahrzeug-Lackierungen sich durch Alterung, ultraviolette Sonnenbestrahlung, extreme Temperaturdifferenzen, Witterungsbedingungen und chemische Einflüsse wie beispielsweise Industrieabgase mit der Zeit verändern. Außerdem können Oberflächenschäden, Farbveränderungen und Ausbleichen des Lakkes eintreten, wenn die Reinigung und Lackpflege mit ungeeigneten Mitteln durchgeführt wurde.

Die Metallic-Lackierung besteht aus 2 Schichten, dem Metallic-Grundlack und der farblosen Decklackierung. Beim Lackieren wird der Klarlack über den feuchten Grundlack gespritzt. Die Gefahr von Farbdifferenzen bei der nachträglichen Metallic-Lackierung ist besonders groß, da hier schon unterschiedliche Viskosität des Reparaturlackes gegenüber dem Originallack zu Farbverschiebungen führt. In der Praxis läßt sich daher mit einer Spraydose kaum eine ausreichende Farbübereinstimmung erzielen.

Steinschlagschäden ausbessern

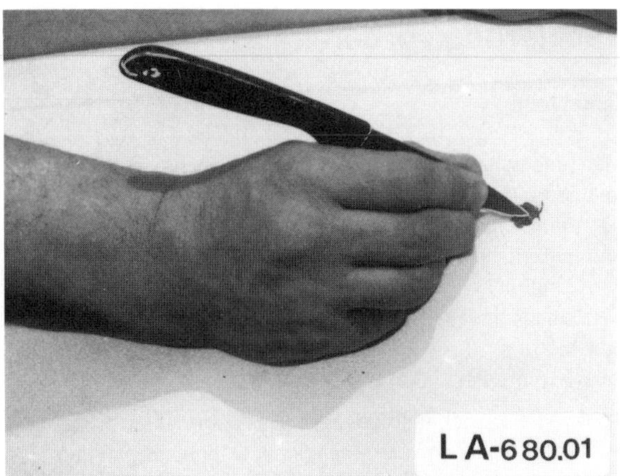

LA-680.01

- Steinschlagschäden oder kleine Rostpickel an der Karosserie mit einem „Rostradierer" beziehungsweise einem Messer oder einem kleinen Schraubendreher auskratzen, bis das blanke Blech erscheint. Wichtig ist, daß keine auch noch so kleine Roststelle mehr sichtbar ist. Bei „Rostradierern" handelt es sich um kleine Kunststoffhülsen, die zum Auskratzen des Rostes kurze Drahtborsten besitzen. Im Handel sind auch elektrisch betriebene Schleifmaschinen mit einer auswechselbaren Korrundsteinspitze.
- Auf die blanke Metallfläche mit einem Pinsel etwas Lackgrundierung auftragen. Da das Grundiermittel meist in Sprühdosen erhältlich ist, vorher etwas Grundiermittel in den Deckel der Dose sprühen.

Achtung: Die blanken Stellen müssen vorher gereinigt werden und einwandfrei trocken und fettfrei sein.

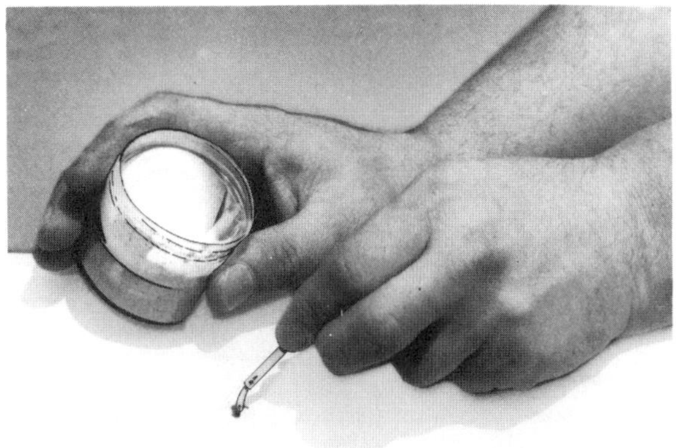

LA-680.02

- Nachdem die Grundierung trocken ist, Stelle mit Tupflack ausbessern. Bei den Tupflackdosen ist der Pinsel bereits im Deckel integriert. Falls nur eine Spraydose mit der entsprechenden Farbe zur Verfügung steht, etwas Farbe in den Deckel der Dose sprühen und anschließend Lack mit einem normalen Wasserfarbenpinsel auftragen. Dabei in einem Arbeitsgang immer nur eine dünne Lackschicht anbringen, damit der Lack nicht herunterlaufen kann. Anschließend Farbe gut trocknen lassen. Vorgang so oft wiederholen, bis der Krater ausgefüllt ist und die ausgebesserte Stelle gegenüber der umgebenden Lackfläche keine Vertiefung mehr bildet.

Karosserie ausbessern

Ausbeulen

Zum Ausbeulen sind ein Ausbeulhammer sowie ein passender Handamboß erforderlich. Roststellen und alte Lackreste sind nach dem Ausbeulen sorgsam von der Reparaturstelle zu entfernen. Entweder mit Sandpapier grober Körnung (120), das über einen Schleifblock gespannt wird, oder mit passenden Schleifblättern auf der Schwabbelscheibe beziehungsweise mit einer Karosseriefeile.

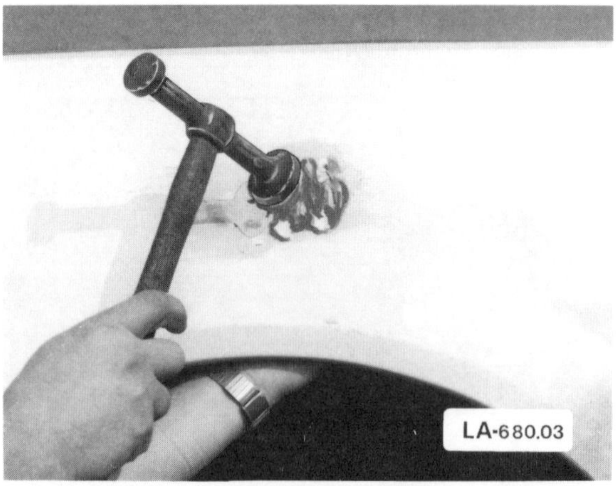

- Kleinere Dellen mit einem Ausbeulhammer zurückschlagen. Dabei auf der anderen Seite mit einem Handamboß gegenhalten. Nicht zu stark hämmern, sonst dehnt sich das Blech zu stark und man bekommt es nicht mehr glatt. Vom Rand ausgehend gleichmäßig zur Mitte hin arbeiten.
- Die ausgebeulte Fläche immer wieder mit der Hand prüfen, bis man die gewünschte Form gefunden hat. Kleinere Unebenheiten werden später ausgespachtelt.
- Rostansatz und alte Lackreste im näheren Umkreis der ausgebeulten Fläche mit grobem Sandpapier entfernen.

Rostschäden ausbessern

Hier wird das Ausbessern von Rostlöchern mit Glasfasermatten beschrieben.

- Durchgerostete Stellen in der Karosserie mit der Schleifscheibe bearbeiten, Ränder mit der Blechschere begradigen und leicht nach innen biegen.
- Provisorische Unterlage aus Holz oder dickem Karton herstellen und von hinten gegen das Rostloch spannen. Die Unterlagenform sollte der Karosseriewölbung entsprechen. **Achtung:** Ohne Unterlage läßt sich die Glasfasermatte nur schwer in die richtige Form bringen.
- Da die Unterlage später wieder entfernt wird, muß sie mit einem speziellen Trennmittel präpariert werden. Sie darf sich auf keinen Fall mit dem Polyesterharz verbinden.
- Das Glasfasergewebe in 3 Lagen auflegen, dabei soll die erste Lage die Blechränder nur geringfügig überlappen und die letzte Lage etwa 3 cm überstehen.
- Polyesterharz mit Härter entsprechend der Gebrauchsanweisung vermischen. Dabei ist unbedingt auf die Einhaltung des genauen Mischverhältnisses zu achten, sonst trocknet das angereicherte Harz zu schnell oder zu langsam. Als Gefäß eignet sich ein Gipserbecher. **Achtung:** Nicht zuviel Harz auf einmal anrühren, sonst trocknet es bereits im Bearbeitungsgefäß.
- Zunächst Unterlage mit Polyesterharz einpinseln, dann erste Lage Glasfasergewebe auflegen und Harz mit einem Pinsel auftupfen.
- Eventuelle Lufteinschlüsse, als helle Stellen erkennbar, mit einem Scheibenroller kreuz und quer sorgfältig ausrollen, bevor die nächste Gewebeschicht aufgetragen und mit einem Pinsel angetupft wird.
- Polyesterharz etwa 24 Stunden aushärten lassen, Unterlage abnehmen. Überstehende Glasfaserteile mit einer Feile entfernen.

Lackierung vorbereiten

Spachteln

Man unterscheidet 2 Spachtelarten: Zweikomponentenspachtel und Füllspachtel. Zweikomponentenspachtel wird kurz vor der Verarbeitung mit Härter vermischt. Er härtet schnell aus und muß rasch verarbeitet werden. Man benutzt ihn, um größere Unebenheiten im Blech auszugleichen. Füllspachtel ist ein Ziehspachtel, mit dem feinere Unebenheiten geglättet werden. Man kann ihn in mehreren Lagen auftragen. Beide Spachtelarten gibt es in Tuben und Dosen.

- Auf die ausgebeulte oder mit Glasfasermatten ausgebesserte Stelle Zweikomponentenspachtel auftragen und antrocknen lassen.
- Nach dem Trocknen Unebenheiten mit Schleifscheibe oder Schwingschleifer abschleifen. Dabei sollte ein Schleifpapier mit der Körnung „180“ verwendet werden.

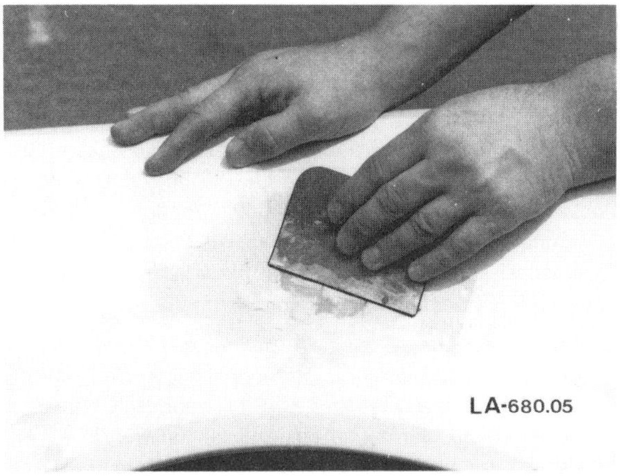

LA-680.05

- Mit breitem, elastischem Japanspachtel die Reparaturstelle mit feinem Füllspachtel überziehen und mindestens 2 Stunden lang aushärten lassen.

Schleifen

Schleifpapier ist in verschiedenen Körnungen erhältlich. Je kleiner die Zahl, um so grober der Schliff. Zum Schleifen von Zweikomponentenspachtel empfiehlt sich Körnung 180 bis 240; Füllspachtel und alter Lack werden mit Körnung 320 bis 360 naß geschliffen. Für den letzten Naßschliff vor der Lackierung empfiehlt sich 600er Schleifpapier.

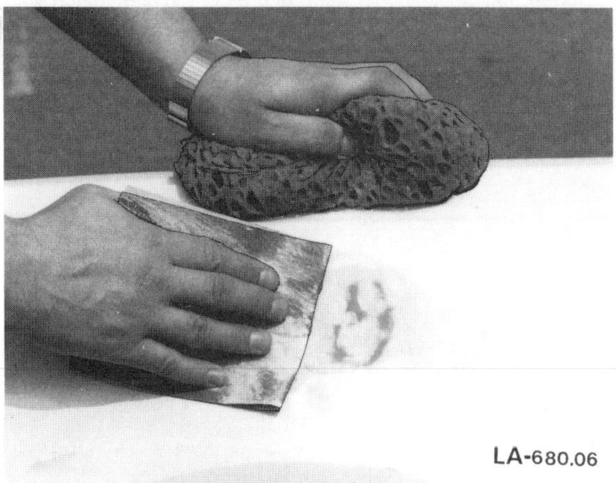

LA-680.06

- Fertige Spachtelstelle mit 180er Papier grob überschleifen, dabei zwischendurch mit einem Schwamm anfeuchten. Für den folgenden nassen Feinschliff eignet sich am besten spezielles Naßschleifpapier mit 320er Körnung, dabei wird auch der angrenzende und zu überspritzende Lack mit angeschliffen.

Reinigen

Vor dem Spritzen muß die geschliffene Lackoberfläche von Fett- und Silikonresten befreit werden. Am besten eignet sich dazu Silikonentferner.

- Nach dem Schleifen Reparaturstelle sorgfältig reinigen und alle angrenzenden Fahrzeugflächen mit Zeitungspapier und Tesakrepp ganz exakt abkleben.

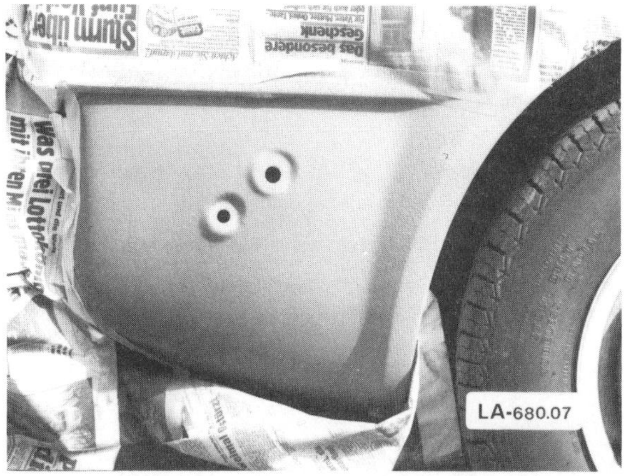

LA-680.07

Achtung: Reparaturstelle immer so abkleben, daß die gespritzte Fläche bis zur nächsten Zierleiste oder Karosseriekante reicht, da am Rand der Abklebung ein Farbgrat entsteht. Falls ein annähernd fließender Übergang zum Originallack unumgänglich ist, im 1. Spritzgang gesamte Reparaturstelle und etwa eine Hand breit der angrenzenden Fläche spritzen. Im 2. Spritzgang zwei Hand breit und im 3. Spritzgang drei Hand breit überlappen lassen.

- Fußboden zur Staubbindung anfeuchten.
- „Füller" auf die Reparaturstelle spritzen, damit eventuell entstandene Haarrisse und Poren verschlossen werden. Nach dem Trocknen mit 600er Papier naß schleifen. Dazu Schwamm immer wieder in Wasser tauchen und während des Schleifens langsam ausdrücken.

Lackieren

Bei der Autolackierung werden 3 Grundlacke verwendet: Nitro-, Kunstharz- und Acryllack. Alle drei Lacke sind unterschiedlich aufgebaut und vertragen sich nicht unbedingt miteinander. So kann Acryllack beispielsweise alten Kunstharzlack auflösen.

Damit beim Lackieren keine Probleme auftreten, sollte der zuvor aufgetragene „Füller" vom gleichen Hersteller stammen wie der Spraydosenlack. Der Lack wirft dann keine Blasen und schrumpft nicht.

Achtung: Es empfiehlt sich den Lackiervorgang zunächst an einem geeigneten Blech, zum Beispiel einem alten Kotflügel, zu üben.

- Zum Lackieren muß der Wagen trocken und staubfrei sein. Wenn möglich, mit Preßluft abblasen.
- Fußboden zur Staubbindung mit Wasser anfeuchten.
- Spraydose vor Gebrauch wenigstens 5 Minuten lang intensiv schütteln, sonst bilden sich auf dem Blech Lacknasen.

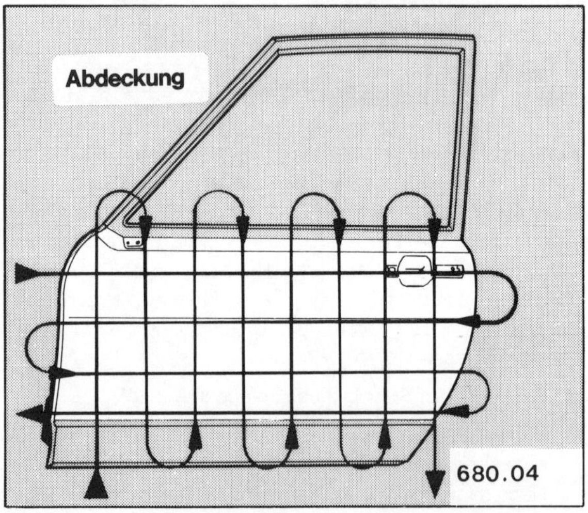

- Ebene Flächen, ob senkrecht oder waagerecht, werden im „Kreuzgang" gespritzt: Man beginnt außerhalb der Fläche und schwenkt den Spritzstrahl außerhalb in die andere Richtung.
- Spraydose mit gleichbleibender Geschwindigkeit und gleichmäßigem Abstand über die Oberfläche führen. Der richtige Abstand liegt zwischen 25 und 35 cm.

Achtung: Wird aus nächster Nähe gesprüht oder ist die Sprühbewegung zu langsam beziehungsweise von wechselnder Geschwindigkeit, treten sogenannte Lacknasen auf. Das heißt, der Lack läuft an einigen Stellen herunter, weil dort zuviel Farbe auf einmal aufgespritzt wurde. Ebenso verhält es sich, wenn die Richtungsänderungen beim Sprühvorgang nicht über der abgedeckten Fläche durchgeführt werden.

- Um mit der Spraydose eine ausreichende Farbdeckung zu erreichen, sind mehrere Spritzvorgänge nötig. Das Ende eines Arbeitsganges ist dann erreicht, wenn die Oberfläche durchgehend glänzt und keine einzelnen Pünktchen erkennbar sind. Ist dies der Fall, Düse der Spraydose freisprühen. Dazu Dose auf den Kopf stellen und solang sprühen bis keine Farbe mehr kommt.

Achtung: Der Spritzvorgang ist mit kleineren Pausen, zum Abdunsten des Lösungsmittels, so oft zu wiederholen, bis der Lack eine ausreichende Deckung erreicht hat.

- Gespritzte Fläche trocknen lassen. Der Trocknungsvorgang läßt sich mit einer Heizsonne oder einer starken Fotolampe beschleunigen. **Achtung:** Kein Gebläse-Heizgerät verwenden, dadurch würden aufgewirbelte Staubpartikel gegen den frischen Lack geblasen.
- Nach dem Aushärten der Farbe, nach etwa 3 Wochen, Sprühnebel, sofern vorhanden, auf den angrenzenden Flächen, mit Schleifpolierpaste und einem Wattebausch vorsichtig abtragen.
- Anschließend Lack konservieren.

Die Heizung

Die Frischluft für die Heizung wird über das Lufteinlaßgitter unterhalb der Windschutzscheibe angesaugt und gelangt über das Gebläse in den Fahrzeuginnenraum. Dabei durchströmt die Luft den Heizungskasten und wird durch verschiedene Klappen auf die einzelnen Lufteintrittsdüsen verteilt. Wird die Heizung auf „warm" gestellt, öffnen die Heizungsventile im Motorraum den Zulauf zum Wärmetauscher. Der Wärmetauscher befindet sich im Heizungskasten und wird durch das heiße Kühlmittel erwärmt. Die vorbeistreichende Frischluft erwärmt sich nun an den heißen Lamellen des Wärmetauschers und gelangt dann in den Fahrzeuginnenraum.

Die Innenraumtemperatur kann mit je einem Drehregler für die linke und rechte Wagenhälfte vorgewählt werden. Ein elektronisches Steuergerät im Bedienteil der Heizungsanlage regelt dementsprechend die Öffnungszeiten der Heizungsventile in Abhängigkeit von der Innentemperatur. Die Innen-Temperaturfühler befinden sich hinten am Wärmetauscher und im vorderen Teil des Daches. Auf diese Weise wird die Temperatur im Fahrzeug, unabhängig von der Fahrzeuggeschwindigkeit und von der Außentemperatur, nahezu konstant gehalten.

Zur Verstärkung der Heizleistung dient ein vierstufiges Heizgebläse. Damit das Gebläse in den einzelnen Stufen mit unterschiedlicher Geschwindigkeit läuft, werden Widerstände (0,45 Ω ; 0,8 Ω ; 1,5 Ω) vorgeschaltet. Dadurch verringert sich der Stromfluß zum Gebläsemotor und das Gebläse läuft langsamer. Für die höchste Geschwindigkeitsstufe (Stufe 4) werden die Vorwiderstände ausgeschaltet.

Die 3 Vorwiderstände –R 14– befinden sich im Motorraum an der linken Seite der Stirnwand, hinter dem Bremskraftverstärker. Zum Ausbau der Widerstände Schutzgitter abschrauben.

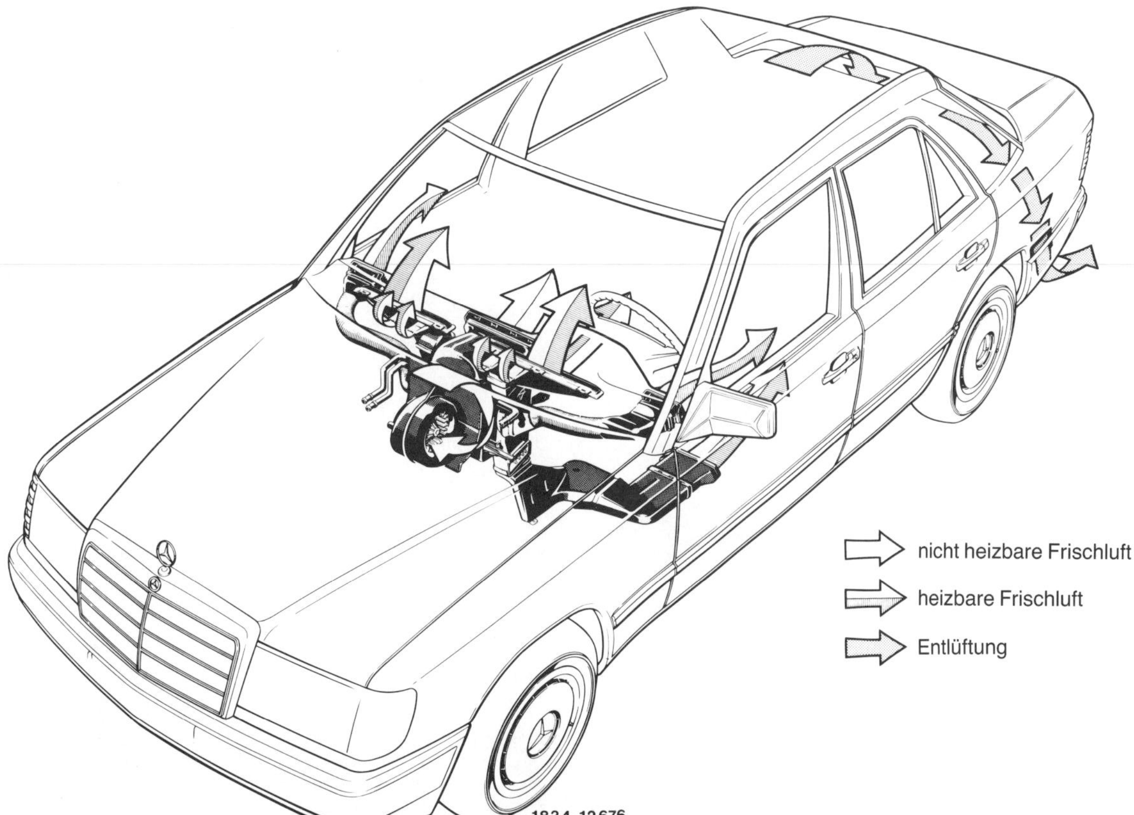

Die Heizungsanlage

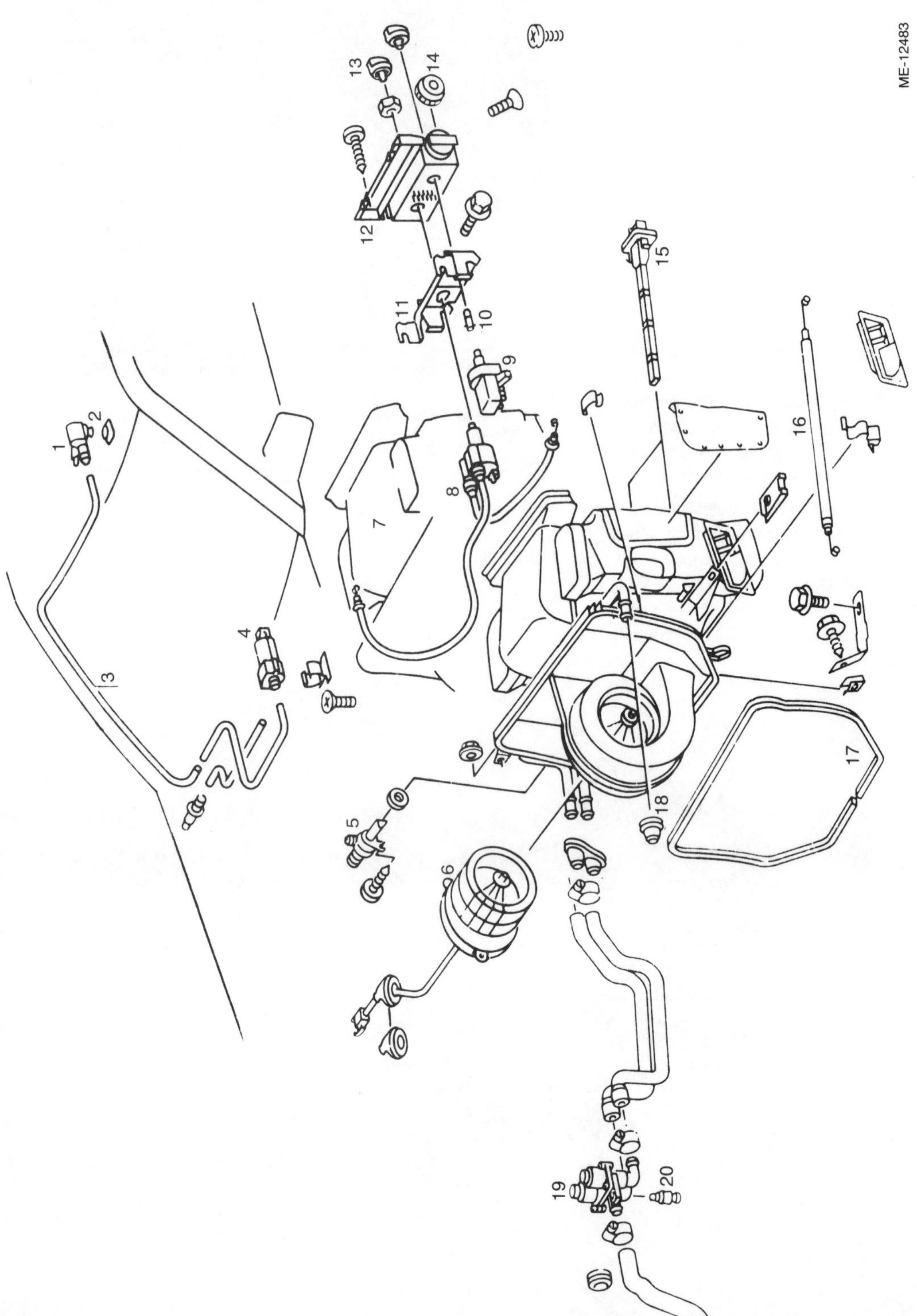

1 – Innen-Temperaturfühler am Dachrahmen
2 – Kunststoff-Abdeckung
3 – Belüftungsschlauch
4 – Gebläse für Belüftung des Temperaturfühlers (nur bei Fahrzeugen mit Schiebedach)
5 – Düse
6 – Gebläsemotor
7 – Heizungskasten
8 – Luftregulierung
9 – Gebläseschalter
10 – Glühlampe für die Beleuchtung des Bedienungsknopfes
11 – Halter
12 – Heizungsautomatik
13 – Bedienungsknopf
14 – Rad für Drehregler
15 – Temperaturfühler am Heizungskasten (2 Stück)
16 – Seilzug für Hauptluftklappe
17 – Dichtung für Heizungskasten an Stirnwand
18 – Tülle
19 – Heizungsventile
20 – Gummipuffer

Störungsdiagnose Heizung

Störung	Ursache	Abhilfe
Heizgebläse läuft nicht	Sicherung Nr. 3 defekt	Sicherung prüfen, gegebenenfalls ersetzen
	Gebläseschalter defekt	Prüfen, ob an den Vorwiderständen Spannung anliegt. Wenn nicht, Gebläseschalter ausbauen und prüfen
	Elektromotor defekt	Prüfen, ob bei eingeschalteter Zündung und betätigtem Gebläseschalter am Stecker des Gebläsemotors Spannung anliegt. Wenn ja, Motor auswechseln
Heizgebläse läuft nur in einer Geschwindigkeitsstellung nicht	Vorwiderstand defekt	Vorwiderstände prüfen
Heizleistung zu gering	Kühlmittelstand zu niedrig	Kühlmittelstand prüfen, gegebenenfalls Kühlmittel auffüllen
	Kühlmittelregler defekt	Kühlmittelregler prüfen, gegebenenfalls ersetzen
	Heizventil öffnet nicht, Feder gebrochen	Heizventil prüfen
Geräusche im Bereich des Heizgebläses	Eingedrungener Schmutz, Laub	Gebläse ausbauen, reinigen, Luftkanal mit Preßluft ausblasen
	Lüfterrad hat Unwucht, Lager defekt	Gebläsemotor ausbauen und auf leichten Lauf prüfen

Die elektrische Anlage

Bei der Überprüfung der elektrischen Anlage stößt der Heimwerker in den technischen Unterlagen immer wieder auf die Begriffe Spannung, Stromstärke und Widerstand.

Die Spannung wird in Volt (V) gemessen, die Stromstärke in Ampère (A) und der Widerstand in Ohm (Ω). Mit dem Begriff Spannung ist beim Auto in der Regel die Batteriespannung gemeint. Es handelt sich dabei um eine Gleichspannung von ca. 12 Volt. Die Höhe der Batteriespannung hängt vom Ladezustand der Batterie und von der Außentemperatur ab. Sie kann etwa 10 bis 13 Volt betragen. Demgegenüber wird die Bordspannung vom Drehstromgenerator (Lichtmaschine) erzeugt, die bei mittleren Drehzahlen ca. 14 Volt beträgt.

Der Begriff Stromstärke taucht im Bereich der Automobil-Elektrik relativ selten auf. Die Stromstärke ist beispielsweise auf der Rückseite von Sicherungen angegeben und weist auf den maximalen Strom hin, der fließen kann, ohne daß die Sicherung durchbrennt und damit den Stromkreis unterbricht.

Überall wo ein Strom fließt, muß er einen Widerstand überbrükken. Der Widerstand ist unter anderem von folgenden Faktoren abhängig: Leitungsquerschnitt, Leitungsmaterial, Stromaufnahme usw. Ist der Widerstand mitunter zu groß, können Funktionsstörungen auftreten. Beispielsweise darf der Widerstand in Zündleitungen und Zündverteiler nicht zu hoch sein, sonst fehlt ein ausreichend starker Zündfunke an den Zündkerzen, der das Kraftstoff-Luftgemisch entzündet und damit den Motor zum Laufen bringt.

Meßgeräte

Zum Messen der Bord-Elektrik gibt es im Handel sogenannte Mehrfach-Meßgeräte. Sie vereinen in einem Gerät das Voltmeter, um Spannungen zu messen, das Ampèremeter, um die Stromstärke zu messen und das Ohmmeter, um den Widerstand zu messen. Mit einem Dreh- oder Tastschalter wird an dem Meßgerät die gewünschte Meßart (V,A, Ω) umgeschaltet. Die im Handel befindlichen Meßgeräte unterscheiden sich hauptsächlich im Meßbereich und in der Meßgenauigkeit. Durch den Meßbereich wird festgelegt, in welchem Bereich Spannungen oder Widerstände liegen müssen, damit sie überhaupt vom Gerät erfaßt werden können. Die Meßgenauigkeit wird in erster Linie vom Herstellungsaufwand bestimmt, der sich natürlich in den Kosten niederschlägt. Je größer die Genauigkeit, desto höher der Kaufpreis.

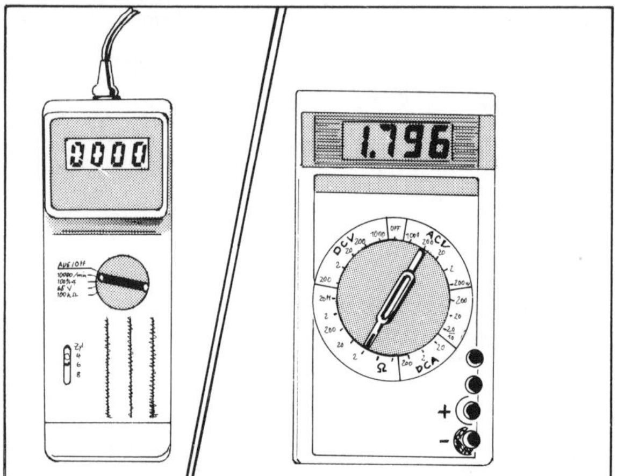

700.01

Für den Heimwerker gibt es Vielfach-Meßgeräte, die speziell für Prüfarbeiten am Auto abgestimmt sind. Mit solch einem Gerät kann man die Motordrehzahl und den Zünd-Schließwinkel messen und außerdem Spannungen bis zu 20 Volt. Bei Widerstandsmessungen beschränkt sich das Gerät in der Regel auf den Kilo-Ohm-Bereich, also etwa 1-1000 k Ω . Falls es eine Stromstärken-Messung zuläßt, dann nur im Bereich der Anlasserstromstärke.

Darüberhinaus werden Meßgeräte zur Überprüfung der elektrischen und elektronischen Bauteile angeboten. Bei diesen Geräten fehlt naturgemäß die Meßmöglichkeit von Motordrehzahl und Zünd-Schließwinkel. Große Vorteile bietet ein solches Gerät jedoch auf dem Gebiet des Meßbereiches. Denn dieser erlaubt eine umfassende Messung von kleinen Widerständen in Ohm (Ω) bis zu großen Widerständen im Mega-Ohm-Bereich (M Ω). Spannungen können bis auf Stellen hinter dem Komma genau gemessen werden, was vor allem bei elektronischen Bauteilen erforderlich ist.

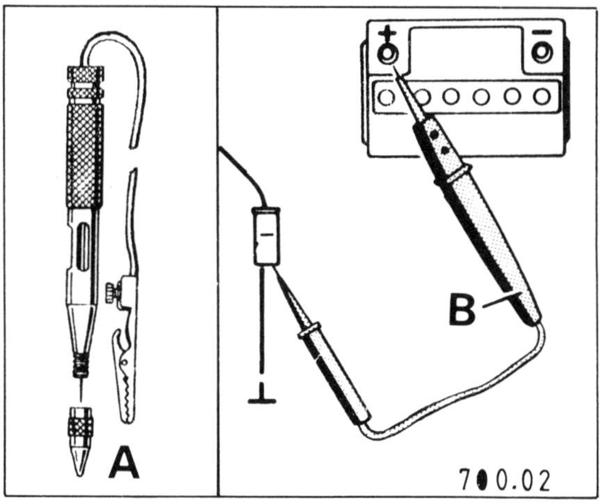

Wenn nur geprüft werden soll, ob überhaupt Spannung anliegt eignet sich hierzu eine einfache Prüflampe -A-. Dies gilt allerdings nur für Stromkreise in denen sich keine elektronischen Bauteile befinden. Denn elektronische Steuergeräte reagieren äußerst empfindlich auf zu hohe Ströme. Unter Umständen können elektronische Bauteile bereits durch das Anschließen einer Prüflampe zerstört werden. Für Fahrzeuge mit elektronischen Bauteilen, wie zum Beispiel die Transistorzündung oder die elektronisch gesteuerte Einspritzanlage ist deshalb ein hochohmiger Spannungsprüfer -B- erforderlich. Er hat praktisch dieselben Funktionen wie die Prüflampe, ohne daß die elektronischen Bauteile geschädigt werden.

Meßtechnik

Spannung messen

Spannung kann schon mit einer einfachen Prüflampe oder einem Spannungsprüfer nachgewiesen werden. Allerdings erkennt man dann nur, ob überhaupt Spannung anliegt. Um die Höhe der anliegenden Spannung zu prüfen, muß ein Voltmeter (Spannungs-Meßgerät) angeschlossen werden. Das Voltmeter ist immer in einem Vielfachmeßgerät integriert.

Zunächst ist beim Voltmeter der Meßbereich einzustellen in dem sich die zu messende Spannung voraussichtlich befindet. Spannungen am Fahrzeug sind in der Regel nicht höher als ca. 14 Volt. Eine Ausnahme bildet die Zündanlage; hier kann die Zündspannung bis zu 30000 Volt betragen, was sich nur mit einem speziellen Meßgerät oder einem Oszilloskop messen läßt.

Während man bei Meßgeräten, die speziell auf das Auto abgestimmt sind, am Wählschalter nur das Voltmeter einschalten muß, sind bei einem allgemeinen Vielfachmeßgerät erst eine Reihe von Entscheidungen zu fällen. Zunächst wird mit dem Wählschalter der Bereich Gleichspannung (DCV im Gegensatz zu ACV=Wechselspannung) eingestellt. Dann wird der Meßbereich gewählt. Da beim Auto außer an der Zündanlage (bis 30000 Volt) keine höheren Spannungen als ca. 14 Volt auftreten, sollte die Obergrenze des einzustellenden Meßbereiches etwas höher liegen (ca. 15 bis 20 Volt). Falls sicher ist, daß die gemessene Spannung wesentlich niedriger ist, zum Beispiel im Bereich von 2 Volt, kann der Meßbereich heruntergeschaltet werden, um eine größere Anzeigegenauigkeit zu erreichen. Liegen höhere Spannungen an, als sie vom Meßbereich des Gerätes umfaßt werden, kann das Meßgerät zerstört werden.

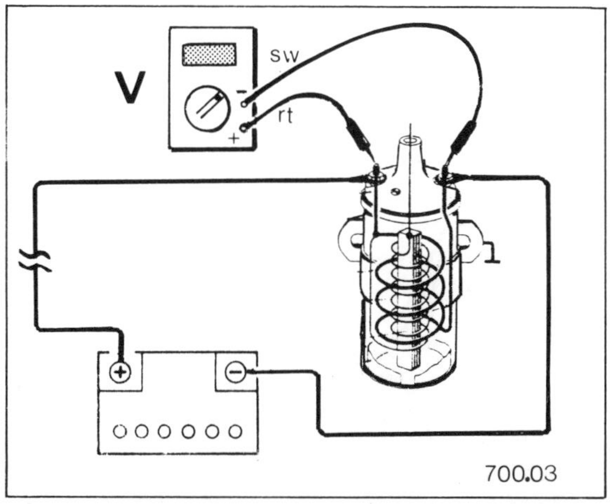

Die Kabel des Meßgerätes entsprechend der Zeichnung parallel zum Verbraucher anschließen. Dabei wird das rote Kabel an die vom Batterie-Pluspol kommende Leitung angelegt, das schwarze Kabel an die Masse-Leitung oder an Fahrzeugmasse, wie zum Beispiel den Motorblock.

Prüfbeispiel: Wenn der Motor nicht richtig anspringt, weil der Anlasser zu langsam dreht, ist es zweckmäßig die Batteriespannung zu prüfen, während der Anlasser betätigt wird. Dazu das Voltmeter mit dem roten Kabel (+) an den Batterie-Pluspol und mit dem schwarzen Kabel an Fahrzeugmasse (−) anklemmen. Anschließend durch einen Helfer den Anlasser betätigen lassen und den Spannungswert ablesen. Liegt die Spannung unter ca. 7 Volt, muß die Batterie überprüft und eventuell vor den nächsten Startversuchen geladen werden.

Stromstärke messen

Am Auto ist es relativ selten erforderlich, die Stromstärke zu messen. Benötigt wird hierzu ein Ampèremeter, welches ebenfalls in einem Vielfachmeßgerät integriert ist.

Ebenso wie beim Voltmeter wird vor der Strommessung das Meßgerät auf den Meßbereich eingestellt, in dem sich die zu messende Stromstärke voraussichtlich befindet. Falls das nicht bekannt ist, höchsten Meßbereich einstellen und, falls keine Anzeige erfolgt, nacheinander in die nächstniedrigeren Meßbereiche schalten.

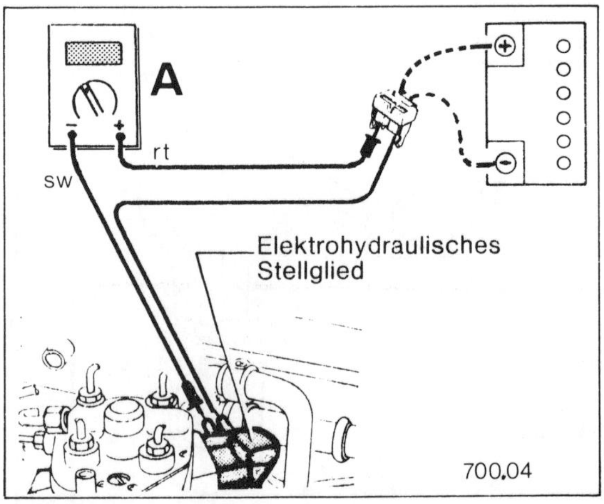

Für die Messung der Stromstärke muß der Stromkreis, wie in der Zeichnung gezeigt, aufgetrennt werden und das Meßgerät (Ampèremeter) wird dazwischengeschaltet. Dazu wird beispielsweise der Stecker abgezogen und das rote Kabel (+) des Ampèremeters an die stromführende Leitung angeschlossen (Klemme 30, Klemme 15). Das schwarze Kabel (–) wird an den Kontakt angelegt, an den normalerweise die unterbrochene Leitung angeschlossen ist. Die Massekontakte zwischen Verbraucher und Stecker müssen dann mit einem Hilfskabel verbunden werden.

Beispiel: „Batterie entlädt sich selbständig", siehe Seite 182.

Achtung: Keinesfalls sollte mit einem normalen Ampèremeter die Stromstärke in der Leitung zum Anlasser (ca. 150 A) oder zu den Glühkerzen (bis 30 A) gemessen werden. Durch die hierbei auftretenden hohen Ströme kann das Meßgerät zerstört werden. Die Werkstatt benutzt für diese Messungen ein Ampèremeter mit Gleichstromzange. Dabei wird eine Stromzange über das isolierte Stromkabel geklemmt und der Stromwert durch Induktion gemessen.

Widerstand messen

Vor der Prüfung des Widerstandes ist grundsätzlich sicherzustellen, daß an den Kontakten, an die das Ohmmeter angeschlossen wird, keine Spannung anliegt. Also immer vorher Stecker abziehen, Zündung ausschalten, Leitung beziehungsweise Aggregat ausbauen oder Batterie abklemmen. Andernfalls kann das Meßgerät beschädigt werden.

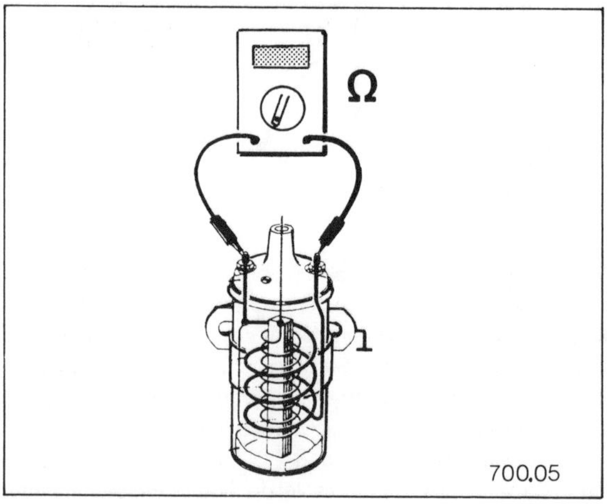

Das Ohmmeter wird an die 2 Anschlüsse eines Verbrauchers oder an die 2 Enden einer elektrischen Leitung angeschlossen. Dabei spielt es keine Rolle, welches Kabel des Meßgerätes (+/–) an welchen Kontakt angeklemmt wird.

Die Widerstandsmessung am Auto erstreckt sich weitgehend auf 2 Bereiche:

1. Kontrolle eines in den Stromkreis integrierten Widerstandes mit festem oder variablem Wert. **Beispiel:** Widerstand des Kühlmittel-Temperaturfühlers (für Einspritzanlage) prüfen. Dazu Stecker am Temperaturfühler abziehen und Ohmmeter zwischen den Kontakt am Fühler und Masse (Motorblock) anschließen. Ohmmeter in den Meßbereich schalten, in dem sich der Meßwert voraussichtlich befindet, und angezeigten Meßwert mit dem in der Tabelle angegebenen Sollwert vergleichen.

2. „Durchgangs"-Prüfung einer elektrischen Leitung, eines Schalters oder einer Heizwendel. Dabei wird geprüft, ob eine elektrische Leitung im Fahrzeug unterbrochen ist und deshalb das angeschlossene elektrische Gerät nicht funktionieren kann. Zur Messung wird das Ohmmeter an die beiden Enden der betreffenden elektrischen Leitung angeschlossen. Beträgt der Widerstand 0 Ω, dann ist „Durchgang" vorhanden, das heißt die elektrische Leitung ist in Ordnung. Bei unterbrochener Leitung zeigt das Meßgerät ∞ (unendlich) Ω an.

Hinweise für den nachträglichen Einbau von Zubehör

Beim Bohren oder Schälen von Löchern in die Karosserie müssen die Lochränder anschließend entgratet und lackiert werden. Die beim Bohren zwangsläufig anfallenden Späne sind restlos aus der Karosserie zu entfernen.

Bei allen Einbauarbeiten, die das elektrische Leitungssystem berühren, ist, um der Gefahr von Kurzschlüssen im elektrischen Leitungssystem vorzubeugen, grundsätzlich das Massekabel von der Fahrzeugbatterie abzuklemmen und zur Seite zu hängen.

Kabel, die beim Einbau von Zubehör zusätzlich zu dem serienmäßig eingebauten Kabelsatz im Fahrzeug verlegt werden müssen, sind nach Möglichkeit immer entlang der einzelnen Kabelstränge unter Verwendung der vorhandenen Kabelschellen und Gummitüllen zu verlegen.

Falls erforderlich, sind die neu verlegten Kabel, um entstehenden Geräuschen während der Fahrt vorzubeugen und Scheuern von Kabeln zu vermeiden, mit Isolierband, plastischer Masse, Kabelbändern und dgl. zusätzlich festzulegen. Hierbei ist besonders darauf zu achten, daß zwischen den Bremsleitungen und den festverlegten Kabeln ein Mindestabstand von 10 mm sowie zwischen den Bremsleitungen und den Kabeln, die mit dem Motor oder anderen Teilen des Fahrzeuges schwingen, ein Mindestabstand von 25 mm vorliegt.

Sofern zusätzliche elektrische Verbraucher eingebaut werden, ist in jedem Fall zu überprüfen, ob die erhöhte Belastung noch von der vorhandenen Drehstromlichtmaschine mit übernommen werden kann. Falls erforderlich, sollte ein Generator mit größerer Leistung vorgesehen werden.

Batterie aus- und einbauen

Die Batterie befindet sich rechts hinter der Spritzwand im Motorraum.

Ausbau

- Motorhaube senkrecht stellen siehe Seite 13.
- Batteriekabel abklemmen, zuerst Massekabel.
- Halteplatte vorn am Batteriefuß abschrauben und herausnehmen.
- Batterie herausheben.

Einbau

- Batterie einsetzen.
- Halteplatte ansetzen und festschrauben.
- Pluskabel (rot) am Pluspol (+), dann Massekabel (schwarz) am Minuspol (−) anklemmen. **Achtung:** Durch eine falsch angeschlossene Batterie können erhebliche Schäden am Generator und an der elektrischen Anlage entstehen.
- Motorhaube schließen, siehe Seite 16.

Batterie laden

- Batterie niemals kurzschließen. Bei Kurzschluß erhitzt sich die Batterie und kann platzen. Nicht mit offener Flamme in Batterie leuchten. Batteriesäure ist ätzend und darf nicht in die Augen, auf die Haut oder die Kleidung gelangen, gegebenenfalls mit viel Wasser abspülen.
- Plus- und Massekabel von Batterie abklemmen, Massekabel zuerst.
- Vor dem Laden Säurestand prüfen, gegebenenfalls destilliertes Wasser nachfüllen.
- Gefrorene Batterie vor dem Laden auftauen. Eine geladene Batterie friert bei ca. −65° C, eine halbentladene bei ca. −30° C und eine entladene bei ca. −12° C.
- Stopfen aus der Batterie herausschrauben und leicht auf die Öffnungen legen. Dadurch werden Säurespritzer auf dem Lack vermieden, während die beim Laden entstehenden Gase entweichen können.
- Batterie nur in gut belüftetem Raum laden. Beim Laden der eingebauten Batterie Motorhaube geöffnet lassen.
- Bei der Normalladung beträgt der Ladestrom ca. 10 % der Kapazität. (Bei einer 45-Ah-Batterie also etwa 4,5 A.)
- Pluspol der Batterie mit Pluspol, Minuspol der Batterie mit Minuspol des Ladegerätes verbinden.
- Säuretemperatur darf während des Ladens 55° C nicht überschreiten, gegebenenfalls Ladung unterbrechen oder Ladestrom herabsetzen.
- So lange laden, bis alle Zellen lebhaft gasen und bei drei im Abstand von je einer Stunde aufeinanderfolgenden Messungen das spezifische Gewicht der Säure und die Spannung nicht mehr angestiegen sind.
- Die Batterie darf auch mit einem Schnell-Ladegerät geladen werden.

Achtung: Das Schnelladen einer Batterie sollte nicht zur Gewohnheit werden! Batterien, die lange unbenutzt gestanden haben oder neu sind, dürfen nicht schnellgeladen werden.

- Nach der Ladung Säurestand prüfen, gegebenenfalls destilliertes Wasser nachfüllen.
- Säuredichte prüfen. Liegt der Wert in einer Zelle deutlich unterhalb der anderen Werte (z. B. 5 Zellen zeigen 1,26 und 1 Zelle 1,18), so ist die Batterie defekt und sollte erneuert werden.
- Batterie ca. 20 Minuten ausgasen lassen, dann Verschlußstopfen aufschrauben.

Achtung: Der Motor darf nicht bei abgeklemmter Batterie laufen, da sonst die elektrische Anlage beschädigt wird.

Batterie entlädt sich selbständig

Wenn der Verdacht auf Kriechströme besteht, Bordnetz nach folgender Anleitung prüfen:

- Zur Prüfung geladene Batterie verwenden.

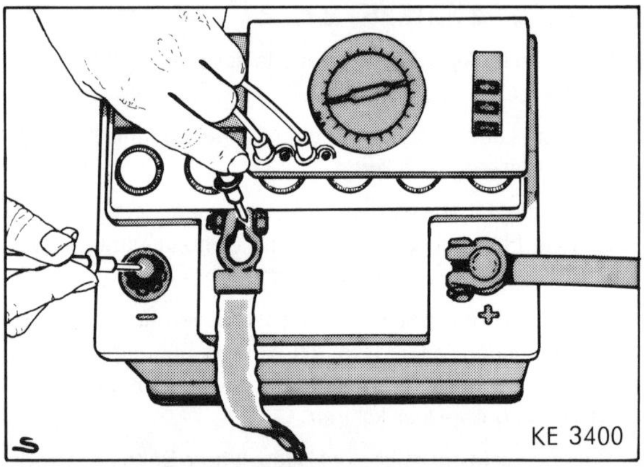

- Am Ampèremeter (Meßbereich von 0–5 mA bis 0–5 A) den höchsten Meßbereich einstellen. Massekabel von der Batterie abklemmen. Ampèremeter zwischen Batterie-Minuspol und Massekabel schalten. Ampèremeter-Plus-Anschluß an Massekabel und Ampèremeter-Minus-Anschluß an Batterie-Minuspol.

Achtung: Die Prüfung kann auch mit einer Prüflampe durchgeführt werden. Leuchtet die Lampe zwischen Masseband und Minuspol der Batterie jedoch nicht auf, ist auf jeden Fall ein Ampèremeter zu verwenden.

- Alle Verbraucher ausschalten, vorhandene Zeituhr abklemmen, Türen schließen.
- Vom Ampèrebereich solange auf den Milliampèrebereich zurückschalten, bis eine ablesbare Anzeige erfolgt (1–3 mA sind zulässig).
- Durch Herausnehmen der Sicherungen nacheinander die verschiedenen Stromkreise unterbrechen. Wenn bei einem der unterbrochenen Stromkreise die Anzeige auf Null zurückgeht, ist hier die Fehlerquelle zu suchen. Fehler können sein: korrodierte und verschmutzte Kontakte, durchgescheuerte Leitungen, interner Schluß in Aggregaten.
- Wird in den abgesicherten Stromkreisen kein Fehler gefunden, so sind die Leitungen an den nicht abgesicherten Aggregaten abzuziehen. Diese sind: Generator, Anlasser, Zündanlage.
- Masseband an Batterie anklemmen.

Störungsdiagnose Batterie

Störung	Ursache	Abhilfe
Säurestand zu niedrig	● Überladung, Verdunstung (besonders im Sommer)	Destilliertes Wasser bis zur vorgeschriebenen Höhe nachfüllen (bei geladener Batterie)
Säure tritt aus den Verschluß-stopfen aus	● Ladespannung zu hoch	Spannungsregler prüfen, ggf. austauschen
	● Säurestand zu hoch	Überschüssige Säure mit Säureheber absaugen
Säuredichte zu niedrig	● Säuredichte in einer Zelle deutlich niedriger als in den übrigen Zellen	Kurzschluß in einer Zelle. Batterie erneuern
	● Säuredichte in zwei benachbarten Zellen deutlich niedriger als in den übrigen Zellen	Trennwand undicht, dadurch entsteht eine leitende Verbindung zwischen den Zellen, wodurch die Zellen entladen werden. Batterie erneuern
	● Batterie entladen	Batterie laden
	● Generator nicht in Ordnung	Generator prüfen, ggf. reparieren oder austauschen
	● Kurzschluß im Leitungsnetz	Elektrische Anlage überprüfen
	● Säure infolge Wartungsfehler verwässert	Säureausgleich durchführen
Abgebende Leistung ist zu gering, Spannung fällt stark ab	● Batterie entladen	Batterie nachladen
	● Ladespannung zu niedrig	Spannungsregler prüfen, ggf. austauschen
	● Anschlußklemmen lose oder oxydiert	Anschlußklemmen reinigen und besonders Unterseite mit Säureschutzfett einfetten, Befestigungsschrauben anziehen
	● Masseverbindung Batterie – Motor – Karosserie ist schlecht	Masseverbindung überprüfen, ggf. metallische Verbindungen herstellen oder Schraubverbindungen festziehen
	● Zu große Selbstentladung der Batterie durch Verunreinigung der Batteriesäure	Batterie austauschen
	● Evtl. Batterie sulfatiert (grauweißer Belag auf den Plus- und Minusplatten)	Batterie mit kleinem Strom laden, damit sich der Belag langsam zurückbildet. Falls nach wiederholter Ladung und Entladung abgegebene Leistung immer noch zu gering, Batterie austauschen
Nicht ausreichende Ladung	● Fehler am Generator, Spannungsregler oder Leitungsanschlüssen	Generator und Spannungsregler überprüfen, instandsetzen bzw. austauschen; Leitungen einwandfrei befestigen
	● Keilriemen locker	Keilriemen spannen oder austauschen
	● Zu viele Verbraucher angeschlossen	Größere Batterie einbauen, evtl. auch größeren Generator verwenden
Dauernde Überladung	● Fehler am Spannungsregler, evtl. auch am Generator	Spannungsregler austauschen bzw. Generator überprüfen

Sicherungen auswechseln

Um Kurzschluß- und Überlastungsschäden an den Leitungen und Verbrauchern der elektrischen Anlage zu verhindern, sind die einzelnen Stromkreise durch Schmelzsicherungen geschützt.

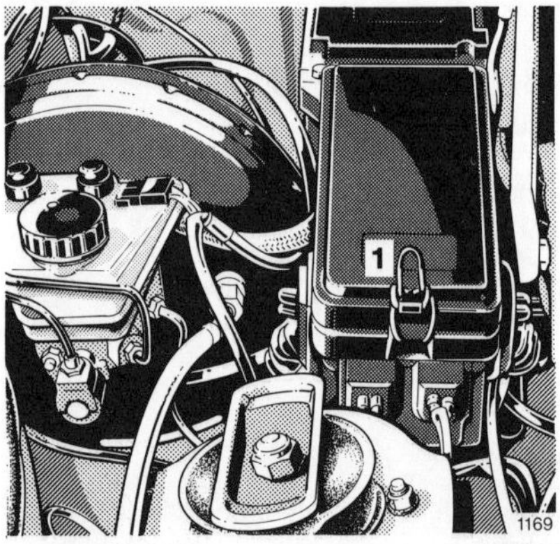

Die Sicherungen sind hauptsächlich in einem Sicherungs- und Relaiskasten untergebracht, der sich links hinten im Motorraum befindet.

- Vor dem Auswechseln einer Sicherung immer zuerst den betroffenen Verbraucher ausschalten.
- Deckel des Sicherungskastens abnehmen, dazu Schnellverschluß lösen, Deckel aufklappen und auf der gegenüberliegenden Seite aushängen.
- Eine durchgebrannte Sicherung erkennt man am durchgeschmolzenen Metallstreifen.
- Defekte Sicherung vorsichtig aus den Federklemmen herausnehmen, dabei vordere Federklemme etwas nach vorn biegen.
- Neue Sicherung **gleicher Sicherungsstärke** mit dem Metallstreifen nach oben zwischen die Federklemmen einsetzen, dabei nicht auf den Metallstreifen drücken und die Federklemmen nicht verbiegen.

Achtung: Die Sicherung muß fest zwischen den Klemmen sitzen, eventuell Klemmen nachbiegen. Außerdem dürfen die Klemmen an den Kontaktstellen nicht korrodiert sein.

- Brennt eine neu eingesetzte Sicherung nach kurzer Zeit wieder durch, muß der entsprechende Stromkreis überprüft werden.
- Auf keinen Fall Sicherung durch Draht oder ähnliche Hilfsmittel ersetzen, weil dadurch ernste Schäden an der elektrischen Anlage auftreten können.
- Es ist empfehlenswert, stets einige Ersatz-Sicherungen im Wagen mitzuführen. Zur Aufbewahrung befinden sich vorn im Sicherungskasten entsprechende Hülsen.
- Deckel für Sicherungskasten einhängen, zuklappen und mit Drahtklammer sichern.

Sicherungsbelegung

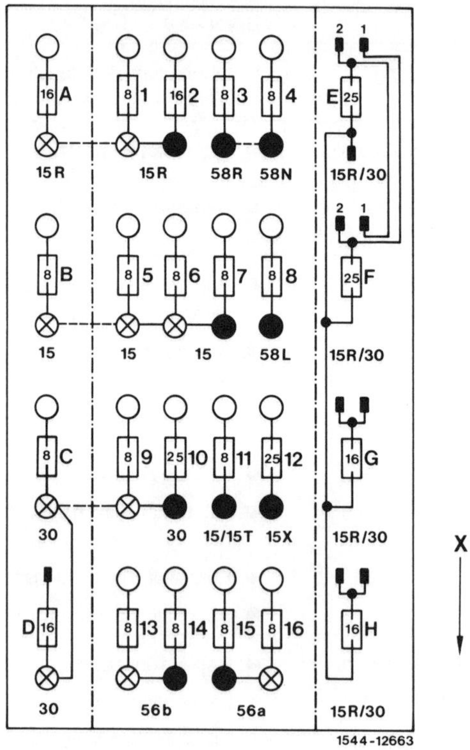

X Fahrtrichtung
○ Abgesicherter Sicherungsanschluß
⊗ Sicherungseinspeisung ohne Kabelanschluß
● Sicherungseinspeisung mit Kabelanschluß
– – – Lose Brücke, untergeklemmt

Nr.	Amp	Verbraucher
1	8	Zigarrenanzünder, Schalter für heizbare Heckscheibe, Handschuhkastenbeleuchtung, Radio*
2	16	Wischeranlage, Wascherpumpe, Lichthupe, Relais für Scheinwerferreinigungsanlage Klemme 86*, Relais I für Komfortschaltung Klemme 86*, Relais für Fensterheber Klemme 86*
3	8	Standlicht rechts, Schlußlicht rechts, Lichtwarnsummer, Beleuchtung für: Kennzeichen, Lichtdrehschalter, Kombi-Instrument, Bedienungsanlage, Heizung/Lüftung, Schalter für Scheinwerferreinigungsanlage*, Radio*
4	8	Nebelscheinwerfer, Nebelschlußlicht
5	8	Bremslicht, Kombi-Instrument, Glühlampenkontrollgerät, Tempomat*, Drehzahlmesser*, Hallgeber, Bremslicht für Anhänger*
6	8	Blinklicht, Horn, Fanfare*, Außentemperaturanzeige*, Reiserechner
7	8	Rückfahrlicht, Heizungsventile, Umwälzpumpe, Motorlüfter, Waschdüsenbeheizung, Steuergerät für Heizungsautomatik/Klimaanlage, Relais für Zusatzlüfter Klemme 86* Elektrik für automatisches Getriebe, Umschaltventil für Zündumschaltung, Gebläse für Innenraumtemperaturfühler*, Kältekompressor*, Temperatur-Unterdruckschalter für Leerlaufregelung, Magnetventil für kickdown (Automatik-Getriebe)
8	8	Standlicht links, Schlußlicht links
9	8	Klemme 6 für Diagnosesteckdose, Leseleuchten im Fond*, automatische Antenne*, Relais II für Komfortschaltung Klemme 86 und 87*, Kontrollgerät für Anhängerlicht*, Warnblinkanlage, Zeituhr, Deckenleuchte vorn, Elektronik-Radio, Make-up-Spiegelbeleuchtung
10	25	Heizbare Heckscheibe, Wischer, Blinker
11	8	Vergaserelektrik
12	25	Heizungsgebläse
13	8	Abblendlicht links
14	8	Abblendlicht rechts
15	8	Fernlicht links
16	8	Fernlicht rechts, Fernlichtkontrolle
A*	16	Orthopädische Lehne, Schiebedach, Sitzheizung vorn, versenkbare Kopfstützen im Fond, Radio
B*	8	Elektrisch verstellbare Außenspiegel, Beheizung für Außenspiegel, Diebstahlwarnanlage
C*	8/16	Zentralverriegelung, Ausstiegsleuchten, Radio, Steuergerät für Sitzverstellung (Memory), Deckenleuchte hinten, Kofferraumleuchte, automatische Antenne, Kontrollgerät für Anhängerblinklicht
D*	16	Zusatzlüfter
E*	25	Fahrer-, Beifahrersitzverstellung: Sitzhöhe (Memory), Rücklehne, Kopfstütze, Motor für Sitzverstellung
F*	25	Fahrer-, Beifahrersitzverstellung: Sitzhöhe (Memory), Sitz vor/zurück, Lenkradverstellung, Motor für Sitzverstellung
G*	16	Fensterheber vorn links und hinten rechts
H*	16	Fensterheber vorn rechts und hinten links

*) Sonderausstattung

Geänderte Sicherungsbelegung seit 9/89

1	16	Zusätzlich: Heckwischer, Heckwaschpumpe, Kopfstützen hinten, Orthopädische Lehne
A	16	Schiebedach

Achtung: Die Sicherungen für die Zusatzheizung (8A/16A) befinden sich in einer Sicherungsdose im Relaiskasten.

Hinweis: Die Sicherungsstärke für die elektrischen Fensterheber beträgt bei neueren Fahrzeugen 25 Ampère.

Relais prüfen

Am einfachsten läßt sich die Funktionsfähigkeit eines Relais prüfen, wenn man es gegen ein intaktes auswechselt. So wird es in der Regel in der Werkstatt gemacht. Da dem Heimwerker jedoch in den seltensten Fällen ein neues Relais sofort zur Verfügung steht, empfiehlt sich folgender Arbeitsschritt bei den sogenannten Arbeitsrelais, wie sie unter anderem zum Schalten von Nebel- und Hauptscheinwerfern verwendet werden.
Die Relais befinden sich größtenteils im hinteren Teil des Sicherungs- und Relaiskastens.

- Deckel für Sicherungskasten abnehmen.

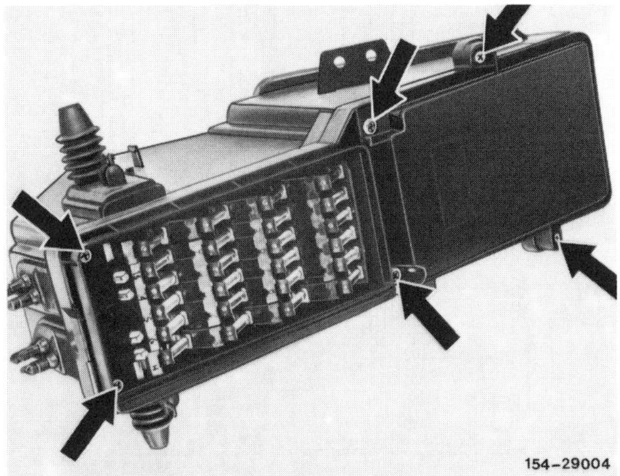

154-29004

- 6 Schrauben herausdrehen und Deckel für Relaiskasten abnehmen.
- Relais aus der Halterung herausziehen.
- Zuerst mit Spannungsprüfer feststellen, ob an Klemme 30 im Relaishalter Spannung anliegt. Dazu Spannungsprüfer an Masse anschließen und die andere Kontaktspitze in Klemme 30 einführen. Wenn die Leuchtdiode des Spannungsprüfers aufleuchtet, ist Spannung vorhanden. Zeigt der Spannungsprüfer keine Spannung an, Unterbrechung vom Batterie-Pluspol zu Klemme 30 anhand des Schaltplanes aufspüren.
- Leitungsbrücke aus einem Stück isoliertem Draht herstellen, die Enden müssen blank sein.
- Mit dieser Brücke im Relaishalter die Klemme 30 (Batterie +, führt immer Spannung) mit dem Ausgang des Relais-Schließers Klemme 87 verbinden. Wo sich die Klemmen im Relaishalter befinden, ist auf dem Relais beziehungsweise der Relaisplatte aufgeführt.
- Wenn bei eingesetzter Brücke zum Beispiel das Fernlicht aufleuchtet, kann man davon ausgehen, daß das Relais defekt ist.
- Wenn das Fernlicht nicht aufleuchtet, Unterbrechung in der Leitungsführung von Klemme 87 zum Hauptscheinwerfer anhand des Schaltplanes aufspüren und beheben.
- Falls erforderlich neues Relais einsetzen, Deckel für Relaiskasten anschrauben, anschließend Deckel für Sicherungskasten einhängen und mit Drahtklammer sichern.

Relaisbelegung

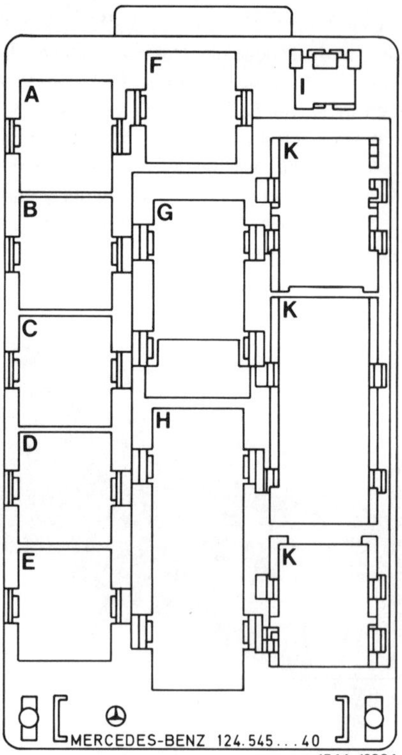

1544-12664

A – Fensterheber/Sitzverstellung (Hauptrelais)
B – Vorwiderstand für Zusatzlüfter
C – Zusatzlüfter
D – Scheinwerferreinigungsanlage
E – Saugrohrbeheizung
F – Sicherungsdose 2polig für Zusatzheizung
G – Leerlaufabschaltventil (Vergasermotor)
H – Kombirelais (Blinker, heizbare Heckscheibe, Wischer)
I – Diode für Fensterheber/Sitzverstellung
K – Lampenkontrollgerät

Anschlüsse für Sonderausstattungen

Elektrische Sonderausstattungen sind im Fußraum auf der linken Seite an eine Steckerleiste angeschlossen.

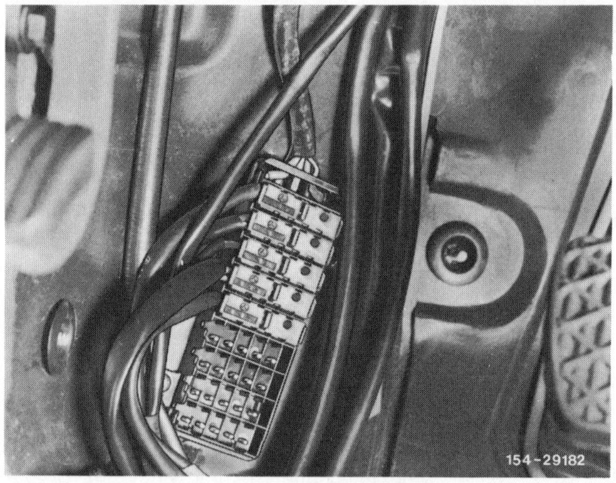

Belegung der 5 Anschlüsse an der Stirnseite der Steckerleiste

Anschluß 1: Klemme 30, zur Sicherung C
Anschluß 2: Klemme 15, zur Sicherung B
Anschluß 3: Klemme 31, Hauptmasse W1
Anschluß 4: Klemme 58d, am Heizungskasten hinter der Mittelkonsole
Anschluß 5: Klemme 15R, zur Sicherung A

Achtung: Die Stecker für die einzelnen Sonderausstattungen können in unterschiedlicher Reihenfolge aufgesteckt sein.

Sonderausstattung	Belegung der Kupplung mit Anschluß-Nr.
Zentralverriegelung	1, 3
Elektronik-Radio[1]	1, 3, 4, 5
EDW-Anlage	1, 2, 3
Ausstieg-Leuchten	1, 3
Sitzheizung vorn links und rechts	3, 4, 5
Außenspiegel Beifahrer	2, 3, 4
Versenkbare Kopfstützen im Fond	3, 4, 5
Sitzverstellung mit Memory	1
Schiebedach	2, 3, 4, 5

[1]) Seit 8/85 im Innenraum-Leitungssatz gesteckt.

Der Generator

Der MERCEDES ist mit einem Drehstromgenerator ausgerüstet. Je nach Modell und Ausstattung kann ein Generator mit einer Leistung von 55 A bis 80 A eingebaut sein.

Der Generator wird von der Kurbelwelle über den Keilrippenriemen angetrieben. Dabei dreht sich der Läufer mit der Erregerwicklung innerhalb der feststehenden Ständerwicklung mit ca. doppelter Motordrehzahl.

Über Kohlebürsten und Schleifringe fließt der Erregerstrom durch die Erregerwicklung. Dabei bildet sich ein Magnetfeld.

Die Lage des magnetischen Feldes zur Ständerwicklung ändert sich ständig, entsprechend der Umdrehung des Läufers. Dadurch wird in der Ständerwicklung ein Drehstrom erzeugt.

Da die Batterie aber nur mit Gleichstrom geladen werden kann, wird der Drehstrom durch Gleichrichter in der Diodenplatte in Gleichstrom umgewandelt. Der Spannungsregler verändert den Ladestrom durch Ein- und Ausschalten des Erregerstromes, entsprechend dem Ladezustand der Batterie. Gleichzeitig hält der Regler die Betriebsspannung konstant bei ca. 14 Volt, unabhängig von der Drehzahl.

Achtung: Im Gegensatz zum Gleichstromgenerator darf der Drehstromgenerator niemals ohne Batterie betrieben werden. Motor nicht ohne Batterie laufen lassen.

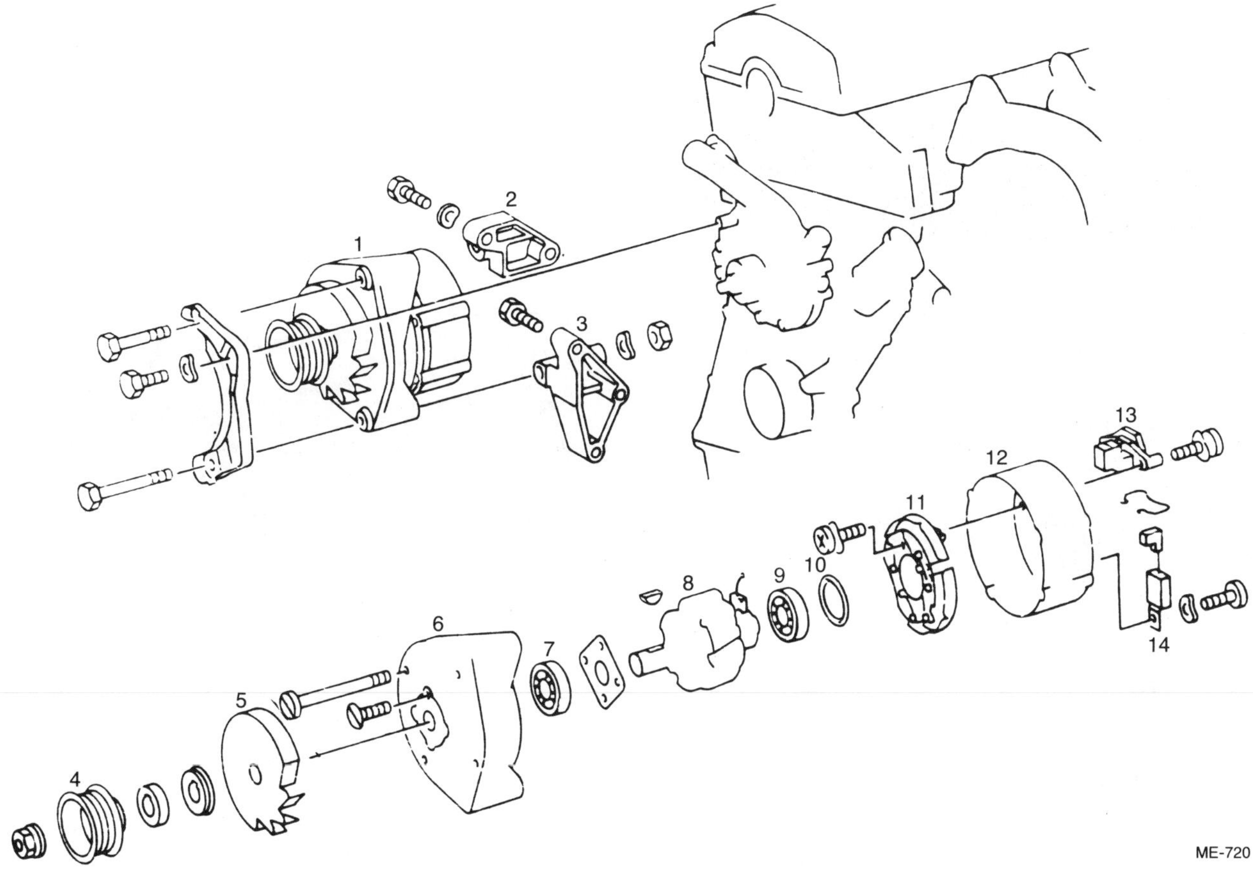

1 – Generator
2 – Hinterer Halter
3 – Unterer Halter
4 – Riemenscheibe
5 – Lüfterrad
6 – Gehäuse vorn
7 – Antriebslager
8 – Läufer
9 – Rillenkugellager hinten
10 – Dichtring
11 – Diodenplatte
12 – Gehäuse hinten
13 – Spannungsregler
14 – Entstörungskondensator

Generator aus- und einbauen

Ausbau

- Batterie-Massekabel abklemmen.
- Mehrfachstecker von der Rückseite des Drehstromgenerators abziehen. Vorher Drahtklammer mit Schraubendreher ausrasten und zur Seite klappen.
- Keilriemen entspannen und abnehmen, siehe Seite 32.

- Generator am Halter mit 2 Schrauben –1– und –Pfeil oben– abschrauben und herausnehmen.

Achtung: Falls die obere Befestigungsschraube –Pfeil– klemmt, Generator mit Halter abschrauben –2–.

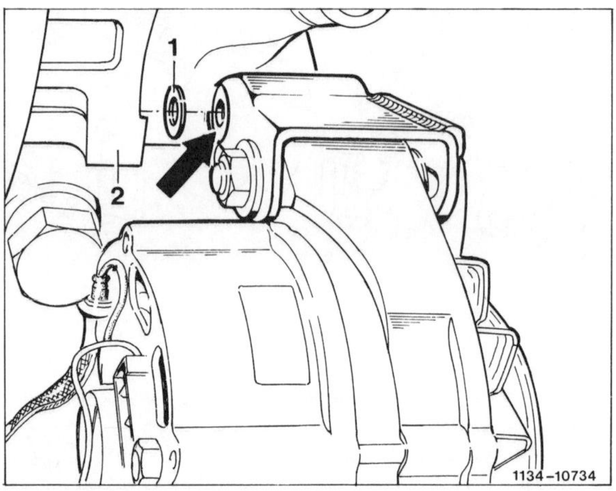

Achtung: Zwischen Halter und Zylinderkopf –2– kann eine Scheibe –1– mit 0,85 mm Dicke eingebaut sein. Beim Ausbau Scheibe nicht verlieren. Beim Einbau muß die Scheibe in der Ansenkung –Pfeil– des Halters anliegen.

Einbau

- Generator einsetzen und mit 2 Schrauben anschrauben, dabei obere Schraube –Pfeil– am Zylinderkopf mit 45 Nm festziehen.
- Keilrippenriemen auflegen und spannen, siehe Seite 32.
- Mehrfachstecker aufschieben und mit Drahtklammer sichern.
- Massekabel an Batterie anschließen.

Schleifkohlen für Generator/ Spannungsregler ersetzen/prüfen

Die Schleifkohlen sind nach einer Laufzeit von 60000 km jeweils im Rahmen der Wartung zu überprüfen.

Ausbau

- Der Ausbau ist bei eingebautem Generator möglich.
- Batterie-Massekabel abklemmen.

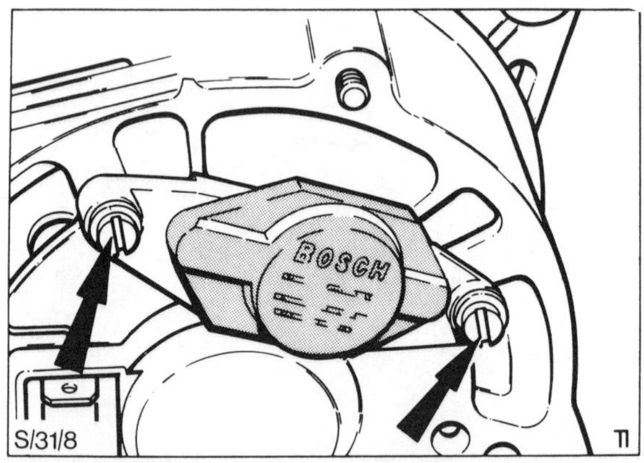

- Spannungsregler an der Rückseite des Generators abschrauben und vorsichtig herausziehen.

● Schleifkohlen ersetzen, wenn die Länge 5 mm oder weniger beträgt. Dazu Anschlußlitze auslöten.

Einbau

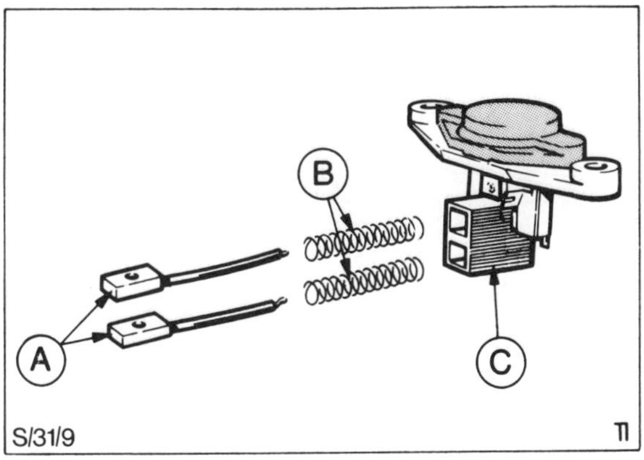

● Neue Kohlebürsten –A– und Federn –B– in den Bürstenhalter –C– einsetzen und Anschlüsse verlöten.

● Damit beim Anlöten der neuen Bürsten kein Lötzinn in der Litze hochsteigen kann, Anschlußlitze der Bürsten mit einer Flachzange fassen.

● Durch hochsteigendes Lötzinn würde die Litze steif und die Kohlebürste unbrauchbar werden.

● Der Isolierschlauch über der Litze muß neben der Lötstelle mit der vorhandenen Öse festgeklemmt werden.

● Nach dem Einbau neue Kohlebürsten auf leichten Lauf in den Bürstenhaltern prüfen.

● Spannungsregler einsetzen und festschrauben.

● Batterie-Massekabel anklemmen.

Störungsdiagnose Generator

Störung	Ursache	Abhilfe
Ladekontrollampe brennt nicht bei eingeschalteter Zündung	● Lampe durchgebrannt	Ersetzen
	● Masseband an Generator locker oder korrodiert	Masseband auf einwandfreien Kontakt prüfen, Schraube festziehen
	● Batterie leer	Laden
	● Unterbrechung in der Leitungsführung zwischen Generator, Zündschloß und Kontrollampe	Mit Voltmeter nach Stromlaufplan untersuchen
	● Steckverbindungen zwischen Relaisplatte und Generator nicht gesteckt	Kontrollieren, gegebenenfalls Stecker ersetzen
	● Schleifkohlen liegen nicht auf dem Schleifring auf	Freigängigkeit der Schleifkohlen und Mindestlänge (5 mm) prüfen
	● Erregerwicklung im Generator durchgebrannt	Läufer austauschen
Ladekontrollampe verlöscht nicht bei Drehzahlsteigerung	● Regler defekt	Regler prüfen Regler austauschen
	● Leitung zwischen Drehstromgenerator und Kontrollampe hat Masseanschluß	Leitungsstrang ersetzen
Ladekontrollampe brennt bei ausgeschalteter Zündung	● Plusdiode hat Kurzschluß	Dioden prüfen Diodenplatte austauschen

Der Anlasser

Zum Starten des Verbrennungsmotors ist ein kleiner elektrischer Motor, der Anlasser, erforderlich. Damit der Motor überhaupt anspringen kann, muß der Anlasser den Verbrennungsmotor auf eine Drehzahl von mindestens 300 Umdrehungen in der Minute beschleunigen. Und das funktioniert nur, wenn der Anlasser einwandfrei arbeitet und die Batterie hinreichend geladen ist.

Der Anlasser besteht aus einem Antriebs-, Pol- und Kollektorgehäuse. In dem Pol- und Kollektorgehäuse sind der Anker und der Kollektor gelagert sowie der Bürstenhalter. In dem Bürstenhalter befinden sich Kohlebürsten, die ein Verschleißteil darstellen und sich zwar langsam, aber stetig abnutzen. Bei starker Abnutzung der Kohlebürsten kann der Anlasser nicht mehr einwandfrei arbeiten.

In dem vorderen Antriebsgehäuse ist der Ritzelantrieb untergebracht. Wenn über den Zündanlaßschalter der Anlasser Spannung erhält, wird über den Magnetschalter, der auf dem Anlassergehäuse sitzt, das Ritzel auf einem Steilgewinde gegen den Zahnkranz des Schwungrades geschoben. Sobald das Ritzel bis zum Anschlag auf der Spindel vorgelaufen ist, ist es kraftschlüssig mit dem Schwungrad verbunden. Nun kann der Anlasser den Motor auf die erforderliche Anlaßdrehzahl bringen. Wenn der Verbrennungsmotor angelaufen ist, wird das Ritzel vom Motor her beschleunigt, es läuft also kurzzeitig schneller als der Motor und spurt aus, wodurch die Verbindung zum Verbrennungsmotor aufgehoben ist.

Da zum Starten des Verbrennungsmotors eine hohe Stromaufnahme erforderlich ist, ist im Rahmen der Wartung auf eine einwandfreie Kabelverbindung zu achten. Korrodierte Anschlüsse säubern und mit Polschutzfett einstreichen.

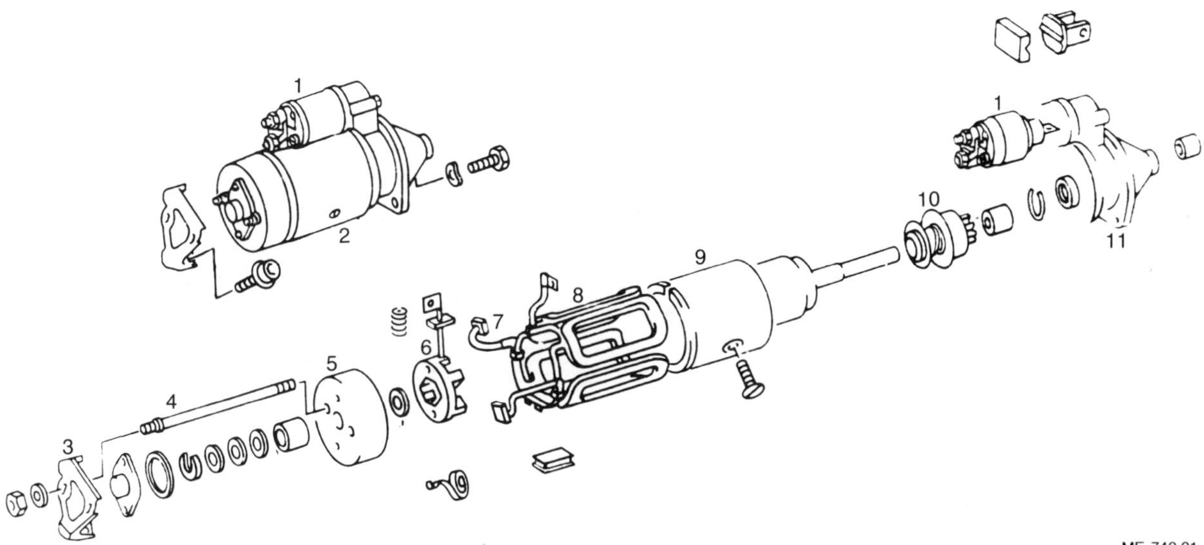

ME-740.01

1 – Magnetschalter
2 – Anlasser
3 – Halter
4 – Stiftschraube
5 – Kollektorgehäuse
6 – Bürstenhalter
7 – Kohlebürsten
8 – Erregerwicklung
9 – Polgehäuse
10 – Ritzel
11 – Antriebsgehäuse

Anlasser aus- und einbauen

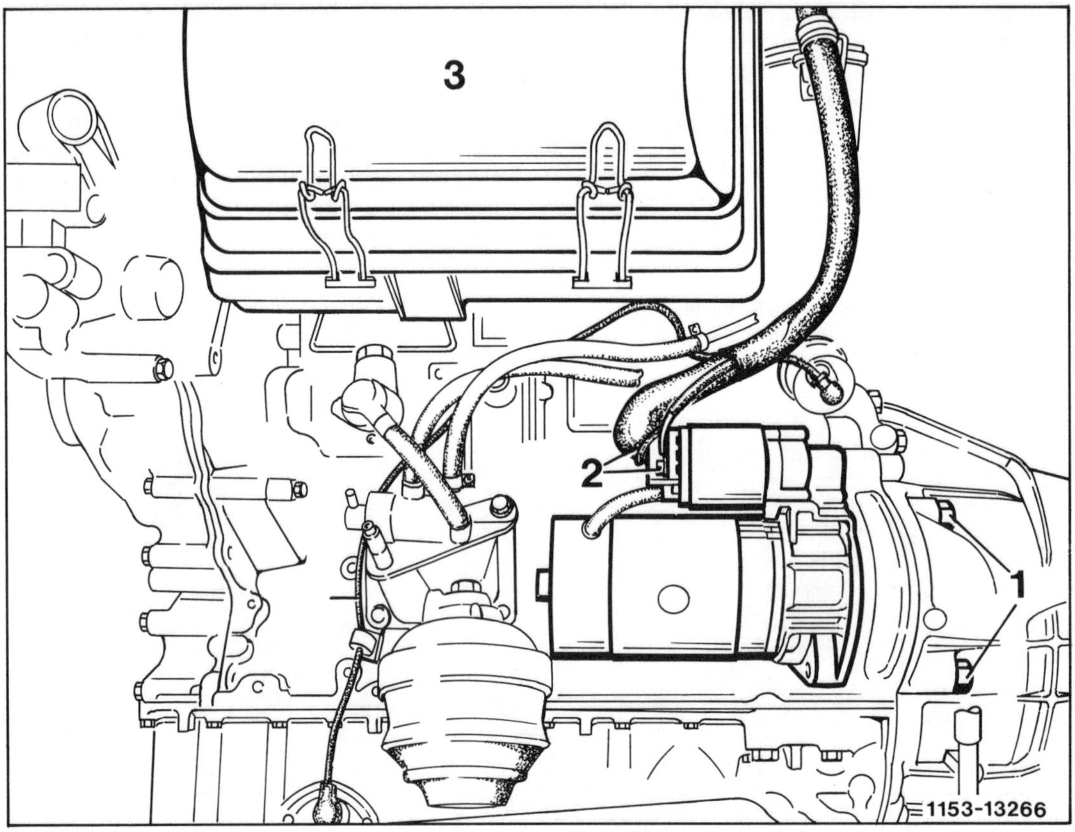

Ausbau

- Massekabel von Batterie abklemmen.
- Luftfilter –3– ausbauen, siehe Seite 67.
- Motorraumverkleidung hinten unten ausbauen, siehe Seite 18.
- Befestigungsschrauben –1– für Anlasser von unten herausdrehen.
- Anlasser am Getriebe herausziehen und senkrecht stellen. Elektrische Leitungen –2–, Klemme 30 und Klemme 50, abschrauben.
- Anlasser nach unten herausnehmen.

Einbau

- Anlasser von unten einführen. Elektrische Leitungen anschrauben.
- Anlasser am Getriebe einsetzen und mit 55 Nm festschrauben.
- Hintere Motorraumverkleidung einbauen, siehe Seite 18.
- Fahrzeug ablassen.
- Luftfilter einbauen, siehe Seite 67.
- Massekabel an Batterie anklemmen.

Störungsdiagnose Anlasser

Wenn ein Anlasser nicht durchdreht, ist zunächst zu prüfen, ob an der Klemme 50 des Magnetschalters die zum Einziehen benötigte Spannung von mindestens 8 Volt vorhanden ist. Liegt die Spannung unter dem genannten Wert, dann müssen die Leitungen, die zum Anlasserstromkreis gehören, nach dem Stromlaufplan überprüft werden. Ob der Anlasser bei voller Batteriespannung einzieht, kann folgendermaßen geprüft werden.

- Keinen Gang einlegen, Zündung eingeschaltet.
- Mit einer Leitung (Querschnitt mindestens 4 mm^2) die Klemmen 30 und 50 am Anlasser überbrücken, siehe auch Stromlaufplan.

Spurt der Anlasser dabei einwandfrei ein, so liegt der Fehler in der Leitungsführung zum Anlasser. Wenn der Anlasser nicht einspurt, muß er im ausgebauten Zustand überprüft werden.

Prüfvoraussetzung: Leitungsanschlüsse müssen festsitzen und dürfen nicht oxydiert sein.

Störung	Ursache	Abhilfe
Anlasser dreht sich nicht beim Betätigen des Zündanlaßschalters	● Batterie entladen	Batterie laden
	● Klemmen 30 und 50 am Anlasser überbrücken: Anlasser läuft an. Leitung 50 zum Zündanlaßschalter unterbrochen, Anlaßschalter defekt	Unterbrechung beseitigen, defekte Teile ersetzen
	● Kabel oder Masseanschluß ist unterbrochen. Batterie entladen	Batteriekabel und Anschlüsse prüfen. Spannung der Batterie messen, nötigenfalls laden
	● Ungenügender Stromdurchgang infolge lockerer oder oxydierter Anschlüsse	Batteriepole und -klemmen reinigen. Stromsichere Verbindungen zwischen Batterie, Anlasser und Masse herstellen
	● Spannung am Anschluß für Feldwicklung am Magnetschalter messen. Spannung nicht vorhanden	Magnetschalter ersetzen
	● Keine Spannung an Klemme 50 (Magnetschalter)	Leitung unterbrochen Zündanlaßschalter defekt
Anlasser dreht sich zu langsam und zieht den Motor nicht durch	● Batterie entladen	Batterie laden
	● Kein Winteröl bzw. Mehrbereichsöl im Motor	Mehrbereichsöl einfüllen
	● Ungenügender Stromdurchgang infolge lockerer oder oxydierter Anschlüsse	Batteriepole und -klemmen und Anschlüsse am Anlasser reinigen, Anschlüsse festziehen
	● Kohlebürsten liegen nicht auf dem Kollektor auf, klemmen in ihren Führungen, sind abgenutzt, gebrochen, verölt oder verschmutzt	Kohlebürsten überprüfen, reinigen bzw. auswechseln. Führungen prüfen
	● Ungenügender Abstand zwischen Kohlebürsten und Kollektor	Kohlebürsten ersetzen und Führungen für Kohlebürsten reinigen
	● Kollektor riefig oder verbrannt und verschmutzt	Kollektor abdrehen oder Anker ersetzen
	● Spannung an Klemme 50 fehlt (mind. 8 Volt)	Zündanlaßschalter oder Magnetschalter überprüfen
	● Lager ausgeschlagen	Lager prüfen, ggf. auswechseln
	● Magnetschalter defekt	Schalter auswechseln
Anlasser spurt ein und zieht an, Motor dreht sich nicht oder nur ruckweise	● Ritzelgetriebe defekt	Ritzelgetriebe ersetzen
	● Ritzel verschmutzt	Ritzel reinigen
	● Zahnkranz am Schwungrad defekt	Zahnkranz nacharbeiten, falls erforderlich, Schwungrad erneuern
Ritzelgetriebe spurt nicht aus	● Ritzelgetriebe oder Steilgewinde verschmutzt bzw. beschädigt	Ritzelgetriebe reinigen, ggf. ersetzen
	● Magnetschalter defekt	Magnetschalter ersetzen
	● Rückzugfeder schwach oder gebrochen	Rückzugfeder erneuern
Anlasser läuft weiter, nachdem der Zündschlüssel losgelassen wurde	● Magnetschalter hängt, schaltet nicht ab	Zündung sofort ausschalten, Magnetschalter ersetzen
	● Zündschloß schaltet nicht ab	Sofort Batterie abklemmen, Zündschloß ersetzen

W Wartungsarbeiten an der elektrischen Anlage

Batterie prüfen

Säurestand prüfen

Achtung: Nicht mit offener Flamme in die Batterie leuchten. Explosionsgefahr!

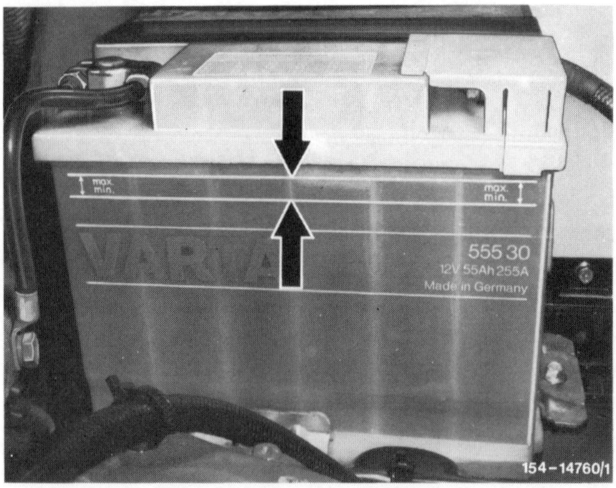

- Der Flüssigkeitsspiegel soll zwischen der Min.- und der Max.-Markierung –Pfeile– liegen.
- Ist der Flüssigkeitsstand von außen nicht erkennbar, Verschlußstopfen für die einzelnen Zellen abschrauben. Der Flüssigkeitsstand soll ca. 6 mm über den Platten einschließlich der Separatoren liegen. Ist eine Säurestandsmarkierung vorhanden, dann ist der Säurestand danach einzurichten.
- Falls erforderlich Flüssigkeitsstand bis zur Sollhöhe auffüllen. **Achtung: Zum Nachfüllen nur destilliertes Wasser verwenden.**

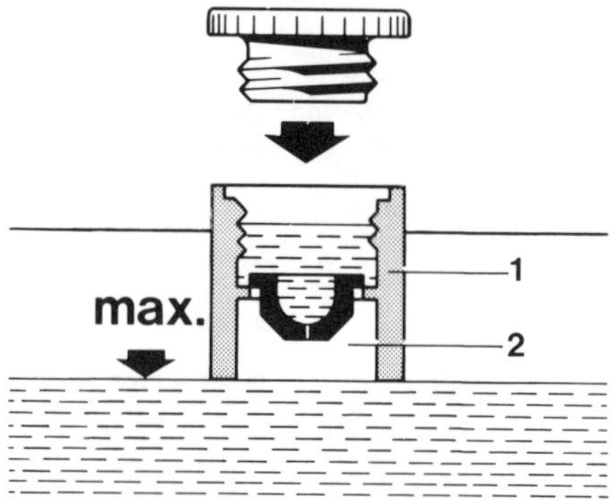

1542-8180

- Wenn der Flüssigkeitsstand bzw. die Separatoren in den einzelnen Zellen bei abgeschraubten Verschlußstopfen nicht sichtbar sind, Batteriewasser solange einfüllen, bis das Wasser im Überlaufschutz nicht mehr abläuft. 1-Entlüftungskanal, 2-Luftpolster.
- Batterien mit zu hohem Flüssigkeitsstand können bei starker Ladung (längere Fahrten am Tage) überkochen. Zu niedriger Säurestand verkürzt die Lebensdauer der Batterie.

Säuredichte prüfen

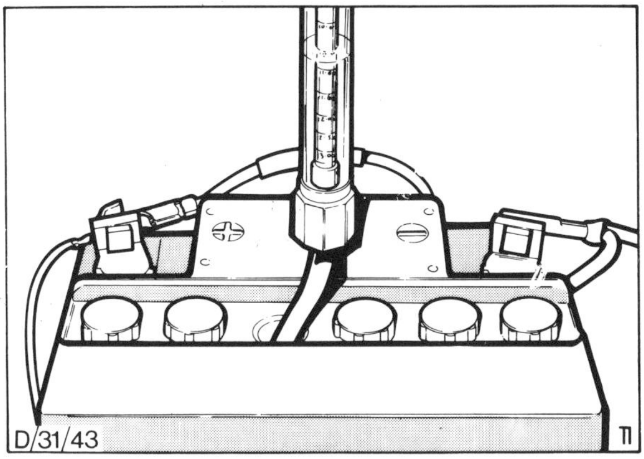

- Die Säuredichte ergibt in Verbindung mit der Spannungsmessung genauen Aufschluß über den Ladezustand der Batterie. Zur Prüfung dient ein Säureheber, der recht preiswert in Fachgeschäften angeboten wird. Je größer das spezifische Gewicht (Säuredichte) der angesaugten Batteriesäure ist, desto mehr taucht der Schwimmer auf. An der Skala kann man die Säuredichte in spezifischem Gewicht (g/ml) oder Baumégrad (+°Bé) ablesen. Folgende Werte müssen erreicht werden:

Ladezustand	norm. Klimazonen		Tropen	
	+ °Bé	g/ml	+ °Bé	g/ml
entladen	16	1,12	11	1,08
halb entladen	24	1,20	18	1,16
gut geladen	32	1,28	27	1,23

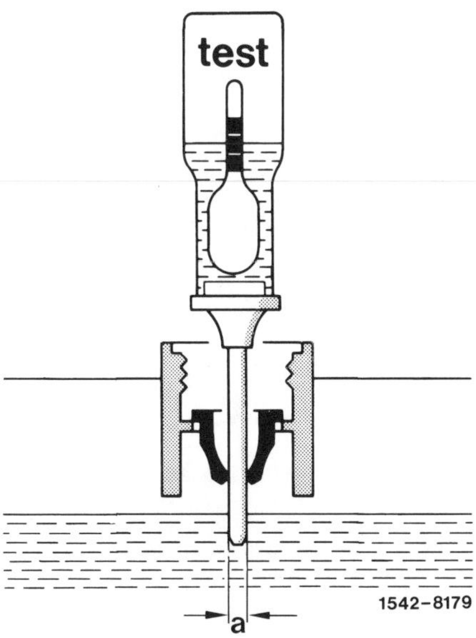

Achtung: Bei Batterien mit Überfüllschutz Säureheber durch die 3-fach geschlitzte Membran stecken und Flüssigkeitsmenge entnehmen.

Batterie-Pole reinigen

Bei der regelmäßigen Durchsicht des Wagens sind auch die Batterie-Pole und Anschlußklammern zu reinigen und mit Säureschutzfett einzureiben.

Batterie unter Belastung prüfen

Nur durchführen, wenn bei den vorausgegangenen Prüfungen kein Fehler gefunden wurde.

- Batterie vom Bordnetz abklemmen.
- Batterie-Prüfgerät nach Herstellervorschrift anschließen und Spannung prüfen.

Batterie-Konservierung

Eine unbenutzte Batterie entlädt sich mit der Zeit von selbst. Wenn das Fahrzeug für längere Zeit stillgelegt wird, sind folgende Maßnahmen zu treffen:

- Ladezustand der Batterie prüfen, gegebenenfalls Batterie laden.
- Massekabel von der Batterie abklemmen, damit sie nicht durch Dauerverbraucher, z. B. Zeituhr, entladen werden kann.
- Batterie nach 3 Monaten nachladen. **Achtung:** Ladezustand je nach Alter der Batterie in kürzeren Abständen prüfen. Batterie nicht in entladenem Zustand stehen lassen, sonst können bleibende Schäden an den Platten auftreten.

Die Beleuchtungsanlage

Zur Beleuchtungsanlage zählen: Hauptscheinwerfer, Nebellampen, Heckleuchten, Bremsleuchten, Rückfahrscheinwerfer, Kennzeichenleuchten, Blinkleuchten, Innenleuchte und Instrumentenbeleuchtung.

Vor dem Auswechseln der Glühlampe Schalter des betreffenden Verbrauchers ausschalten. **Achtung: Glaskolben nicht mit bloßen Fingern anfassen.** Der Fingerabdruck würde verdunsten und sich – aufgrund der Wärme – auf dem Reflektor niederschlagen und diesen erblinden lassen. Grundsätzlich Glühlampe nur durch eine gleiche Ausführung ersetzen. Versehentlich entstandene Berührungsflecken mit sauberem, nicht faserndem Tuch und Alkohol oder Spiritus entfernen.

Glühlampen auswechseln

Scheinwerfer

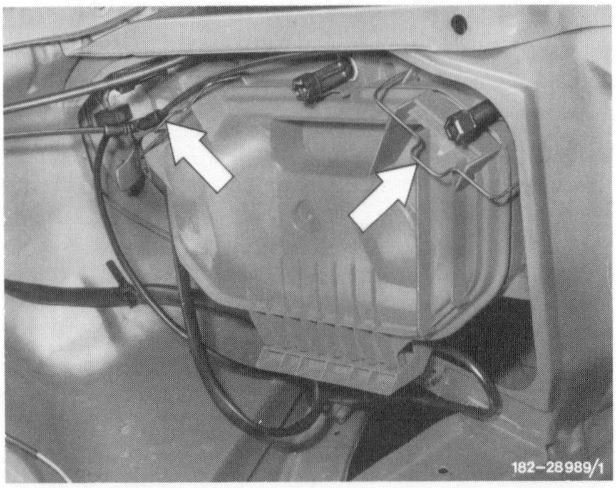
182–28989/1

- Drahtbügel –Pfeile– hochklappen und Kunststoffabdekkung abnehmen.

182–31665

- Stecker –1– von der H4-Lampe abziehen. Drahtklammern –2– zusammendrücken und aushängen. Glühlampe herausnehmen.
- Glühlampe so einsetzen, daß die Nasen in die entsprechenden Aussparungen am Gehäuse passen. Haltering aufsetzen, nach rechts drehen und einrasten.

Standlicht

- Fassung –3– herausziehen, Glühlampe etwas nach links drehen und aus der Fassung herausnehmen.
- Glühlampe in Fassung eindrücken, nach rechts drehen und einrasten. Fassung in die Öffnung stecken.

Nebelscheinwerfer

- Stecker –4– abziehen, Drahtklammern –5– zuerst zum Scheinwerfer drücken, dann zusammendrücken und wegklappen. H3-Glühlampe herausnehmen.
- Glühlampe einsetzen, Drahtbügel umklappen und in die Befestigungshaken einrasten. Stecker aufschieben.
- Kunststoffabdeckung einsetzen und mit 2 Drahtbügeln befestigen. **Achtung:** Vorher Dichtung auf Porosität oder Beschädigung prüfen, gegebenenfalls ersetzen.

Blinkleuchte

- Blinkleuchte ausbauen.
- Stecker abziehen.
- Lampenfassung ca. 90° nach links drehen und herausnehmen.
- Glühlampe etwas eindrücken, nach links drehen und herausnehmen.
- Glühlampe in die Fassung eindrücken, nach rechts drehen und einrasten.
- Fassung in die Blinkleuchte einsetzen und bis zum Anschlag nach rechts drehen. Stecker aufschieben.
- Blinkleuchte einbauen.

Heckleuchten

- Kunststoffgriff um 90° nach links drehen und Lampenträger abnehmen.
- Defekte Lampe eindrücken, nach links drehen und herausnehmen.
- Die Lampe eindrücken, nach rechts drehen und einrasten.

Kennzeichenleuchte

- Kennzeichenleuchte mit 2 Schrauben abschrauben und abziehen.
- Glühlampe aus der Fassung herausziehen.
- Neue Glühlampe in Fassung einsetzen.
- Dichtung auf Porosität oder Beschädigung prüfen, gegebenenfalls ersetzen.
- Kennzeichenleuchte einsetzen und mit 2 Schrauben befestigen, dabei auf richtigen Sitz der Dichtung achten.

Scheinwerfer/Blinkleuchte aus- und einbauen/einstellen

Ausbau

- Motorhaube öffnen.

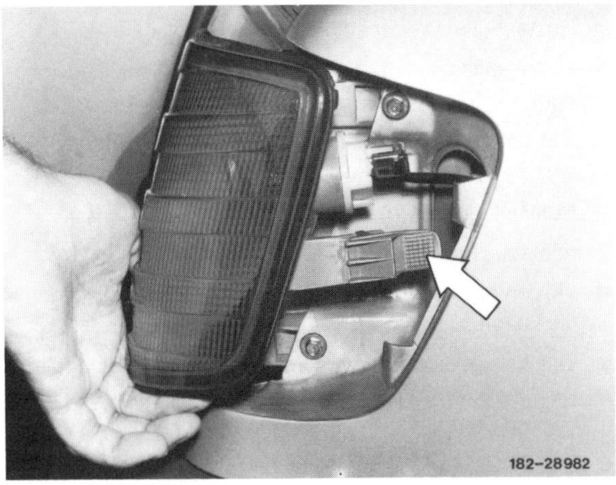

- Haltebügel –Pfeil– zusammendrücken und Blinkleuchte nach vorn herausnehmen.
- Mehrfachstecker für Blinkleuchte abziehen.
- Elektrische Leitungen für Scheinwerfer und Unterdruckleitung für Höhenverstellung abziehen.

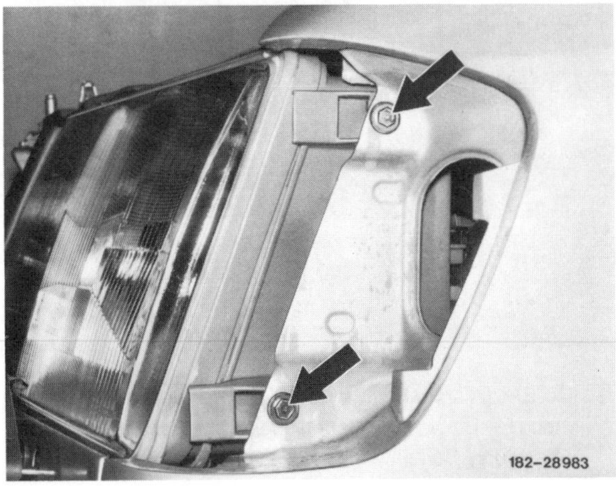

- 2 Schrauben außen herausdrehen –Pfeile–.

- 1 Schraube auf der anderen Seite herausdrehen –Pfeil–.
Achtung: Wenn der linke Scheinwerfer ausgebaut wird, vorher Ansaug-Lufttrichter ausbauen, siehe Seite 67.
- Abdeckung unter dem Scheinwerfer mit 2 Schrauben abschrauben und aushängen.

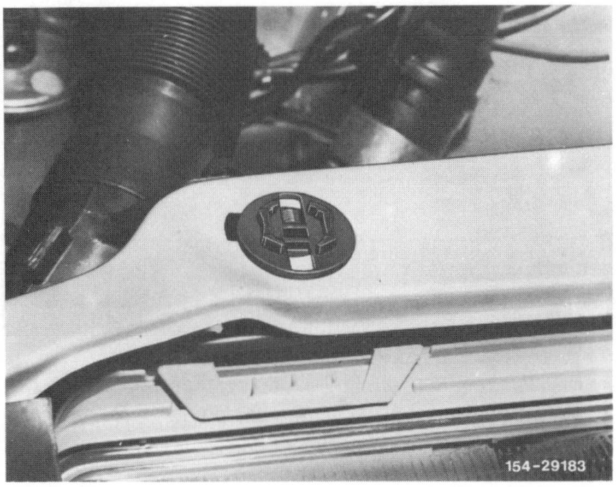

- Arretierungseinsatz oben um 90° (¼ Umdrehung) nach links drehen und herausziehen.

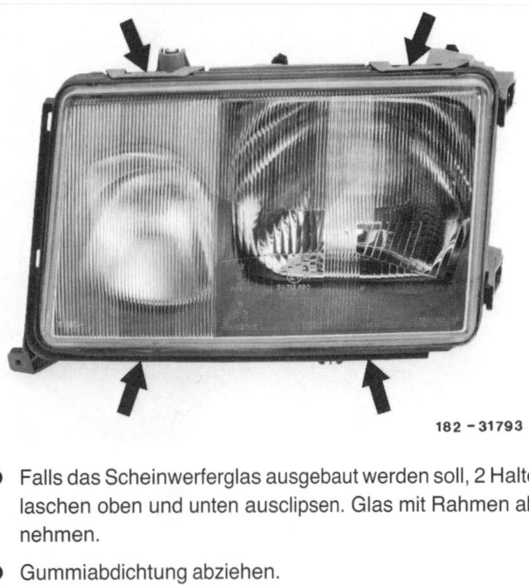

182 – 31793

- Falls das Scheinwerferglas ausgebaut werden soll, 2 Haltelaschen oben und unten ausclipsen. Glas mit Rahmen abnehmen.
- Gummiabdichtung abziehen.

Einbau

- Falls ausgebaut, Scheinwerferglas am Gehäuse ansetzen und gleichmäßig aufdrücken, bis die Haltelaschen oben und unten hörbar einrasten. Vorher Dichtung auf Porosität prüfen, gegebenenfalls ersetzen.
- Stecker und Unterdruckleitung am Scheinwerfer aufschieben.
- Scheinwerfer einsetzen und die 3 Befestigungsschrauben beiziehen.
- Scheinwerfer nach der Karosserie ausrichten, Schrauben festziehen. Anschließend Arretierungseinsatz oben einsetzen und um 90° nach rechts drehen.
- Untere Abdeckung für Scheinwerfer an der Außenseite einhängen und innen mit 1 Schraube festschrauben.
- Stecker an der Blinkleuchte aufschieben.

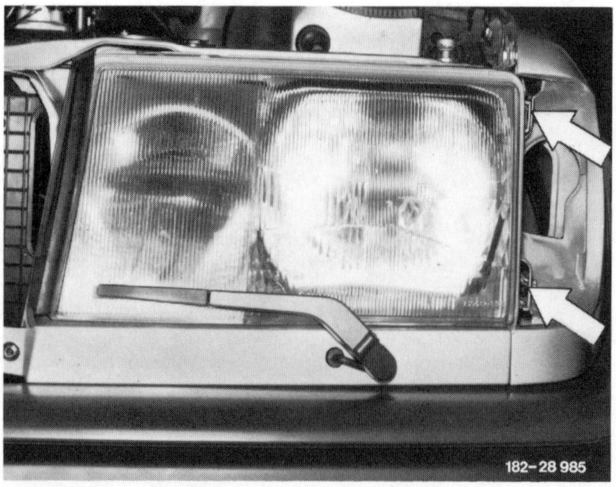

- Blinkleuchte von vorn in die Öffnung schieben und einrasten. Dabei müssen die beiden Zapfen der Blinkleuchte in die Führungen am Scheinwerfer –Pfeile– eingreifen.

Scheinwerfer einstellen

Für die Verkehrssicherheit ist die richtige Einstellung der Scheinwerfer von großer Bedeutung. Die exakte Einstellung der Scheinwerfer ist nur mit einem Spezialeinstellgerät möglich. Es wird deshalb nur gezeigt, wo der Scheinwerfer eingestellt werden kann und welche Bedingungen zum richtigen Einstellen der Scheinwerfer erfüllt sein müssen.

- Reifen müssen den vorgeschriebenen Reifenfülldruck haben.
- Das unbeladene Fahrzeug muß mit 75 kg (eine Person) auf dem Fahrersitz belastet sein.
- Kraftstofftank füllen.
- Fahrzeug auf ebene Fläche stellen.
- Vorderwagen mehrmals kräftig nach unten drücken, damit die Federung der Vorderradaufhängung sich setzt.
- Leuchtweitenregulierung auf „0" stellen, Motor starten und kurz laufen lassen. Dabei mehrmals Gas geben, damit genügend Unterdruck aufgebaut wird. Motor abstellen.
- Die Scheinwerfer dürfen nur bei Abblendlicht eingestellt werden. Das Neigungsmaß beträgt für Normalscheinwerfer X = 10 cm auf 10 m Entfernung. Nebelscheinwerfer X = 5 cm auf 5 m Entfernung.

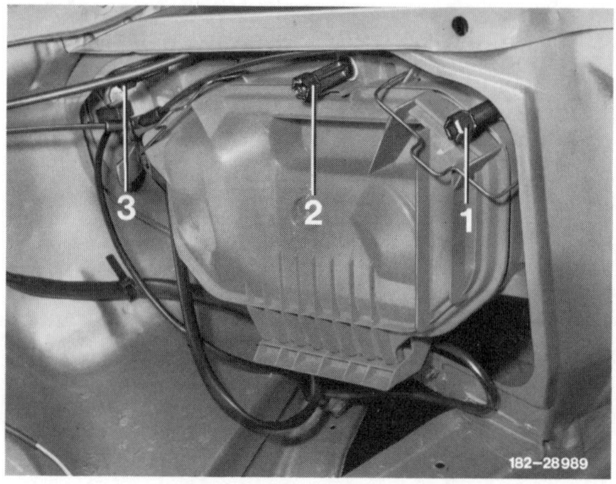

- Die Einstellschrauben sind vom Motorraum her zu erreichen. 1 – Einstellung Nebelscheinwerfer hoch und tief; 2 – Einstellung Scheinwerfer hoch und tief; 3 – Einstellung Scheinwerfer links und rechts.

Heckleuchte aus- und einbauen

Ausbau

- Stecker unten am Lampenträger abziehen.
- Kunststoffgriff am Lampenträger nach links drehen und Lampenträger abnehmen.

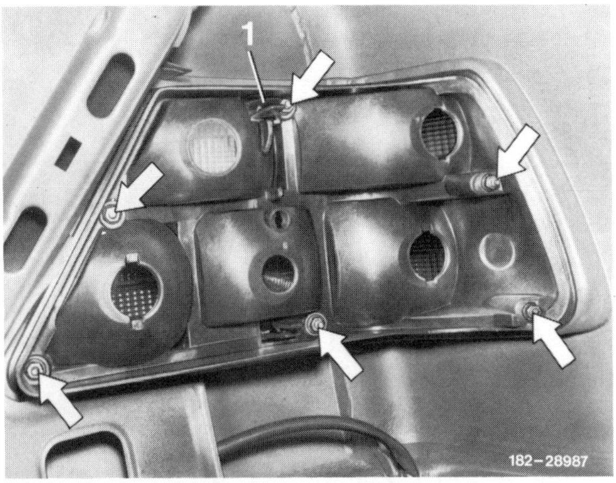

- 6 Befestigungsmuttern –Pfeile– abschrauben.
- Kunststoffklammer –1– ausclipsen und Reflektor abnehmen.
- Glas für Heckleuchte mit Dichtung nach außen abnehmen.

Einbau

- Dichtung auf Porosität oder Beschädigung prüfen, gegebenenfalls ersetzen.
- Glas für Heckleuchte mit Dichtung von außen in die Karosserie einsetzen.
- Reflektor aufdrücken und einrasten.
- 6 Befestigungsmuttern gleichmäßig festziehen.
- Lampenträger ansetzen und durch Rechtsdrehen des Kunststoffgriffes verriegeln.
- Stecker aufschieben.

Die Armaturen

Beim MERCEDES Typ 124 sind die Armaturen in einem Schalttafeleinsatz zusammengefaßt. Nach Ausbau des Schalttafeleinsatzes können die Armaturen beziehungsweise Glühlampen ausgebaut werden.

Schalttafeleinsatz aus- und einbauen

Ausbau

- Batterie-Massekabel abklemmen.
- Tachowelle aus dem Clip an der Abdeckung unter der Instrumententafel herausnehmen, damit sie beim Herausziehen des Kombi-Instrumentes mitgehen kann und in die Aussparung der Abdeckung für das Bremspedal hineinrutscht.

154–31485

- Ausziehhaken vorsichtig zwischen Polsterung und Schalttafeleinsatz einführen und um 90° verdrehen. Gegebenenfalls Ausziehhaken aus Draht selbst anfertigen.
- Steht der Haken nicht zur Verfügung, untere Abdeckung ausbauen, siehe Seite 163.
- Von unten hinter den Schalttafeleinsatz greifen und Einsatz gleichmäßig ohne zu Verkanten herausdrücken.
- Schalttafeleinsatz gleichmäßig herausziehen, dabei auf Tachowelle achten.
- Tachowelle vom Geschwindigkeitsmesser abschrauben.
- 15-fach-Stecker sowie 4-fach-Stecker abziehen und Schalttafeleinsatz herausnehmen.

Belegung des 15-fach-Steckers am Schalttafeleinsatz

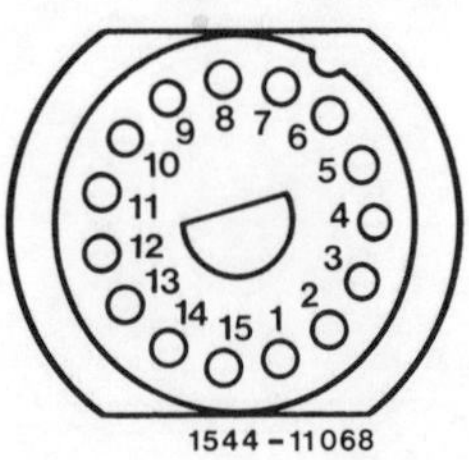

1544–11068

Nr.	Bezeichnung
1	Masse
2	Temperaturfühler Kühlmittel
3	Tauchrohrgeber für Kraftstoffanzeige
4	Tauchrohrgeber für Kraftstoffreserveanzeige
5	Schalter Motorölstandsanzeige
6	Sicherung 5, Klemme 15
7	Fernlichtkontrollampe
8	Klemme 15 ungesichert
9	Ladekontrollampe Klemme 61
10	Kontrolleuchte Bremsbelagverschleißanzeige
11	Schalter für Bremsflüssigkeitskontrolle
12	Schalter für Kühlmittelstandsanzeige
13	Lampenkontrollgerät Klemme K, Beleuchtung Aschenbecher
14	Blinkerkontrolle links
15	Blinkerkontrolle rechts

Belegung des 4-fach-Steckers am Schalttafeleinsatz

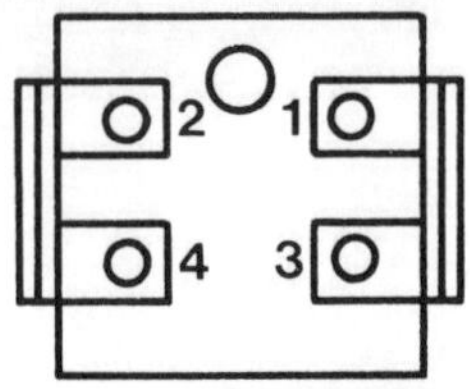

1544–12239

Nr.	Bezeichnung
1	Kühlmittelstandsanzeige
2	Leitungsverbinder Klemme 58d
3	Warnsummerkontakt
4	Öldruckgeber

Einbau

- Tachowelle etwas herausziehen, in den Geschwindigkeitsmesser einsetzen und mit Überwurfmutter festschrauben.
- 15-fach-Stecker und 4-fach-Stecker aufschieben.
- Schalttafeleinsatz an der Öffnung ansetzen, gleichmäßig hineindrücken und einrasten. Einsatz nicht verkanten. **Achtung:** Beim Hineindrücken des Schalttafeleinsatzes Tachowelle vom Fußraum her stückweise mitziehen, damit sie hinter dem Schalttafeleinsatz nicht knicken kann.
- Tachowelle an der unteren Verkleidung einclipsen.
- Falls ausgebaut, untere Vekleidung einbauen, siehe Seite 163.
- Batterie-Massekabel anklemmen.

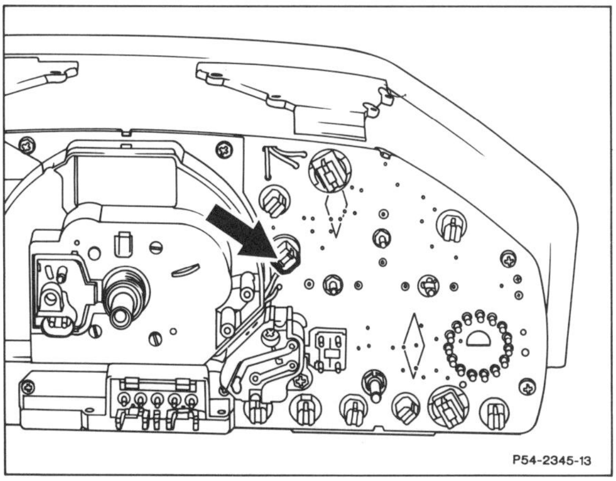

Seit 5/87 wird im Schalttafeleinsatz eine zusätzliche Sicherung für die Instrumentenbeleuchtung Klemme 58d eingebaut. Diese Sicherung ist als Leiterbahnschutz ausgeführt und befindet sich in einer Glühlampenfassung. Zur Kennzeichnung ist die Fassung rot eingefärbt.

Achtung: Wird bei bisherigen Fahrzeugen mit ASD und 4MATIC der neue Schalttafeleinsatz eingebaut, kann der Tachometer nicht mehr angeschraubt werden. In diesem Fall Tachogehäuse im Bereich der Sicherung ca. 15 mm absägen. Dabei darauf achten, daß kein Staub in den Schalttafeleinsatz gelangt.

Geschwindigkeitsmesser/Anzeige-instrument aus- und einbauen

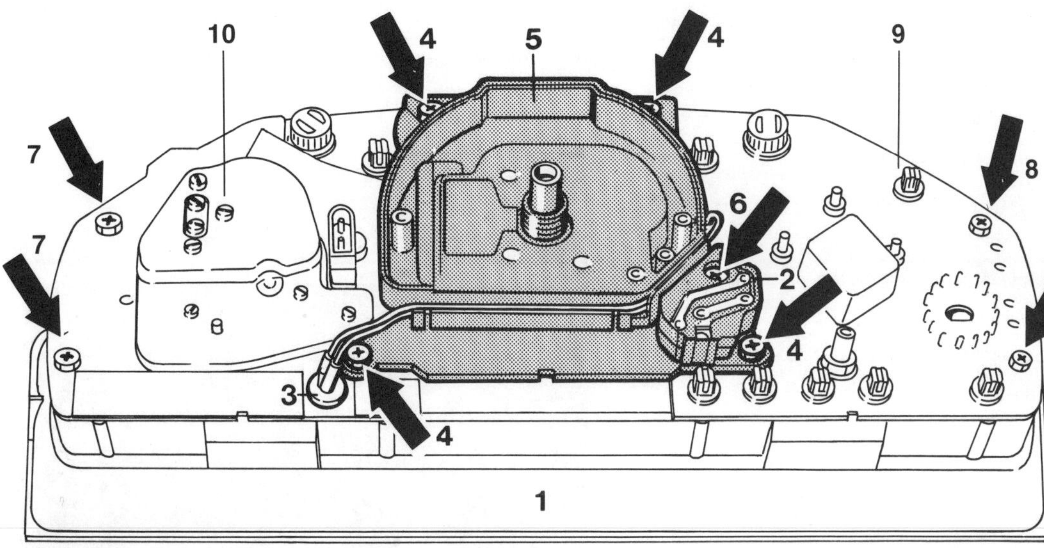

Ausbau

- Schalttafeleinsatz –1– ausbauen.
- Schraube –6– herausdrehen und Regulierwiderstand –2– abziehen.
- Kontrollampe –3– für Wasserstandanzeige der Scheibenwaschanlage mit Leitung ausclipsen.
- Schrauben –4– herausdrehen.
- Geschwindigkeitsmesser –5– herausnehmen.
- Schrauben –8– herausdrehen und Anzeigeinstrument –10– herausnehmen.

Achtung: Die Anzeigeinstrumente für Kühlmitteltemperatur, Kraftstoffvorrat, Öldruck, Warnsummer, Economy können nur komplett ausgetauscht werden.

- Schrauben –7– herausdrehen und Zeituhr oder Drehzahlmesser –9– herausnehmen.

Einbau

- Zeituhr/Drehzahlmesser einsetzen und festschrauben.
- Anzeige-Instrument einsetzen und festschrauben.
- Geschwindigkeitsmesser anschrauben.
- Kontrollampe für Wasserstandanzeige der Scheibenwaschanlage einclipsen.
- Regulierwiderstand eindrücken und festschrauben.
- Schalttafeleinsatz einbauen.

Blinker-/Wischerschalter aus- und einbauen

Ausbau

- Lenkrad ausbauen, siehe Seite 111.
- Von unten 2 Befestigungsschrauben für untere Verkleidung herausdrehen.

- Befestigungsschrauben –Pfeile– herausschrauben.
- Stecker –X63– abziehen.
- Schalter –S4– aus der Mantelrohr-Verkleidung herausziehen.

Einbau

- Kombi-Schalter am Mantelrohr einsetzen.
- Stecker –X63– aufschieben.
- 3 Kreuzschlitzschrauben reindrehen.
- Untere Abdeckung und Lenkrad einbauen, siehe Seite 111.

Radio aus- und einbauen

Ausbau

- Batterie-Massekabel abklemmen.
- Aschenbecher öffnen, Griff nach unten drücken und Ascher-Einsatz herausnehmen.

- 2 Arretierungen –Pfeile– nach unten drücken, durch die Öffnung hinter das Radio greifen und Radio nach vorn herausdrücken.
- An der Rückseite des Radios Kabel mit Tesaband kennzeichnen und abziehen.

Einbau

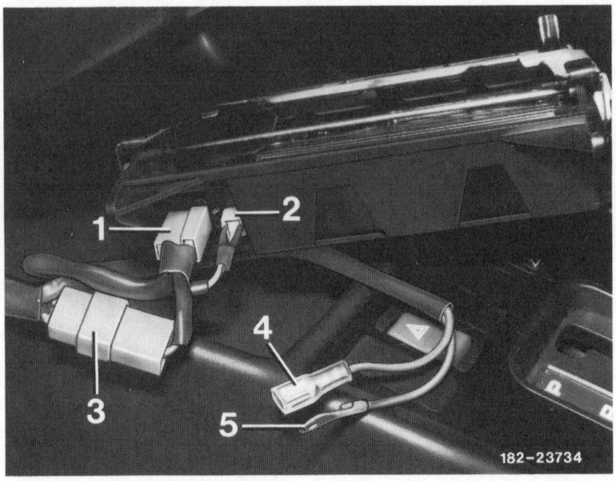

- **Bis 8/85** wird bei nachträglichem Einbau eines Radios der elektrische Anschluß über den Zigarrenanzünder hergestellt. 1 – Stecker für Zigarrenanzünder, 2 – Beleuchtung, 3 – Verbindungsstecker für Radioleitungssatz, 4 – Klemme 15R (Plus), 5 – Klemme 31 (Minus).
- **Seit 9/85** sind die Anschlußleitungen für das Radio bereits serienmäßig eingebaut. Der 4polige Stecker hat folgende Belegung: 1 – Klemme 31 (Masse), 2 – Klemme 15R, 3 – Klemme 58d, 4 – Klemme 30 (+).

- Antennenkabel sowie Steuerleitung für Motorantenne sind serienmäßig nicht vorhanden und müssen nachträglich verlegt werden.
- Stecker entsprechend der angebrachten Markierung beziehungsweise entsprechend der Herstelleranweisung hinten am Radio anschließen.
- Radio in die Öffnung der Konsole drücken.
- Halter für Aschenbecher mit 2 Schrauben anschrauben.
- Batterie-Massekabel anklemmen.
- Radio auf Antenne abstimmen. Dazu schwachen Mittelwellensender einstellen und an der Antennenabgleichschraube (vorn in der Blende des Radios) mit kleinem Schraubendreher auf besten Empfang einstellen.

Antenne aus- und einbauen

Ausbau

- Kofferraumdeckel öffnen, linke Seitenverkleidung ausclipsen und herausnehmen.

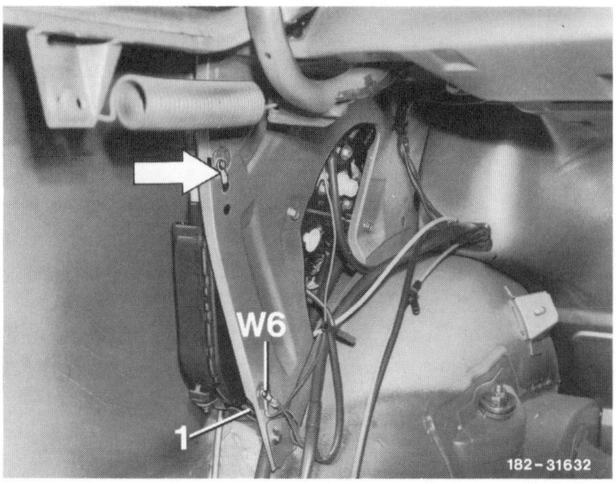

- Antennenkabel und, falls vorhanden, elektrische Steuerleitung von der Antenne abklemmen.
- Masseband –Pfeil– abschrauben.
- Antenne unten am Halter –1– abschrauben und nach innen herausnehmen.

Einbau

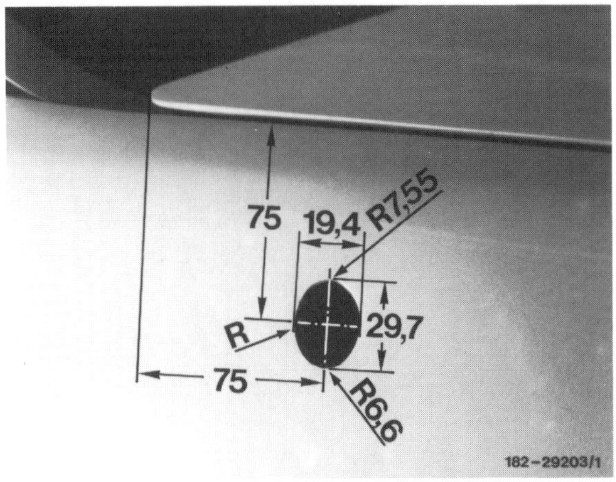

- Bei nachträglichem Einbau am hinteren linken Kotflügel Antennenbohrung nach den angegebenen Maßen bohren, siehe auch Seite 181.
- Wird die vorhandene Antenne wieder eingebaut, Gummitülle auf Porosität oder Beschädigung prüfen, gegebenenfalls austauschen.

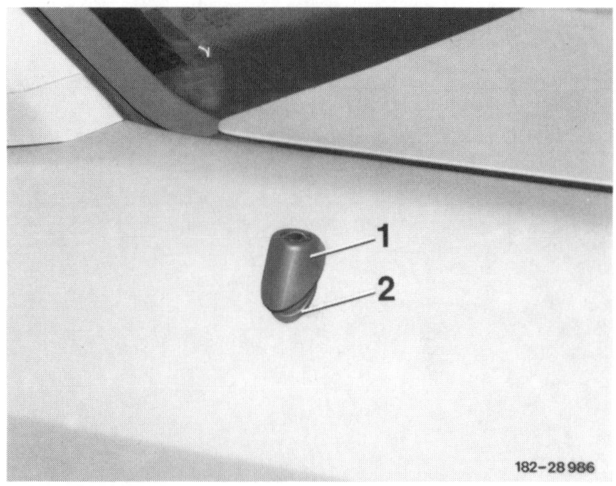

- Antenne von unten einführen und Kugelkopf der Antenne in das Unterteil –2– der Tülle stecken.
- Oberteil –1– der Tülle ansetzen und in das Unterteil einrasten.
- Antenne am Halter anschrauben.
- Masseband anschrauben.
- Antennenkabel anklemmen.
- Bei der Motorantenne elektrische Steuerleitung anklemmen.
- Linke Seitenverkleidung ansetzen und einclipsen.

Die Scheibenwischeranlage

Scheibenwischergummi ersetzen

Ausbau

- Wischerblatt hochklappen und einrasten.

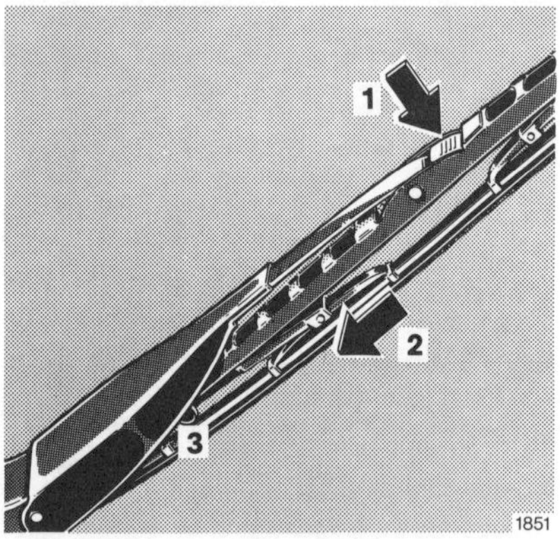

- Kunststoffklammer am geriffelten Teil –1– niederdrücken und Wischerblatt nach unten –2– aus dem Haken am Wischerarm schieben.

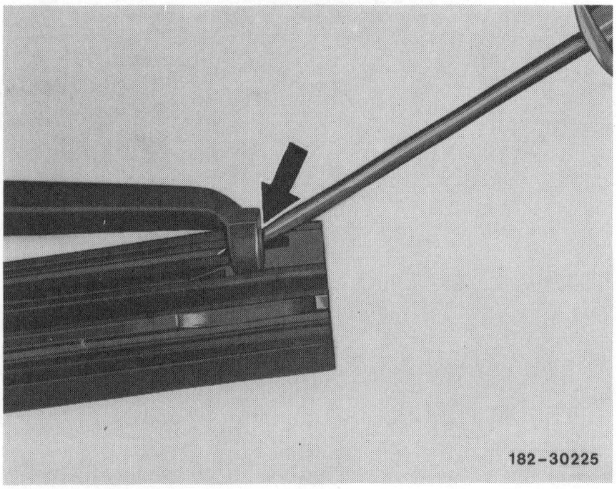

- Von der geschlossenen Seite des Wischgummis aus beide Stahlschienen mit schmalem Schraubendreher zurückschieben und vollständig aus dem Gummi herausziehen.

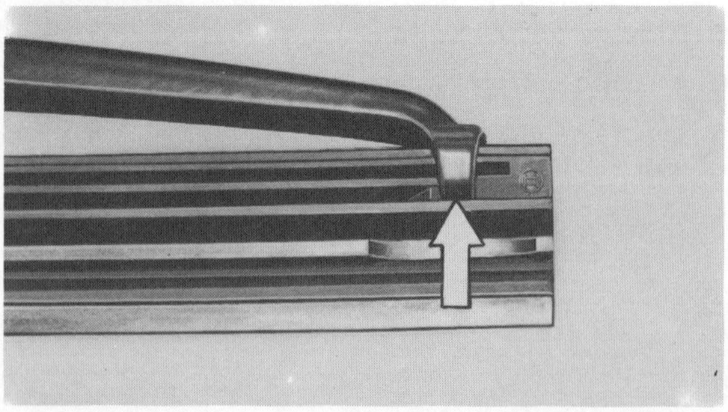

- Wischgummi an den Haltebügeln des Wischerblattes aushängen.

Einbau

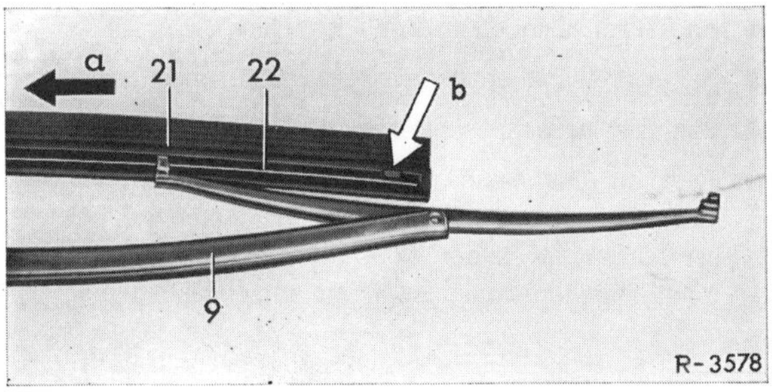

- Neues Wischgummi –21– ohne Halteschienen in die eine Klammer des Wischerblattes lose einlegen.
- Beide Schienen –22– von der offenen Profilseite aus so in den Wischgummi einführen, daß die Aussparungen der Schienen zum Gummi zeigen und in die Gumminasen der Rille einrasten. Die Wölbung der Schienen soll zur Scheibe zeigen.
- Beide Stahlschienen und Gummi mit Kombizange zusammendrücken und so in die andere Klammer einsetzen, daß die Klammernasen beidseitig in die Haltenuten des Wischgummis einrasten –Pfeil b–.
- Wischerblatt so ansetzen, daß es sich zwischen den beiden Führungsstiften am Wischerarm befindet. **Achtung:** Falls ein neues Wischerblatt eingebaut wird, Kunststoffklammer am geriffelten Teil nach unten drücken.
- Wischerblatt in den Haken des Wischerarms schieben, Kunststoffklammer zurückklappen und dadurch Wischerblatt arretieren.
- Wischerarm zurückklappen. Darauf achten, daß das Wischgummi überall an der Scheibe anliegt.

Scheibenwaschdüse aus- und einbauen/einstellen

Die beiden zweistrahligen Scheibenwaschdüsen sind mit einem PTC-Heizwiderstand ausgestattet. Der Heizdraht erwärmt nach Einschalten der Zündung die Spritzdüse und verhindert so ein Einfrieren im Winter.

Ausbau

- Motorhaube öffnen.
- Elektrischen Anschluß und Zulaufschlauch zur Düse abziehen.
- Düse herausdrücken und nach oben abnehmen.

Einbau

- Düse von oben eindrücken, bis sie einrastet.
- Stecker und Schlauch aufschieben.

Einstellen

- Die Spritzrichtungen der Düse können gegebenenfalls mit einer Nadel korrigiert werden.

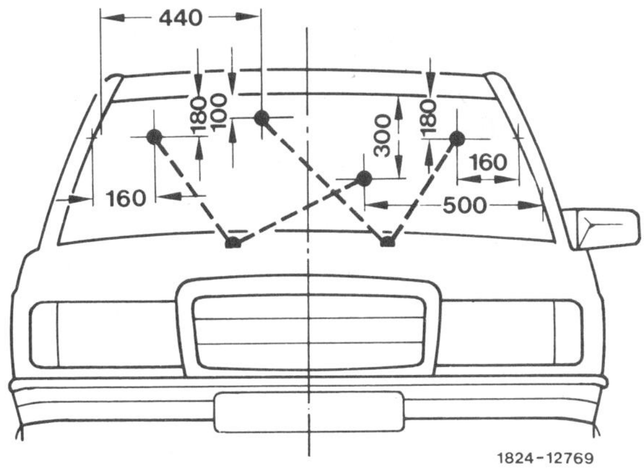

- Maße für Spritzstrahleinstellung.

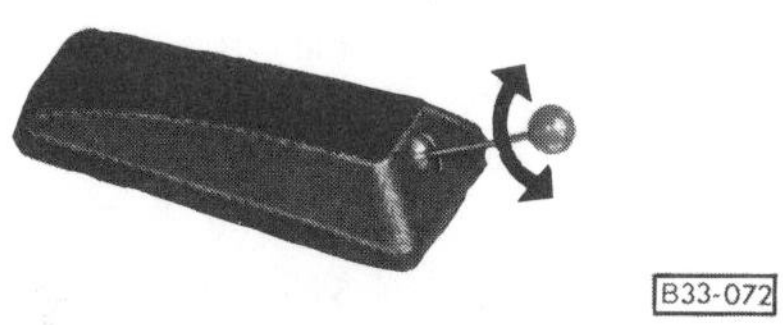

- Die Düse kann mit Preßluft gereinigt und mit einer Nadel eingestellt werden.

Heckscheibendüse beim T-Modell:

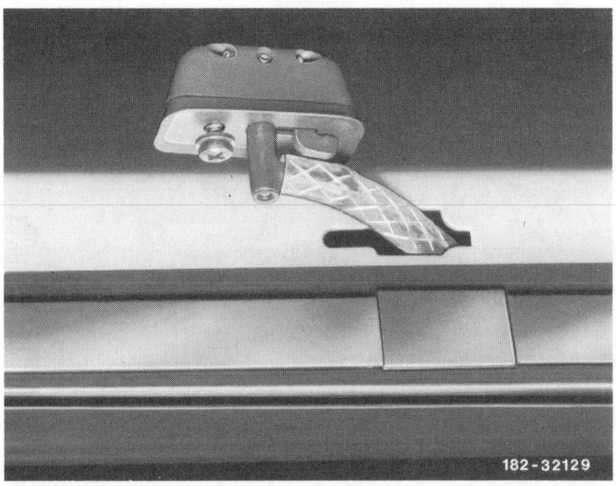

- Kreuzschlitzschraube lösen, nicht herausdrehen.
- 3fach-Düse im Langloch nach links schieben, bis rechts der Haken ausgehängt ist. Düse rechts etwas anheben und herausnehmen.
- Düse mit der linken Seite einsetzen, nach links schieben und rechts eindrücken. Anschließend Düse nach rechts schieben und dabei in den Haken einhängen.
- Kreuzschlitzschraube festziehen.

Scheinwerfer-Waschanlage einstellen

Sobald bei eingeschalteten Scheinwerfern der Scheibenwischer betätigt wird, laufen ebenfalls die Wischer für die Scheinwerfer mit. Gleichzeitig spritzt die Scheinwerfer-Waschpumpe bei jeder Wischerbewegung kurz gegen die Scheinwerfergläser.

- Am Wischerarm befinden sich 2 Düsen, von denen sich nur Düse II verstellen läßt. Dazu Nadel vorsichtig in die Düsenöffnung einführen und Spritzrichtung einstellen.
- Die Düsen müssen jeweils an die mit Kreuzen gekennzeichneten Stellen der Scheinwerfer spritzen.

Wischermotor aus- und einbauen

Ausbau

- Motorhaube öffnen und senkrecht stellen.
- Zündung ausschalten, Zündschlüssel abziehen.

Bis 8/87

- Mit einem kleinen Schraubendreher Abdeckplatte anheben und zurückklappen.
- Innensechskantschraube mit Inbusschlüssel SW 4 herausdrehen.

Achtung: Seit **9/87** wird anstelle der bisherigen Leichtmetallabdeckung eine Kunststoffabdeckung eingebaut.

- Kunststoffabdeckung am Wischerarm aushängen. Dazu muß sich der Wischerarm in maximaler Hubposition befinden. Scheibenwischer daher laufen lassen und Zündung ausschalten, sobald der Wischer sich in 45°-Stellung befindet. Kunststoffabdeckung nach unten abziehen.

Achtung: Zündschlüssel abziehen. Durch Bewegungen am Wischerarm kann ab Zündschlüsselstellung »1« die Parkstellungsautomatik angeregt werden. Verletzungsgefahr!

- Wischerarm nach oben abziehen.

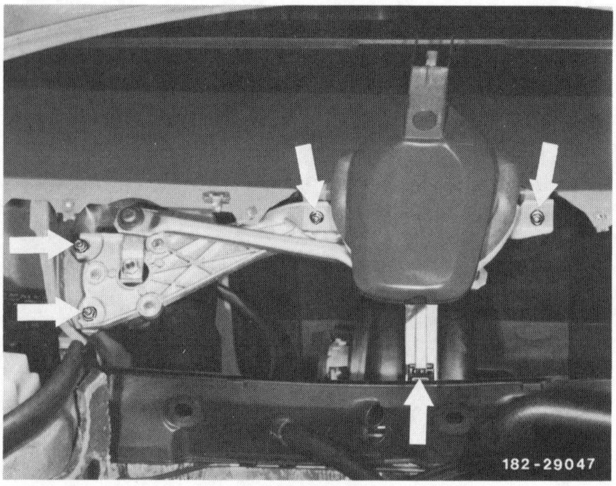

- Muttern –Pfeile– herausdrehen und Halteklammer –unterer Pfeil– mit Schraubendreher abdrücken.
- Mehrfachstecker vom Wischermotor abziehen.
- Wischeranlage von den Lagerstellen abheben und herausnehmen.

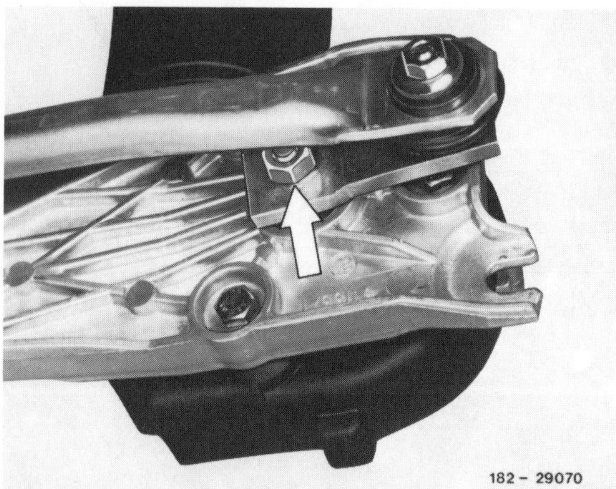

- Kurbelarm von der Motorachse abdrücken, vorher Mutter –Pfeil– abschrauben.

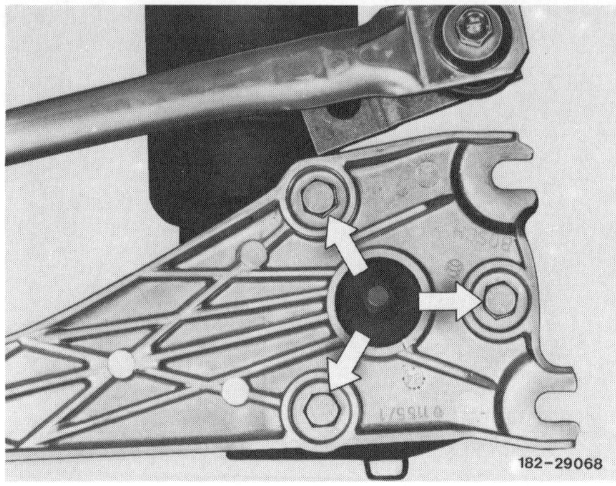

- Wischerarm vom Motor abschrauben und abnehmen.

Einbau

Achtung: Sicherstellen daß sich der Wischermotor in Parkstellung befindet. Gegebenenfalls Mehrfachstecker anschließen, Wischermotor kurz laufen lassen und mit Wischerschalter abstellen. Dazu kurzfristig Batterie–Massekabel montieren und Zündung einschalten. Anschließend sämtliche elektrischen Verbindungen wieder trennen.

- Wischerarm am Wischermotor mit 5 Nm anschrauben.

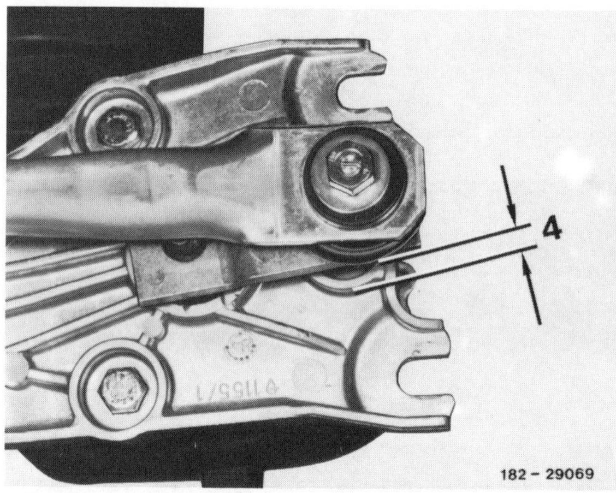

- Kurbelarm auf Motorachse stecken und so ausrichten, daß das angegebene Maß 4 mm beträgt.
- Befestigungsmutter mit 19 Nm festziehen.
- Wischeranlage in das Fahrzeug einsetzen und Mehrfachstecker aufschieben.
- Wischeranlage mit 4 Muttern anschrauben und mit Halteklammer sichern.
- Bis 8/87: Wischerarm aufschieben, Innensechskantschraube eindrehen und Abdeckplatte zuklappen.
- Seit 9/87: Kunststoffabdeckung einhängen
- Abdeckung für Lufteintritt einsetzen.
- Motorhaube schließen, siehe Seite 16.

Heckwischermotor aus- und einbauen

T-Modell

Ausbau

- Stellung des Wischerarms auf der Heckscheibe markieren.
- Wischerarm von der Scheibe wegschwenken, dadurch wird die Arretierung für die Kunststoffabdeckung der Wischerachse gelöst. Abdeckung etwas hochheben, Wischerarm wieder zurückschwenken und Abdeckung ganz hochklappen.
- Befestigungsmutter abschrauben und Wischerarm von der Lagerachse abziehen.
- Batterie-Massekabel abklemmen.
- Heckklappe öffnen und Verkleidung für Wischermotor ausbauen.

- Sicherungsring –3– herausziehen.
- Wischermotor mit 3 Muttern abschrauben und nach innen herausziehen. Steckverbindung trennen.

Einbau

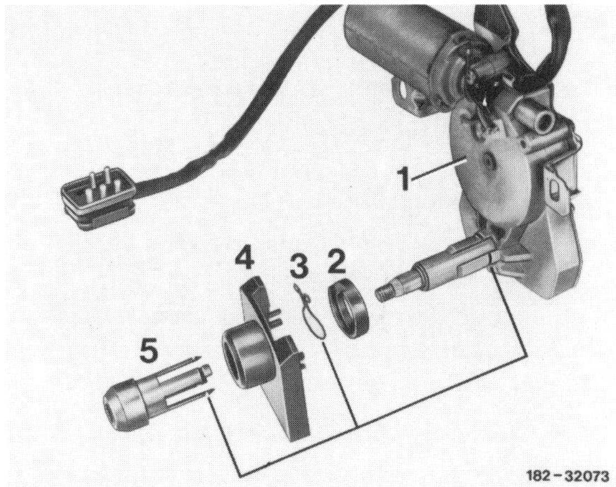

- Wischermotor –1– mit Distanzhülse –2– in die innere und äußere Abdeckung –4/5– an der Heckklappe einsetzen. Sicherungsring –3– in die Abdeckhülse einrasten.
- Elektrischen Anschluß verbinden.
- Batterie-Massekabel anklemmen.
- Wischermotor kurz laufen lassen und mit Wischerschalter abstellen. Dadurch läuft der Motor in Endstellung.
- Wischerarm entsprechend der angebrachten Markierung auf die Wischerachse setzen und mit der Befestigungsmutter anschrauben.
- Abdeckung am Wischerarm runterklappen, dazu gegebenenfalls Wischerarm etwas anheben.
- Heckwischer laufen lassen und Wischbereich überprüfen, gegebenenfalls Wischerarm auf der Achse umsetzen.

Störungsdiagnose Schweibenwischergummi

Wischbild	Ursache	Abhilfe
Schlieren	● Wischgummi verschmutzt	Wischgummi mit harter Nylonbürste und einer Waschmittellösung oder Spiritus reinigen
	● Ausgefranste Wischlippe, Gummi ausgerissen oder abgenutzt	Wischgummi erneuern
	● Wischgummi gealtert, rissige Oberfläche	Wischgummi erneuern
Im Wischfeld verbleibende Wasserreste ziehen sich sofort zu Perlen zusammen	● Windschutzscheibe durch Lackpolitur, Öl oder Dieselrückstände verschmutzt	Windschutzscheibe mit sauberem Putzlappen und einem Fett-Öl-Silikonentferner reinigen
Wischerblatt wischt einseitig gut – einseitig schlecht, rattert	● Wischgummi einseitig verformt, „kippt nicht mehr“	Neues Wischgummi einbauen
	● Wischerarm verdreht, Blatt steht schief auf der Scheibe	Wischerarm vorsichtig verdrehen, bis richtige, senkrechte Stellung erreicht ist
Nicht gewischte Flächen	● Wischgummi aus der Fassung herausgerissen	Wischgummi vorsichtig in die Fassung einsetzen
	● Wischerblatt liegt nicht mehr gleichmäßig an der Scheibe an, da Federschienen oder Bleche verbogen	Wischerblatt ersetzen. Dieser Fehler tritt vor allem bei unsachgemäßem Montieren eines Ersatzblattes auf
	● Anpreßdruck durch Wischerarm zu gering	Wischerarmgelenke und Feder leicht einölen oder neuen Arm einbauen

Die Wagenpflege

Fahrzeug waschen

- Verschmutzten Wagen möglichst bald waschen.
- Reichlich Wasser verwenden.
- Weichen Schwamm oder sehr weiche Waschbürste mit Schlauchanschluß benutzen.
- Lackierung nicht scharf abspritzen, sondern nur abbrausen und Schmutz aufweichen lassen.
- Aufgeweichten Schmutz von oben nach unten mit reichlich Wasser abwaschen.
- Schwamm oft ausspülen.
- Zum Abtrocknen sauberes Leder verwenden.
- Nur gute Markenwaschmittel verwenden (falls überhaupt). Gründliches Nachspülen mit klarem Wasser, um die Reste des Waschmittels zu entfernen.
- Bei regelmäßiger Benutzung von Waschmitteln muß öfter konserviert werden.
- Wagen niemals in der Sonne waschen oder trocknen. Wasserflecken auf der Lackierung sind sonst unvermeidlich.
- Durch Streusalze besonders gefährdet sind alle innenliegenden Falze, Flansche und Fugen an Türen und Hauben. Diese Stellen müssen deshalb bei jedem Wagenwaschen – auch nach der Wäsche in automatischen Waschstraßen – mit einem Schwamm gründlich gereinigt und anschließend abgespült und abgeledert werden.

Durch Waschen allein lassen sich Teerspritzer, Ölspuren, Insekten und andere Verschmutzungen nicht immer entfernen. Grundsätzlich sollten derartige Verunreinigungen so bald wie möglich beseitigt werden, da sie sonst bleibende Lackschäden verursachen können.

Lackierung pflegen

Konservieren

So oft wie möglich soll die sauber gewaschene und getrocknete Lackierung mit einem Konservierungsmittel behandelt werden, um die Oberfläche durch eine porenschließende und wasserabweisende Wachsschicht gegen Witterungseinflüsse zu schützen.

Das Konservieren muß wiederholt werden, wenn Wasser nicht mehr vom Lack abperlt, sondern großflächig verläuft. Regelmäßiges Konservieren bewirkt, daß der ursprüngliche Glanz der Lackierung sehr lange erhalten bleibt.

Eine weitere Möglichkeit, den Lack zu konservieren, bieten Wasch-Konservierer. Ein Meßbecher davon wird dem Waschwasser beigegeben (nachdem der Wagen zuerst mit reinem Wasser vom gröbsten Schmutz befreit wurde). Danach ist nur noch Abledern erforderlich. Wasch-Konservierer schützen die Lackierung jedoch nur ausreichend, wenn sie bei **jeder** Wagenwäsche verwendet werden und der zeitliche Abstand zwischen zwei Wäschen nicht mehr als zwei bis drei Wochen beträgt.

Nach dem Anwenden von Waschmitteln (Schaumwäsche) ist eine Nachbehandlung mit einem Konservierungsmittel besonders zu empfehlen (Gebrauchsanweisung beachten).
Das Konservieren darf nicht in der prallen Sonne erfolgen.

Polieren

Das Polieren der Lackierung ist nur dann erforderlich, wenn der Lack infolge mangelhafter Pflege unter der Einwirkung von Straßenstaub, industriellen Abgasen, Sonne und Regen unansehnlich geworden ist und sich durch eine Behandlung mit Konservierungsmitteln kein Glanz mehr erzielen läßt.
Zu warnen ist vor stark schleifenden oder chemisch stark angreifenden Poliermitteln, auch wenn der erste Versuch damit noch so sehr zu überzeugen scheint.

Vor jedem Polieren muß der Wagen sauber gewaschen und sorgfältig abgetrocknet werden. Im übrigen ist nach der Gebrauchsanweisung für das jeweilige Poliermittel zu verfahren. Die Bearbeitung soll in nicht zu großen Flächen erfolgen, um ein vorzeitiges Eintrocknen der Politur zu vermeiden. Bei manchen Poliermitteln muß anschließend noch konserviert werden. Nicht in der prallen Sonne polieren! Matt lackierte Teile dürfen nicht mit Konservierungs- oder Poliermitteln behandelt werden.

Leichtmetallteile an der Karosserie brauchen nicht besonders gepflegt zu werden.

Teerflecke

Teerflecke fressen sich innerhalb kurzer Zeit in den Lack ein und können dann nicht mehr vollkommen entfernt werden. Frische Teerflecke können mit einem in Waschbenzin getränkten weichen Lappen entfernt werden. Notfalls kann auch Tankstellenbenzin, Petroleum oder Terpentinöl verwendet werden. Sehr gut gegen Teerflecke eignet sich auch ein Lackkonservierer. Bei Verwendung dieses Mittels kann auf ein Nachwaschen verzichtet werden.

Insektenbefall

Die Reste von Insektenleichen tragen Stoffe in sich, die den Lackfilm beschädigen können, wenn sie nicht innerhalb kurzer Zeit entfernt werden. Einmal festgeklebt, lassen sie sich durch Wasser und Schwamm allein nicht entfernen, sondern müssen mit schwacher, lauwarmer Seifen- oder Waschmittel-Lösung abgewaschen werden. Es gibt auch spezielle Insekten-Entferner.

Zement-, Kalk- und andere Baumaterial-Spritzer

Spritzer jeglichen Baumaterials mit einer lauwarmen Lösung neutraler Waschmittel abwaschen. Nur leicht reiben, da sonst die Lackierung zerkratzt werden kann. Nach dem Waschen sorgfältig mit klarem Wasser nachspülen.

Konservieren

Zur Verhinderung von Korrosion am Vorderwagen (z. B. Seitenteile, Längsträger oder Abschlußblech) und des Antriebsaggregates muß der Motorraum einschließlich der im Motorraum befindlichen Teile der Bremsanlage sowie der Vorderachselemente und der Lenkung mit einem hochwertigen Konservierungswachs eingesprüht werden. Vor allen Dingen natürlich nach einer Motorwäsche. **Achtung:** Vor der Motorwäsche Generator und Bremsflüssigkeitsbehälter mit Plastikhüllen abdecken. Die Lager des Generators sind zwar wassergeschützt, jedoch besteht bei einer Reinigung, zum Beispiel mit einem Dampfstrahlgerät, die Gefahr, daß die Lager durch fettlösende Zusätze ausgelaugt werden. Negative Erscheinungen, wie zum Beispiel Lagerlaufgeräusche oder sogar Ausfälle durch defekte Lager könnten die Folge sein.

Nach der Inbetriebnahme des Fahrzeugs kann es kurzzeitig zur Geruchsbelästigung kommen, da das Wachs an thermisch stark belasteten Teilen verbrennt. Nach dem Wachsauftrag alle Gelenke (Schaltung) und Scharniere mit einer MoS_2-Paste schmieren.

Unterbodenschutz/ Hohlraumkonservierung

Die gesamte Bodenanlage einschließlich der hinteren Radkästen ist mit PVC-Unterbodenschutz beschichtet. Die besonders stark gefährdeten Bereiche in den vorderen Radläufen sind mit Kunststoffschalen gegen Steinschlag geschützt. Sämtliche Hohlräume des MERCEDES werden mit Spezialwachs besprüht. Darüber hinaus sind wesentliche Karosserieteile aus beidseitig galvanisch verzinktem Blech hergestellt: Hauben, Türen und das Schiebedach. Vor der kalten Jahreszeit und nach einer Unterbodenwäsche sollte der Unterbodenschutz kontrolliert und mit einem Unterbodenschutzwachs nachkonserviert werden.

Nach der kalten Jahreszeit empfiehlt sich eine Fahrzeugunterwäsche, um mit Salz angereicherten Schmutz zu beseitigen.

Viele Hohlräume, in denen sich Feuchtigkeit (Regenwasser, Kondenswasser) ansammeln kann, sind mit Belüftungs- und Wasserablauflöchern versehen, damit die Hohlräume austrocknen können. Im Bereich des Fahrzeug-Unterbaues sind diese Löcher dem Straßenschmutz stark ausgesetzt und können sich daher – in Abhängigkeit von den Einsatzbedingungen des Fahrzeugs – leicht zusetzen. Die Folge davon ist, daß in den Hohlräumen vorhandenes Wasser nicht ablaufen kann und die Hohlräume nicht austrocknen. Das gleiche gilt sinngemäß auch für die Schleuderbereiche des Unterbaues, in denen sich Staub, Lehm und Sand ablagern können. Das Entfernen des angesammelten Schmutzes, der während der Winterzeit auch noch mit Salz angereichert sein kann, ist besonders wichtig. Wird der angesammelte Schmutz nicht restlos beseitigt, so besteht die Gefahr, daß diese Stellen ebenfalls nicht austrocknen. In allen Fällen kann dies zu einer von innen nach außen vordringenden Rostbildung führen, die auf die Dauer durch den aufgebrachten Korrosionsschutz nicht ganz verhindert werden kann.

Kunststoffteile pflegen

Sollte normales Waschen nicht ausreichen, dürfen diese Teile nur mit speziellen Kunststoffreinigungs- und Pflegemitteln behandelt werden.

Reinigen der Scheiben

Fensterscheiben mit sauberem, weichem Lappen abreiben. Bei starker Verschmutzung helfen Spiritus oder Salmiakgeist und lauwarmes Wasser. Beim Reinigen der Windschutzscheibe Scheibenwischerarm nach vorn klappen.

In manchen Lackpflegemitteln sind Silikone enthalten, welche die konservierende Wirkung unterstützen sollen. Gelangen Spuren davon auf die Windschutzscheibe, so bilden sich bei Regen Schlieren und Trübungen im Scheibenwischerfeld, die die Sicht und damit die Fahrsicherheit beeinträchtigen können. Mit einem auch gegen Silikone wirksamen Scheibenreiniger lassen sich diese Schlieren wieder beseitigen. Pastenförmige Mittel haben bei einer stark silikonverschmutzten Scheibe im allgemeinen eine bessere Wirkung als flüssige Mittel, die dem Scheibenwaschwasser zugegeben werden.

Bei der Reinigung der Windschutzscheibe sind auch die Wischerblätter zu säubern.

Achtung: Bei Verwendung silikonhaltiger Mittel dürfen die zur Reinigung der Lackierung verwendeten Waschbürsten, Schwämme, Lederlappen und Tücher nicht für die Scheiben verwendet werden. Beim Einsprühen der Lackierung mit silikonhaltigen Pflegemitteln sollten die Scheiben mit Pappe oder anderem Material abgedeckt werden.

Gummidichtungen pflegen

Sämtliche Gummidichtungen sollen von Zeit zu Zeit leicht mit Talkum eingepudert werden, um die gewünschte Geschmeidigkeit zu erhalten und an den Fensterabdichtungen ein gutes Gleiten zu erreichen.

Quietschende oder knarrende Geräusche, die an Gummidichtungen entstehen, können durch Einpudern der Dicht- und Gleitflächen mit Talkum oder Bestreichen mit Glyzerin behoben werden. Auch das Einreiben der betreffenden Fläche mit Schmierseife beseitigt die Geräusche.

Polsterbezüge pflegen

Textilbezüge

Polsterbezüge mit Staubsauger absaugen oder mit einer nicht zu weichen Bürste ausbürsten.

Fett- und Ölflecke mit Fleckenwasser behandeln. Das Reinigungsmittel darf aber nicht unmittelbar auf den Stoff gegossen werden, da sich sonst unweigerlich Ränder bilden. Fleck durch kreisförmiges Reiben von außen nach innen bearbeiten. Andere Verschmutzungen lassen sich meistens mit lauwarmem Seifenwasser entfernen.

Kunstlederbezüge

Kunstlederbezüge besitzen eine schmutzabweisende Oberfläche. Besondere Pflegemittel sind hier nicht erforderlich. Bei normalen Verschmutzungen genügen folgende Reinigungsarten:

- Seifenlauge, hergestellt aus Wasser und einem handelsüblichen Feinwaschmittel.
- Reinigungslösung, hergestellt aus Wasser und einem handelsüblichen Kunstlederreiniger.

Eine weiche Bürste erleichtert das Entfernen des Schmutzes aus genarbten Oberflächen.

Grobe Verschmutzungen sollten sofort entfernt werden; die zur Reinigung geeigneten Mittel können nachstehender Tabelle entnommen werden. Es ist zu beachten, daß die Reinigungsmittel, vor allem Waschbenzin, Spiritus und Verdünner, nicht aufgegossen, sondern nur mit einem angefeuchteten Lappen aufgetragen werden. So wird ein Eindringen in die Nähte oder Polsterung vermieden. Längere Einwirkzeit der Reinigungsflüssigkeit ist zu vermeiden, weil der schmutzabweisende Schutzfilm des Kunstleders dadurch zerstört werden kann.

Nach jeder Reinigung muß das Kunstleder, und dabei besonders in den Nahtfurchen, mit einem weichen Lappen gut trockengerieben werden.

Verschmutzung	Entfernung	
	frische Flecken	ältere Flecken
Öl oder Fett	Mit trockenem, weichem Tuch abnehmen; das Tuch oftmals wenden. Nicht durch Hin- und Herreiben den Fleck vergrößern. Einen eventuell in der Narbung verbleibenden Schein mit einem mit Waschbenzin befeuchteten Lappen vorsichtig abtupfen. Danach gut trockenreiben mit sauberem, weichem Tuch.	Mit einem mit Waschbenzin oder Spiritus leicht angefeuchteten, sauberen weichen Lappen vorsichtig ab- und anschließend gut trockenreiben. Lappen oftmals wenden, um ein Verschmieren des Fleckes zu vermeiden.
Schuhcreme	Genau wie bei Öl oder Fett Als Reinigungsmittel kann neben Waschbenzin oder Spiritus auch Terpentinöl verwendet werden.	
Kunstharz- und Nitro-Farben sowie Ölfarben	Mit trockenem, weichem Tuch abnehmen wie bei Öl und Fett. Verbleibende Reste mit einem wasserbefeuchteten Lappen oder mit einem Stück Gummi kräftig abreiben.	Mit einem mit Nitro-Verdünnung bzw. mit Terpentinöl oder Benzin angefeuchteten weichen Lappen vorsichtig ab- und anschließend gut trockenreiben. Nitro-Verdünnung für Flecke von Kunstharz- und Nitro-Lacken, Terpentinöl oder Benzin für Ölfarbe.
Blut	Mit einem mit kaltem oder besser lauwarmem Wasser angefeuchteten Lappen abtupfen, ohne den Fleck durch Hin- und Herreiben zu vergrößern.	
Rost	Mit einem weichen Tuch, das mit angesäuertem Wasser (1 Teil Salzsäure und 9 Teile Wasser) angefeuchtet ist, vorsichtig abtupfen, nicht breitreiben. Das angesäuerte Wasser darf nicht in Spalten, Ecken oder Nähte dringen, da sonst Anrostungen unvermeidlich sind. Nach der Behandlung gut mit einem mit klarem Wasser angefeuchteten Lappen nachwaschen, damit keine Rückstände von angesäuertem Wasser zurückbleiben. Die benutzten Lappen sind zu vernichten.	

Fahrzeug aufbocken

Für viele Wartungs- und Reparaturarbeiten muß das Fahrzeug aufgebockt beziehungsweise hochgehoben werden. In der Werkstatt wird der Wagen in der Regel mit der Hebebühne angehoben, man kann ihn jedoch auch mit dem Fahrzeug- oder Werkstatt-Wagenheber anheben. Grundsätzlich darf das Fahrzeug nur an den abgebildeten Aufnahmepunkten angehoben werden.

Bei Arbeiten unter dem Fahrzeug muß dieses, falls es nicht auf einer Hebebühne steht, auf vier stabilen Unterstellböcken stehen. **Auf keinen Fall sollten Arbeiten unter dem Fahrzeug ausgeführt werden, wenn dieses nicht ausreichend gesichert ist.**

- Hebewerkzeuge zum Anheben des Fahrzeuges dürfen nur an den nachstehend gezeigten Stellen angesetzt werden, da sonst bleibende Verformungen am Fahrzeug nicht auszuschließen sind.
- Die Räder, die beim Anheben auf dem Boden stehen bleiben, mit Keilen gegen Vor- oder Zurückrollen sichern. Nicht auf die Feststellbremse verlassen, diese muß bei einigen Reparaturen gelöst werden.
- Fahrzeug nur auf ebener, fester Fläche aufbocken.

Achtung: Soll das Fahrzeug auf weichem Untergrund hochgebockt werden, so müssen breite Bretter unter Wagenheber sowie Unterstellböcke gelegt werden, damit sich das Gewicht auf eine größere Fläche verteilt.

- Durch eine geeignete Gummi- oder Holzzwischenlage werden beim Anheben Beschädigungen an der Karosserie vermieden.
- Fahrzeug mit Unterstellböcken so abstützen, daß jeweils ein Bein seitlich nach außen zeigt.
- Das Fahrzeug darf nur in unbeladenem Zustand angehoben werden.

Achtung: Keinesfalls darf der Wagen an Motor- oder Getriebeteilen angehoben oder abgestützt werden.

Anheb- und Aufbockpunkte

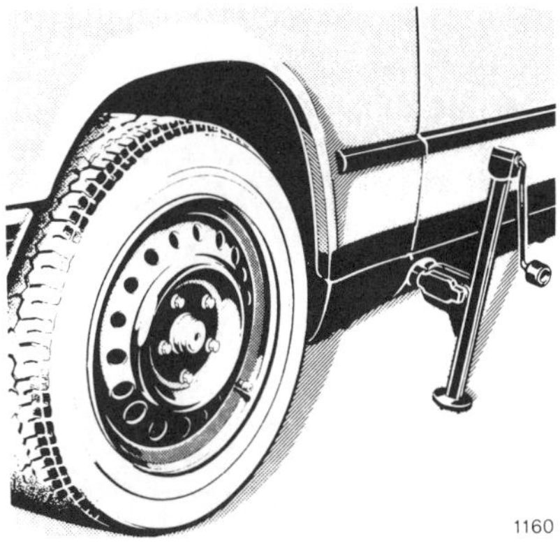

1160

Bordwagenheber

- Gummitülle an der jeweiligen Aufnahmebohrung für den Wagenheber herausziehen.
- Aufnahmebolzen des Wagenhebers vollständig in das Einsteck-Rohr des Längsträgers einführen.
- Wagenheber lotrecht ansetzen – auch im Gefälle.

140-23878

Werkstattwagenheber

- Vorn am Rahmen-Querträger der Vorderachse anheben.

- Hinten am Hinterachs-Mittelstück anheben.

Achtung: Fahrzeug nicht am Federlenker anheben.

Hebebühne

- Die Aufnahmepunkte vorn –1– und hinten –2– befinden sich unterhalb der Einsteckrohre für den Bordwagenheber –3– und sind mit Hartgummipuffern versehen.

Achtung: Die Aufnahmepunkte an den Längsträgern können auch zum seitlichen Anheben mit einem Werkstattwagenheber benutzt werden. Dabei Wagenheber unter den Hartgummipuffern ansetzen.

Das Werkzeug

Der Aufwand an Werkzeug richtet sich ganz nach dem Umfang der Arbeiten, die man am MERCEDES ausführen will. Neben der Grundausstattung ist in jedem Fall ein Drehmomentschlüssel empfehlenswert.

Die Grundausstattung

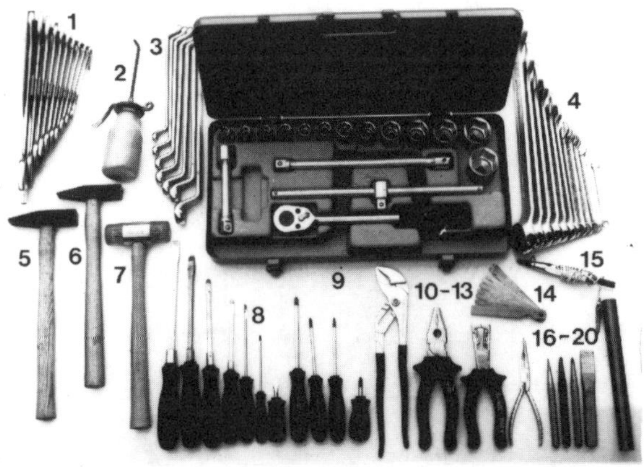

Gutes und stabiles Werkzeug wird von der Firma Hazet (5630 Remscheid 1, Postfach 101067) angeboten. In der Tabelle sind die Werkzeuge mit der Hazet-Bestellnummer aufgeführt. Vertrieben wird das Werkzeug über den Fachhandel.

Werkzeug	Abb	Hazet-Nr.
Satz Maulschlüssel	1	450/10RD
Ölspritzkanne	2	2160
Satz Doppelringschlüssel	3	630/8
Satz Ring-Maulschlüssel	4	630/12
Schlosserhammer	5	2140-2
Schlosserhammer	6	2140-5
Plastikhammer	7	1950-3
Satz Schraubendreher	8	810/10K
Satz Steckschlüsseleinsätze	9	906/1
Universalzange	10	760 N-2
Kombizange	11	1850 VDE-33
Abisolierzange	12	1861 VDE-11
Flachzange	13	1816-1
Fühlerblattlehre	14	2146-1
Spannungsprüfer	15	2153
Durchtreiber	16	745-1
Durchtreiber	17	745-2
Körner	18	746-1
Flachmeißel	19	730-2
Messingdorn	20	2534
Seitenschneider	–	1802-22
Kreuzmeißel	–	740-1

Das Spezialwerkzeug

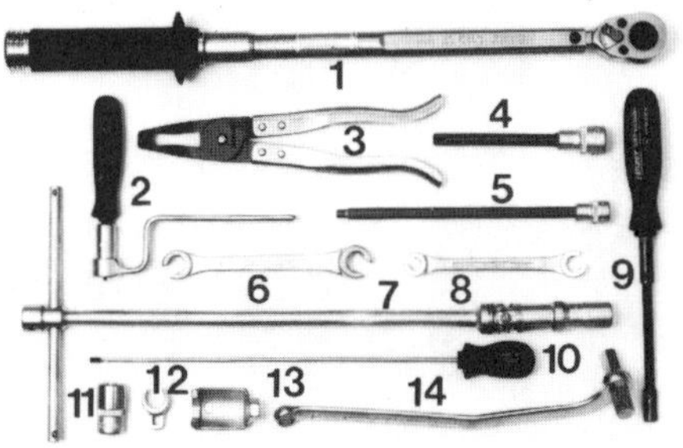

Werkzeug	Abb.	Hazet-Nr.
Drehmomentschlüssel von 20 bis 200 Nm	1	6122-1CT
Ventileinstellschlüssel	2	2767
Ventildichtringzange	3	791-5
Schlag-Ausziehzange für Ventilschaftabdichtungen	o.Abb.	791-2
Innenvielzahn-Schraubendrehereinsatz für Gelenkwellen und Zylinderkopfschrauben (nur Diesel)	4	2751
Innenvielzahn-Schraubendrehereinsatz für Zylinderkopfschrauben (Ottomotor)	o.Abb.	900SLg-12
Innensechskant-Schraubendrehereinsatz für Zylinderkopfschrauben	5	986Lg-6
Offener Doppelringschlüssel für Schrauben an Geber- und Nehmerzylinder der Kupplung	6	612-12x14
Zündkerzenschlüssel mit Magneteinsatz	7	767 A MgT
Offener Doppelringschlüssel für Überwurfmuttern an den Bremsleitungen	8	612S-10x11
Flexibler Sechskant-Steckschlüsel für Schlauchschellen der Kühlmittelschläuche	9	426-7
Schraubendreher für Leerlauf-Gemischregulierung	10	4517
Doppelsechskant-Steckschlüsseleinsatz	11	900Z-12
Offener Ringschlüssel für Einspritzleitungen (Diesel)	12	4550-14
Spezialschlüssel für Leerlaufabschaltventil	13	4512
Öldienstschlüssel	14	2760

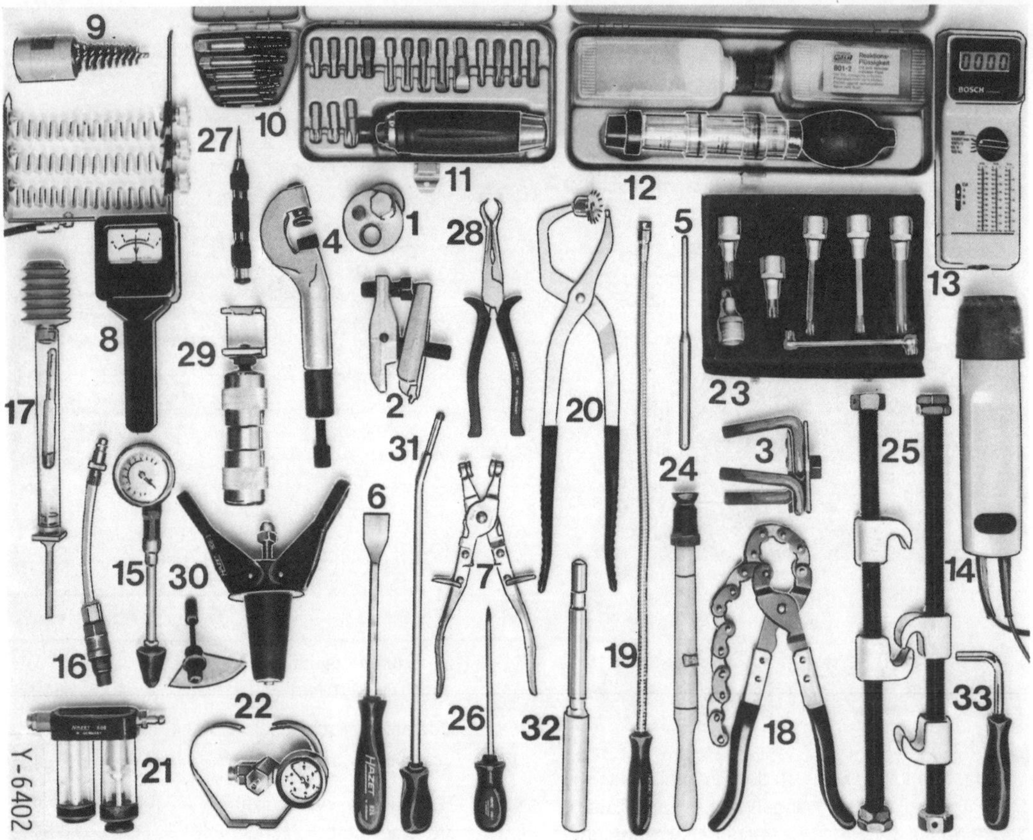

Abb.	Werkzeug	Hazet-Nr.
1	Stehbolzenausdreher	845
2	Ausdrücker für Spurstangenköpfe	779
3	Ölfilterschlüssel[1]	2172
o.Abb.	Ölfilterschlüssel[1]	2169
4	Hydraulischer Muttersprenger	846-22
5	Splinttreiber für Sicherungsstifte	748Lgb-4
6	Flachschaber zur Beseitigung von Dichtungsrückständen an Zylinderkopf sowie Vergaserdichtungen	824
7	Spezialzange für Federbandschellen	798-4
8	Batterietester	802-53
9	Pol- und Klemmenreinigungsbürste	802-4
10	Schraubenausdreher für verschiedene Schrauben	840/8
11	Schlag-Schraubendreher	2272
12	Zylinderkopf-Dichtigkeitsprüfgerät	801/3
13	Pocket-Motortester[1]	BOSCH
14	Zündzeitpunkt-Stroboskop[1]	BOSCH
15	Kompressionsdruckprüfer	–
16	Druckluftadapter zum Ersetzen der Ventilschaftabdichtungen[1]	3428
17	Batteriesäureprüfer	802-1
18	Ketten-Abgasrohrschneider	2182
19	Magnet-Sucher	1976
20	Bremsfederzange	797
21	Prüfgerät zum Erkennen von Lecks zwischen Verbrennungsraum und Kühlsystem	809[2]
22	Gerät zum Überprüfen des Kühlsystems	808[2]
23	Schraubendrehereinsätze für Innenvielzahnschrauben	3090
24	Ventileinschleifer	795
25	Federspanner[2]	–
26	Ausdreher für Sicherungskappen am Vergaser[1]	4518
27	Selbstschlagender Körner	747
28	Zündkerzensteckerzange[1]	1849
29	Schlag-Ausziehgerät für Scheibenwischerarme	1966-5
o.Abb.	Schlag-Ausziehgerät für Scheibenbremsbeläge	1966-1
30	Winkelmeßgerät für Drosselklappeneinstellung bei K-Jetronic[1]	4502
31	Einschlagdorn für Eingriffsicherungen am Vergaser[1]	4519-1
32	Kupplungsdorn	–
33	Inbusschlüssel, 7 mm	2110-7

[1]) Nur für Benzinmotor

[2]) Nicht mehr im HAZET-Werkzeugprogramm

Das Zubehör

Je nach den speziellen Bedürfnissen läßt sich der MERCEDES mit nützlichem Zubehör zusätzlich ausstatten. Beim Kauf empfiehlt es sich auf Produkte zurückzugreifen, die erprobt und auf das Fahrzeug abgestimmt sind. Zudem ist darauf zu achten, daß bei bestimmten Produkten, wie zum Beispiel Felgen, Lenkrädern usw. eine Allgemeine Betriebserlaubnis (ABE) mitgeliefert wird.

Y-6609

Eine Uhr muß im Auto insbesondere hohe Temperaturunterschiede verkraften können, ohne daß die Anzeige verblaßt oder die Ganggenauigkeit darunter leidet. Speziell auf die besonderen Verhältnisse im Innenraum des Kraftfahrzeuges abgestimmt ist die LCD-Quarzuhr von VDO. Die abgebildete Uhr entstammt dem VDO-LCD-Cockpit-Programm.

Y-6608

Zum nachträglichen Einbau in den MERCEDES gibt es von VDO ein Kombi-Instrument, bestehend aus Drehzahlmesser und Uhr, welches problemlos in den serienmäßigen Schalttafeleinsatz eingesetzt werden kann. Der Anschluß des Drehzahlmessers erfolgt über Klemme W des Drehstromgenerators.

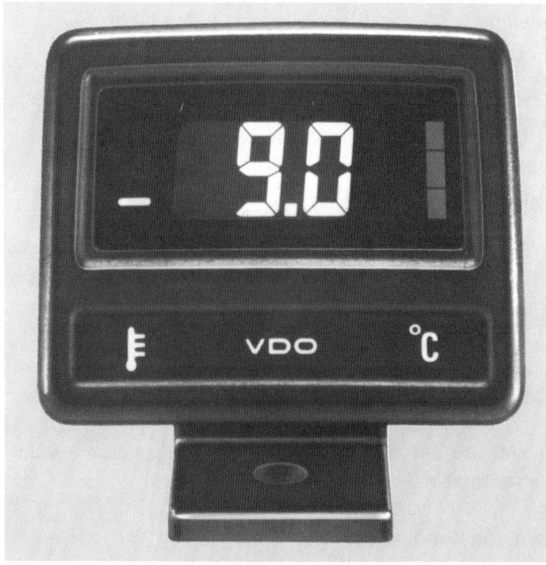

Um Glatteisgefahr frühzeitig zu erkennen, ist es besonders in der kalten Jahreszeit wichtig während der Fahrt über die Außentemperatur informiert zu sein. Von VDO gibt es ein LCD-Anzeigegerät, das für den nachträglichen Einbau bestimmt ist. Das abgebildete Instrument stammt aus dem VDO-Cockpit-LCD-Programm.

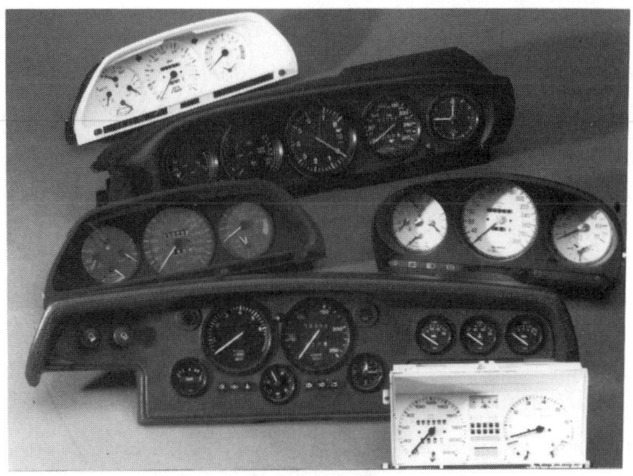

Für den MERCEDES bietet VDO neben den verschiedensten Einbau-Instrumenten auch komplette, in der Gestaltung abgewandelte, Schalttafeleinsätze an. Damit läßt sich leicht ein, dem individuellen Geschmack entsprechendes, Cockpit zusammenstellen. Da der Schalttafeleinsatz auf das jeweilige Modell abgestimmt ist, läßt sich der Einbau schnell und einfach durchführen.

W

Wartungsplan MERCEDES Typ W 124 Diesel

Pflegedienst

Der Pflegedienst ist alle 10000 km, beziehungsweise mindestens einmal im Jahr durchzuführen. Bei erschwerten Betriebsbedingungen, wie überwiegend Stadt- und Kurzstrekkenverkehr, häufige Gebirgsfahrten, Anhängerbetrieb und staubige Straßenverhältnisse, Pflegedienst alle 5000 km durchführen.

- Motor: Öl- und Filterwechsel.
- Gasgestänge: Schmieren, auf Leichtgängigkeit und Verschleiß prüfen.

Einmal jährlich (möglichst im Frühjahr) durchführen:

- Bremsflüssigkeit: Erneuern.
- Wasserabläufe: Reinigen.
- Schiebedach: Gleitschienen und Gleitbacken reinigen und leicht einfetten.

Wartung

Die Wartung ist alle 20000 km, beziehungsweise mindestens einmal in 2 Jahren durchzuführen.

Motor und Kupplung

- Motor: Öl wechseln, Hauptstromölfilter ersetzen.
- Trockenluftfilter: Filtereinsatz reinigen.
- Keilrippenriemen: Zustand prüfen.
- Kühl- und Heizsystem: Flüssigkeitsstand prüfen, Konzentration des Frostschutzmittels prüfen. Sichtprüfung auf Undichtigkeiten und äußere Verschmutzung des Kühlers.
- Gasgestänge: Schmieren, auf Leichtgängigkeit und Verschleiß prüfen.
- Abgasanlage: Auf Beschädigungen prüfen.
- Motor: Sichtprüfung auf Ölundichtigkeiten.
- Kupplung: Schläuche, Leitungen und Anschlüsse auf Undichtigkeiten prüfen, Bremsflüssigkeitsstand prüfen.

Getriebe, Achsantrieb

- Gelenkschutzhüllen: Auf Undichtigkeiten und Beschädigungen prüfen.
- Schalt- und Hinterachsgetriebe: Sichtprüfung auf Undichtigkeiten, Ölstand prüfen.
- Niveauregulierung, ASD, 4MATIC: Flüssigkeitsstand prüfen, gegebenenfalls Hydrauliköl nachfüllen.
- Automatisches Getriebe: Flüssigkeitsstand prüfen, gegebenenfalls ATF auffüllen.
- Hinterachse: Lenker, Streben, Querlenker auf Korrosion und Beschädigungen prüfen.
- Automatisches Sperrdifferential (ASD): Leitungen und Schläuche auf Dichtheit und Zustand prüfen.

Vorderachse und Lenkung

- Spurstangenköpfe: Spiel und Befestigung prüfen, Staubkappen prüfen.
- Achsgelenk: Staubkappen prüfen.
- Lenkung: Spiel prüfen, Faltenbälge auf Undichtigkeiten und Beschädigungen prüfen. Befestigungsschrauben mit richtigem Drehmoment nachziehen.
- Servolenkung: Flüssigkeitsstand prüfen, gegebenenfalls Hydrauliköl auffüllen.

Aufbau

- Haubenscharniere, Deckelschloßober- und -unterteil: Mit Mehrzweckfett fetten.
- Unterbodenschutz und Hohlraumkonservierung: Prüfen.
- Sicherheitsgurte: Auf Beschädigungen prüfen.
- Fußräume und Kofferraummulden: Auf Wassereintritt und Korrosion prüfen.

Bremsen, Reifen, Räder

- Bremsanlage: Leitungen, Schläuche und Anschlüsse auf Undichtigkeiten und Beschädigungen prüfen.
- Scheibenbremse: Belagstärke der vorderen und hinteren Bremsbeläge prüfen.
- Feststellbremse: Nachstellen (einmalig bei km-Stand 20000).
- Bereifung: Profiltiefe und Reifenfülldruck prüfen; Reifen auf Verschleiß und Beschädigungen (einschließlich Reserverad) prüfen.
- Räder: Abschrauben, Zustand der Felgen (auch innen) prüfen, Räder reinigen und mit vorgeschriebenem Drehmoment anschrauben.

Elektrische Anlage

- Alle Stromverbraucher: Funktion prüfen.
- Beleuchtungsanlage: Prüfen, gegebenenfalls Scheinwerfer einstellen.
- Signalhorn: Prüfen.
- Scheibenwischer: Wischergummi auf Verschleiß prüfen.
- Scheibenwaschanlage: Funktion prüfen, Düsenstellung kontrollieren, Scheinwerfer-Waschanlage prüfen.
- Batterie: Spannung und Säurestand prüfen.

Zusätzlich alle 60 000 km

- Kraftstoffilter: Ersetzen.
- Kraftstoff-Vorfilter: Ersetzen.
- Automatisches Getriebe: Öl und Filter wechseln.
- Kupplungsscheibe: Abnützung prüfen.
- Gelenkwelle: Gelenkscheiben prüfen.
- Feststellbremse: Bremsseilzüge auf Gängigkeit prüfen, schmieren.
- Kompression: Prüfen.

Alle 3 Jahre

- Kühlmittel: Erneuern.

Schaltpläne

Der Umgang mit dem Schaltplan

Der Schaltplan vermittelt übersichtlich und anschaulich die Stromwege im Fahrzeug. Anhand der Legende läßt sich sehr schnell der Weg des Stromes innerhalb eines Stromkreises nachvollziehen.

Im Schaltplan sind sämtliche elektrische Leitungen dargestellt. Die Verbindungsleitungen führen vom Pluspol der Batterie bis zum Masseanschluß des jeweiligen Verbrauchers, einschließlich der dazwischenliegenden Schaltungsteile.

In der Erläuterung (Legende) neben jedem Schaltplan sind die Schaltungsteile mit der entsprechenden Positionsangabe aufgeführt. Jeder Schaltplan ist durch Buchstaben (A bis H) am linken und rechten Rand sowie durch Zahlen (1 bis 13) am oberen und unteren Rand in Suchfelder eingeteilt. Das gesuchte Schaltungsteil befindet sich im Schnittpunkt gedachter waagerechter und senkrechter Linien, ausgehend vom entsprechenden Buchstaben und der dazugehörigen Zahl, die als Positionsangabe in der Legende hinter dem Schaltungsteil stehen.

Die Zahlen an den Anschlußstellen der Leitungen mit den Verbrauchern, Schaltern usw. decken sich mit der Kennzeichnung an diesen Teilen im Fahrzeug. Dabei geben die etwas größeren Zahlen die Klemmenbezeichnung der einzelnen Stromkreise an. Die wichtigsten Stromkreise sind:

31 – Masseanschluß. Die Kabel im Fahrzeug sind in der Regel braun.

30 – Leitungen stehen stets unter Spannung, auch bei ausgeschalteter Zündung. Die Kabel sind meist rot oder rot mit farbigen Zusatzstreifen.

15 – Leitungen stehen nur unter Spannung bei eingeschalteter Zündung. Die Kabel sind meist grün oder schwarz mit farbigen Streifen.

Um die Arbeit mit dem Schaltplan zu erleichtern, empfiehlt es sich den Plan mit einer Schere herauszutrennen und dem Buch lose beizulegen.

Leitungskennzeichnung

Farben der Leitungen

bl = blau
br = braun
el = elfenbein
ge = gelb
gn = grün
gr = grau
nf = naturfarben
rs = rosa
rt = rot
sw = schwarz
vi = violett
ws = weiß

Beispiel:

Leitungsbezeichnung 1,5 gr/rt
Leitungsquerschnitt 1,5 = 1,5 mm^2
Grundfarbe gr = grau
Kennfarbe rt = rot

Schaltplan MERCEDES 200 D
Schaltplan MERCEDES 300 D

Aus Kostengründen ist es nicht möglich, die Schaltpläne aller Modelljahre und Modellvarianten mitzuliefern. Da die Änderungen in der Regel jedoch nur in Detailbereichen stattfinden, kann man sich auch dann, wenn das eigene Fahrzeug einem anderen Modelljahr angehört, an den vorliegenden Schaltplänen orientieren.

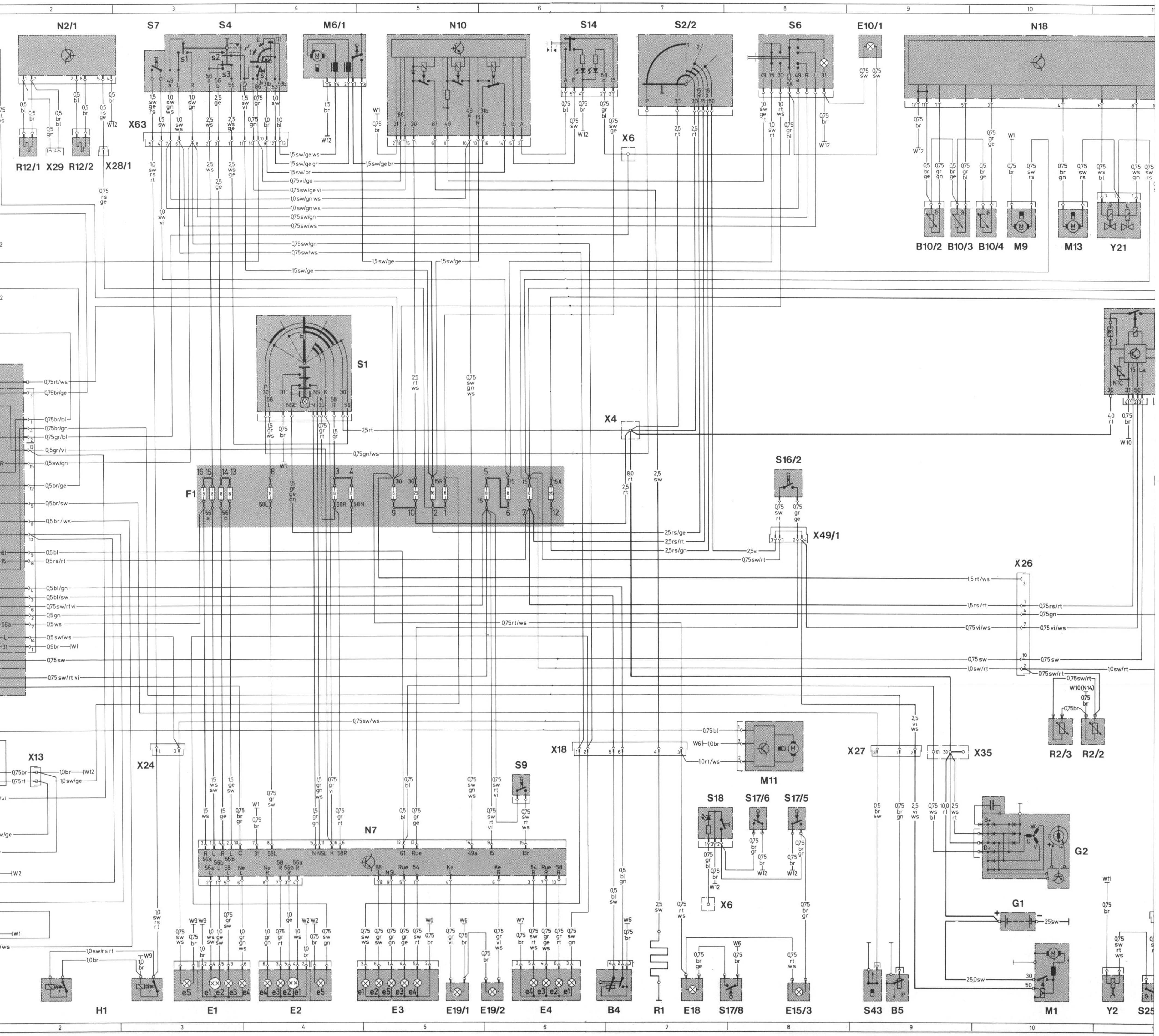

Schaltplan MERCEDES 300 D

Benennung		Koordinate
A 1	Kombi-Instrument	1 C
e1	Blinkerkontrolle, links	1 E
e2	Blinkerkontrolle, rechts	1 D
e3	Fernlichtkontrolle	1 E
e4	Kraftstoffreserve-Warnung	1 E
e5	Ladekontrolle	1 E
e6	Kontrolle Bremsbelagverschleißanzeige	1 E
e7	Kontrolle Bremsflüssigkeit und Feststellbremse	1 E
e8	Instrumentenbeleuchtung	1 D
e11	Kontrolle Kühlmittelstand	1 D
e12	Kontrolle Ölstand	1 D
e13	Kontrolle Scheibenwaschwasserstand	1 D
e14	Kontrolle Glühlampenausfall	1 F
e16	Vorglühkontrolle	1 F
h1	Warnsummer	1 D
h2	Blinkerkontrolle, akustisch	1 D
r1	Regelwiderstand Instrumentenbeleuchtung	1 D
p1	Temperaturanzeige Kühlmittel	1 E
p2	Kraftstoffanzeige-Instrument	1 E
p3	Öldruckanzeige	1 E
p7	Elektronische Uhr	1 C
A 2	Radio *	1 F
B 4	Geber Kraftstoffanzeige	7 H
B 5	Geber Öldruckanzeige	9 H
B 10/2	Temperaturfühler Wärmetauscher, links	9 B
B 10/3	Temperaturfühler Wärmetauscher, rechts	9 B
B 10/4	Innentemperaturfühler	10 B
B 11/1	Temperaturfühler Kühlmittel (ELR)	12 G
B 13	Temperaturfühler Kühlmittelanzeige	11 F
E 1	Leuchteinheit, links	3 H
e1	Fernlicht	3 H
e2	Abblendlicht	3 H
e3	Standlicht	3 H
e4	Nebellicht	4 H
e5	Blinklicht	3 H
E 2	Leuchteinheit, rechts	4 H
e1	Fernlicht	4 H
e2	Abblendlicht	4 H
e3	Standlicht/Parklicht	4 H
e4	Nebellicht	4 H
e5	Blinklicht	4 H
E 3	Schlußleuchte, links	5 H
e1	Blinklicht	5 H
e2	Schlußlicht/Parklicht	5 H
e3	Rückfahrlicht	5 H
e4	Bremslicht	5 H
e5	Nebelschlußleuchte	5 H
E 4	Schlußleuchte, rechts	6 H
e1	Blinklicht	6 H
e2	Schlußlicht/Parklicht	6 H
e3	Rückfahrlicht	6 H
e4	Bremslicht	6 H
E 9/6	Beleuchtung Luftmengenschalter	13 A
E 10/1	Beleuchtung Luftdüse, Mitte	9 A
E 10/2	Beleuchtung Luftdüse, links	11 A
E 10/3	Beleuchtung Luftdüse, rechts	12 A
E 13	Handschuhkastenleuchte	1 G
E 15/2	Deckenleuchte mit Verzögerung und Leseleuchte, vorn	1 A
E 15/3	Deckenleuchte hinten	8 H
E 18	Kofferraumleuchte	7 H
E 19/1	Kennzeichenleuchte, links	5 H
E 19/2	Kennzeichenleuchte, rechts	6 H
E 20	Beleuchtung Lichtdrehschalter	12 H

Benennung		Koordinate
F 1	Sicherungs- und Relaiskasten	3 D-6 D
1	Sicherung 1, Klemme 15R	5 D
2	Sicherung 2, Klemme 15R	5 D
3	Sicherung 3, Klemme 58R	4 D
4	Sicherung 4, Klemme 58N	4 D
5	Sicherung 5, Klemme 15	6 D
6	Sicherung 6, Klemme 15	6 D
7	Sicherung 7, Klemme 15	6 D
8	Sicherung 8, Klemme 58L	4 D
9	Sicherung 9, Klemme 30	5 D
10	Sicherung 10, Klemme 30	5 D
12	Sicherung 12, Klemme 15X	6 D
13	Sicherung 13, Klemme 56b	3 D
14	Sicherung 14, Klemme 56b	3 D
15	Sicherung 15, Klemme 56a	3 D
16	Sicherung 16, Klemme 56a	3 D
G 1	Batterie	10 H
G 2	Drehstromgenerator mit elektronischem Regler	10 G
H 1	Zweiklang-Signalanlage	2 H
K 1	Relais Überspannungsschutz	11 G
L 3	Drehzahlgeber Starterzahnkranz	12 G
M 1	Anlasser	10 H
M 2	Gebläsemotor	12 B
M 5/1	Wascherpumpe	1 B
M 6/1	Wischermotor	4 A
M 9	Belüftungsgebläse Innentemperaturfühler **	10 B
M 11	Automatische Antenne *	8 F
M 13	Umwälzpumpe	10 B
N 2/1	Steuergerät Gurtstraffer	2 A
N 7	Lampenkontrollgerät	5 G
N 10	Kombi-Relais (Blinker, heizbare Heckscheibe, Wischermotor)	5 A
N 14/3	Vorglühzeitrelais (6-Zylinder)	12 C
N 18	Steuer- und Bediengerät Heizungsautomatik	10 A
R 1	Heizbare Heckscheibe	7 H
R 2/2	Waschdüsenbeheizung, links	10 F
R 2/3	Waschdüsenbeheizung, rechts	10 F
R 3	Zigarrenanzünder mit Ascherbeleuchtung	1 G
R 9/1	Glühkerze I	12 D
R 9/2	Glühkerze II	12 D
R 9/3	Glühkerze III	12 D
R 9/4	Glühkerze IV	12 D
R 9/5	Glühkerze V	12 D
R 9/6	Glühkerze VI	12 D
R 12/1	Zündpille Gurtstraffer, vorn links	2 B
R 12/2	Zündpille Gurtstraffer, vorn rechts	2 B
R 14	Vorwiderstandsgruppe Gebläsemotor	12 B
S 1	Lichtdrehschalter	4 C
S 2/2	Glühstartschalter	7 A
S 3	Luftmengenschalter	13 A
S 4	Kombi-Schalter	3 A
s1	Blinkerschalter	3 A
s2	Lichthupenschalter	3 A
s3	Abblendschalter	3 A
s4	Wascherschalter	3 A
s5	Schalter Wischgeschwindigkeit	3 A
s5	I Intervallwischen	3 A
s5	II Langsames Wischen	3 A
s5	III Schnelles Wischen	3 A

Benennung		Koordinate
S 6	Warnblinkschalter	8 A
S 7	Signalkontakt	3 A
S 8/1	Warnsummerkontakt Beleuchtung	1 C
S 9	Bremslichtschalter	6 G
S 10/1	Kontaktfühler Bremsbeläge, vorn links	1 G
S 10/2	Kontaktfühler Bremsbeläge, vorn rechts	1 H
S 11	Schalter Bremsflüssigkeitskontrolle	1 H
S 12	Schalter Feststellbremskontrolle	1 H
S 14	Schalter heizbare Heckscheibe	6 A
S 16/2	Rückfahrlichtschalter	8 D
S 17/3	Türkontaktschalter, vorn links	1 A
S 17/4	Türkontaktschalter, vorn rechts	1 B
S 17/5	Türkontaktschalter, hinten links	8 G
S 17/6	Türkontaktschalter, hinten rechts	8 G
S 17/8	Schalter Kofferraumleuchte	8 H
S 18	Schalter Deckenleuchte, hinten	7 G
S 41	Schalter Kühlmittelstandskontrolle	1 C
S 42	Schalter Scheibenwaschwasserstandskontrolle	1 C
S 43	Schalter Ölstandskontrolle	9 H
W 1	Hauptmasse (hinter Kombi-Instrument)	
W 2	Masse, vorn rechts (bei Leuchteinheit)	
W 4	Masse, Deckenleuchte vorn	
W 6	Masse, Kofferraum Radlauf links	
W 7	Masse, Kofferraum Radlauf rechts	
W 9	Masse, vorn links (bei Leuchteinheit)	
W10	Masse, Batterie (Radlauf rechts)	
W11	Masse, Motor (elektrische Leitung angeschraubt)	
W12	Masse, Mittelkonsole	
	Massestellen ohne Bezeichnung – Bauteil direkt am Motor bzw. Karosserie	
X 4	Leitungsverbinder Klemme 30 (Sicherungs-/Relaiskasten)	7 D
X 6	Leitungsverbinder Klemme 58 d	7 B/12 B/7 G
X 13	Steckverbindung (Zigarrenanzünder)	2 G
X 18	Steckverbindung Schlußlampenleitungssatz	10 E
X 24	Steckverbindung Scheinwerferleitungssatz	3 G
X 26	Steckverbindung Motorleitungssatz	10 E
X 27	Steckverbindung Starterleitungssatz	9 F
X 28/1	Steckverbindung Einspeisung Gurtstraffer	2 B
X 29	Prüfanschluß Gurtstraffer	2 B
X 35	Leitungsverbinder Klemme 30/Klemme 61 (Batterie)	9 F
X 49/1	Steckverbindung Rückfahrlichtschalter	8 E
X 59/2	Steckverbindung Temperaturfühler Kühlmittel	13 H
X 63	Steckverbindung Lenkungsleitungssatz	3 A
Y 21	Duoventil	11 B
Y 22	Stellmagnet Leerlaufdrehzahlregelung	11 G

* Sonderausstattung

** Sonderausstattung (nur in Verbindung mit elektrischem Schiebedach)

W 12 (S 17/4) Massestelle mit Positionsnummer des Bauteils, über das die Masseleitung geschleift ist

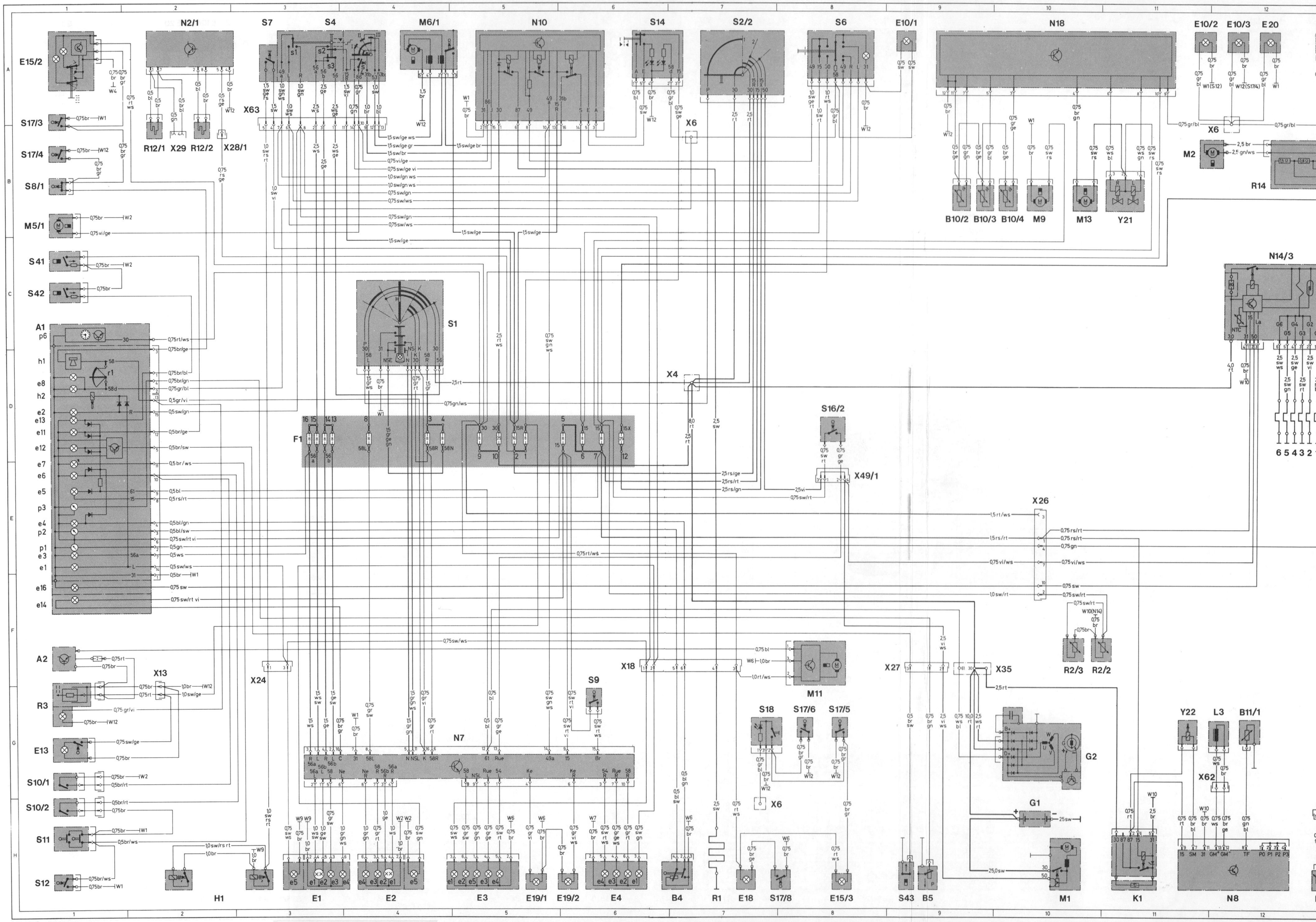